Isaac Asimov:
Die Erforschung der Erde und des Himmels
Entwicklung und Zukunft des menschlichen Wissens

Aus dem Amerikanischen von
Hermann-Michael Hahn

D1986090

Deutscher
Taschenbuch
Verlag

dtv

Zur Erinnerung an
Herbert Michelmann (1913–1980)

Ungekürzte Ausgabe
Juni 1987
Deutscher Taschenbuch Verlag GmbH & Co. KG,
München
© 1982 Nightfall, Inc., New York
Titel der amerikanischen Originalausgabe:
Exploring the Earth and the Cosmos
The Growth and Future of Human Knowledge
© der deutschsprachigen Ausgabe:
1984 Verlag Kiepenheuer & Witsch, Köln
ISBN 3-462-01649-0
Umschlaggestaltung: Celestino Piatti
Gesamtherstellung: C. H. Beck'sche Buchdruckerei,
Nördlingen
Printed in Germany · ISBN 3-423-10761-8

Das Buch

Isaac Asimov lockt den Leser auf eine Forschungs- und Entdeckungsreise: Angefangen von den ersten Erkundungen über Land und See in vorgeschichtlicher Zeit bis hin zu den Fahrten ins Weltall, enträtselt er die Erkenntnisse der Astronomie, Biologie, Geologie, Mathematik, Physik und führt Menschheitsgeschichte mit Wissenschaftsgeschichte in einem lebendigen Kompendium zusammen. Fasziniert von der »endlosen Neugier und enormen Erfindungsgabe des Menschen«, gelingt ihm eine Zusammenschau, die sich nirgends in unverständlichem Wissenschaftsjargon verliert, sondern von Anfang bis Ende spannend ist. In dieser Geschichte der menschlichen Entdekkungen und Forscherphantasien fügt er die Vielzahl kleiner und kleinster Bausteine des menschlichen Wissens zu immer neuen Spannungsbögen zusammen. So werden plötzlich Zusammenhänge klar zwischen Ereignissen, die Jahrhunderte auseinanderliegen oder die aus ganz verschiedenen Erkenntnisbereichen stammen. Isaac Asimov wäre nicht auch einer der prominentesten Science-fiction-Autoren, wenn er nicht neben seinem großartigen Erzähltalent auch profunde Kenntnisse auf den verschiedensten Wissensgebieten hätte. Wie kaum ein anderer Autor versteht er sich auf das wissenschaftliche Sachbuch, in dem die klare und exakte Schilderung mit erzählerischem Schwung verbunden ist.

Der Autor

Isaac Asimov, 1920 in der Sowjetunion geboren, gehört heute zu den profiliertesten amerikanischen Science-fiction- und Wissenschaftsautoren. Von seinen Sachbüchern sind u.a. auf deutsch erschienen: ›Weltall ohne Grenzen‹ (1967), ›Die schwarzen Löcher‹ (1979), ›Außerirdische Zivilisationen‹ (1981), ›Die Apokalypsen der Menschheit‹ (1982).

Inhalt

Einleitung

Das Leben ist bestrebt, sich auszubreiten. Wo immer es Fuß fassen kann, wird es sich zahlenmäßig vermehren und immer mehr Raum beanspruchen. Die Evolution führt zu einer ständigen Anpassung und Verfeinerung und ermöglicht damit das Eindringen auch in bislang ungenutzte ökologische Nischen.

Dieses Buch handelt von der Ausbreitung des Lebens und vor allem der Menschheit. Es beschreibt, wie Menschen immer wieder aufs neue Horizonte überschritten und neue Räume erobert haben, bis sie – in einigen Fällen – an unüberwindbare Grenzen stießen. Das gilt nicht nur für Horizonte im wörtlichen Sinne, sondern ebenso für geistige Horizonte: wo der menschliche Körper nicht weiterkommt – noch nicht oder vielleicht für immer –, vermögen Phantasie und menschliches Denken die Grenzen zu sprengen. Wir wollen jedoch mit den räumlichen Horizonten beginnen. Dazu werden wir bis an die Anfänge zurückgehen.

Teil I
Die Horizonte des Raumes

1. Kapitel – Die östliche Hemisphäre

Vorgeschichte

Das Leben auf der Erde begann vor mindestens 3,5 Milliarden Jahren, kaum eine Milliarde Jahre nach der Entstehung dieses Planeten. Da wir bislang noch keine eindeutigen Beweise für die Existenz von Lebensformen anderswo im Universum haben (so sehr wir diese Existenz auch für wahrscheinlich halten), müssen wir uns hinsichtlich der Ausbreitung des Lebens auf die Erde beschränken.

Darüber hinaus wollen wir uns hauptsächlich mit dem Menschen befassen und seinem zielgerichteten Ausbreitungsdrang, so daß wir über die Ausbreitung des Lebens allgemein nicht viele Worte zu verlieren brauchen.

Das Leben entstand in den Ozeanen der Erde, und dort blieb es auch für mehr als ⅞ seiner bisherigen Existenzdauer. Das Festland war zunächst unbesiedelt; warum, wissen wir nicht genau.

Vielleicht haben einige wesentliche Mutationsschritte Lebewesen schließlich so verändert, daß sie sich vor dem Austrocknen außerhalb der Meere, Seen und Flüsse schützen konnten. Vielleicht gewährte auch die neu entstehende Ozonschicht in der mittleren Atmosphäre einen zunehmenden Schutz gegen die energiereiche Ultraviolettstrahlung der Sonne.

Irgend etwas jedenfalls trieb das Leben vor rund 425 Millionen Jahren auf das Festland, und dort hat es seither nahezu jeden Lebensraum besetzt; lediglich die polaren Eiskappen, die höchsten Berggipfel und die trockensten Wüstenzonen sind weitgehend frei von Lebensformen.

Seit der Entstehung des Lebens sind einige zehnmillionen verschiedene Arten entstanden, alle so verschieden untereinander, daß Kreuzungen nahezu ausgeschlossen blieben. Die meisten sind längst wieder vergangen, und man schätzt die Zahl der gegenwärtig existierenden Arten auf rund 2 Millionen.

Ihre Lebensräume sind sehr unterschiedlich bemessen – einige Arten bevölkern ganze Kontinente oder Meere, andere wiederum bleiben auf ein winziges Eiland oder ein abgegrenztes Tal beschränkt. Allgemein kann man sagen, daß eine Spezies um so unempfindlicher gegen örtliche Veränderungen und Katastrophen ist, je weniger stark sie sich spezialisiert hat – entsprechend erfolgreich ist sie im Hinblick auf einen wesentlichen Faktor der Evolution: das Überleben.

Wir interessieren uns natürlich am meisten für die Spezies der Primaten – ganz einfach deshalb, weil wir Menschen dazugehören; der Name kommt aus dem Lateinischen und heißt soviel wie »die Ersten«.

Sieht man einmal von den Menschen ab, so erscheinen die Primaten nicht als sonderlich erfolgreiche Gruppe. Die ersten Vertreter dieser Spezies sind vermutlich vor rund 75 Millionen Jahren entstanden, und heute kennen wir etwa 200 Arten, die (wiederum mit Ausnahme der Menschen) sich hauptsächlich in den Tropen angesiedelt haben. Selbst dort treffen wir keine einzige Gruppe überall an: einige sind auf Bereiche Südamerikas begrenzt, andere auf Afrika, wieder andere auf Südostasien, und so fort.

Unabhängig von der zahlenmäßig nicht sehr »erfolgreichen« Vermehrung haben sich die Primaten jedoch auf einem Sektor sehr spezialisiert: sie besaßen schon früh ein für ihre Größe bemerkenswert großes und gut entwickeltes Gehirn, und die fortschreitende Evolution brachte immer größere Gehirne zustande.

Die Primatengruppe mit dem am höchsten entwickelten Gehirn wird zur Familie der Hominiden gezählt (nach dem lateinischen Wort für »Mensch«), da selbst die frühesten Vertreter dieser Familie den heutigen Menschen näherstanden als den Menschenaffen, unseren nächsten »Verwandten« im Bereich der Tierwelt. Sie entwickelten vor mehr als 14 Millionen Jahren den aufrechten Gang, vermutlich in Ostafrika, und breiteten sich dann nach Südafrika und Südostasien aus.

Ungeachtet ihres stetig wachsenden Gehirns wuchs ihr Lebensraum wohl kaum zielgerichtet, sondern mehr aufgrund äußerer Zwänge, wie bei den anderen Spezies jener Zeit ebenfalls. Solche Zwänge konnten von außen kommen, etwa durch andere »Bewohner« ihrer angestammten Siedlungsplätze, oder auch von innen, zum Beispiel aufgrund von Auseinandersetzungen innerhalb der Gruppen; daneben darf man natürlich die Verlokkungen nicht außer acht lassen, die von den »leeren Weiten« jenseits der eigenen Wohnplätze ausgingen, vor allem dann, wenn sie reichlich Nahrungsvorräte enthielten.

Dennoch breiteten sich die frühen Hominiden genau wie die anderen Primaten nicht über die Grenzen der Tropen hinaus

aus, da sie noch keine »Waffe« gegen die kalten Nächte und die kalten Wintermonate der gemäßigten Zone hatten, während derer sie keine Nahrung hätten finden können.

Vor rund 1,5 Millionen Jahren tauchte der *Homo erectus* auf, dessen Gehirngröße in der Mitte zwischen jener der frühesten Hominiden und der des heutigen Menschen liegt. *Homo erectus* gelang der wohl entscheidendste Fortschritt in der Geschichte der Menschheit, denn er lernte, das Feuer zu beherrschen. Dies war zuvor noch keiner anderen Spezies gelungen, und bis heute gibt es auch keine andere Spezies, die das Feuer bändigen könnte.

Der Gebrauch des Feuers erlaubte es dem *Homo erectus*, weiter nach Norden vorzudringen als seine Vorläufer. Wir haben mittlerweile Überreste (zusammen mit Resten früher Feuerstellen) in der Gegend von Peking gefunden, und auch in Europa stieß man auf seine Spuren.

Vor vielleicht 250000 Jahren erschienen dann schließlich Hominiden, deren Gehirnmasse sich kaum noch von unserer heutigen unterschied. Es waren die ersten Vertreter des *Homo sapiens*, zu dem auch der moderne Mensch gehört. Sie breiteten sich bis Nordeuropa aus und wurden nicht einmal durch die Eiszeiten vertrieben.

Der *Homo sapiens* nutzte von Anfang an das Feuer und wärmte sich zusätzlich mit Tierhäuten, entwickelte scharfe Steinäxte und mit Steinspitzen versehene Speere als Angriffs- und Verteidigungswaffen und eroberte sich damit einen so ausgedehnten Lebensraum wie kein anderer Primat.

Frühe Angehörige des *Homo sapiens* wichen in ihrem äußeren Erscheinungsbild noch ziemlich vom Gegenwartsmensch ab. Der Neandertaler beispielsweise besaß noch eine auffallend flache Stirn; er blieb allerdings auch auf Europa, Asien und Afrika beschränkt, jene Kontinente, die untereinander durch Landwege verbunden sind.

Vor 35000 Jahren vollzog sich dann noch einmal ein Wechsel: der »moderne Mensch« trat auf, und er war schon bald die einzige Hominidenart – vielleicht, weil er dem Neandertaler in kriegerischer Hinsicht überlegen war, wenngleich es auch Anzeichen für eine Vermischung beider Arten gibt.

Erst der moderne Mensch verließ die »Große Insel« und drang in zuvor menschenleere Regionen jenseits der großen Meere vor. Gefördert wurde diese Expansion durch die Eiszeiten, die regelmäßig zu einer Absenkung des Meeresspiegels führten und damit eine Landbrücke zwischen Sibirien und Alaska freilegten, eine

Landbrücke, die noch dazu teilweise frei von Eis blieb. Zu jener Zeit verfolgten sibirische Jäger die Mammuts, eine mittlerweile ausgestorbene Elefantenart, die sich an das Leben unter arktischen Bedingungen angepaßt hatte. Bei ihren Jagdzügen drangen sie dann auch über die Landbrücke nach Nordamerika vor, wo bis zu jenem Zeitpunkt noch keine Menschen, ja nicht einmal Affen, gelebt hatten. Diese Invasion muß irgendwann vor vielleicht 25000 Jahren begonnen haben. Vor etwa 18000 Jahren erreichten die Menschen Südamerika, vor knapp 11000 Jahren die Magellansche Straße und Kap Horn, von wo aus sie noch nach Tierra del Fuego übersetzten, jene Insel am äußersten Südzipfel des amerikanischen Doppelkontinentes. Weiter stießen die Menschen in der vorzivilisatorischen Phase nicht nach Süden vor.

Um diese Zeit hatten die Menschen auch den Weg nach Neu-Guinea und Australien gefunden, so daß alle größeren eisfreien Landflächen vom *Homo sapiens* bevölkert waren. Er erreichte als erster Landbewohner eine weltweite Ausbreitung und hat sich seither zur zahlenmäßig reichsten Spezies dieser Körpergröße entwickelt, die je auf unserem Planeten anzutreffen war. Welche Bedeutung der *Homo sapiens* für unseren Planeten hat, wird vielleicht auch daran deutlich, daß keine andere Spezies in der langen Geschichte des Lebens mehr »Lebendmasse« besessen hat als die Menschheit gegenwärtig.

Landverkehr im Altertum

Obwohl Menschen noch vor den Anfängen früher Hochkulturen den gesamten Planeten besiedelt und alle Kontinente erobert hatten, kannten die individuellen Gruppen wohl kaum mehr als ihre unmittelbare Umgebung: Siedlung, Jagdgründe und Felder. Selbst dort, wo man Handel über größere Entfernungen trieb, wurde die Handelsware vom einen zum nächsten weitergereicht, gab es noch keine weitreisenden Händler.

Erst mit dem Heranwachsen der frühen Hochkulturen öffnete sich der »Erlebnishorizont«, allerdings aus einem traurigen Grund: die Menschen hatten nämlich gelernt, ihren Einflußbereich mit kriegerischen Mitteln zu vergrößern. Nachdem auf diese Weise Herrschaftsbereiche entstanden waren, gewannen zumindest einige Menschen – Herrscher, Soldaten und Botenläufer – einen Überblick über das Ganze.

Die größten Reiche dieser Art konnten in ihrer Ausdehnung mit den Vereinigten Staaten von Nordamerika konkurrieren. Sowohl das Perserreich als auch das Römische Reich erstreckten sich über annähernd 7,5 Millionen Quadratkilometer, wenngleich die Einwohnerzahl mit nur 15 beziehungsweise 40 Millionen Menschen weit geringer war als die Zahl der US-Bürger. Die frühen Reiche in Indien und China blieben zwar etwas kleiner, waren aber dichter besiedelt: unter der Han-Dynastie, die etwa zeitgleich zum Römischen Reich existierte, lebten mehr als 50 Millionen Menschen in China.

Das größte Imperium der vorindustriellen Zeit war das Mongolen-Reich. Um 1270 regierte Kublai Khan rund 120 Millionen Menschen, die auf einer Fläche von 28,5 Millionen Quadratkilometern lebten, rund ein Fünftel der Landfläche auf unserem Globus. Das Reich des Kublai Khan erstreckte sich von der Donau bis zum Pazifischen Ozean und war damit größer als jedes andere Herrschaftsgebiet vorher oder nachher.

Demgegenüber war Westeuropa die ganze Zeit über eher provinziell geblieben. Um die Zeitenwende gehörte es weitgehend zum römischen Einflußbereich, und nur einige gebildete Zeitgenossen kannten vom Lesen her die Mittelmeerländer und den angrenzenden Teil Asiens bis hin nach Indien. Nach dem Zusammenbruch des Römischen Reichs im 5. Jahrhundert fiel Westeuropa in den Zustand der Barbarei zurück, und die Kenntnis von der Welt schrumpfte auf die engen Grenzen zusammen, die durch die feindliche Welt des Islams im Osten und Süden markiert wurden.

Kein Christenmensch, sondern ein Jude war der erste, der dieses islamische Reich in östlicher Richtung durchquerte und anschließend einen Bericht über seine Reiseerfahrungen gab: Benjamin von Tudela, Anfang des 12. Jahrhunderts in einem Ort der heutigen spanischen Provinz Navarra geboren; zwischen 1159 und 1173 reiste er weit nach Osten, weil er einerseits Handelsbeziehungen knüpfen und andererseits jüdische Gemeinden besuchen wollte. Er kam bis zur Westgrenze Chinas. Sein Bericht blieb jedoch ohne großen Einfluß auf die damalige christliche Welt, da man in diesen Kreisen den Juden wenig Beachtung schenkte. Um 1240 drangen die Mongolen bis nach Westeuropa vor, konnten diese Region aber nicht ihrem gewaltigen Reich einverleiben, weil im entscheidenden Moment der Herrscher starb und die Truppen eine Verschnaufpause einlegten, um einen neuen Khan zu wählen. Innerhalb des Reiches wurden Überlandreisen jedoch wesentlich erleichtert, vor allem, weil das strenge Regiment räuberischen Banden wirksam Einhalt gebieten konnte. Davon profitierte am Ende auch Westeuropa.

Mit Unterstützung des Papstes wurden Expeditionen gen Osten entsandt, um die Mongolen zu bekehren, sie für den Kampf gegen den Islam zu gewinnen und eine weitere Bedrohung des christlichen Abendlandes zu verhindern. Das erste Unternehmen dieser Art startete im Frühjahr 1245 unter der Leitung des Franziskanermönchs Giovanni da Pian del Carpini, der um 1180 geboren war. Die Gruppe erreichte schließlich die mongolische Hauptstadt Karakorum (in der heutigen Mongolischen Volksrepublik) und kehrte nach mehr als 2 Jahren wieder nach Europa zurück. Es wurde zwar keines der gesteckten Ziele erreicht, doch Carpini schrieb schon bald nach seiner Rückkehr einen Reisebericht, der den Lesern erstmals einen sachlichen, genauen Einblick in die Lebensweise der Mongolen und die zentralasiatische Landschaft vermittelte.

Die Qualität seiner Reisebeschreibung wurde noch übertroffen von der des französischen Franziskanerpaters Wilhelm von Rubruck. Er wurde am 16. September 1253 vom französischen König Ludwig IX., der sich zu jener Zeit auf einem Kreuzzug in Palästina aufhielt, auf die Reise geschickt.

Rubruck, der acht Jahre nach Carpini dessen Spuren folgte, erreichte ebensowenig wie jener, schrieb jedoch einen noch besseren Reisebericht als Carpini.

Der Höhepunkt kam mit Marco Polo (1254–1324), einem venezianischen Kaufmannssohn. Als er noch ein Junge war, gingen sein Vater Nicolò und sein Onkel Maffeo auf Handelsreise nach Osten. Diese Reise begann 1260, als das mongolische Reich unter Kublai Khan gerade in höchster Blüte stand. Die Venezianer besuchten Kublai Khan in dessen Sommerresidenz Shangtu (das in Europa als Xanadu bekannt wurde); sie wurden vom Khan empfangen und konnten anschließend nach Europa zurückkehren. Die Polos reisten 1275 erneut nach China, und diesmal war Marco dabei. Der Khan fand Gefallen an dem jungen Mann, so daß Marco Polo sich weit nach oben vorarbeiten konnte und schließlich als vertrauter Diplomat eingesetzt wurde.

In den letzten Jahren der Herrschaft von Kublai Khan merkten die Polos jedoch, daß sie sich der Gunst seines Nachfolgers nicht sicher sein konnten. Als sie eine mongolische Prinzessin nach Persien begleiten sollten, nutzten sie die Gelegenheit und zogen weiter westwärts nach Hause; 1295 kamen sie wieder in Venedig an.

Drei Jahre später – Venedig befand sich gerade im Krieg mit der konkurrierenden italienischen Hafenstadt Genua – wurde Marco Polo, der einen Teil der venezianischen Flotte kommandierte, gefangengenommen. Während des Aufenthaltes in einem Genueser Gefängnis diktierte er die Geschichte seiner Reisen. Dabei ging es ihm weniger um persönliche Erlebnisse als vielmehr um eine Beschreibung jener Gegenden in Asien und Afrika, die er während seiner Dienstzeit am Hofe des Kublai Khan kennengelernt hatte.

Das Buch wurde zu einem großen Erfolg, und seither kannten die gebildeten Europäer die »Weltinsel«.

Seereisen im Altertum

Überlandreisen waren noch fünfhundert Jahre nach Marco Polo stets beschwerlich. Das schnellste Transportmittel war das Pferd; Flüsse mußten durchwatet werden, Wälder durchquert, Gebirge überwunden, und bei all dem mußten die Versorgungsgüter für die Reisenden mitgeschleppt werden.

Nachdem man gelernt hatte, Schiffe zu bauen, wurden die ursprünglich eingrenzenden Wasserflächen zu viel genutzten Transportwegen. Wasserflächen blieben im wesentlichen »ebenerdig«, und so war die Schiffahrt wesentlich bequemer als die Fortbewegung zu Fuß oder mit dem Pferd. Entlang großer Flüsse, wie etwa dem Nil, Euphrat, Indus und Hoang Ho, entstanden frühe Kulturen, die den Wasserweg als Reise- und Transportweg nutzten. Zunächst benutzte man Flöße aus Material, das leichter war als Wasser, zum Beispiel Papyrus, Korkrinde, Baumstämme oder auch mit Luft gefüllte Tierhäute. Im Laufe der Zeit veränderte man die Form dieser Flöße, um ihre Manövrierbarkeit zu verbessern; darüber hinaus begann man, die Baumstämme auszuhöhlen, um so den Laderaum zu vergrößern – ein hohler Schiffsbauch kann aufgrund des geringeren Eigengewichtes eine größere Last tragen.

Stromabwärts war die Reise kein Problem, wurden die Boote von der Strömung mitgeführt, doch stromaufwärts mußten sie gerudert oder gezogen werden. Erst die Verwendung von Segeln vereinfachte auch die Reise gegen die Strömung, ebenso wie sie die Fahrt stromabwärts beschleunigte. Etwa um 2600 v. Chr. betrieben die Ägypter auf dem Nil einen regen Schiffsverkehr mit aus Holz gefertigten Segelbooten.

Auf den Flüssen war die Schiffahrt relativ einfach. Man befand sich immer in Sichtweite des Ufers, so daß man im Notfall dorthin segeln, rudern oder sogar schwimmen konnte. Anders war es dagegen, wenn man aus der Flußmündung ins offene Meer gelangte, aus dem Nildelta zum Beispiel ins Mittelmeer vordrang.

Dann konnte es durchaus geschehen, daß man das Festland aus den Augen verlor. Wie aber sollte man dorthin zurückkehren können, wenn das Meer selbst keine unveränderlichen Markierungen aufwies? In welche Richtung mußte man segeln? Und was war, wenn das Schiff während eines Sturmes beschädigt wurde und der Weg bis zum rettenden Ufer zu weit war?

Der Zwang zu weitreichenden Handelsbeziehungen trieb die Menschen dennoch auf die offene See hinaus. So brauchte man in Ägypten beispielsweise dringend Holz, das dort aber kaum zu finden war, wogegen die Wälder des Libanon reiche Vorräte bargen. Man hätte die Baumstämme natürlich einfach ins Meer werfen und sie entlang der Küste nach Ägypten schleppen können, doch wäre dies ein sehr schwieriges Unterfangen gewesen. Viel einfacher war es, das Holz auf Schiffe zu verladen und dann nach Ägypten zu segeln oder zu rudern. Allerdings folgten auch die Schiffe der Küstenlinie, so gut es ging.

Das erste Volk, das eine regelmäßige Seefahrt entwickelte, waren die Minoer auf Kreta etwa 2000 v. Chr. Aufgrund der Insellage waren sie auf gut funktionierende Handelswege mit anderen Inseln und dem Festland angewiesen; da die Nachbarinseln aber alle nicht sehr weit entfernt sind, war die Gefahr des Verirrens auf dem offenen Meer nicht allzu groß.

Seefahrt im eigentlichen Sinne dagegen betrieben erst die Phönizier, ein Volk, das an der Ostküste des Mittelmeers im Bereich des heutigen Libanon und Israels lebte; in der Bibel werden sie als die Bewohner Kanaans erwähnt. Phönizier ist eine griechische Bezeichnung nach dem Wort für »Purpur«, weil die phönizische Hauptstadt Tyros für die Herstellung eines Purpurfarbstoffes bekannt war.

Die Phönizier mögen die ersten gewesen sein, die die Sterne als Navigationshilfen einbezogen. Sie erkannten, daß der Große Wagen immer in nördlicher Richtung steht, so daß man ihn nur rechter Hand zu halten brauchte, wenn man nach Westen segeln wollte, und linker Hand, wenn es zurück nach Osten gehen sollte. Um das Jahr 1000 v. Chr. drangen die Phönizier bis in das westliche Mittelmeer vor, und ihre Erzählungen und Berichte über das, was sie dort fanden, wurden – durch zahlreiche »Beigaben« im Laufe der Generationen allmählich etwas verfremdet – zur Grundlage der ›Odyssee‹. Auch der griechische Sagenkomplex um Jason und die Argonauten geht auf Berichte früher Seefahrer zurück, nämlich auf griechische Händler, die in die Schwarzmeer-Region vordrangen.

Im achten vorchristlichen Jahrhundert entstanden Utika und Karthago als phönizische Stadtgründungen im Bereich des heutigen Tunesien. Vor allem Karthago wuchs bald zu einem starken Zentrum heran, von dem aus die südlichen und nördlichen Küsten des westlichen Mittelmeeres kolonisiert wurden.

Die Phönizier waren es auch, die als erste Anwohner des Mittelmeeres durch die Straße von Gibraltar weiter nach Westen strebten. Irgendwo draußen im Atlantik stießen sie auf die »Kassiteriden« oder »Zinn-Inseln«, wo sie Zinnerz förderten. Die Versorgung mit diesem Metall war für die Herstellung der Bronze von Bedeutung, nachdem die kärglichen Zinnvorräte der östlichen Mittelmeer-Region aufgebraucht waren.

Die Phönizier hielten die genaue Lage der Zinn-Inseln geheim, um ihre Monopolstellung im Handel mit diesem Metall zu wahren. Ihre Verschleierungstaktik war so erfolgreich, daß wir bis heute nicht genau wissen, wo sie anzusiedeln sind. Es wird jedoch allgemein vermutet, daß die Phönizier die Südwestspitze Englands (die heutige Grafschaft Cornwall) oder die vorgelagerten Scilly-Inseln besucht haben, da es dort mehrere alte Zinnminen gibt.

Der wohl bemerkenswerteste Bericht über die Erkundungsfahrten der Phönizier stammt von dem griechischen Geschichtsschreiber Herodot. Von ihm erfahren wir, daß um das Jahr 600 v. Chr. der ägyptische König Necho eine phönizische Expedition aussandte, um die afrikanische Küste zu erforschen. Die Gruppe unter Leitung des Seefahrers Hanno umfaßte 60 Schiffe mit 30 000 Siedlern, die neue Städte an der Küste gründen sollten. Sie segelten an der Ostküste Afrikas nach Süden, umrundeten den gesamten Kontinent und kehrten nach drei Jahren durch die Straße von Gibraltar und das Mittelmeer zurück nach Ägypten.

Herodot macht in seinem Bericht deutlich, daß er den ägyptischen Erzählungen keinen Glauben schenkt, weil sie unter anderem erwähnen, daß die Seefahrer an der Südspitze Afrikas die Sonne beständig auf der rechten Seite ihrer Schiffe gesehen hätten, solange sie gen Westen fuhren, also von ihnen aus betrachtet im Norden. Dies stand im Widerspruch zu der Erfahrung, die Herodot selbst gemacht hatte – daß nämlich die Sonne immer im Süden stehen müsse. Herodot kannte aber nur jene Länder, die nördlich der Tropen liegen, und mit dieser Einschränkung ist sein Einwand richtig – die Südspitze Afrikas dagegen liegt südlich des Tropengürtels, von wo aus gesehen die Sonne tatsächlich immer im Norden vorbeizieht. Dieser – auch für phönizische Seefahrer – ungewöhnliche Anblick kann jedoch kaum »erfunden« worden sein, so daß man aufgrund dieses Hinweises den Wahrheitsgehalt der Reiseberichte als sehr hoch einstufen muß.

Um 450 v. Chr. soll ein weiterer Seefahrer mit Namen Himilco die Küsten des Atlantiks in nördlicher Richtung befahren haben (an dem heutigen Portugal, Spanien und Frankreich vorbei) und dabei möglicherweise bis England gekommen sein. Auf diesem Wege dürften die Phönizier auch zu den Zinn-Inseln gelangt sein.

Solange Karthago die Straße von Gibraltar kontrollierte, blieb der Weg hinaus in den Atlantik den phönizischen Schiffen vorbehalten. Im vierten vorchristlichen Jahrhundert waren die Karthager jedoch in eine Reihe von kriegerischen Auseinandersetzungen mit dem griechischen Stadtstaat Syrakus auf Sizilien verwickelt und mußten dabei empfindliche Niederlagen hinnehmen. Damit schwand auch ihr Einfluß auf die Ausfahrt des Mittelmeers, so daß um 320 v. Chr. Pytheas von Massilia (dem heutigen Marseille) für die Griechen den Zuweg zum Atlantik passieren und anschließend nordwärts segeln konnte.

Wie vor ihm Himilco segelte Pytheas an den Küsten Portugals, Spaniens und Frankreichs vorbei bis England; möglicherweise umrundete er sogar diese Insel. Er berichtete jedenfalls, daß die Briten wegen des meist schlechten Wetters auf der Insel ihr Korn nicht im Freien droschen, sondern in geschlossenen Räumen; daneben erwähnte er Getränke aus vergorenem Getreide (Bier) und Honig (Met), beschrieb den größer werdenden Unterschied zwischen Tages- und Nachtlänge in nördlicheren Gefilden und den auffälligen Wechsel zwischen Ebbe und Flut, der im Bereich des Mittelmeeres unbekannt ist.

Auf seiner Fahrt hörte er auch von Gegenden, die so weit nördlich liegen, daß es dort im Winter gar nicht mehr richtig hell wird, weil die Sonne nicht mehr aufgeht. Er nannte das nördlichste Land, das er erreichte, Thule; dahinter verbirgt sich wahrscheinlich das heutige Skandinavien. Seit jenen Tagen wußte man in Westeuropa mehr oder weniger, was es mit dem Ozean auf sich hatte.

Die Erkundungsfahrten der Phönizier und Griechen blieben jedoch ohne Nachfolge. Ihre Berichte gerieten allmählich in Vergessenheit, wurden als phantasievolle Übertreibungen abgetan oder als wenig hilfreich für das praktische Leben angesehen – und die späteren Herrscher des Mittelmeerraumes, die Römer, waren sehr auf den direkten Nutzen ihres Tuns bedacht; deshalb beschränkten sie ihre Erkundungen nur auf die eroberten Gebiete.

Etwa gleichzeitig mit den Phöniziern entwickelten auf der anderen Seite der Erde die Polynesier eine rege Seefahrt mit noch viel größeren Leistungen. Stellt man die ihnen verfügbare Technik in Rechnung, dann muß man die Polynesier als die größten und wagemutigsten Seefahrer in der Geschichte der Menschheit bezeichnen.

Die Landfläche im Bereich des südlichen Pazifiks umfaßt rund 1 Million Quadratkilometer, etwa das Eineinhalbfache von Texas. Dieses Land ist jedoch in rund 10000 Stücke »zersplittert«, die sich in einem Ozean verlieren, der fast eine Hemisphäre bedeckt. Alle Inseln zusammengenommen machen nicht einmal ein halbes Prozent der Fläche aus, die der sie umgebende Ozean einnimmt.

Ausgehend von den ostindischen Inseln und Australien, zogen die Polynesier seit dem achten vorchristlichen Jahrtausend allmählich von Insel zu Insel voran und legten dabei gewaltige Strecken in primitiven, kanu-ähnlichen Booten zurück. Um das Jahr 1000 nach Christus hatten sie ein gewaltiges Dreieck besiedelt, das im Südwesten von Neuseeland, im Norden von Hawaii und im Osten von der Osterinsel markiert wird. Mit ihren Booten waren die Polynesier kreuz und quer über eine Meeresfläche von rund 14 Millionen Quadratkilometer gesegelt.

Auch diese Leistung blieb jedoch ohne Einfluß auf den Rest der Menschheit oder bloß auf die nachfolgenden Generationen. Die Polynesier konnten eine enge Verbindung zwischen den weit entfernten Inseln nicht aufrechterhalten, so daß der große Kulturkreis sehr bald in viele isolierte Bereiche zerfiel.

Während der letzten Phase der polynesischen Expansion lebte auch in Europa die Seefahrt wieder auf, allerdings zunächst nur in Regionen, die nicht zum Römischen Reich gehört hatten. Eines dieser Völker waren die Iren, die von der Unterwerfung durch die Römer verschont geblieben waren. Nach dem Zerfall des Weströmischen Reiches, zwischen 500 und 800 n. Chr., erlebte Irland eine kulturelle Blütezeit, während die Nachbarn in England allmählich wieder in die Barbarei zurückfielen.

Im Jahre 43 brachte Sankt Patrick das Christentum auf die grüne Insel, und die neuen Klostergemeinden vermittelten Bildung und Gelehrsamkeit, pflegten sogar den Gebrauch der griechischen Sprache. Einer der Mönche, Sankt Brendan, wagte sich als erster nach Pytheas auf den offenen Atlantik hinaus und erkundete die Inseln vor der schottischen Küste bis hinauf zu den Shetland-Inseln, die immerhin 200 Kilometer vor der Küste liegen. Möglicherweise besuchte bereits Pytheas die Shetlands, aber ebenso möglich ist, daß Sankt Brendan noch weiter nördlich bis zu den Faröer-Inseln kam, die noch einmal 320 Kilometer weiter nördlich liegen. Weitere irische Mönche folgten und dürften um 795 Island erreicht haben, rund 480 Kilometer nordwestlich der Faröer-Inseln.

Dennoch hatten auch die irischen Erkundungsfahrten auf dem Atlantik (wie schon bei den Phöniziern und Griechen) keine dauernden Auswirkungen, und es entstanden auch keine neuen Siedlungen. Die Berichte der wagemutigen Seefahrer gerieten allmählich in Vergessenheit oder wurden mit bestehenden Mythen so vermischt, daß es heute fast unmöglich ist, zwischen wahren Begebenheiten und nur Erfundenem zu unterscheiden.

Dann kamen die Wikinger aus Norwegen. Über einen Zeitraum von rund 250 Jahren terrorisierten sie ab etwa 790 die Küsten West-Europas. Wikinger besetzten den größten Teil von Schottland und Irland (und beendeten hier abrupt die kulturelle Blütezeit), suchten die angelsächsischen Könige heim, die sich nach dem Abtrennungsprozeß von den Römern in England etabliert hatten, und plünderten Küstenstreifen und Flußregionen im heutigen Deutschland und Frankreich. Wikinger drangen sogar bis in die Mittelmeer-Region vor, sowohl auf dem Seeweg als auch über Land auf dem Umweg über Westrußland.

Daneben stießen die Wikinger in bislang unbekannte Gebiete vor. Um 870 segelte ein gewisser Ottar aus purer Neugierde immer weiter nach Norden – er wollte wissen, wie weit sich das Land in dieser Richtung erstreckte und ob es auch an den Grenzen noch bewohnt war. Wahrscheinlich gelang ihm die Umfahrung der skandinavischen Halbinsel über das Nordkap hinaus, den nördlichsten Punkt des europäischen Festlandes. Das Nordkap liegt bei 71,1 Grad nördlicher Breite, rund 500 Kilometer nördlich des Polarkreises; dies wäre dann also die erste bekanntgewordene Überquerung des nördlichen Polarkreises auf dem Seewege. Ottar segelte dann entlang der Halbinsel Kola weiter bis ins Weiße Meer.

Alten Berichten zufolge kamen die Wikinger aber sogar noch weiter nördlich als nur bis zum Nordkap. Im Jahre 1194 erreichten sie eine Insel, die sie Svalbard nannten und die gewöhnlich mit Spitzbergen identifiziert wird. Selbst die Südspitze dieser Insel liegt bei 76,6 Grad nördlicher Breite, mehr als 1100 Kilometer nördlich des Polarkreises. Dies aber ist wohl der nördlichste Punkt, den die Wikinger ansteuerten.

Noch weiter drangen sie dagegen nach Westen vor. Schon vor Ottars Nordlandfahrt waren sie bis zu den Faröer-Inseln gekommen und hatten dort die erste dauerhafte Siedlung gegründet. Wenn je zuvor irische Bewohner dort heimisch gewesen sein sollten, waren sie zu diesem Zeitpunkt entweder ausgestorben oder in die Heimat zurückgekehrt.

Die Faröer waren für die Wikinger aber nur eine Zwischenstation auf dem Weg weiter nach Westen. Bereits 874 landete ein norwegischer »Flüchtling« auf Island. Auch hier gab es zu jenem Zeitpunkt keine irischen Auswanderer mehr (wenn es sie je gegeben haben sollte), und so gründeten die Wikinger auch auf Island die erste Siedlung, die permanent bewohnt war. Damit sind diese beiden Inseln die ersten zuvor menschenleeren Landgebiete, die in historischer Zeit von Europäern besiedelt wurden.

Von den Berggipfeln im Nordwesten Islands aus kann man am Horizont schwach einen weiteren Landstreifen erkennen. In dieser Gegend lebte gegen Ende des ersten Jahrtausends der Wikinger Erik Thorwaldsson, genannt Erik der Rote. Im Jahr 982 wurde er für 3 Jahre verbannt und nutzte diese Zeit für Entdeckungsfahrten. Dabei fuhr er bis zu diesem Land im Westen, das sich als unwirtliche Eisregion entpuppte, und segelte entlang der Küsten südwärts, umrundete die Südspitze und fand an der westlichen Küste einen weniger abweisenden Platz, der seiner Meinung nach für die Anlage einer Kolonie geeignet war.

985 kehrte er nach Island zurück und warb Auswanderer für das neue Land, das er werbewirksam Grönland nannte (»grünes Land«). Der Name ist irreführend, wie jeder, der einmal da war, weiß, aber er hat sich bis heute gehalten. Mit 14 Booten stach man ein Jahr später in See und errichtete an der Südwestküste Grönlands eine Siedlung, die mehr als 400 Jahre hindurch bewohnt blieb; auf dem Höhepunkt ihrer Geschichte um das Jahr 1200 mögen rund 3000 Wikinger dort gelebt haben.

Die Siedlung diente schon bald als Ausgangspunkt für noch weiter nach Westen gerichtete Expeditionen. Um das Jahr 1000 führte Leif Eriksson, ein Sohn Eriks des Roten, eine Gruppe bis an den nordamerikanischen Kontinent heran und landete vermutlich auf der Insel Neufundland. Einige Jahre hindurch bemühte man sich um die Gründung einer Kolonie in dem von ihnen so benannten »Vinland«, doch konnten sie sich dort nicht lange halten (der genaue Ort dieser Siedlung ist bis heute unbekannt).

Anders als Island und Grönland war Vinland bereits von Menschen bewohnt. Die Wikinger nannten diese Ureinwohner Skrälinger – wir wissen heute, daß es sich dabei um Eskimos gehandelt haben muß. Sie waren über die Neuankömmlinge nicht gerade erfreut und hatten einen entscheidenden Anteil daran, daß sich die Wikinger schon bald wieder von hier zurückzogen. Trotzdem kehrten die grönländischen Siedler in regelmäßigen Abständen an die nordamerikanische Küste zurück, um sich hier Holzvorräte zu beschaffen, denn auf Grönland gab es keine Bäume.

Im 14. Jahrhundert wurde die Grönland-Kolonie von schweren Rückschlägen getroffen. Während der vierziger Jahre wütete in Europa die Pest und gelangte 1349 auch nach Skandinavien und Island. Die Bevölkerungszahlen wurden drastisch reduziert, und entsprechend ließ der Zustrom neuer Bewohner nach Grönland nach. Das letzte Schiff segelte 1367 von Norwegen nach Grönland. Hinzu kam eine allmähliche Klimaverschlechterung, die schließlich eine Fortführung des Ackerbaus auf Grönland unmöglich werden ließ.

Den Rest dürften die Eskimos besorgt haben, ein ursprünglich asiatischer Volksstamm, der sich an die arktischen Lebensbedingungen angepaßt hatte und in der Lage war, sich von Meerestieren zu ernähren.

Um die Zeitenwende hatten die Eskimos an den Küsten Alaskas mit der Besiedelung begonnen und etwa gleichzeitig mit den Wikingern Grönland erreicht, allerdings den nordwestlichen Teil dieser Insel. Von hier aus drangen sie allmählich weiter nach Süden vor und stießen schließlich auf die Wikinger-Siedlungen. Ihr Auftauchen dürfte das Schicksal der ohnehin geschwächten Wikinger endgültig besiegelt haben, und so zogen sich die norwegischen Auswanderer um das Jahr 1415 von diesem Vorposten zurück.

Damit blieben auch die Erkundungsfahrten der Wikinger ohne nachhaltige Wirkung, wenn man einmal von der Besiedelung Islands absieht. Die Berichte über die noch weiter westlich gelegenen Länder erreichten Mitteleuropa entweder erst gar nicht oder nur in so sagenumwobener Form, daß man hier nicht so recht wußte, ob man ihnen Glauben schenken sollte oder nicht.

Orientalische Seefahrt

Zur gleichen Zeit, da die Iren und Wikinger die kalten, nördlichen Ausläufer des Atlantiks befuhren und die Polynesier den Weiten des Pazifiks trotzten, segelten die Araber im Indischen Ozean. Die Tatsache, daß heute viele Menschen in Indonesien und auf den Philippinen sich zum moslemischen Glauben bekennen, zeugt von den weiten Reisen der arabischen Händler jener Zeit. Ihre Berichte finden sich in veränderter, fantastischerer Form in den Erzählungen von ›1001 Nacht‹ wieder.

Dabei war China im Mittelalter das technologisch am weitesten fortgeschrittene Land. Es geriet zwar für eine kurze Zeit in den Einflußbereich der Mongolen, doch änderte das nichts. China hatte jenen Punkt erreicht, von dem aus einschneidende Veränderungen möglich wurden, und brachte darüber hinaus jene Menschen hervor, die diese Veränderungen auch durchsetzten.

Die magnetischen Eigenschaften bestimmter Minerale waren bereits im Altertum bekannt. Man wußte auch, daß diese Minerale das Verhalten einer Stahlnadel beeinflussen konnten. Irgend jemand (wir wissen nicht, wer, wann und wie) fand dann heraus, daß eine solchermaßen magnetisierte Stahlnadel sich in nordsüdlicher Richtung einpendelte, wenn man sie auf einen Ständer legte und vor äußeren Einflüssen wie etwa Luftbewegungen schützte.

Wir wissen allerdings, *wo* dies geschah. Es war in China, wo dieser Tatbestand erstmals im 11. Jahrhundert erwähnt wird. Es ist sofort einsichtig (zumindest im nachhinein), daß eine solche Vorrichtung (wir sprechen heute von einem Magnetkompaß) eine hervorragende Hilfe für die Orientierung auf dem Meer sein mußte. Ein solches Gerät konnte die Nordrichtung weisen und damit automatisch auch alle übrigen Himmelsrichtungen markieren, Tag und Nacht, bei gutem und schlechtem Wetter. Man war nicht länger auf die Beobachtung von Sonnenaufgang oder -untergang, des Polarsterns, des Großen Wagens oder sonst einer Orientierungshilfe angewiesen, die von Wolken oder Nebel verborgen werden konnte.

Die Seefahrer lernten bald den Nutzen dieses Gerätes kennen. Um etwa 1100 hörten arabische Händler in den Gewässern Indonesiens erstmals von der nach Norden weisenden Kompaßnadel und nutzten sie fortan zur Navigationshilfe; so viel wird von einem chinesischen Geschichtsschreiber aus jener Zeit überliefert.

Mit der Zeit drang die Kunde von der wundersamen Magnetnadel nach Westen, und im Jahre 1180 wird der Kompaß erstmals von einem Europäer erwähnt – von einem englischen Gelehrten namens Alexander Neckam. Damit war die Voraussetzung geschaffen, endlich auf kühne Weise unter Benutzung des Kompasses gezielt die Weiten der Ozeane zu ergründen.

Das Land, das als erstes diese Chance nutzte, war wiederum China. Im Jahre 1368 hatten sich die Chinesen der mongolischen Vorherrschaft entledigt und die Ming-Dynastie begründet. Zu jenem Zeitpunkt lebten im »Reich der Mitte« trotz der Verwüstungen durch die mongolische Besatzung noch mehr als 80 Millionen Menschen, mehr als in ganz Europa zusammen. Doch während Europa damals in zahllose Kleinstaaten zersplittert war, besaß China eine starke Zentralregierung. Entsprechend gut funktionierte die Infrastruktur, so daß die kulturelle und technische Entwicklung weit vorangeschritten war, weiter als an jedem anderen Ort auf unserem Planeten, und so besaß China denn auch die meisten und besten Schiffe und noch dazu die längste Erfahrung im Umgang mit dem Kompaß. Darüber hinaus zeigte der damalige Kaiser von China ein reges Interesse an der Erforschung und Nutzung der Meere, und sein Admiral vermochte die Flotte besser einzusetzen als jeder andere Befehlshaber irgendwo auf der Erde. Yung-lo hatte den Kaiserthron 1402 bestiegen und träumte von Eroberungen in überseeischen Gebieten; sein Admiral Cheng-ho, ein Eunuche, stammte aus der Provinz Yünnan im Südwesten Chinas. 1405 stieß Cheng-ho mit 300 Schiffen und 27000 Menschen in See.

Seine Flotte besuchte Indonesien, Malaysia und Ceylon. Überall wurde eine chinesische Vorherrschaft aufgebaut, wurden Armeen der Eingeborenen besiegt und ihre Herrscher gefangengenommen. Insgesamt zog Cheng-ho siebenmal los und kam dabei sogar bis ins Rote Meer, besuchte Mekka und Ägypten, doch dann brach die Serie der Expeditionen plötzlich ab. Nach 22jähriger Herrschaft starb Yung-lo, und seine Nachfolger waren an der Fortführung seiner Eroberungszüge wenig interessiert. Chinas Selbstzufriedenheit als am weitesten entwickelte Macht der Erde (in gewisser Weise berechtigt) führte dazu, die Bedeutung von Beziehungen mit anderen Völkern und Herrschaftsbereichen zu unterschätzen. So zog man sich bald wieder aus der »Weltpolitik« zurück und überließ die Herrschaft über die Meere anderen. Wahrscheinlich verspielte China damals die Chance, zur ersten Weltmacht aufzusteigen. Den Sieg trugen andere Länder davon, viel kleinere, weit weniger entwickelte Länder (damals wußte natürlich noch niemand, daß es einmal so etwas wie ein Weltmachtstreben geben würde).

Die Küsten Afrikas

Den Sieg trug Westeuropa davon, genauer, ein kleiner Ausschnitt, ein wenig beachteter Teil.

Zu jener Zeit war Westeuropa so etwas wie der Hinterhof der Welt, verarmt, verlottert und zerstritten. Während der Kreuzzüge bekamen die Ritter und Fürsten erstmals Kontakt zu dem weit höheren Lebensstandard östlicher Zivilisationen mit ihren kulturellen Errungenschaften und ihrem Luxus. Marco Polos Bericht über den unglaublichen Reichtum und Luxus der »Inder« tat ein übriges. In Westeuropa wuchs das Verlangen nach Dingen wie Zucker, Gewürzen und Seide, die nur aus dem Orient bezogen werden konnten.

Solche Güter waren jedoch sündhaft teuer, da sie bei ihrem Transport über Land durch viele Hände gingen und jeder einen kleinen (oder auch großen) Gewinn einstreichen wollte. Darüber hinaus wurden die osmanischen Türken an der Ostküste des Mittelmeers immer stärker, und da sie dem christlichen Abendland gegenüber feindlich gesonnen waren, versuchten sie, diesen Handel soweit wie möglich zu unterbinden.

Angesichts solcher Schwierigkeiten begannen einige Westeuropäer nach einem Ausweg zu suchen, einem Umweg, der sowohl die Türken als auch die zahllosen »Mittelsmänner« umging und einen direkten Handel mit den Ursprungsländern erlaubte; man dachte vor allem an einen Seeweg nach Indien. Zu diesen »Pfadfindern« gehörte auch Prinz Heinrich (1394–1460), der dritte Sohn des portugiesischen Königs Johann I.

Portugal lag als westlichstes Königreich Europas ganz am Ende des langen Handelsweges. An seine Küsten brandete der Atlantik, und Nordafrika war nicht weit. Nachdem man mit Erfolg die Unabhängigkeit gegenüber dem kastilischen Königreich gewahrt hatte, suchte man nach neuen »Abenteuern« und fand sie in einem Krieg in Nordafrika. 1415 eroberte eine portugiesische Streitmacht die Stadt Ceuta am nördlichsten Zipfel des heutigen Marokko (am südlichen Ufer der Straße von Gibraltar), und in diesem Feldzug tat Prinz Heinrich sich besonders hervor.

Seither fühlte er sich von diesem geheimnisvollen Kontinent

angezogen und begann, von einem Seeweg entlang der afrikanischen Küsten nach Indien zu träumen. Niemand wußte, wie weit sich dieser Kontinent nach Süden erstreckte und ob man ihn überhaupt umsegeln konnte, doch gab es schließlich den Bericht des Herodot über die phönizische Expedition vor mehr als 2000 Jahren. Man konnte es also auch selber versuchen.

Im Jahre 1420 gründete Heinrich in Sagres, dem südwestlichsten Punkt Portugals, eine Seefahrerschule. Hier wurden erfahrene Kapitäne herangebildet, Schiffe nach neuesten Erkenntnissen gebaut, neue Navigationshilfen entworfen und getestet, Mannschaften angeheuert und geschult, schließlich Expeditionen sorgfältig vorbereitet und ausgerüstet. Obwohl Heinrich selbst nie an einer solchen Expedition teilnahm, erhielt er aufgrund seines unermüdlichen Einsatzes und seiner zahlreichen Anregungen den Beinamen »der Seefahrer«, der ihn weltbekannt gemacht hat.

Jahr für Jahr sandte er Schiffe gen Süden, entlang der afrikanischen Atlantikküste, und jedes sollte weiter vordringen als die anderen vor ihm. Als Heinrich 1460 starb, hatten portugiesische Seeleute immerhin schon den Gambia-Fluß erreicht, waren sie rund 3000 Kilometer weit gekommen. So groß diese Leistung auch gewesen sein mochte, auf dem Weg nach Indien stellte dies nur rund ein Fünftel der Gesamtstrecke dar (was damals natürlich noch niemand wußte).

Um 1470 schien man den nach Westen vorgewölbten Teil Afrikas umrundet zu haben, denn nun verlief die Küstenlinie ziemlich genau in östlicher Richtung. Mit großem Eifer versuchten sich die einzelnen Expeditionen gegenseitig zu übertreffen, und schon zwei Jahre später war man gegenüber dem Gambia-Fluß rund 3000 Kilometer weiter nach Osten vorgedrungen. Alles schien glatt zu laufen, doch dann knickte die Küstenlinie plötzlich wieder nach Süden ab.

Nach dieser herben Enttäuschung ließen die Anstrengungen drastisch nach, doch als 1481 Johann II., ein Großneffe von Heinrich dem Seefahrer, den portugiesischen Thron bestieg, lebte das Projekt neu auf. Schon ein Jahr später drangen seine Schiffe 2500 Kilometer über den Punkt hinaus vor, an dem die afrikanische Küste wieder nach Süden abknickt.

Johann II. verdoppelte den Einsatz und entsandte 1487 zusätzlich eine Expedition durch das Mittelmeer und das Rote Meer. Dies mochte zwar vielleicht keine praktikable Handelsroute sein, weil sie durch das Gebiet der Muselmanen führte, doch versprach er sich von diesem Unternehmen wichtige Informationen.

Unter der Leitung von Pedro de Covilhão (1450–1545) zog die Gruppe über Kairo und die Küsten des Roten Meeres bis nach Aden; dort bestieg man ein Schiff nach Indien. Auf seiner Rückkehr wandte sich Covilhão an der afrikanischen Ostküste nach Süden und kam bis zum Sambesi-Fluß im heutigen Mozambique. Schließlich ließ Covilhão sich in Äthiopien nieder und übermittelte von dort einen ausführlichen Bericht. Aufgrund von Berechnungen konnte Afrika am südlichsten, bislang erreichten Punkt kaum breiter als 2400 Kilometer sein, während im Norden immerhin 6400 Kilometer zwischen Ost- und Westküste lagen. Sollten die beiden Küsten am Ende im Süden zusammenlaufen, und war man vielleicht gar nicht mehr weit von diesem Punkt entfernt? Vielleicht bedurfte es nur noch einer letzten Anstrengung ...

Die entscheidende Mission war bereits angelaufen. Noch im gleichen Jahr, da Covilhão Portugal verlassen hatte, schickte Johann II. den Kapitän Bartholomeo Diaz entlang der Westküste Afrikas nach Süden. Diaz drang weiter nach Süden vor als seine Vorgänger, bis ihn schließlich ein Sturm erfaßte und ihn noch schneller vorantrieb. Als sich der Sturm gelegt hatte, konnte man kein Land mehr erkennen, und weil Diaz annahm, daß die afrikanische Küste in östlicher Richtung liegen müßte, änderte er seinen Kurs entsprechend ab. Doch die Suche blieb erfolglos, und so drehte er nach Norden ab. Schließlich, am 3. Februar 1488, erreichte er wieder den afrikanischen Kontinent und stellte mit Erstaunen fest, daß die Küste hier nahezu in west-östlicher Richtung verlief. Irgendwo mußte sie also von ihrer Nord-Süd-Richtung abgeknickt sein, doch hatte er den entscheidenden Punkt offenbar aufgrund des Sturmes verpaßt.

Diaz segelte entlang der Küste nach Osten und erreichte schließlich den Punkt, an dem der Kontinent nach Nordosten zurückwich. Offenbar hatte er die Südspitze Afrikas überschritten, und mit dieser Gewißheit kehrte er um, passierte dabei auch die Stelle, an der die Küstenlinie von der Nord-Süd-Richtung abbog, und nannte sie das Kap der Stürme. Als man jedoch in Portugal seinen Bericht vernahm, gab Johann II. dieser Landspitze den Namen Kap der Guten Hoffnung.

Johann II., der sich mehr als jeder andere (mit Ausnahme von Heinrich dem Seefahrer) immer wieder für dieses Afrika-Projekt eingesetzt hatte, konnte den endgültigen Durchbruch jedoch nicht mehr miterleben; er starb 1495, aber sein Vetter Manuel I. führte die Bemühungen zu einem erfolgreichen Ende.

Manuel I. entsandte Vasco da Gama (1469–1524) auf die Suche nach dem Seeweg nach Indien. Dessen Schiffe verließen Lissabon am 8. Juli 1497 und erreichten ihr Ziel schließlich am 19. Mai 1498.

Diese Verbindung riß nie mehr ab. Portugal hatte den Weg nach Indien an den islamischen Völkern vorbei gefunden. Obwohl es nur ein kleines Land mit rund 1,25 Millionen Einwohnern war, machten zwei entscheidende Vorteile es selbst den reichen, dichtbesiedelten asiatischen Ländern überlegen: Zum einen besaßen die Portugiesen Schiffe, mit denen sie jeden beliebigen Punkt auf dieser weiten Strecke anlaufen konnten, so daß Landstreitkräfte ihnen wenig anhaben konnten – mit ein paar Schlüsselpositionen als Zwischenstationen beziehungsweise Basispunkten ließen sich weite Küstenstreifen von nur wenigen Schiffen und Männern kontrollieren; darüber hinaus gab es an Bord der portugiesischen Schiffe Kanonen, denen die Gegner nichts Vergleichbares entgegensetzen konnten. Zwar war das Schießpulver ursprünglich in China erfunden worden, doch hatte man es im Reich der Mitte hauptsächlich für Feuerwerkskörper benutzt oder um Roß und Reiter bei kriegerischen Auseinandersetzungen mit Lärm zu erschrecken. Mit den Mongolen war dann auch die Kunde von dieser Erfindung nach Westeuropa vorgedrungen, und hier dauerte es nicht lange, bis kriegslüsterne Christen Kanonen zu bauen begannen, um andere Völker unterwerfen zu können. So wurde nicht das mächtige China, sondern das kleine Portugal zur ersten »Weltmacht« mit einem transozeanischen Reich.

Die Neue Welt

Portugal blieb aber nicht lange die einzige Weltmacht, und der Weg rund um Afrika sollte auch nicht der alleinige Zugang nach Indien bleiben.

Schon die alten Griechen hatten die Vermutung geäußert, daß die Erde eine Kugel sein müsse, und diese Theorie war unter den Gelehrten Westeuropas durchaus bekannt. Also sollte man von Europa aus auch in westlicher Richtung rund um den Globus an die Ostküste Asiens gelangen können.

Natürlich würde dies bedeuten, daß man über weite Strecken

offenen Meeres segeln mußte, weitab von jeder rettenden Küste – und das hatte zuvor noch niemand mit Erfolg getan. Selbst die portugiesischen Seefahrer hatten sich bei ihren Erkundungsfahrten entlang dem afrikanischen Kontinent nur selten weiter von der Küste entfernt. Allerdings konnte man sich mit Hilfe des Kompasses nicht verirren, da man mit ihm immer wieder den Weg zurück finden konnte.

In diesem Zusammenhang stellte sich die Frage nach der Größe der Erde. Der griechische Naturforscher Eratosthenes (276 bis 196 v. Chr.) hatte um das Jahr 240 v. Chr. den Umfang der Erde aufgrund von Messungen der Sonnenhöhe an verschiedenen Orten zu etwa 40000 Kilometer berechnet.

Wenn er recht haben sollte, so hätte dies bedeutet, daß der Seeweg nach Asien auf der Westroute rund 25000 Kilometer weit sein müsse – um eine solch gewaltige Strecke zu überwinden, brauchte man allerdings mehr Proviant, als die Schiffe der damaligen Zeit hätten tragen können.

Spätere griechische Geographen kamen jedoch zu anderen Zahlenwerten, und im 15. Jahrhundert nahmen die meisten Gelehrten an, daß die Erde einen Umfang von allenfalls 29000 Kilometer habe. Darüber hinaus hatte Marco Polo in seinem Bericht die Ostküste Asiens irrtümlich zu weit östlich angesiedelt. Beide Fehler zusammen führten zu der völlig falschen Annahme, die Ostküste Asiens sei nur rund 4800 Kilometer weit von Westeuropa entfernt (weniger als ein Fünftel der wirklichen Distanz). Christoph Columbus, ein Seemann aus Genua, der schon als Junge zur See gefahren war, war von der Richtigkeit dieses zu kleinen Wertes überzeugt und träumte von der Westroute nach Indien. Er versuchte zunächst, Johann II. von Portugal für seine Absichten zu gewinnen, doch der zeigte kein Interesse, weil er die geringe Entfernung anzweifelte und statt dessen den Weg um Afrika vorzog.

Unterdessen war das Königreich von Kastilien im Osten Portugals von der Landkarte verschwunden. Seine Königin Isabella hatte Ferdinand II. von Aragon geheiratet, und nun regierten beide zusammen über die solchermaßen vereinte Region, das heutige Spanien. 1492 eroberten sie Granada zurück, das den Arabern als letzte Bastion von ihrem Feldzug siebeneinhalb Jahrhunderte zuvor geblieben war.

Natürlich wollten die Spanier ihre neue Macht unter Beweis stellen, und weil sie darüber hinaus neidisch auf die portugiesischen Erfolge auf dem Gebiet der Seefahrt waren, rüsteten Isabella und Ferdinand Columbus für seine Westfahrt aus – wenn auch nur mit dem Allernötigsten: drei kleine, nahezu wertlose Schiffe sowie eine Mannschaft aus Gefangenen, die zum Lohn für die Teilnahme an dem Unternehmen ihre Freiheit zurückerlangen sollten. Die Gesamtkosten für diese wohl entscheidendste Expedition in der Geschichte der Menschheit werden irgendwo zwischen 16000 und 75000 Dollar geschätzt, was selbst für damalige Verhältnisse nicht gerade sehr viel war.

Am 3. August 1492 verließ Columbus mit 3 Schiffen und 90 Leuten an Bord die spanische Hafenstadt Palos, rund fünfzig Kilometer östlich der Grenze nach Portugal. Zunächst segelte er in Richtung Kanarische Inseln, die damals schon zum spanischen Herrschaftsbereich gehörten, und drang dann am 6. September weiter westwärts vor. Dieser »Umweg« in zunächst südlicher Richtung war wohlüberlegt, denn so konnte er die Passatwinde nutzen, die ständig in westlicher Richtung wehen – wäre er von Spanien aus direkt gen Westen losgesegelt, so hätte er gegen die in diesen Breiten vorherrschenden Westwinde ankreuzen müssen und wäre wohl kaum je am Ziel angekommen.

Sieben Wochen hindurch behielt Columbus seinen Kurs bei, und es war eine bemerkenswert ruhige Überfahrt ohne jeden Sturm – zum Glück für Columbus und seine Besatzung, denn die Nußschalen hätten einen wirklichen Sturm wohl kaum heil überdauert. Während der ganzen Zeit gab es nichts als Wind und Wellen, bis am 12. Oktober plötzlich der Ruf »Land in Sicht« ertönte. Man hatte eine kleine bewohnte Insel erreicht, und Columbus, der sicher war, an der Ostküste Indiens gelandet zu sein, nannte die Bewohner Indianer – ein irreführender Name, der sich dennoch bis heute gehalten hat. Die Insel erhielt den Namen »San Salvador« (Heiliger Retter), doch geriet dies ebenso in Vergessenheit wie die genaue Lage der Insel, so daß wir heute nicht genau wissen, wo Columbus eigentlich gelandet ist. Man nimmt allerdings an, daß es sich dabei um eine Insel aus der Gruppe der Bahamas gehandelt hat, wahrscheinlich um »Watling's Island«, das seinen heutigen Namen nach einem englischen Piraten, John Watling, trägt.

Noch heute spricht man übrigens im Zusammenhang mit den Amerika vorgelagerten Inseln von den »Westindischen Inseln«, weil Columbus der festen Überzeugung war, die Ostküste Indiens erreicht zu haben.

Am 13. März 1493 kehrte Columbus nach Palos zurück und war mit einemmal in ganz Westeuropa berühmt und bekannt.

Jetzt machten sich auch Seefahrer aus anderen Ländern auf den Weg über den Atlantik, doch die Spanier waren die ersten gewesen und wurden damit zur zweiten »Weltmacht«.

Im Sog des Columbus kam auch der Italiener Amerigo Vespucci (1451–1512) über den Atlantik und erkundete ab 1497 die Küste eines Kontinents, der südwestlich der von Columbus entdeckten Inselgruppe lag. Ihm fiel auf, daß dieser Kontinent wenig gemein haben konnte mit jener asiatischen Küste, die Marco Polo nach seinen Ostlandreisen beschrieben hatte. Während Columbus bis zu seinem Tod 1504 überzeugt war, den westlichen Seeweg nach Indien gefunden zu haben, besann Vespucci sich auf die Berechnungen des Eratosthenes, wonach es bis dort rund 25 000 Kilometer hätten sein müssen; er behauptete, daß Columbus eine »Neue Welt« entdeckt habe, hinter der sich ein neuer, noch unbekannter Ozean anschließen würde. Lediglich diesem »zusätzlichen« Kontinent sei es zu verdanken, daß Columbus bei seinem im strengen Sinn aussichtslosen Unterfangen, die Ostküste Asiens zu erreichen, nicht umgekommen sei.

Vespuccis Ansichten wurden von dem deutschen Kartographen Martin Waldseemüller (1470–1518) aufgegriffen; dieser veröffentlichte 1507 eine Karte, die das neue Land als eigenständigen Kontinent auswies, der weder zu Europa noch zu Afrika oder auch Asien gehörte. Waldseemüller schlug als Namen für diesen vierten Kontinent America vor nach dem latinisierten Vornamen Vespuccis, weil jener als erster die Eigenständigkeit erkannt hatte.

Der Name bürgerte sich rasch ein und wurde schon bald von jedermann benutzt – zunächst jedoch nur für den südlichen Teil des neuen Kontinents, weil man nicht sicher war, ob es nicht doch eine Landbrücke zwischen Asien und dem nördlichen Bereich des Kontinents gebe. Schließlich fand man aber die wahre Kontinentalnatur Gesamtamerikas und sprach seither von Nord- und Südamerika.

Rund um die Welt

Die Existenz eines zweiten Ozeans zu postulieren und ihn dann auch zu finden, ist zweierlei. Der erste Westeuropäer, der diesen transamerikanischen Ozean mit eigenen Augen gesehen hat, war Vasco Núñez de Balboa (1475–1517), ein spanischer Entdecker, der sich im heutigen Panama niedergelassen hatte. Im Jahre 1510 hörte er erstmals von Volksstämmen im Innern des Landes, die riesige Goldschätze besitzen sollten. Am 1. September 1513 brach er daher mit einer Gruppe von Männern auf, um nach diesem Gold zu suchen. Zu jenem Zeitpunkt wußte noch niemand, wie schmal Amerika an dieser Stelle ist, und so dauerte es nur bis zum 25. September, bis die Gruppe der Männer plötzlich von einem Hügel aus auf ein weites Meer blickte. Balboa nannte es die »Südsee«, weil es sich von ihrem Standort aus in südlicher Richtung erstreckte. Damit erhielt die Behauptung Vespuccis, Asien sei in Wirklichkeit viel weiter westlich zu suchen, neue Nahrung.

Den Beweis dafür aber sollte ein portugiesischer Seefahrer antreten, Ferdinand Magellan (1480–1521). Er war in einem Krieg zwischen Portugal und Marokko auf nordafrikanischem Boden verwundet worden, doch hatte man ihm aufgrund unterstellter Verbindungen zu den Marokkanern die Zahlung einer Rente verweigert. Erbost über dieses Unrecht bot er den Spaniern seine Dienste an.

Zuvor hatte der Papst alles Land, das auf dem Seeweg nach Osten erreicht wurde, den Portugiesen zugesprochen, während Spanien die westwärts gelegenen Gebiete gehören sollten. Magellan überzeugte seine neuen Herren davon, daß Spanien auf der Westroute an Amerika vorbei ebenfalls nach Asien gelangen könne, ohne dabei in östlicher Richtung gesegelt zu sein, so daß man auf diese Weise den Richterspruch des Papstes buchstäblich umfahren könne.

König Karl I., ein Sohn von Ferdinand und Isabella (der später als Kaiser Karl V. des Heiligen Römischen Reichs bekannt wurde), griff Magellans Vorschlag auf und rüstete eine Expedition für diesen Zweck aus. Im August 1519 verließ Magellan mit fünf Schiffen Spanien.

Magellan segelte zuerst in Richtung Ostspitze Südamerikas (im Bereich des heutigen Brasilien), die damals von Portugiesen kontrolliert wurde, und drehte dann nach Süden ab. Entlang der Küste suchte er nach einer Passage, die ihn westwärts in den zweiten Ozean führen sollte. Dabei mußten sie allerdings wider Erwarten sehr weit gen Süden segeln, bis sie am 21. Oktober 1520 jene langersehnte Lücke fanden; sie wird heute noch die »Magellanstraße« genannt.

38 Tage dauerte die Durchquerung dieses nur rund 525 Kilometer langen Wasserweges, weil immer wieder fürchterliche

Stürme die Fahrt behinderten. Am 28. November erreichten jedoch alle fünf Schiffe wieder das offene Meer, das Magellan aufgrund des nunmehr wieder besseren Wetters den »friedlichen Ozean« nannte – Pazifik.

Das schlimmste Wegstück lag jedoch noch vor ihnen. Nicht nur, daß der Pazifik wirklich jene Ausmaße besaß, die man aufgrund von Berechnungen des Eratosthenes erwartet hatte – er entpuppte sich darüber hinaus als gewaltige Wasserwüste ohne nennenswerte Landfläche. 99 Tage hindurch segelten die fünf Schiffe ohne jeden Landkontakt immer weiter. Längst waren die Vorräte zur Neige gegangen, mußten die Mannschaften Leder kauen und Sägemehl unter ihre Essensrationen mischen, um wenigstens etwas zwischen die Zähne zu bekommen. Am 6. März 1521 schließlich erreichten sie fast verhungert die Insel Guam. Nach einer Erholungspause ging es weiter westwärts bis zu jener Inselgruppe, die wir heute die Philippinen nennen. Dort wurde Magellan am 27. April 1521 in ein Scharmützel mit Eingeborenen verwickelt und dabei tödlich verwundet.

Die Reste der Mannschaft retteten sich mit zwei Schiffen aufs offene Meer hinaus und segelten dann weiter zu den Indonesischen Inseln, die bereits von den Portugiesen beansprucht wurden. Ein Schiff versuchte von hier die Rückkehr über den Pazifik, kam jedoch nie an, während das letzte Schiff, die »Victoria«, unter der Führung von Juan Sebastian del Cano (1460 bis 1526) weiter nach Westen steuerte, das Kap der Guten Hoffnung umrundete und schließlich mit 18 Mann an Bord am 9. September 1522 wieder spanischen Boden erreichte.

Sieht man einmal davon ab, daß viele Menschen bei dieser Expedition ihr Leben verloren, so reichte die mitgebrachte Ladung an Gewürzen aus, um das ganze Unternehmen zu einem großen Gewinn für Spanien werden zu lassen.

Zum ersten Mal waren auf der »Victoria« Menschen rund um den Globus gesegelt und hatten damit die Größenvorstellungen des Eratosthenes bestätigen können; darüber hinaus war deutlich geworden, daß die Erde von einem globalen Ozean bedeckt ist, in dem die Kontinente wie riesige Inseln eingelagert sind. Die entscheidende Konsequenz aus dieser ersten Erdumseglung war jedoch, daß die Erde erstmals als Ganzes dem Bewußtsein der Menschen präsentiert werden konnte. Zum ersten Mal konnte man sich die Gestalt unseres Planeten wirklich vorstellen und die relativen Positionen der Kontinente einander zuordnen. Und weil es die Europäer waren, die die notwendigen

Schiffe und Kanonen besaßen und das erforderliche seefahrerische Geschick, kontrollierten sie in der Folgezeit die Weltmeere für mehr als vier Jahrhunderte.

Der Pazifische Ozean

Eine Vorstellung von unserer Erde als Globus zu haben, bedeutet noch lange nicht, jeden Winkel auf diesem Planeten zu kennen. Die Seefahrer, die im 16. und 17. Jahrhundert mit zunehmendem Selbstvertrauen die Ozeane durchpflügten, hofften wie Columbus, noch neues, zuvor unbekanntes Land zu entdecken. Man war sich klar darüber, daß in den kleineren Meeren wie dem Atlantik oder dem Indischen Ozean keine spektakulären neuen Funde zu erwarten waren, doch im Bereich des Pazifischen Ozeans sollte die Chance größer sein. Immerhin liegt zwischen Amerika und Asien eine Fläche von 188 Millionen Quadratkilometern, rund ein Drittel der gesamten Erdoberfläche – man konnte sich kaum vorstellen, daß dies eine einzige Wasserwüste sein sollte.

Sieht man einmal von dem Flächenanteil des Pazifiks ab, dann enthält der Rest der Erde Land- und Wasserflächen in einem Verhältnis von 3 zu 5. Gälte dies auch für den Bereich des Pazifischen Ozeans, dann sollte man dort insgesamt 70 Millionen Quadratkilometer Land finden – ein Gebiet, das als zusammenhängender Kontinent annähernd so groß wie Asien und Afrika zusammen wäre. Selbst bei einem etwas ungünstigeren Verhältnis konnte man also auf doch beachtliche Landmassen hoffen.

Im Jahre 1606 umsegelte der spanische Seefahrer Luis Vaz de Torres die große Insel von Neu-Guinea und bewies damit, daß sie jedenfalls nicht zu einem südpazifischen Kontinent gehörte; die Wasserstraße im Süden der Insel, die Torres-Straße, erinnert noch heute an dieses Unternehmen. Torres sah südlich dieses Wasserweges kein Land, doch gab es genügend Berichte, die auf die Existenz einer weiteren, größeren Landmasse hindeuteten.

Das 17. Jahrhundert erlebte den Niedergang des portugiesischen Seereiches; in Indonesien übernahmen die Holländer die Rolle der Händler und Kolonialherren. Der niederländische Generalgouverneur Anton van Diemen (1593–1645) entsandte eine Forschungsexpedition unter Leitung von Abel Janszoon Tasman (1603–1659), um nach diesem Land zu suchen.

Tasman verließ Batavia (das heutige Djakarta) am 14. August 1642 mit zwei Schiffen. Im Laufe einer zehnmonatigen Seefahrt umsegelte er eine riesige Insel von der Größe der Vereinigten Staaten, ohne sie jedoch zu sehen. Statt dessen entdeckte er im Südosten dieses »übersehenen« Kontinents eine kleine Insel, die er »Van Diemens Land« nannte; der Name wurde später zu seinen Ehren in Tasmanien abgeändert. Darüber hinaus fand er die Südinsel Neuseelands und die Fidschi-Inseln. Wärend einer zweiten Expedition 1644 erkundete er auch einen Teil der Küste der zuvor nicht bemerkten Landfläche, die er Neu-Holland nannte, konnte aber nicht eindeutig feststellen, ob es sich um eine zusammenhängende Landmasse oder um mehrere kleinere Inseln handelt; auch über ihre Größe vermochte er nichts auszusagen.

Natürlich beteiligten sich auch französische und englische Seefahrer an der Suche nach Land im Pazifik, doch blieben sie alle erfolglos. Erst James Cook, der vielleicht größte Erforscher der Meere, brachte das Unternehmen zu einem erfolgreichen Abschluß.

Cook konnte als erster eine neue Technik einsetzen. Vor ihm war die Bestimmung der geographischen Länge eines Punktes auf der Erdoberfläche ein ziemlich schwieriges Unterfangen gewesen, das meist nur sehr unzureichend gelang, weil die notwendigen, genau gehenden Uhren fehlten. Erst der holländische Physiker Christiaan Huygens (1629–1695) schuf mit der Erfindung der Pendeluhr im Jahre 1656 ein wichtiges Hilfsmittel. Allerdings sind die Schaukelbewegungen eines Schiffes auf dem Meer nicht gerade förderlich für die Ganggenauigkeit. So setzte das englische Parlament 1713 eine Reihe von Preisen bis hin zu 20000 Pfund für die Entwicklung einer Uhr aus, die selbst an Bord eines Schiffes keine Genauigkeitseinbußen hinnehmen mußte. Der Preis ging an den englischen Instrumentenbauer John Harrison (1693–1776), dessen fünfter Versuch im Jahre 1765 den gestellten Bedingungen genügte.

Schon 18 Jahre zuvor hatte der schottische Arzt James Lind (1716–1794) herausgefunden, daß der Genuß von Zitrusfrüchten den gefürchteten Skorbut verhindern half; immer wieder waren die Seefahrer seit Vasco da Gama durch die monatelange Beschränkung auf Schiffszwieback und in Salz eingelegtes Schweinefleisch von dieser Krankheit befallen worden, die sich als Vitamin-C-Mangel herausstellte.

Cook, der sowohl über Zitrusfrüchte als auch Chronometer

an Bord verfügte, konnte den Pazifik auf drei Erkundungsfahrten mit großem Erfolg nach irgendwelchen noch verborgen gebliebenen Landmassen und Inseln absuchen. Während der ersten Reise kartierte er sorgfältig die Küstenlinien der beiden Inseln Neuseelands und die gesamte Ostküste von Neu-Holland; dabei erkannte Cook, daß es sich dabei um eine einzige große Insel handeln müsse, die durchaus die Bezeichnung Kontinent verdiente – es bürgerte sich dann bald der neue Name Australien (»Südland«) ein.

Auf seiner zweiten Reise von 1772 bis 1775 kreuzte er durch den südlichen Teil des Pazifik und umrundete die Erde in hohen südlichen Breiten, fand aber keine größeren Landflächen mehr. Die dritte Reise von 1776 bis 1779 führte ihn in den nördlichen Teil dieses riesigen Ozeans, aber auch hier blieb seine Suche ohne Erfolg. Cook überlebte diese dritte Erkundungsfahrt nicht – er fiel am 14. Februar 1779 bei einem kurzen Gefecht mit den Ureinwohnern Hawaiis, deren Inseln er als erster Europäer erreicht hatte.

Cook hatte mit seinen Reisen gezeigt, daß es – abgesehen von den vielleicht existierenden polaren Landmassen, die aber sicher unbewohnt waren und auch grundsätzlich unbewohnbar sein dürften – keine unentdeckt gebliebenen Landflächen mehr gab. Australien war der letzte bewohnbare Kontinent, den man gefunden hatte – danach stieß man nur noch hier und dort auf die eine oder andere kleinere Insel, aber nicht mehr.

Damit war der Pazifik tatsächlich eine im wesentlichen landfreie Wasserfläche gewaltigen Ausmaßes, die immerhin rund ein Drittel der gesamten Erdoberfläche bedeckt; durch ihn wird das Verhältnis von Wasser- zu Landflächen auf 7 zu 3 verschoben.

Wenn die arktischen Gebiete unbewohnt und unbewohnbar waren, gab es eigentlich keinen Grund, diese Regionen genauer zu erforschen und den menschlichen Lebensraum in diese Richtung auszuweiten. Dennoch waren die Sachzwänge offenbar stärker.

Seit der ersten Erdumsegelung durch Magellan gab es zwei Seewege von Europa nach Indien: die Südost-Passage, die Vasco da Gama für die Portugiesen eröffnet hatte und die seither unter portugiesischer Kontrolle stand, und die Südwest-Passage Magellans, die von den Spaniern kontrolliert wurde.

Daneben wollten aber auch andere europäische Länder, wie England, Frankreich und die Niederlande, Handel mit den Ländern des Fernen Orients treiben; sie suchten daher mit Nachdruck nach weiteren Seewegen, um die Vorherrschaft der beiden iberischen Länder zu umgehen. Prinzipiell gab es noch zwei Möglichkeiten: die Nordost-Passage entlang der Nordküste Europas und Asiens und die Nordwest-Passage, die an der Nordküste Amerikas vorbeiführt.

Bereits 1553 startete der englische Seefahrer Sir Hugh Willoughby mit drei Schiffen, um die Nordost-Passage zu erkunden. Auf den Spuren Ottars, des Wikingers, umrundeten sie zunächst die Nordspitze Skandinaviens. Rund tausend Kilometer nach der Überquerung des nördlichen Polarkreises mußte man allerdings einsehen, daß der Winter schon zu nahe war und eine gefahrlose Weiterfahrt unmöglich machte, so daß man sich zum Umkehren entschloß. Zwei der Schiffe unter der Leitung von Willoughby fanden einen Hafen auf der Halbinsel Kola, hart am Polarkreis, unmittelbar östlich der (heutigen) norwegischen Grenze, doch überlebten die Besatzungsmitglieder die eisige Kälte des Winters nicht. Das dritte Schiff, das durch einen Sturm (glücklicherweise) von den beiden anderen fortgetrieben worden war, drang unter dem Kommando von Richard Chancellor um die Ostecke der Halbinsel Kola bis ins Weiße Meer vor und dort bis zum russischen Hafen Archangelsk. Die Russen brachten die Engländer auf dem Landweg nach Moskau, wo sie vom russischen Zaren Iwan IV. (Iwan der Schreckliche) empfangen wurden.

Auch die Niederländer unternahmen einen ersten Versuch, den Weg durch die Nordost-Passage nach Asien zu erkunden. 1594 verließ Willem Barents Amsterdam mit zwei Schiffen und erforschte zunächst das Meer nördlich von Skandinavien und Westrußland, das heute noch ihm zu Ehren Barents-See genannt wird. Dabei stieß er auf einige größere Inseln wie Novaja Semlja und Spitzbergen, das möglicherweise schon Ottar sieben Jahrhunderte vor ihm betreten hatte, dessen Existenz aber offenbar in Vergessenheit geraten war.

Im Winter 1596/97 setzte das Eis Barents und seine Leute auf Novaja Semlja fest – 16 Besatzungsmitglieder und einen Kajütenjungen. Dieser Kajütenjunge starb, und auch Barents überlebte die Ankunft des Frühlings nicht sehr lange, doch die übrigen 15 Männer kehrten wohlbehalten zurück, es war das erste Mal, daß Westeuropäer den Winter in so hohen nördlichen Breiten überlebt hatten.

Die Mißerfolge von Willoughby und Barents bewogen die Westeuropäer, von der Suche nach der Nordost-Passage abzulassen. Die Russen in Osteuropa dagegen besaßen sehr wohl die Möglichkeit, weiter nach Osten vorzudringen – wenn schon nicht auf dem Meer, dann eben über Land, und wenn der Weg auch beschwerlich sein mochte, so gab es doch unterwegs immer wieder genügend »Belohnung« in Form von Pelzen. Pelz- und Fell-Handel hatte die Russen anfangs auch so weit nördlich bis nach Archangelsk gelockt.

1581 heuerte die russische Familie der Stroganows, die ihr Glück mit dem Pelzhandel gemacht hatte, einen Kosaken mit Namen Yermak Timofejewitsch an, das weite Land im Osten zu erkunden. Yermak eroberte mit seinen Mannen ein mongolisches Königreich östlich des Ural; bei den Einheimischen hieß dieses Königreich Sibir, und von daher leitet sich der heutige Name für den gesamten nördlichen Teil Asiens, Sibirien, ab.

Andere Pelzhändler folgten, und schon 1648 erreichte der Kosak Semyon Iwanow Deschnew die Ostküste des asiatischen Kontinents. In weniger als 70 Jahren hatte Rußland seinen Einflußbereich um viele tausend Kilometer nach Osten ausgedehnt – ein Erfolg, von dem es heute noch profitiert.

Bei dieser russischen Meisterleistung wurde deutlich, daß die Nordküste Asiens nirgendwo weit nach Süden abwich, sondern über etliche tausend Kilometer nördlich des Polarkreises verlief. Wenn es noch irgendwelche Zweifel daran gegeben hatte, daß die Nordost-Passage unbrauchbar sei, so waren sie nunmehr ausgeräumt.

Aber wie stand es um die Nordwest-Passage? Die meisten Erkundungsfahrten seit Kolumbus zielten auf den südlichen

Teil Amerikas, südlich von Florida jedenfalls. Es hatte allerdings auch einige Ausnahmen gegeben.

So gelangte Giovanni Caboto (1450–1498), ein italienischer Seefahrer, als John Cabot in englischen Diensten, 1497 nach Neufundland. Vier Jahre später untersuchte der portugiesische Kapitän Gaspar Corte-Real (1450–1501) die Küsten nördlich von Neufundland und gab dem Land die Bezeichnung »Labrador«, was soviel wie Sklave bedeutet, weil Corte-Real einige der Ureinwohner als Sklaven mitnahm.

Solche Ausflüge ließen aber noch zahlreiche weiße Flecken auf der Landkarte zurück, hinter denen man alles oder nichts vermuten konnte.

Den ersten gezielten Versuch, die Nordwest-Passage zu finden, unternahmen die Franzosen im Jahr 1524. Sie entsandten eine Expedition unter Leitung des italienischen Seefahrers Giovanni da Verrazano (1485–1528). Er erkundete die Ostküste Nordamerikas von den spanischen Besitzungen im Süden bis zur Halbinsel Neuschottland im Norden. Jede größere Bucht oder Flußmündung wurde sorgfältig inspiziert, um herauszufinden, ob sie den Eingang zu einer Straße zum Pazifischen Ozean darstellte. So drang Verrazano auch als erster Europäer in die Bucht von New York ein. Es zeigte sich aber, daß es südlich von Neuschottland keinen Zugang zum Pazifik gab.

Der Franzose Jacques Cartier (1491–1557) kam 1534 von Westen und fand nördlich von Neuschottland eine breite Öffnung in der Küstenlinie, zwischen Neufundland und Labrador gelegen; die Passage heißt heute Belle-Isle-Straße. Sie führt in eine große Bucht, die im ersten Moment wie der Anfang eines neuen Ozeans gewirkt haben mochte. Weil Cartier hier am 10. August eintraf, dem »Laurentiustag«, nannte er diese Gegend den St. Lorenz-Golf. Später sollte sich jedoch zeigen, daß es sich lediglich um die breite Mündung des St. Lorenz-Flusses handelte und nicht um einen Weg zum Pazifik.

Wenn es denn eine Nordwest-Passage gab, dann mußte sie nördlich von Labrador beginnen. Stellte man das eisige Klima Labradors in Rechnung, so war anzunehmen, daß auch diese Nordwest-Passage wie die Nordost-Passage durch arktisches Wasser hindurchführen mußte. Aber vielleicht war dies nur ein kurzes Stück, ehe die Küstenlinie nach Süden abknickte und zu wärmeren Gewässern führte. Solange diese Möglichkeit nicht ausgeschlossen war, lohnte sich die Weiterführung der Suche.

1576 segelte der Engländer Martin Frobisher (1535–1594) mit

drei Schiffen und 35 Seeleuten nach Nordamerika. Eines der Schiffe mit 18 Mann an Bord kam bis Labrador. Frobisher selbst drang mit den beiden anderen Schiffen weiter nordwärts vor und erreichte die Küste einer großen Insel, dem heutigen Baffinland. Nirgendwo stieß er jedoch auf den möglichen Anfang einer Nordwest-Passage. Auf einer späteren Tour 1578 erspähte Frobisher die Südspitze Grönlands, wo eineinhalb Jahrhunderte zuvor die Kolonie der Wikinger ihr Ende fand. Diese neuerliche »Entdeckung« machte Grönland schließlich auch unter den Gelehrten Europas bekannt, und nun geriet es nicht mehr in Vergessenheit. Henry Hudson, ebenfalls ein Engländer, unternahm 1610 den nächsten Versuch. Er fand mit seinem Schiff und 19 Mann Besatzung eine Wasserstraße zwischen Baffinland und Labrador, die heutige Hudson-Straße. Durch sie hindurch drang er in eine weit nach Süden reichende See vor, die sich jedoch auch nicht als Anfang der langgesuchten Nordwest-Passage erwies: Auch die Hudson-Bay ist im Süden und Westen von Land eingegrenzt.

Während des folgenden Winters war das Schiff Hudsons am Südende der Hudson-Bay sechs Monate lang im Packeis eingefroren. Er nannte diesen Teil nach dem damaligen englischen König James I. die James-Bay. Als das Eis aufbrach, wollte er die Erkundungsfahrt fortsetzen, doch seine Leute hatten genug Strapazen ertragen müssen. Sie setzten ihn, seinen Sohn und sieben getreue Besatzungsmitglieder aus und kehrten nach England zurück. Hudson und die anderen mußten jämmerlich erfrieren.

1615 erkundete der Engländer William Baffin (1584–1622) schließlich noch den Wasserweg zwischen Grönland und dem (später nach ihm benannten) Baffinland, die sogenannte Baffin-Bay. Er drang bis zu den Inseln im Norden von Baffinland vor und untersuchte auch die kleinen Wasserstraßen dazwischen, doch erschienen sie ihm wenig erfolgversprechend.

Damit war endgültig klargestellt, daß die Nordwest-Passage ebenso unpassierbar sein mußte wie die Nordost-Passage. Doch war dies zu jenem Zeitpunkt schon nicht mehr von besonderer Bedeutung, da Spanien und Portugal mittlerweile an Einfluß verloren hatten und die beiden anderen Seewege nach Indien nicht länger für sich allein beanspruchen konnten. Inzwischen konnte jeder frei auf den Meeren segeln, und es dauerte nicht lange, bis vor allem Holländer und Engländer den größten Teil des Seehandels auf unserem Planeten abwickelten.

Nord-Amerika

Mit der Suche nach der Nordost- und der Nordwest-Passage sowie den Erkundungsfahrten des James Cook im Bereich des Pazifiks war die Zeit der großen See-Expeditionen vorbei. Ozeane und Meeresküsten waren nun im wesentlichen bekannt, aber wie stand es um das Innere der neu gefundenen Landflächen?

Einerseits waren Überlandreisen schwieriger als die Fahrt über das Meer, und darüber hinaus mochte es in den meisten Fällen Eindringlingen gegenüber mehr oder minder feindliche Bewohner geben. Man könnte also erwarten, daß die Entdecker sich mit den küstennahen Gebieten begnügten und das Interesse am Landesinneren verloren.

Die Geschichte lehrt uns jedoch etwas anderes. In einigen Fällen erfolgte die Erforschung des Binnenlandes unmittelbar auf die Landung an neuen Gestaden. Nicht selten waren die Eindringlinge von der Hoffnung getrieben, auf wohlhabende Völker zu stoßen, deren Reichtum sie entwenden konnten, oder auf wehrlose Volksstämme, die man als Sklaven mit nach Hause nehmen konnte. Dafür war man bereit, manches Risiko und manche Entbehrung in Kauf zu nehmen, und weil diese Erwartungen in der Anfangszeit in manchen Fällen sogar mehr als nur übertroffen wurden, wollten spätere Generationen es den ersten Eroberern gleichtun.

Juan Ponce de Leon (1460–1521), der auf Puerto Rico sein Geschäft als Sklavenhändler betrieb, segelte am 3. März 1513 auf der Suche nach neuen Sklaven in nordwestlicher Richtung los und erreichte um Ostern herum einen Teil Nordamerikas, den er wegen seines üppigen Grüns und Blumenreichtums Florida nannte (nach dem spanischen Wort für blumenreich); seine eigentlichen Absichten blieben bei dieser Reise allerdings unerfüllt.

Mehr Glück in dieser Hinsicht hatte Hernando Cortés (1485 bis 1547), der im Februar 1519 mit elf Schiffen und 700 Soldaten von Kuba nach Mexiko segelte. Er stieß dort auf die Hochkultur der Azteken, deren Hauptstadt Tenochtitlan an der Stelle des heutigen Mexico-City lag. Obwohl Cortés mit seinen Soldaten gegenüber den Kriegern der Azteken zahlenmäßig weit unterlegen war, erschienen diese wie gelähmt: Der Anblick der Pferde und die Zerstörungsgewalt der Kanonen sowie der Irrglaube, in den weißen Männern die langersehnten Götter zu erkennen, schwächten ihre Kampfkraft ebenso wie die innere Zerstrittenheit.

So konnten die Spanier nahezu ohne eigene Verluste das aztekische Reich vernichten, die Indianer versklaven und ihr Gold samt den sonstigen Reichtümern mit nach Hause nehmen. Niemand hatte damals Gewissenbisse, niemand sprach von Völkermord, zumal die Spanier sich mit dem Gedanken beruhigten, die Heiden besäßen keine Rechte, die ein Christenmensch achten müsse. In den folgenden Jahren durchstreiften Cortés und andere Eroberer das Land auf der Suche nach weiteren Goldvorkommen. Dabei drang Cortés als erster bis zur niederkalifornischen Halbinsel und zum kalifornischen Golf vor, der zwischen dieser Halbinsel und dem mexikanischen Festland liegt.

Sein »Erfolg« in Mexiko trieb andere auf der Suche nach Gold weiter nach Norden. Panfilo de Narvaez (1480–1528) erkundete die nördliche Küstenregion des Golfs von Mexiko (im Westen von Florida) und wandte sich dann landeinwärts. Seine Suche nach Gold blieb jedoch erfolglos, und er mußte sich zur Küste zurück durchkämpfen. Dort ließ er fünf Schiffe bauen, mit denen er zurück über den Golf von Mexiko segeln wollte, doch wurde er von einem Sturm überrascht und ertrank. Einige Leute seiner Gruppe unter der Leitung von Alvar Nunez Cabeza de Vaca (1490–1557) konnten sich jedoch retten und trieben als Schiffbrüchige an die texanische Küste. Cabeza de Vaca wurde sechs Jahre von Indianern gefangengehalten, ehe er sich befreien konnte und auf dem Landweg zurück nach Mexico-City kam. Dort schilderte er in farbigen Berichten seine Abenteuer, beschrieb riesige Büffelherden und erwähnte auch die Gerüchte, weiter im Norden gäbe es große Reichtümer zu finden. Seine Erzählungen schienen um so glaubwürdiger, als erst einige Jahre zuvor eine zweite amerikanische Hochkultur entdeckt und vernichtet worden war, die der Inkas in Peru. 1531 hatte Francisco Pizarro (1470–1541) dieses Land erreicht und innerhalb von zwei Jahren die Grausamkeit des Cortés wiederholt.

Pizarros stellvertretender Kommandant, Hernando de Soto (1500–1542) wollte unbedingt eine Expedition in das Gebiet nördlich von Florida leiten, wo er ein zweites Peru zu finden hoffte. Er landete am 25. Mai 1539 mit 500 Männern und 200 Pferden an Floridas Westküste und schlug sich von dort ins Landesinnere durch; in den folgenden Monaten und Jahren erkundete er den Südosten der heutigen USA und erreichte dabei am 18. Juni 1541 als erster Westeuropäer den Mississippi, wahrscheinlich ein paar Kilometer südlich der heutigen Stadt Memphis/Tennessee. Der Fluß wurde überquert, und man hielt sich weiter westlich, bis man schließlich nach Süden abdrehte. Auf Gold stießen die Eindringlinge nicht, wohl aber auf viele feindlich gesonnene Indianerstämme. De Soto starb am 21. Mai 1542, als man schon wieder das Ufer des Mississippi erreicht hatte; er erlag einem Fieber und wurde dem Fluß übergeben, während der Rest seiner Truppe Schiffe baute, sich flußabwärts treiben ließ und dann nach Mexiko segelte.

Etwa zur gleichen Zeit erforschte eine zweite spanische Expedition den Südwesten der Vereinigten Staaten; sie stand unter der Führung von Francisco Vasquez de Coronado (1510–1554). Auch er hatte von den Erzählungen des Cabeza de Vaca gehört und durchsuchte nun mit seinen Leuten zwischen 1540 und 1542 Texas und den Südwesten. Sie sahen als erste Europäer den Grand Canyon, fanden aber nichts von dem legendären Gold.

Die englischen Kolonisten, die sich im frühen 17. Jahrhundert in Virginia und Neu-England niedergelassen hatten, und die Holländer, die die Gegend um das heutige New York besiedelten, erkundeten in gleicher Weise ihr »Hinterland«. Ihre Leistungen wurden aber noch von denen der Franzosen übertroffen, die sich entlang dem St. Lorenz-Strom landeinwärts bewegten in einer Region, die sie Canada nannten.

Im Jahre 1608 gründete Samuel de Champlain (1567–1635) die Stadt Quebec, entdeckte ein Jahr später den nach ihm benannten See und zog später noch weiter nach Westen. Dabei kam er 1615 an die Georgian Bay, den östlichen Ausläufer des Huron-Sees, und war damit der erste Europäer, der bis zu den Großen Seen vordrang.

19 Jahre später überquerte Jean Nicolet (1598–1642) den Huron-See und den Michigan-See und gelangte so in den amerikanischen Mittelwesten; ihm folgten Missionare des Jesuitenordens, die sich um eine Christianisierung der Indianer bemühten. Einer von ihnen, Jacques Marquette (1637–1675), verfolgte aufgrund einer Anregung von Nicolet zusammen mit dem Pelztierjäger Louis Jolliett (1645–1700) den Lauf eines Flusses im Westen der Großen Seen. Bis in die Großen Seen konnte man

nämlich auf dem Wasserweg vom Atlantik den St. Lorenz-Strom aufwärts gelangen, und wenn der fragliche Fluß auf der anderen Seite in den Pazifik münden sollte, hätte es eine Art Nordwest-Passage im Innern des nordamerikanischen Kontinents gegeben, die nur von einer kurzen »Landenge« unterbrochen worden wäre.

Am 17. Juni 1673 erreichten sie den Fluß, der sich jedoch als Oberlauf des Mississippi erwies. Sie folgten ihm stromabwärts, bis sie nach rund 1100 Kilometern sicher sein konnten, daß er in den Golf von Mexiko mündete. Robert Cavelier de la Salle (1643–1687) ließ sich 1682 bis zur Mündung des Mississippi treiben.

In den dreißiger und vierziger Jahren des 18. Jahrhunderts drang Pierre Gaultiers de la Verendrye (1685–1749) vom Oberen See westwärts vor und gelangte zum Lake Winnipeg und den Black Hills von Süd-Dakota. Zwei weitere Franzosen, Pierre und Paul Mallet, stießen nach Colorado vor und kamen bis an den Fuß der Rocky Mountains. Aufgrund dieser Forschungsreisen beanspruchte Frankreich das gesamte Mississippi-Tal für sich. Großbritannien gewann jedoch 1763 nach dem französisch-indianischen Krieg das Gebiet östlich des Flusses für sich. 1783 ging es in den Besitz der Vereinigten Staaten von Nordamerika über, nachdem diese kurz zuvor ihre Unabhängigkeit erlangt hatten, und 20 Jahre später wurde der französische Westteil an die USA verkauft.

Zu jener Zeit war Thomas Jefferson (1743–1826) Präsident der Vereinigten Staaten, und er regte eine großangelegte Erforschung dieser riesigen, für sein Land neuen Gebiete an. Diese Aufgabe wurde Meriwether Lewis (1774–1809) und William Clark (1770–1838) anvertraut. Am 14. Mai 1804 brach diese Lewis-und-Clark-Expedition in St. Louis auf, folgte dem Missouri-Lauf stromaufwärts, überquerte die Rocky Mountains, kam dabei bis in das Oregon-Territorium, das bislang noch von keinem Land beansprucht wurde, und gelangte schließlich entlang dem Columbia-Fluß bis zum Pazifischen Ozean. Innerhalb von anderthalb Jahren hatten sie den Mittelwesten und Westen der USA auf dem Landweg durchquert.

Allerdings war ihnen Alexander Mackenzie (1755–1820) in gewisser Weise zuvorgekommen. Dieser schottisch-stämmige kanadische Einwanderer hatte sich in der heutigen Provinz Alberta niedergelassen und war von hier 1789 einem Flußlauf bis zum arktischen Meer gefolgt (der Fluß heißt heute in Erinnerung an ihn Mackenzie-River). Vier Jahre später überwand er die Rocky Mountains und gelangte im Gebiet von British Columbia bis an die Gestade des Pazifiks.

Das Innere Südamerikas und Australiens

Die Spanier, die an der Nord-, West- und Südostküste Südamerikas gelandet waren, und die Portugiesen, die sich an der Nordostküste niedergelassen hatten, drangen nach und nach weiter ins Landesinnere vor; dabei suchten sie nach Gold, nach Sklaven, nach fruchtbarem Land und nach Menschen, die zum Christentum bekehrt werden konnten.

Eine der großen Erkundungsreisen unternahm Francisco de Orellana (1490–1546), der zu den Begleitern Pizarros bei dessen Eroberungszug in Peru gehört hatte. Pizarro wollte anschließend das Land östlich des Inkareiches auskundschaften, während Orellana bereits die Anden überschritten und den Oberlauf eines Flusses erreicht hatte – ihm erschien es leichter, diesem Flußlauf zu folgen, statt über die Anden wieder nach Westen zurückzukehren.

Seine Reise begann im April 1541 und dauerte bis August 1542. Später berichtete er von Eingeborenenstämmen, die anscheinend von Frauen geleitet wurden, und weil ihn dies an die Amazonen der griechischen Sagenwelt erinnerte, wurde der Fluß Amazonas genannt. Hinsichtlich der transportierten Wassermengen ist der Amazonas der bei weitem größte Fluß auf unserem Planeten. Orellana organisierte später noch eine zweite Erkundungsfahrt auf dem Fluß, doch endete diese in einer Katastrophe. Die Schiffe sanken, und Orellana ertrank nahe der Mündung jenes Stromes, den er als erster Europäer befahren hatte.

Ungeachtet dieser Entdeckungsfahrten konnten die Spanier keinen Besitzanspruch auf die Niederungen des Amazonas-Tales erheben, weil die portugiesischen Siedler von der Küste des heutigen Brasiliens, vornehmlich von Sao Paulo aus, unaufhaltsam nach Westen vordrangen. Am Ende gehörte halb Südamerika einschließlich des Amazonas-Beckens zu Brasilien.

Die ersten erwähnenswerten Siedlungen auf australischem Boden entstanden entlang der Südostküste im Bereich des heutigen Neu-Südwales. Dort wurde 1788 die Stadt Sydney gegründet. Die ersten Einwanderer waren Gefangene, die hierher deportiert wurden – vorwiegend allerdings politische Häftlinge. Freiwillige Einwanderer folgten erst später.

Als erster drang William Charles Wentworth (1793–1872) im Jahre 1813 ins Landesinnere vor und überwand dabei die Bergkette, die rund hundert Kilometer westlich von Sydney den Weg versperrte. Fünfzehn Jahre später entdeckte Charles Sturt (1795–1869) den Darling-River (so benannt nach dem General-Gouverneur von Neu-Südwales, Ralph Darling, dem Sturt eine Zeitlang als Sekretär gedient hatte) und folgte seinem Lauf bis zur Mündung.

Edward John Eury (1815–1901) erkundete in den vierziger Jahren des vergangenen Jahrhunderts die Wüstengebiete Südaustraliens, konnte aber ebensowenig wie Sturt die Zentralregion des Kontinents erreichen. Einer der Begleiter Sturts dagegen, John McDonald Stuart (1815–1866), unternahm 6 Anläufe, um in diese Gegend vorzudringen, und war schließlich 1860 erfolgreich; anschließend durchquerte er den Kontinent von Süden nach Norden.

Im Innern Afrikas

Afrika ist ein Kontinent der Gegensätze. Die nordöstliche Ecke (Ägypten) brachte eine der beiden frühesten Hochkulturen der Erde hervor, und ganz Nordafrika war später in den Kulturkreis des Mittelmeerraumes einbezogen, gehörte zunächst zum Römischen Reich und dann zum Einflußbereich des Islams. Dagegen blieb der Rest den Europäern bis in die jüngere Vergangenheit weitgehend unbekannt.

Schuld daran trägt vor allem die Wüste Sahara, die mit ihrem breiten Gürtel trockenen Klimas ebenso unüberwindlich für die Europäer war wie ein hohes Bergmassiv.

Schon seit den Zeiten Heinrichs des Seefahrers war die Meeresküste Afrikas bekannt, weit vor der Erforschung der Küsten Amerikas oder Australiens, doch das Innere dieses Kontinents wurde erst als letzte der bewohnbaren Gegenden unseres Planeten intensiver erforscht. Das Klima, die gefährlichen Tiere (sowohl große Raubtiere als auch winzige Insekten) und die Eindringlingen gegenüber feindseligen Bewohner ließen Afrika zum »dunklen Kontinent« werden.

Den Schlüssel ins Landesinnere lieferten auch hier die großen Flüsse wie etwa der Niger, der an der Südküste der westlichen

Ausbuchtung Afrikas in den Golf von Guinea mündet. Noch 300 Jahre nach der Entdeckung dieser Flußmündung blieben der Oberlauf und das Hinterland dieses Stromes unerforscht.

Der erste Europäer, der den Niger bereiste, war Mungo Park (1771–1806). Zwischen 1795 und 1797 segelte er den Gambia-Fluß an der Westküste Afrikas stromaufwärts und setzte dann seine Reise auf dem Landweg durch das heutige Mali bis zum Oberlauf des Niger fort. Bei seiner anschließenden Fahrt den Niger hinunter wurde er einmal für vier Monate von Arabern gefangengehalten und wäre beinahe einem Fieber erlegen. Als er die Reise ein zweites Mal unternahm, griffen die Afrikaner im heutigen Nigeria seine Expedition an, und er wurde ertränkt.

1822 startete der Schotte Hugh Clapperton (1788–1827) von Tripolis an der Mittelmeerküste zu einer Sahara-Durchquerung. Schwarze und Araber hatten diesen Weg schon oft vor ihm mit Karawanen benutzt, doch Clapperton war der erste Europäer, der so die Wüste »bezwang«. Anfang 1823 erreichte man den Tschad-See am Nordostrand Nigerias. An den Ufern dieses Sees hatten in der Vergangenheit zahlreiche Königreiche existiert, von denen kein Europäer je gehört hatte. Nach der Erkundung des nördlichen Nigerias kehrte Clapperton mit seinen Leuten wieder um. Auch er starb – wie Park, bei einer zweiten Reise in dieses Gebiet.

Ein Begleiter Clappertons, Richard Lemon Lander (1804 bis 1834), setzte dessen Arbeit fort und konnte 1831 eine erste vollständige Karte vom Lauf des Niger vorlegen. Auch er starb bei einer zweiten Expedition in diese Gegend.

Der erste Europäer, der die legendäre Kaiser- und Handelsstadt Timbuktu in Zentralnigeria besuchte, war der schottische Entdecker Alexander Gordon Laing (1793–1826). Er kam am 18. August 1826 nach einem Scharmützel als Verwundeter hierher. Zwei Tage, nachdem er die Stadt wieder verlassen hatte, wurde er ermordet.

Mehr Glück hatte der Franzose René August Caillie (1799 bis 1838), der am 20. April 1828 Timbuktu erreichte. Er hatte zuvor den Islam studiert und die arabische Sprache gelernt, so daß er sich als Araber verkleidet einer Karawane von Ägypten nach Timbuktu anschließen konnte. Von hier aus zog er mit einer anderen Karawane nach Marokko zurück. Auf seiner Reise mußte er viele Schwierigkeiten meistern, darunter auch eine fünf Monate dauernde Krankheit.

In den folgenden 50 Jahren trug eine Vielzahl von Forschern die geographischen Details Westafrikas zusammen.

Eines der größten Geheimnisse des afrikanischen Kontinents bargen die Quellen des Nils. Schon die alten Ägypter waren zur Blütezeit ihres Reiches rund 2500 Kilometer stromaufwärts vorgedrungen, ohne auf die Anfänge des Flusses zu stoßen. Der englische Reisende Richard Pococke (1704–1765) kam als erster Europäer um 1740 bis zum heutigen Assuan in Südägypten. 30 Jahre später erreichte der Schotte James Bruce (1730–1794) die Stadt Khartum im Sudan. Hier fließen zwei Flüsse zusammen, und Bruce folgte dem Lauf des östlichen Armes, der heute Blauer Nil genannt wird. Auf diesem Weg kam er in die westlichen Gebiete Äthiopiens, wo er den Tana-See als Ursprung des Blauen Nils erkannte. Bruce nahm an, das Problem sei damit gelöst, doch er irrte – er hätte dem westlichen Zufluß folgen müssen, dem Weißen Nil, denn dies war der Hauptstrom, und dessen Quellen blieben weiterhin unentdeckt.

Arabische Sklaven hatten mehrfach von großen Seen im Osten Afrikas berichtet, und so nahmen einige europäische Forscher an, diese Seen (wenn sie wirklich existierten) könnten die Wasser des Weißen Nils speisen. Entsprechende Erkundungsreisen wurden von Richard Francis Burton (1821–1890), dem späteren Übersetzer von ›1001 Nacht‹, und John Hanning Speke (1827–1864) in die Wege geleitet. Burton hatte, wie zuvor schon Caillie, die arabische Sprache gelernt und 1853 als Araber verkleidet die Heilige Stadt des Islams, Mekka, besucht. Bei dieser Gelegenheit konnte er erstmals Zeichnungen und Maße des Hauptheiligtums, der Kaaba, nach draußen schmuggeln. Ein Jahr später drang er – wiederum verkleidet – in Äthiopien in die heilige Stadt Harar vor.

Bei ihrer zweiten Reise auf der Suche nach den Quellen des Nils starteten Burton und Speke in Sansibar, setzten zur Ostküste Afrikas über (im Bereich des heutigen Tansania) und erreichten im Februar 1858 den Tanganjika-See, rund eintausend Kilometer landeinwärts.

An dieser Stelle trennten sich Speke und Burton. Speke nahm an, daß man die Nilquellen noch finden könne, wenn man nur nach weiteren großen Seen suchte, und zog weiter nordwärts. Am 30. Juli 1858 schließlich gelangte er an den größten See Afrikas, den er Viktoria-See nannte. Dieser See mußte der Ursprung des Weißen Nils sein, davon war Speke überzeugt, und so kehrte er vier Jahre später noch einmal an diesen See zurück;

bei dieser Gelegenheit konnte er dann auch am 28. Juli 1862 den Austritt des Nils aus dem See identifizieren. Rechnet man den längsten Zufluß des Viktoria-Sees hinzu, dann besitzt der Nil eine Gesamtlänge von 6738 Kilometern und ist damit der längste Fluß der Erde, länger noch als der Weg vom Mittelpunkt der Erde bis zu ihrer Oberfläche.

Der wohl bekannteste Afrikaforscher aber war der schottische Missionar David Livingstone (1813–1873). Er startete 1841 von Kapstadt aus nach Norden, um die Afrikaner zum Christentum zu bekehren; darüber hinaus wollte er der menschenunwürdigen Behandlung der Schwarzen durch die weißen Siedler ein Ende bereiten. Auf seiner Reise durchquerte er unter anderem auch die Kalahari-Wüste im heutigen Botswana.

Livingstone wollte weit ins Landesinnere vordringen und den Weg für Handel und Kultur öffnen, um dem Sklavenhandel auf dem Kontinent wirkungsvoll begegnen zu können. Damit war er aber nicht nur den natürlichen Gefahren dieses noch weitgehend unerforschten Gebietes ausgeliefert, sondern mußte zusätzlich Nachstellungen durch die Portugiesen und Buren, die ihre besonderen Interessen bedroht sahen, in Kauf nehmen. In den Jahren 1855/56 zog er bis Luanda im Norden Angolas und von dort in östlicher Richtung bis zum Sambesi, dem er stromabwärts bis zum Indischen Ozean folgte. Damit durchquerte Livingstone als erster Europäer den afrikanischen Kontinent in West-Ost-Richtung – allerdings nicht gerade an der breitesten Stelle. Auf dieser Reise entdeckte er unter anderem einen Wasserfall, der doppelt so hoch war wie die Niagara-Fälle am St. Lorenz-Strom; Livingstone nannte ihn die Viktoria-Fälle.

Auf einer zweiten Reise nach Afrika in den Jahren 1858 bis 1864 erforschte er den Einzugsbereich des Sambesi und mußte dabei große Schwierigkeiten überwinden. Eine dritte Expedition schließlich führte ihn zwischen 1866 und 1873 in die Gegend der großen Seen, wo er am 29. März 1871 rund 375 Kilometer westlich des Tanganjikasees den Oberlauf des Kongo erreichte. Mittlerweile war jedoch der direkte Kontakt mit der Heimat verlorengegangen, und man machte sich Sorgen um das Überleben dieses inzwischen berühmt gewordenen Mannes.

Am Ende entsandte der ›New York Herald‹ zur Beruhigung der allgemeinen Sorge den aus Wales stammenden Reporter Henry Morton Stanley (1841–1904) nach Afrika, damit dieser den verschollenen Livingstone wiederfände. Stanley landete am 6. Januar 1871 in Sansibar und zog dann mit einem gut ausgerüsteten Suchtrupp in westliche Richtung. Er fand den Gesuchten schließlich in der Ortschaft Ujiji am Ostufer des Tanganjikasees, rund 1100 Kilometer westlich von Sansibar, und begrüßte ihn mit der typisch englischen Höflichkeit »Dr. Livingstone, wie ich vermute«, obwohl er sicher sein durfte, daß es im Umkreis von eintausend Kilometern außer dem Gesuchten keinen anderen Europäer geben durfte.

Stanley hatte notwendige Arzneien und Versorgungsgüter im Gepäck, doch Livingstone starb eineinhalb Jahre später an den Folgen der langen Entbehrungen, und so übernahm Stanley seine Rolle als Entdecker. Als er 1876 zu den ostafrikanischen Seen zurückkehrte, segelte er zunächst an den Ufern des Viktoria-Sees entlang, um diese zu erforschen, zog dann zu dem westlichsten Punkt, den Livingstone je erreicht hatte, und folgte von hier aus dem Lauf des Kongo bis zum Atlantik. Auf seiner letzten Expedition entdeckte er schließlich 1889 das Ruwenzori-Gebirge im Grenzbereich zwischen Uganda und Zaire, das zwischen dem Albert-See und dem Eduard-See liegt.

Die östliche Arktis

Um 1880 herum waren alle Kontinente im Bereich der Tropen und der gemäßigten Zonen weitgehend erforscht, selbst Afrika, das sich lange Zeit als »weißer Fleck auf der Landkarte« gehalten hatte; von nun an ging es nur noch um Feinheiten.

Nahezu unbekannt waren dagegen nach wie vor die polaren Regionen, die noch unwirtlicher und gefährlicher waren als der schwarze Kontinent.

Allerdings gab es auch keinen zwingenden Grund, diese Gebiete näher zu untersuchen, weil man dort weder auf Bewohner noch auf Bodenschätze von Wert stoßen würde. Und nachdem sich weder die Nordost-Passage noch die Nordwest-Passage als befahrbar erwiesen hatte, konnte zumindest die nördliche Polkappe nicht einmal für den Seehandel von Bedeutung werden.

Allmählich besann man sich jedoch auf etwas Neues, das in Wirklichkeit etwas sehr Altes war – auf die menschliche Neugierde, den Wunsch, etwas nur um des bloßen Wissens wissen zu wollen.

Die erste Forschungsreise in die arktischen Gebiete wurde vom zaristischen Rußland ausgerichtet; dieses Reich erstreckte sich über den gesamten nördlichen Teil Asiens und reichte bis an die eisbedeckten Wasserwüsten heran. Man wollte nun einerseits herausfinden, wie weit das Festland wirklich nach Norden reichte, und andererseits, ob es möglicherweise hoch im Norden eine Landbrücke nach Amerika gebe. Deschnew, der bis zum östlichsten Punkt Sibiriens vorgedrungen war, hatte eine solche Landbrücke nicht gefunden, aber gab es sie wirklich nicht? Der russische Zar Peter der Große beauftragte in seinem letzten Lebensjahr den dänischen Seefahrer Vitus Jonassen Bering (1680–1741), der in seinen Diensten stand, mit dieser Aufgabe. Bering reiste 1724 von St. Petersburg, der russischen Hauptstadt am Baltischen Meer, rund 8000 Kilometer ostwärts über Land bis zur Halbinsel Kamtschatka. Dort ließ er Schiffe bauen, mit denen er dann entlang der Ostküste dieser Halbinsel nach Norden segelte. Auf diesem Weg gelangte er schließlich an den östlichen Zipfel Sibiriens und fand Deschnews Angaben bestätigt – Asien und Nordamerika waren durch eine Wasserstraße, die nach ihm benannte »Bering-Straße«, voneinander getrennt.

Auf späteren Reisen kartierte Bering einige Abschnitte der sibirischen Nordküste und erkundete außerdem die Meeresgegend südlich der Bering-Straße, die Bering-See, wo er den weiten Bogen der Aleuten-Inselgruppe entdeckte.

Schließlich landete er 1741 sogar in Nordamerika und war damit der erste Europäer, der das Gebiet des heutigen Alaska betrat. Berings Reisen lieferten die Grundlage für die Beanspruchung der Aleuten und Alaskas durch Rußland; 1867 wurden die Gebiete jedoch an die USA verkauft. In den Jahren russischer Vorherrschaft drangen Kundschafter bis nach Point Barrow vor, dem nördlichsten Punkt Alaskas. Auf einer Breite von 71,26 Grad nördlich liegt er ein wenig weiter im Norden als das Nordkap, die »Spitze« Europas (71,17 Grad). Außerdem gelangten die Russen entlang der amerikanischen Westküste bis nach San Francisco, wo sie auf die von Süden vorgerückten Spanier trafen. Beide Länder teilten sich in die Aufgabe, die amerikanische Westküste zu kartieren.

Auf Bering folgten weitere Forschungsreisende an die sibirische Nordküste. So konnte 1743 eine Expedition unter Leitung von S. Tscheljuskin die Halbinsel Taimyr umrunden, die sich von Sibirien aus nordwärts erstreckt und das ganze Jahr über von Eis bedeckt ist. Mit Schiffen wäre diese Fahrt nicht möglich gewesen, aber Tscheljuskin benutzte Schlitten; die Nordspitze der Halbinsel heißt ihm zu Ehren Kap Tscheljuskin.

Mit 77,75 Grad nördlicher Breite liegt dieses Kap beträchtlich weiter im Norden als Point Barrow in Alaska oder das Nordkap in Norwegen. Von hier aus sind es nur noch etwa 1360 Kilometer bis zum Nordpol; damit ist Kap Tscheljuskin der nördlichste Punkt auf kontinentalem Festland.

Man konnte nunmehr sicher sein, daß keiner der Kontinente bis zum Nordpol reichte, aber vielleicht lagen noch einige Inseln weiter nördlich als Kap Tscheljuskin, vielleicht gab es sogar am Nordpol selbst eine Insel.

Tatsächlich fand man einige Inseln vor der sibirischen Küste. Als nördlichsten Landpunkt in diesem Bereich identifizierte man schließlich die Rudolf-Insel; sie liegt rund 1960 Kilometer nördlich von Archangelsk und etwa 75 Kilometer nördlicher als Spitzbergen. Von hier sind es nur noch 915 Kilometer bis zum Nordpol.

Die Rudolf-Insel gehört zu einer Inselgruppe, die 1873 von den beiden österreichischen Polarforschern Julius von Payer (1842–1915) und Karl Weyprecht (1838–1881) entdeckt und nach dem damaligen Kaiser »Franz-Josef-Land« genannt wurde. Diese Inseln bilden die nördlichsten Landflecken der östlichen Hemisphäre, was man 1873 natürlich noch nicht mit Sicherheit wissen konnte.

Die westliche Arktis

Offen blieb zunächst, ob im Bereich der westlichen Halbkugel das Land noch näher an den Nordpol heranreichte. Bei den Inseln im Norden Kanadas und vor allem bei Grönland konnte das durchaus möglich sein.

Weil Kanada zu jener Zeit von England aus regiert wurde, war Großbritannien natürlich daran interessiert, zu wissen, wie weit sein Einflußbereich sich nach Norden erstreckte. Vor allem John Ross (1777–1856) und William Edward Parry (1790 bis 1855) führten getrennte und gemeinsame Expeditionen in die kanadische Inselgruppe durch. Dabei registrierten sie zwar alle größeren Inseln dieses Archipels, doch gelang es ihnen nicht, auf die eisbedeckte See vorzudringen, die bis zur Beringstraße und nach Asien reichte.

1833 erkundete Ross die Küsten des Golfs von Boothia (so benannt nach dem Likörgroßhändler Felix Booth, der dieses Unternehmen finanziert hatte). Das Westufer wurde von der

Halbinsel Boothia gebildet, die sich, wie der schottische Forscher John Rae (1813–1893) 1847 zeigen konnte, noch weiter nach Norden erstreckte als Kap Barrow, allerdings rund 670 Kilometer südlicher endete als Kap Tscheljuskin.

Den nächsten Anlauf unternahm der Engländer John Franklin (1786–1847), der zwischen 1820 und 1825 zunächst auf dem Landweg nahezu die gesamte arktische Küste Kanadas aufnahm. 20 Jahre später setzte er die Aufgabe von See her fort, wobei er auf die neueste technische Errungenschaft des Schiffbaus zurückgreifen konnte – er setzte erstmals dampfgetriebene Schiffe ein, deren Kabinen beheizbar waren. Dennoch kehrten er und seine Leute von dieser Reise nicht zurück.

In den folgenden 14 Jahren sandte man insgesamt 40 Suchexpeditionen aus, von denen eine 1853 Überreste der Ausrüstung fand. Diese Suchtrupps konnten schließlich auch die noch unerforscht gebliebenen Teile des kanadischen Archipels untersuchen.

Im Rahmen der großangelegten Suchaktion fuhr der britische See-Offizier Robert John McClure durch die Beringstraße nach Norden und wandte sich dann ostwärts. Als er die westlichen Ausläufer des kanadischen Archipels erreichte, zwangen ihn die Eisverhältnisse, sein Schiff zu verlassen, doch konnte er im weiteren Verlauf seiner Reise die Arbeit fortsetzen, die Ross im Osten begonnen hatte – die Route für die Nordwest-Passage auskundschaften. Erst mehr als ein halbes Jahrhundert später gelang Roald Amundsen (1872–1928) in einem abenteuerlichen Unternehmen der »Durchbruch« – zwischen 1903 und 1906 konnte der norwegische Polarforscher als erster diese Nordwest-Passage in einer Tour durchfahren.

Die nördlichste Insel im Bereich des kanadischen Archipels ist Ellesmereland, das diesen Namen 1852 nach Francis Egerton, Earl of Ellesmere, erhielt, einem Mitglied des britischen Parlaments. Ellesmereland ist nur durch eine schmale Wasserstraße von Grönland getrennt, deren Breite stellenweise auf 10 Kilometer schrumpft.

Der Amerikaner Elisha Kent Kane (1820–1857) erreichte 1855 als erster diese schmale Wasserstraße. Er konnte bis zu einer nördlichen Breite von 80,6 Grad vordringen, ehe das ewige Eis ihm den Weg endgültig versperrte. Damit war man schon fast so weit nach Norden vorgedrungen wie auf der östlichen Hemisphäre, doch Ellesmereland wie auch Grönland schienen noch beträchtlich weiter nach Norden zu reichen.

1871 konnte sich der Amerikaner Charles Francis Hall (1821 bis 1871) zwischen Ellesmereland und Grönland bis 82,2 Grad nördlicher Breite vorarbeiten – ihn trennten nur noch knapp 870 Kilometer vom Nordpol, doch noch immer erstreckte sich das Land weiter nach Norden. Erst 1907 konnte der dänische Polarforscher Ludvig Mylius-Erichsen (1872–1907) an der östlichen (besonders eisigen) Küste Grönlands so weit nach Norden vordringen. Mylius-Erichsen starb während dieser Forschungsfahrt. Unterdessen waren die ersten Expeditionen in das Innere Grönlands vorgedrungen. Den Anfang machte der Däne Jens A. D. Jensen (1849–1936), der 1878 70 Kilometer landeinwärts kam und dabei eine Höhe von 1,5 Kilometer über dem Meeresspiegel erreichte. Aufgrund seiner Beobachtungen war anzunehmen, daß die gesamte Hochlandfläche Grönlands, immerhin dreimal so groß wie Texas, unter einem dicken Eispanzer begraben liegt; spätere Expeditionen bestätigten diese Vermutung.

Elf Jahre später konnte der Norweger Fridtjof Nansen die Insel auf Schneeschuhen und Skiern von Ost nach West durchqueren – er blieb dabei stets südlich des Polarkreises und mußte eine Strecke von (Luftlinie) 520 Kilometern zurücklegen. Der höchste Punkt längs seines Weges lag immerhin 2800 Meter über dem Meeresspiegel.

1892 erforschte der Amerikaner Robert Edwin Peary (1856 bis 1920) das grönländische Eis weiter im Norden und konnte seinen Nordrand bei etwa 82 Grad nördlicher Breite markieren. Danach folgte ein eisfreies Gebiet, das heute seinen Namen trägt – Pearyland. Seine Grenzen waren rasch ermittelt, und damit stand fest, daß weder Ellesmereland noch Grönland bis zum Nordpol reichten.

Der nördlichste Punkt von Ellesmereland (Kap Columbia) liegt auf 83 Grad nördlicher Breite und damit rund 580 Kilometer näher am Pol als Kap Tscheljuskin. Kap Morris Jesup (so benannt nach einem amerikanischen Bankier, der das Unternehmen Pearys finanzierte) liegt sogar noch einmal 72 Kilometer weiter nördlich. Noch näher als diese rund 700 Kilometer kommt das Land nirgendwo an den Nordpol der Erde heran.

Zunächst konnte man dies aber nicht mit Sicherheit ausschließen, und so suchte man – vor allem aus wissenschaftlichem Interesse – weiter nach möglichen größeren Inseln näher zum Pol hin. Darüber hinaus trieb die Rekordsucht die Forscher immer weiter nach Norden. Wer würde als erster den Nordpol erreichen und damit in die Liste der unsterblichen Namen aufgenommen? Seit die Griechen des klassischen Altertums erstmals die Ansicht vertraten, die Erde sei eine Kugel, war klar, daß alle Wege nach Norden sich in einem Punkt schneiden mußten, dem sogenannten Nordpol. Er wird definiert als Durchstoßpunkt der Drehachse unseres Planeten durch die Erdoberfläche. Die Drehachse verläuft durch den Mittelpunkt der Erde und trifft am Südpol wieder mit der Erdoberfläche zusammen.

Doch die Pole selbst waren nicht nur wegen ihrer Eigenschaft als Extrempunkte des Globus bemerkenswert; die sie umgebenden Eiskappen und das extreme Kaltklima ließen ihr Erreichen zu einer Großtat werden, die nur unter äußersten Anstrengungen und akuter Lebensgefährdung vollbracht werden konnte. Gerade dies aber schien auf einige Menschen wie ein Magnet zu wirken.

Den ersten ernsthaften Versuch, den Pol zu erreichen, unternahm Fridtjof Nansen, der schon als erster Grönland durchquert hatte. Er wollte sich mit einem eigens für diese Reise gebauten Schiff im Packeis einfrieren lassen und hoffte, dann zumindest in die Nähe des Pols getrieben zu werden. Solche »Schiffswanderungen« über größere Distanzen waren vor ihm mehrfach beobachtet worden – bei Schiffen allerdings, die vom Eis überrascht wurden. 1893 führte Nansen diesen Plan aus, mußte jedoch feststellen, daß er auf diese Weise nicht über 85 Grad nördlicher Breite hinauskam. Während des Unternehmens verließ Nansen das Schiff und arbeitete sich mit Hilfe von Hundeschlitten noch ein Stück weiter nach Norden vor – bis auf 86,22 Grad oder 420 Kilometer an den Nordpol heran, um einiges näher als der nördlichste Landpunkt.

Nansen konnte auch die Wassertiefe unter der Eisdecke bestimmen. Sie betrug einige tausend Meter und nahm nach Norden hin weiter zu. Damit sank die Chance, noch weiter im Norden auf Inseln zu treffen, doch tat dies dem Wettrennen zum Pol keinen Abbruch.

Peary, der bereits den nördlichsten Punkt Grönlands gefunden hatte, beteiligte sich sehr eifrig an diesem Rennen. Er hatte die nördlichen Ausläufer von Ellesmereland als Ausgangspunkt gewählt, weil man bis dahin mit Dampfschiffen vordringen konnte und dann nur noch knapp 800 Kilometer bis zum Pol blieben, 800 Kilometer über das ewige Eis. Bei seinem ersten Anlauf im Jahre 1905 kam er bis auf 320 Kilometer an das Ziel heran, ehe er bei 87,1 Grad nördlicher Breite wieder umkehren mußte.

Ende Februar 1909 ging Peary aufs Ganze. Er zog mit einer Gruppe von 24 Mann los, führte 133 Hunde und 19 Schlitten sowie 3,25 Tonnen Verpflegung und Ausrüstung mit. Unterwegs wurden Lager eingerichtet, bei denen jeweils einige Leute zurückblieben. Am Ende war Peary mit seinem Schlittenführer Matthew Hensen (einem Schwarzen), drei Eskimos und ein paar Hunden allein. Zusammen erreichten sie am 6. April 1909 den Nordpol. Auf dem Rückweg hielten sie sich an ihre eigenen Spuren, schöpften aus jedem Lager neue Vorräte und waren bereits am 25. April wieder bei ihren Schiffen angekommen.

Nachdem die Polarforscher gelernt hatten, sich nach Art der Eskimos zu kleiden und wie sie zu leben, sich dabei auf Hundeschlitten statt auf von Menschen gezogene Schlitten zu stützen, war dieser Erfolg nur noch eine Frage der Zeit gewesen.

Das antarktische Meer

Die Erforschung der Südpolarregion stellte die Menschen vor noch größere Probleme als der Nordpol. Es fängt schon damit an, daß die Antarktis viel weiter von den Ländern entfernt ist, die solche Forschungsreisen ausrichten konnten; zudem ist die Antarktis viel kälter und unwirtlicher als die Arktis. Die ersten Europäer, die »in die Nähe« des Südpols kamen, waren Diaz, da Gama und Magellan auf ihren Reisen um die Südspitze Afrikas beziehungsweise Südamerikas. Allerdings waren diese Männer nicht am Südpol interessiert, sondern suchten lediglich einen Seeweg nach Indien.

Magellan erreichte im Gebiet der nach ihm benannten Meeresstraße an der Südspitze Südamerikas immerhin 53,92 Grad südlicher Breite. Er konnte damals noch nicht ahnen, daß dies gleichzeitig der südlichste Punkt eines von Menschen bewohnten Kontinents ist, denn Magellan hatte am Südufer dieser Wasserstraße sehr wohl Spuren für die Existenz von Menschen beobachten können: Lagerfeuer. Er nannte dieses Land daher »Tierra del Fuego« (Feuerland), ein Name, der sich bis heute erhalten hat. Zunächst nahmen die Geographen an, Feuerland sei Teil eines großen Kontinents im Süden; die Existenz eines solchen Südlandes war seinerzeit von den alten Griechen angenommen worden. 1578 fand der englische Seefahrer Francis

Drake (1540–1596) jedoch eher zufällig, daß Feuerland nur eine kleine Insel sein konnte. Er hatte die Magellanstraße durchfahren und war auf dem Wege, die spanischen Siedlungen an der Westküste Südamerikas zu plündern, als ihn ein Sturm weit nach Süden verschlug. Bei dieser Gelegenheit konnte Drake erkennen, daß Feuerland sich nicht sehr weit nach Süden erstreckte, sondern rund herum von Wasser umgeben war.

Der südlichste Punkt in dieser Gegend trägt die Bezeichnung Kap Hoorn; er liegt bei 56 Grad südlicher Breite, rund 3800 Kilometer nördlich des Südpols. Zu Drakes Zeiten war niemand daran interessiert, noch weiter nach Süden vorzudringen, doch im Verlaufe der Erkundung des südlichen Pazifiks stieß man auch in größeren Südbreiten noch auf vereinzelte Landpunkte.

1738 fand der französische Seefahrer Pierre Bouvet de Lozier (1705–1786) im Südatlantik die heute nach ihm benannte Bouvet-Insel, ein unbewohntes Eiland auf 54,43 Grad südlicher Breite. Yves Joseph de Kerguelen-Tremarec (1734–1797) entdeckte 1771 im Südindischen Ozean eine ganze Inselgruppe mit rund 300 einzelnen Inseln bei etwa 49,5 Grad südlicher Breite. Weder die Bouvet-Insel noch die Kerguelen-Inseln liegen so weit südlich wie Kap Hoorn, und doch waren sie unbewohnt und unwirtlich – ein Anzeichen für die größere Kälte im Bereich der Antarktis, denn die Inseln in vergleichbarer Distanz zum Nordpol haben durchaus lebensfreundlichere Umweltbedingungen.

Auf seiner zweiten Reise durch den Pazifik gelangte Captain Cook mit seinen Schiffen so weit nach Süden, daß er schließlich sogar den südlichen Polarkreis überquerte. Cook war nicht nur der erste Europäer, sondern vermutlich der erste Mensch überhaupt, dem dies am 17. Januar 1773 gelang. Im weiteren Verlauf dieser Tour drang er noch zweimal über den Polarkreis nach Süden vor und erreichte dabei am 30. Januar 1774 71,17 Grad südlicher Breite – ihn trennten nur noch 2100 Kilometer vom Südpol. Während dieser ganzen Fahrt wurde er ständig von umhertreibenden Eisschollen und Packeis behindert, doch sah er zu keinem Zeitpunkt Landflächen.

Dagegen stieß er östlich und südöstlich von Kap Hoorn auf einige Inseln, deren südlichste, die Thule-Insel, auf einer südlichen Breite von 59,43 Grad liegt, rund 3400 Kilometer vom Südpol entfernt.

Nach seiner Rückkehr berichtete Cook von einem ungeheuren Reichtum des arktischen Meeres an Seehunden und Walen.

Wenn schon die pure Neugierde und der reine Forscherdrang nicht ausreichten, um Schiffe dermaßen weit nach Süden zu locken – die Hoffnung auf reiche Beute genügte vollauf. So fand der britische Seehund-Fänger William Smith im Jahre 1819 die südlichen Shetland-Inseln unterhalb von Feuerland, auf 63 Grad südlicher Breite oder 3000 Kilometer nördlich des Pols.

Dieser Wert blieb aber nur kurz die Rekordmarke. Bereits am 16. November 1820 sichtete der 21jährige amerikanische Seehund-Fänger Nathaniel Brown Palmer noch weiter südlich Land. Er war aber vielleicht nur der erste, der davon berichtete; William Smith könnte dieses Land ebenfalls gesehen haben oder auch der englische Kapitän Edward Bransfield, nach dem die Wasserstraße südlich der Südshetlands benannt ist.

Zunächst war unklar, wozu dieses Land gehören mochte, bis man es später als Halbinsel erkannte und seither antarktische Halbinsel nennt; zwar handelt es sich tatsächlich um die nördlichsten Ausläufer eines Kontinents, doch lagen die 1820 gefundenen Bezirke noch deutlich außerhalb des Polarkreises.

Im gleichen Jahr kreuzte der russische Polarforscher Fabian Gottlieb von Bellingshausen (1778–1852) westlich der antarktischen Halbinsel in den Gewässern nahe dem südlichen Polarkreis und stieß dabei auf eine kleine Insel, die er Peter-I.-Insel nannte. Sie liegt rund 250 Kilometer südlich des Polarkreises und war damit der erste Landpunkt, der wirklich antarktisch genannt werden konnte.

Unmittelbar westlich der antarktischen Halbinsel stieß Bellingshausen noch weiter südlich auf eine größere Insel, der er den Namen Alexander-I.-Insel gab; beide Inseln werden von der Bellingshausen-See umspült.

Wenig später fand der englische Walfänger James Weddell (1787–1834) einen Meeresarm, der besonders weit nach Süden reichte. Er folgte ihm, mußte aber schließlich am 20. Februar 1823 bei einer geographischen Breite von 72,25 Grad wieder umkehren, weil Wind und Eis gegen ihn waren. Damit wurde der fast 50 Jahre alte Rekord von Cook endlich gebrochen – Weddell war bis auf knapp 2000 Kilometer an den Südpol herangekommen. Das Seegebiet, das heute Weddellmeer heißt, liegt östlich der antarktischen Halbinsel.

All diese Entdeckungen wurden im Bereich südlich von Feuerland gemacht. 1831 kam dann die Meldung, daß man auch auf der anderen Seite der Erde auf Land jenseits des antarktischen

Polarkreises gestoßen war. So sah der englische Seefahrer John Briscoe südlich von Madagaskar eine Küstenlinie, die er jedoch wegen einer dicken Eisdecke an der Wasseroberfläche nicht erreichen konnte. Nach dem Eigner seines Schiffs nannte Briscoe dieses Land Enderby-Land.

Neun Jahre später segelte der Franzose Jules Dumont d'Urville (1790–1842) von Australien südwärts und stieß unmittelbar am Polarkreis auf eine Küstenlinie, die sich über eine lange Strecke auf dieser geographischen Breite hinzog. D'Urville nannte das Land nach seiner Frau – Adelie-Land.

Etwa zur gleichen Zeit folgte der Amerikaner Charles Wilkes (1798–1877) einer langgestreckten Küste zwischen Enderby-Land und Adelie-Land, die mit überraschender Genauigkeit dem Polarkreis folgte. Diese Gegend am Südrand des Indischen Ozeans heißt heute Wilkes-Land.

Der antarktische Kontinent

Nach seiner Rückkehr äußerte Wilkes die Vermutung, daß alle die Landentdeckungen der beiden vorangegangenen Jahrzehnte sich zu einer einzigen Landmasse von kontinentalem Ausmaß zusammenbringen ließen. Zum ersten Mal wurde deutlich, daß die Erde neben den bekannten Kontinenten Afrika, Amerika, Asien, Australien und Europa noch einen sechsten Kontinent besitzt, der immerhin fast doppelt so groß wie Australien zu sein schien. Da dieser »neue« Kontinent jedoch weitgehend jenseits des antarktischen Polarkreises liegt, ist er unbewohnt (wenn man einmal von den Menschen in den wissenschaftlichen Forschungsstationen absieht). Der Kontinent erhielt den Namen Antarktis.

Im Januar 1841 erreichte der schottische Forscher James Clark Ross (1800–1862), ein Neffe des Arktisforschers John Ross, eine Durchfahrt, die südlich von Neuseeland liegt (das heutige Rossmeer). Er segelte weiter in südlicher Richtung, bis er von einer 60 bis 90 Meter hohen Eiswand gestoppt wurde. Sie entpuppte sich als Rand einer riesigen Eisplatte, eines Schelfeises, als Ausläufer des gewaltigen Eispanzers, der weite Teile der Antarktis bedeckt und insgesamt neunmal so viel Eis enthält wie das grönländische Inland-Eis; das Ross-Schelfeis bedeckt eine Meeresfläche so groß wie Frankreich.

Auch das Weddellmeer ist im Süden von einem Schelfeis

überzogen, dem sogenannten Filchner-Schelfeis; der deutsche Forscher Wilhelm Filchner (1877–1957) hat es als erster erkundet. Keines der beiden Schelfeise reichte jedoch bis zum Südpol. Das Ross-Schelfeis, das tiefer in die Antarktis vordringt als das Filchner-Schelfeis, endet bei 86 Grad südlicher Breite, rund 450 Kilometer vor dem Südpol.

Am 23. Januar 1895 verließen ein paar Männer ein norwegisches Walfangschiff, das unter dem Kommando von Leonard Kristenson stand, und betraten Viktorialand am Westufer des Rossmeeres – zum ersten Mal in der Geschichte der Menschheit standen Menschen auf festem Boden jenseits des antarktischen Polarkreises. Zu ihnen gehörte Carsten E. Borchgrevink (1864 bis 1934), der 1898 mit neun anderen Männern zurückkehrte und in der Antarktis überwinterte. Einmal schnallte Borchgrevink Skier an und startete den ersten Versuch, zu Fuß weiter nach Süden vorzudringen. Am 16. Februar 1900 erreichte er mit 78,8 Grad südlicher Breite einen neuen Rekord – bis zum Pol fehlten nur noch 1250 Kilometer.

Andere Forscher nahmen diese Herausforderung an und suchten nun ihrerseits, die Rekordmarke zu verbessern. Besonders ehrgeizig war in dieser Hinsicht der Engländer Robert Falcon Scott (1868–1912). Er fuhr mit seinen Leuten mit dem Schlitten über das Ross-Schelfeis und kam am 15. Dezember 1902 bis auf rund 860 Kilometer an den Südpol heran.

Einer der Begleiter Scotts, Ernest Henry Shackleton (1874 bis 1922), unternahm sieben Jahre später einen neuerlichen Versuch, mußte aber zusammen mit drei weiteren Männern am 9. Januar 1909 knapp 180 Kilometer vor dem Pol aufgeben. Jeder hatte seinen eigenen Schlitten gezogen oder geschoben, und sie kehrten erst um, als abzusehen war, daß die Vorräte nicht mehr für den Rückweg reichten.

Damit war die letzte Runde im Wettrennen zum Südpol eingeläutet. Nur zwei Kandidaten konnten sich noch Chancen auf den Gewinn ausrechnen, Scott und Amundsen, der sich schon am Wettrennen zum Nordpol beteiligt hatte.

Amundsen bereitete seinen Einsatz mit größter Umsicht und Sorgfalt vor; er setzte Hundeschlitten ein und führte insgesamt 52 Hunde mit. Am 20. Oktober 1911 brach er am Nordostrand des Ross-Schelfeises auf. Unterwegs tötete er die schwächeren Hunde und warf sie den stärkeren Tieren zum Fraß vor – auf diese Weise sparte er Lebensmittelvorräte für die Expeditionsteilnehmer, so daß er nicht wegen eines absehbaren Mangels an

Nahrungsmitteln wieder umkehren mußte. Am 14. Dezember 1911 kam Amundsen am Südpol an und erreichte am 21. Januar 1912 mit 12 Hunden und reichlichen Vorräten wieder den Ausgangspunkt des Unternehmens. Menschenleben waren bei dieser Expedition nicht zu beklagen.

Scotts Gruppe dagegen war weniger gut auf die Torturen vorbereitet, verließ sich nicht so sehr auf die Schlittenhunde und war darüber hinaus vom Pech verfolgt. Die letzten 650 Kilometer mußten die Leute ihre Schlitten selbst ziehen, und als Scott zusammen mit vier Begleitern am 17. Januar 1912 den Südpol schließlich erreichte, fand er dort bereits den von Amundsen zurückgelassenen Hinweis auf dessen erfolgreiche Pionierleistung. Scotts Gruppe hatte 2 Wochen mehr gebraucht als Amundsen, und die Männer waren am Ende ihrer Kräfte. Auf dem Rückweg gerieten sie in einen Schneesturm, der sie am Weiterkommen hinderte; alle fünf starben am oder um den 29. März 1912 an den Folgen der Kälte und Erschöpfung.

Das Jahr 1912 markiert damit das Ende der Erkundung von Land- und Seeflächen auf unserem Planeten. Rund ein halbes Jahrtausend, nachdem Heinrich der Seefahrer die ersten Schiffe an der afrikanischen Küste entlang Richtung Süden entsandt hatte, waren die Ozeane und Kontinente dieser Erde in einem »beinahe-non-stop-Programm« vorwiegend von Europäern erforscht worden. Erst danach machte die Weiterentwicklung des zu Beginn unseres Jahrhunderts erstmals eingesetzten Flugzeuges die schnelle und problemlose Überwindung auch größerer »Hindernisse« möglich. Am 12. Mai 1926 überflogen Umberto Nobile (1885–1978), Roald Amundsen und L. Ellsworth (1880 bis 1951) mit ihrer Besatzung im Luftschiff »Norge« als erste den Nordpol (es waren nicht Richard Evelyn Byrd und Floyd Bennett; sie hatten ganz einfach gelogen, wie Bennett später eingestand). Gut zweieinhalb Jahre später, am 20. Dezember 1928, gelang der erste Flug über den Südpol.

In ihren wesentlichen Zügen war die Erdoberfläche vollständig kartiert.

Gebirge

Auch nach der Erkundung der Meere und Kontinente und ihrer Erfassung in Karten hatten die Menschen noch längst nicht jeden Winkel unseres Globus auch wirklich erreicht, gab es noch immer unerforschte Gebiete.

Zwar ist die Erdoberfläche im wesentlichen ein zweidimensionales Gebilde (eine Fläche, die in der dritten Dimension gekrümmt ist), doch finden wir auf ihr sowohl Erhebungen als auch Vertiefungen größeren Ausmaßes, um nur ein Beispiel zu nennen. Ihre »Eroberung« stellte die Menschen vor ganz andere Probleme als etwa die Eroberung der Meere. Betrachten wir nur die großen Gebirgsregionen.

Berge haben uns Menschen schon immer beeindruckt. Die gewaltigen Felsklötze, die ihre schneebedeckten, oft in Wolken gehüllten Spitzen majestätisch gen Himmel reckten, wirkten mit ihrer scheinbaren Unbezwingbarkeit gleichermaßen begeisternd und zurückweisend. Ihre Nähe zum Himmel ließ sie eher als idealen Wohnplatz der Götter erscheinen denn als Lebensraum für Menschen. Vielfach galten Berge daher als heiliger Boden, brachten die Menschen ihre Opfer lieber auf Bergen den Göttern dar als in den Ebenen.

So offenbarte sich der biblische Gott dem Moses auf dem Berg Sinai, und hier empfingen die Kinder Israels die 10 Gebote. Zwar macht die Bibel keine genaueren Angaben über die geographische Lage dieses Bergs Sinai, doch gilt in der Überlieferung ein Berg im Süden der Sinai-Halbinsel als dieser göttliche Berg. Er liegt rund 380 Kilometer südlich von Jerusalem und ragt 2285 Meter über den Meeresspiegel empor. Bei den einheimischen Arabern heißt er übrigens Dschabel Musa (Berg Moses). Zwar gäbe der benachbarte Dschabel Katherina mit seinen 2670 Metern einen würdigeren Gottessitz ab, doch wird diese Überlieferung nicht angezweifelt.

Das Buch Deuteronomius berichtet, wie die Israeliten nach dem Einzug in das gelobte Land den Auftrag bekamen, verschiedene wichtige Riten auf den Gipfeln der Berge zu zelebrieren. Die Berge Gerizim und Ebal wurden für diesen Zweck ausgesucht. Später ließ Salomon in Jerusalem den Tempel bauen, der dann zum geistlichen Zentrum des Judentums wurde; einzig die Samariter, eine religiöse Minderheit, hielten am Berg Gerizim als ihrem »heiligen Berg« fest. Der Gerizim ist nur 885 Meter hoch.

Für die alten Griechen war der Olymp der Sitz der Götter. Dieser Berg im Norden Griechenlands ist mit 2900 Metern die höchste Erhebung auf der griechischen Halbinsel. Auch der Fujiyama, mit 3775 Metern der höchste Berg Japans, ist ein »heiliger Berg«.

Im Laufe der Zeit veränderten sich die religiösen Vorstellungen der Menschen, verlegte man die Wohnstatt der Götter zunächst von den Bergen an den Himmel und dann in einen imaginären Himmel, der kein sichtbarer Bestandteil des Universums mehr war.* Dennoch dürfen wir vermuten, daß Kuppeln und Kirchtürme ebenso wie die Minaretts islamischer Moscheen Relikte jener Zeit sind, da man glaubte, den Göttern damit näher zu kommen – moderne Formen der babylonischen Zikkurats oder der ägyptischen Pyramiden.

Wenn wir religiöse Vorstellungen und die Einbildungskraft der Menschen außer acht lassen, stellen sich die Gebirge zunächst als gewaltige Barrieren dar, die aber nicht nur von Nachteil zu sein brauchen: solche Barrieren konnten einerseits feindlichen Völkern den Zugang zum eigenen Land versperren; sie konnten aber auch als idealer Ort der Verteidigung genutzt werden, wenn die Einheimischen sich auskannten und daher den Eindringlingen im unübersehbaren Gelände überlegen waren. So haben die Alpen, die wie ein Schutzwall im Norden Italiens liegen, dieses Land lange Zeit vor feindlichen Eindringlingen bewahrt und dabei gleichzeitig den Schweizern zu einer weitgehenden Unabhängigkeit und Freiheit verholfen. Blindes Vertrauen in die Schutzwirkung solcher Gebirge ist aber auch nicht empfehlenswert, wie das Beispiel Hannibals zeigt. Während die Römer seinen Angriff von See her erwarteten, zog er mit seinen Truppen über die Alpen und griff völlig überraschend von Norden an.

Dennoch bieten solche Bergmassive in aller Regel ausreichend Schutz. Als die Araber nach der Eroberung Spaniens im Jahre 711 versuchten, auch noch das französische Königreich unter ihre Gewalt zu bringen, wurden sie durch die Pyrenäen wirkungsvoll gebremst. Aber auch der Gegenangriff Karls des

* Im engl. Sprachbereich wird diese Unterscheidung noch durch die Verwendung zweier Begriffe – sky und heaven – betont. (Anm. d. Ü.)

Großen 778 blieb in den Pyrenäen stecken. Bis auf den heutigen Tag markieren die Pyrenäen die Grenze zwischen Frankreich und Spanien. Die gleiche Rolle übernimmt der Himalaya zwischen Indien und China, spielen die Anden zwischen Chile und Argentinien, die Alpen zwischen Italien und seinen Nachbarn, und so weiter.

Die Besteigung der Alpen

Bis zum Ausgang des Mittelalters haben die Menschen Berge offenbar nur bestiegen, um auf die andere Seite zu kommen. Erst aus dem Jahre 1492 wird berichtet, daß ein französischer Höfling eine Gruppe auf den rund 2100 Meter hohen Aiguille 45 Kilometer südlich von Grenoble geführt hat.

Sein König, Karl VIII. von Frankreich (1470–1498), hatte gehört, daß dieser Berg unbezwingbar sei, und wollte dies überprüfen. Als König konnte er jemand anders dazu verpflichten, das damit verbundene Risiko und die Beschwernisse zu tragen. Der Schweizer Naturforscher Konrad Gesner (1516–1565) bestieg gleich mehrere alpine Berge und fand Gefallen daran. Allerdings hatte er auch eine wissenschaftliche »Entschuldigung«: er suchte nach seltenen Pflanzen und Tieren, deren Lebensraum auf die Bergregionen beschränkt war. Das Ergebnis seiner Klettereien sind umfangreiche Schriften über die verschiedenen Arten, die er dort fand.

Auch aus Nordamerika liegen ähnliche Berichte vor. Dort bestieg im Juni 1642 Darby Field, ein Siedler aus New Hampshire, den 1917 Meter hohen Mount Washington, die höchste Erhebung im Nordosten der Vereinigten Staaten. Bei der Suche nach indianischen Begleitern als »Bergführer« mußte er alle Überredungskünste einsetzen, denn diese betrachteten den Berg als heiligen Boden.

Erst im 18. Jahrhundert wurde das Bergsteigen mehr als nur eine gelegentliche, exotische Leistung. Damals begannen die Wissenschaftler, sich für den Aufbau der Erde und besonders der Erdkruste zu interessieren, und dazu gehörte eben auch die Erforschung der Gebirgslandschaften. Sie studierten ihre Entstehung, ihre Gesteinsarten und ihre Gletscher. Auch die Botaniker und Zoologen interessierten sich in zunehmendem Maße für die Pflanzen und Tiere, die sich besonders an diesen Lebensraum angepaßt hatten.

Weil aber die modernen Naturwissenschaften in Europa ihren Anfang nahmen und hier auch ihre ersten Blütezeiten erlebten, wurde zuerst den Bergregionen Europas wissenschaftliche Beachtung zuteil, vor allem den Alpen, der höchsten Bergkette dieses Kontinents.

Der höchste Berg der Alpen ist der Mont Blanc, der »Weiße Berg« (in Anspielung auf seinen ständig schneebedeckten Gipfel) mit 4807 Metern; er ist mehr als doppelt so hoch wie der Berg Sinai. Der Mont Blanc liegt auf der Grenze zwischen Frankreich und Italien, unweit der schweizerischen Grenze, rund 100 Kilometer südöstlich von Genf. In dieser Gegend fand man auch die größten und eindrucksvollsten Gletscher der Alpen.

Im Jahre 1760 reiste ein 20jähriger Student von Genf zum Mont Blanc. Später wurde er Physikprofessor und erfand Meßgeräte zur Bestimmung der Luftfeuchtigkeit und elektrischer Ladungen; er sollte auch als erster den Begriff Geologie für die Wissenschaft von der Erde benutzen. 1760 aber war er noch ein junger Mann, der voll Sehnsucht den Mont Blanc bewunderte und sich vorstellte, welch großartige Leistung es wohl sein müsse, diesen Berg zu besteigen.

De Saussure hatte nicht den Mut, selbst als erster den Versuch zu unternehmen, doch setzte er einen Geldpreis aus für jenen, der als erster den Mont Blanc bezwingen sollte. Es dauerte jedoch noch 26 Jahre, ehe der Preis zur Auszahlung kam. Ein französischer Arzt mit Namen Michel Gabriel Paccard schaffte zusammen mit einem Träger 1786 den Aufstieg bis zum Gipfel. Nun gab es für de Saussure kein Halten mehr. Bereits im nächsten Jahr bezwang auch er – inzwischen 47jährig – diesen höchsten Berg der Alpen. Er nahm eine Reihe wissenschaftlicher Meßinstrumente mit, um Luftdruck, Temperatur und ähnliche Größen in Abhängigkeit von der Höhe zu bestimmen. Später nutzte er jede sich bietende Gelegenheit, weitere Gipfel zu ersteigen und dabei die Gesteinsformationen zu untersuchen – de Saussure war ein leidenschaftlicher Bergsteiger geworden.

Ihm fiel auf, daß die Gesteinsschichten zwar parallel verliefen, aber keineswegs horizontal oder auch nur geradflächig. Sie bildeten vielmehr auffällige Kurven und Falten. Zunächst nahm er an, daß das Gestein in diesen seltsamen Formen erstarrt sei, doch dann mußte er erkennen, daß einige Schichten im wesentlichen aus Sand und Kiesel bestanden, die nicht sehr fest zusammenhielten. Auf einem solch »hügeligen« Grund konnten sie aber auch nicht einfach abgelagert worden sein – die Schichten mußten vielmehr ursprünglich horizontal und ebenflächig verlaufen sein und erst später, während der Entstehung der Gebirge, zu solchen Faltungen und Verwerfungen zusammengeschoben worden sein.

Nur wenige Bergsteiger dachten jedoch bei ihren Unternehmungen an solche wissenschaftlichen Aspekte – für die meisten wurde das Bergsteigen zu einem Sport.

Im Jahre 1854 bestieg der Engländer Alfred Wills das 3708 Meter hohe Wetterhorn – er befand sich damals gerade auf Hochzeitsreise. Er muß »verrückt« gewesen sein, ausgerechnet während der Flitterwochen dieses riskante und kräftezehrende Unternehmen anzugehen, doch zeigt dieser Fall deutlich, wie unwiderstehlich Menschen von solchen Herausforderungen angezogen werden.

Immer neue Waghälse kamen, um die Berggipfel zu bezwingen (die meisten aus irgendeinem unerfindlichen Grund von den britischen Inseln), und in der Schweiz blühte das Gewerbe der Bergführer auf, die die Touristen betreuten.

Ein wenig fehlte dem alpinen Sport von Beginn an der Reiz, weil gleich zu Anfang mit dem Mont Blanc der höchste Gipfel bestiegen worden war und man in dieser Hinsicht kein Rennen um neue Rekorde beginnen konnte. Die Höhe allein ist aber selten ein Maß für die Schwierigkeiten, die sich beim Aufstieg ergeben.

Ein gutes Beispiel dafür ist das Matterhorn, rund 70 Kilometer östlich des Mont Blanc gelegen. Mit einer Gipfelhöhe von 4478 Metern ist es 329 Meter niedriger als jener, doch scheint seine Spitze senkrecht aufzuragen und bietet – vor allem von der italienischen Seite – einen besonders prachtvollen Anblick. Das Matterhorn galt lange Zeit selbst unter Einheimischen als unbezwingbar.

Der englische Maler Edward Whymper (1840–1911), der zahlreiche Alpenlandschaften auf die Leinwand bannte, fand bei seinen Arbeiten Gefallen am Bergsteigen und versuchte Anfang der sechziger Jahre des vorigen Jahrhunderts insgesamt sechsmal vergeblich, von der italienischen Seite her das Matterhorn zu erklimmen. Beim siebten Anlauf startete er daher auf der Schweizer Seite und erreichte schließlich am 14. Juli 1865 um 13.40 Uhr zusammen mit 6 Begleitern den Gipfel. Während des Abstiegs ereignete sich jedoch ein folgenschwerer Unfall: die sieben Bergsteiger bewegten sich einzeln hintereinander und waren durch ein langes Seil untereinander verbunden – da glitt einer der sieben (der mit der geringsten Bergerfahrung) aus und stürzte ab.

Normalerweise ist das lange Verbindungsseil dazu gedacht, einen solchen Sturz aufzufangen, weil die übrigen Bergsteiger ihre Position halten und den Verunglückten schließlich wieder zu sich zurückziehen können. Diesmal aber wirkte das Seil in entgegengesetzter Weise: der abgerutschte Bergsteiger riß den nachfolgenden mit, und beide zusammen auch noch den dritten und vierten. Wäre das Seil nicht zwischen dem vierten und fünften Mann gerissen, so wären vermutlich alle sieben Teilnehmer abgestürzt. So jedoch überlebten Whymper und zwei Schweizer Führer das Unglück (es tauchten damals böse Gerüchte auf, der fünfte Mann habe das Seil bewußt durchtrennt, doch wurden sie nie bestätigt).

Dieses fatale Unglück trug mehr als alles andere dazu bei, die bergsteigerische Leistung hochzustilisieren und jene Leute anzulocken, denen die lauernde Gefahr die notwendige Würze des Lebens bedeutete.

Wie so oft in solchen Fällen, in denen eine besondere Leistung oder ein großes Wagnis nach jahrelangen Versuchen und Vorbereitungen endlich gelingt, kam es allgemein zu Wiederholungen, die vergleichsweise leicht erschienen. Schon drei Tage nach Whympers Aufstieg erreichte eine Gruppe italienischer Bergsteiger den Gipfel über die weit schwierigere Südroute. Mittlerweile wird das Matterhorn in jedem Jahr von etlichen Bergsteigern »erwandert«; ihre Gesamtzahl dürfte die 100000 längst überschritten haben; mehr als 90 Menschen kamen dabei ums Leben.

Über die Alpenhöhen hinaus

Um 1870 stellten die Alpen keine wirkliche Herausforderung mehr dar – zu viele Gipfel waren mittlerweile von vielen Bergsteigern bezwungen worden. Die Alpen sind aber nicht das höchste Bergland dieser Erde, und der Mont Blanc ist entsprechend bei weitem nicht der höchste Berg.

Auch anderswo hatte mittlerweile die Gipfelstürmerei begonnen. So wurde etwa der Pike's Peak im US-Bundesstaat Colorado im Jahre 1819 erstmals bestiegen, doch ist dieser Berg niedriger als der Mont Blanc. Zehn Jahre später wurde die bisherige

Rekordhöhe des Mont Blanc schließlich gebrochen, als der Deutsche Johann Jakob von Parrot den 5165 Meter hohen Ararat im Osten der heutigen Türkei erstieg. Der Große Ararat, der höhere der beiden Gipfel, übertrifft den Mont Blanc immerhin um 358 Meter.

Hinter dieser Leistung steckte das Motiv, Überreste der Arche Noah aufzuspüren – der Überlieferung nach setzte das biblische Schiff nämlich dort auf, als die Wasser der Großen Flut abgelaufen waren. Von Parrot konnte jedoch solche Überbleibsel nicht finden, und selbst jene, die später gelegentlich von irgendwelchen Spuren berichteten, vermochten bislang keine wirklich eindeutigen Beweise vorzulegen.

1848 wurde erstmals der höchste Berg Mexikos, der Citlaltépetl (5700 Meter), rund 70 Kilometer westlich von Veracruz bezwungen. Um 1870 begannen die Bergsteiger schließlich, sich überall auf der Erde die höchsten Gipfel auszusuchen. Der Kilimandscharo zum Beispiel ist der höchste Berg Afrikas. Er liegt im heutigen Tansania, unmittelbar südlich der Grenze nach Kenia, rund 210 Kilometer südlich von Nairobi. Im Jahre 1889 schafften die beiden Deutschen Hans Meyer und Ludwig Purtscheller als erste den Aufstieg auf den 5895 Meter hohen Gipfel. Rund zehn Jahre später erklomm der Engländer Halford Mackinder den etwas weniger hohen Mount Kenya (5193 Meter), der etwa 320 Kilometer weiter nördlich liegt.

Die Besteigung des Kilimandscharo stellte aber schon keinen neuen Höhenrekord mehr dar, denn mittlerweile hatten sich die Bergsteiger längst in den Anden nach höheren Gipfeln umgesehen. Der Chimborazo in Ecuador beispielsweise, rund 150 Kilometer südlich von Quito gelegen, ragt 6267 Meter hoch auf und war bereits mehrfach »in Angriff genommen« worden. Einen der ersten Anläufe hatte der große Geograph Alexander von Humboldt (1769–1859) unternommen, der 1802 immerhin bereits eine Höhe von 5760 Metern erreichte, fast 1000 Meter mehr als die Gipfelhöhe des Mont Blanc. Da er den Gipfel jedoch nicht erreichte, wird seine Leistung gewöhnlich übersehen.

1880 bestieg Whymper, der Bezwinger des Matterhorns, den Mount Chimborazo gleich zweimal – er überschritt damit als erster Bergsteiger die Höhe von 6000 Metern.

In den Anden gibt es nur wenige Berge, die den Chimborazo noch an Höhe übertreffen. Den Rekord hält der Aconcagua an der chilenisch-argentinischen Grenze, rund 100 Kilometer nordöstlich von Santiago. Mit seinen 6960 Metern ist er der höchste Berg außerhalb Asiens überhaupt; er wurde 1897 von einer Expedition unter der Leitung des englischen Bergsteigers Edward A. Fitzgerald genommen.

Der höchste Punkt Nordamerikas ist der Mount McKinley im Süden Alaskas, etwa 250 Kilometer südwestlich von Fairbanks. Mit 6194 Metern bleibt er zwar um einiges hinter dem Aconcagua zurück, doch liegt der Mount McKinley nicht allzu weit südlich des Polarkreises. Das macht ihn zum nördlichsten Sechstausender der Erde, und das bleibt natürlich nicht ohne Auswirkungen auf den Schwierigkeitsgrad. Erst 1913 erreichte eine Gruppe von vier Leuten unter der Leitung von Hudson Stuck (1863–1920) den Gipfel.

Im 20. Jahrhundert konzentrierte sich das Interesse der Bergsteiger in zunehmendem Maße auf den Himalaya, der die höchsten Berge der Erde enthält. Rund 40 Siebentausender und Achttausender gibt es auf unserem Planeten, und sie alle gehören zum Himalaya-Massiv.

Den Anfang machte der Trisul in Nordindien, rund 300 Kilometer nordöstlich von Delhi; sein 7120 Meter hoher Gipfel wurde 1907 zum ersten Mal erreicht. Der höchste Berg auf dem Gebiet der Sowjetunion, der Pik Kommunisma im Pamir-Gebirge am Westrand des Himalaya, rund 120 Kilometer westlich der Grenze zu China, wurde 1933 von sowjetischen Bergsteigern bezwungen; er ist 7495 Meter hoch.

Bereits zwei Jahre zuvor war jedoch der 7756 Meter hohe Kamet gemeistert worden, ein Berg rund 70 Kilometer nordwestlich des Trisul, doch hielt auch dieser Rekord nur 5 Jahre, bis Engländer erstmals den 7817 Meter hohen Nanda-Devi erklommen.

Das »Dach der Welt« wird von insgesamt 14 Achttausendern gebildet, die fast alle im Grenzbereich zwischen Nepal und Tibet zu finden sind. Sie zu besteigen, war vom Schwierigkeitsgrad her fast schon vergleichbar mit dem Erreichen der Pole. In einem Punkt waren die Berge sogar noch schlimmer: ganz gleich nämlich, mit welchen Naturgewalten die Polarforscher zu kämpfen hatten – sie hatten immer noch atmen können. Achttausend Meter über dem Meer ist die Luft aber bereits so dünn, daß jede noch so kleine Anstrengung fast zur Qual wird. Die Sauerstoffflaschen wurden für das Überleben der Bergsteiger ebenso wichtig wie die Hundeschlitten für die Polarforscher. Die erste Besteigung eines Achttausenders gelang 1950 einem französischen Team unter der Leitung von Maurice

Herzog: sie schafften den 8078 Meter hohen Annapurna im Norden Nepals.

Der höchste Berg der Erde schließlich liegt genau auf der Grenze zwischen Nepal und Tibet, rund 150 Kilometer von der östlichen Grenze Nepals entfernt. Erst 1952 wurde seine Favoritenrolle zweifelsfrei bestätigt, nachdem eine großangelegte Vermessungsaktion gezeigt hatte, daß sein Gipfel 8800 Meter noch übertraf, während kein anderer Berg so hoch hinaufragte. Als genaue Höhe gilt derzeit ein Wert von 8848 Meter; das ist 1,84mal so hoch wie der Mont Blanc oder rund dreimal so hoch wie der Olymp. Die Tibetaner nennen ihn den Tschomolungma (»die göttliche Mutter der Welt«), was seiner Bedeutung als höchstem Berg der Erde durchaus gerecht wird. 1865 erhielt er den »offiziellen« Namen Mount Everest nach dem englischen Ingenieuroffizier Sir George Everest (1790–1866), der zwischen 1823 und 1843 das indische Vermessungswesen geleitet hatte. Die ersten Versuche, diesen König der Berge zu besteigen, wurden 1920 unternommen; einer der begeistertsten englischen Bergsteiger jener Zeit war George Leigh Mallory (1886–1924), der einmal auf die Frage, warum er denn den Mount Everest bezwingen wolle, die geistesgegenwärtige, vielzitierte Antwort gab: »Weil er da ist!« Dieser ebenso einfache wie herausfordernde Sinn steckt hinter so manchem Triumph und mancher Katastrophe der Menschheit.

1924 kämpften sich Mallory und ein Begleiter, Andrew C. Irvine, vom letzten Zwischenlager aus langsam aufwärts und wurden von den Zurückgebliebenen noch 330 Meter unterhalb des Gipfelpunktes beobachtet, bis Wolken aufzogen und die weitere Sicht versperrten. Mallory und Irvine wurden nie mehr gefunden. 1933 mußte eine weitere Seilschaft kurz vor dem Gipfel aufgeben. Zwischen 1921 und 1938 verzeichnete man insgesamt sieben Versuche von tibetanischer Seite aus, die jedoch allesamt fehlschlugen.

Dann brach der Zweite Weltkrieg aus, und 1949 eroberten die Chinesen Tibet. Als die Bergsteiger sich wieder ihrer Leidenschaft widmen konnten, war der Zugang nach Tibet verschlossen. Drei Anläufe von nepalesischer Seite aus, 1951 und 1952, waren jedoch ebenfalls nicht erfolgreich, wenngleich eine Gruppe wieder bis auf 300 Meter an den Gipfel herankam.

Im Jahre 1953 schließlich rückte die größte Expedition an, die je für die Besteigung des Mount Everest ausgerüstet wurde. Zum ersten Mal kamen auch modernste technische Hilfsmittel zum Einsatz: Sauerstoffbehälter, Isolierkleidung und -schuhe, Funkgeräte und so weiter. Auf dem Weg nach oben wurden acht Zwischenlager eingerichtet, und alles lief gut vorbereitet ab, bis Edmund P. Hillary, ein Bienenzüchter aus Neuseeland, zusammen mit seinem nepalesischen Bergführer Tenzing Norkay den höchsten Punkt der Erde erreicht hatte. Seither ist auch die Besteigung des Mount Everest mehrfach wiederholt worden, inzwischen sogar im Alleingang und ohne Sauerstoffgerät. Damit scheint auch in der Aufwärtsrichtung die Grenze menschlicher Ausbreitung erreicht.

Höhlen

Die Erdoberfläche hat aber nicht nur ihre Höhen, sondern kann auch mit gewissen Tiefen aufwarten – sie ist nämlich nicht überall gleichermaßen kompakt. An vielen Stellen ist sie von unterirdischen Höhlen durchsetzt, die entstanden, weil Lava um eine Luftblase herum erstarrte oder weiches, leicht lösliches Gestein vom Regenwasser oder unterirdischen Quellen ausgewaschen und fortgeschwemmt wurde. In vorgeschichtlicher Zeit stellten solche Höhlen willkommene Zufluchtsorte für die frühen Menschen dar, boten sie doch ausreichenden Schutz gegen Raubtiere und die Launen des Wetters; darüber hinaus konnten sie mit Hilfe von Lagerfeuern leicht beheizt werden. Entsprechend fand man in vielen Höhlen Reste von Menschen, Tieren, Feuerstellen und andere Spuren einer frühen Nutzung als Wohnplatz, bis hin zu Wandmalereien.

Das größte Höhlensystem der Erde bildet nach gegenwärtigem Kenntnisstand die treffsicher benannte Mammut-Höhle im US-Bundesstaat Kentucky, rund 135 Kilometer südwestlich von Louisville. Das vielfältig untereinander verbundene System erstreckt sich über eine Gesamtlänge von 232 Kilometer und ist damit doppelt so groß wie das zweitgrößte System, die Hölloch-Höhlen in der Schweiz. Die Höhlenforschung oder Speleologie entwickelte sich gegen Ende des vergangenen Jahrhunderts zu einem eigenen, interdisziplinären Forschungszweig, und schon bald drangen auch Nichtforscher in diese aufregende Unterwelt ein, wurde das Besteigen unterirdischer Höhlen, leicht ironisch als »Spelunkerei« bezeichnet, zu einem faszinierenden Sport.

Schon am 6. April 1841 hatte ein gewisser Antonio Lindner in der Nähe von Triest in einer Höhle einen Punkt erreicht, der 329 Meter tiefer lag als der Höhleneingang. So tief war man zuvor noch an keiner Stelle (auf natürlichem Wege) in die Erde eingedrungen, und dieser Rekord blieb auch für den Rest des 19. Jahrhunderts bestehen.

Im 20. Jahrhundert nahm die Zahl der Höhlenexkursionen rapide zu, und man fand schließlich in Frankreich die tiefsten Höhlen dieser Erde. Den Rekord hält bislang die »Gouffre de la Pierre Saint Martin« in den westlichen Pyrenäen, wo eine Gruppe von Höhlenforschern während einer Exkursion zwischen dem 8. und 11. November 1969 eine Tiefe von 1173 Meter unterhalb des Höhleneingangs erreichte.

Wir wissen natürlich nicht mit Sicherheit, ob es nicht an anderen Stellen auf unserer Erde noch tiefere Höhlen gibt, doch es ist nicht wahrscheinlich, daß Höhlen tiefer sein können. Schließlich nimmt der Druck, dem das Gestein mit wachsender Tiefe ausgesetzt ist, ebenso zu wie die Temperatur der Erde selbst, und beide Effekte zusammen werden zufällig vorhandene Spalten und Durchgänge in größeren Tiefen sehr bald verschwinden lassen. Höhlen sind daher nur unmittelbar unter der Erdoberfläche möglich, und die verschlungenen Höhlensysteme, die in pseudo-wissenschaftlichen Romanen, in primitiven Science-fiction-Geschichten oder auch in schlechten Filmen weit hinab bis in eine hohle Erdmitte führen, sind Ausgeburten bloßer Phantasie.

Sicher haben die Menschen schon früh begonnen, künstliche Höhlen zu graben, um nach Wasser oder Metallerzen zu suchen, und sie sind dabei nicht selten tiefer vorgedrungen als nur 1200 Meter. So wurde im US-Bundesstaat Montana im Oktober/November 1961 ein Wasser-Bohrloch bis auf 2230 Meter abgeteuft, rund doppelt so weit wie die tiefste natürliche Höhle.

Auf der Suche nach Gold bohren die Menschen sogar noch tiefer in die Erde hinein. Die tiefsten Goldminen finden wir in Südafrika, wo in der Nähe von Carltonville im April 1974 immerhin 3540 Meter erreicht wurden. An der Sohle muß ständig gekühlte Luft eingeblasen werden, damit die Bergarbeiter die dort herrschenden Temperaturen überhaupt ertragen können. Darüber hinaus ist die Last der darüberliegenden Gesteinsschichten so groß, daß ständig die Gefahr des Stolleneinsturzes besteht. Solange die Technik nicht wesentliche Fortschritte macht, werden Menschen wohl kaum viel tiefer ins Erdinnnere vordringen können.

Allerdings gibt es schon heute bloße Bohrlöcher, die noch weiter nach unten reichen – Bohrlöcher, durch die Öl gefördert wird. Das tiefste Öl-Bohrloch existiert gegenwärtig im US-Bundesstaat Oklahoma: mit 9583 Metern ist es tiefer als der Mount Everest hoch.

5. Kapitel – Die Ozeane

Die Wasseroberfläche

Bislang haben wir uns mit der Ausbreitung des menschlichen Lebensraumes auf dem Festland beschäftigt, haben die Ozeane lediglich als Wasserstraßen angesehen, auf denen man von einem Kontinent zum anderen gelangt, von einer Insel zur nächsten. Natürlich stellt das Meer selbst, das immerhin 70 Prozent der Erdoberfläche bedeckt, einen riesigen Forschungsgegenstand dar, dessen Erkundung eine neue Erweiterung des menschlichen Horizontes einschließt.

Seit Menschengedenken segelten und dampften die Bewohner dieses Planeten über das Meer, doch normalerweise interessierten sie sich allenfalls für die Oberfläche der Ozeane, ließen jedoch die gewaltigen Wassermengen darunter außer acht, das Reich der Fische und anderer Formen des Lebens, das artenreicher und – vom evolutionären Standpunkt aus – viel älter ist als das Leben auf dem Land.

Gewiß, den Menschen ist die Welt des Wassers nicht vollkommen fremd, wenngleich der Homo sapiens als hochentwikkeltes Landlebewesen sehr wohl ohne das Wasser existieren kann (wenn wir einmal von der Notwendigkeit des Trinkwassers absehen); andererseits können die Menschen aber auch, wenn sie wollen, in das Wasser eindringen und sich in ihm herumbewegen.

Viele Landlebewesen können ohne Schwierigkeiten schwimmen, indem sie einfach ihre üblichen Körperbewegungen vom Festland auch im Wasser fortsetzen. Bei den Menschen ist das anders. Ihr Bewegungsmuster auf dem Festland ist vom Gehen auf zwei Beinen geprägt, und das funktioniert auf oder unter Wasser nicht – mit anderen Worten, wir müssen im Wasser umdenken, auf alle vier Extremitäten zurückgreifen und mit Beinen und Armen rudern. Das will erst einmal gelernt sein. Wer aber schwimmen kann, empfindet dies meist als angenehme Abwechslung und tut es, sooft er nur kann.

Menschen können auch unter Wasser schwimmen; dazu rudern sie sich entweder nach unten oder springen aus einer bestimmten Höhe ins Wasser. Allerdings kann man nicht sagen, daß der menschliche Körper besonders gut zum Tauchen geeignet wäre. Taucher können ohne Hilfsmittel nur so lange unter Wasser bleiben, wie sie die Luft anhalten können, und das ist selbst mit einiger Übung nur eine ziemlich kurze Zeit. Dem Normalbürger fällt es bereits schwer, sich 60 Sekunden unter Wasser zu halten. Spezialisten können nach langem Training vielleicht 2,5 Minuten ausharren, doch ein Zeitraum von 5 Minuten und mehr ohne Sauerstoffzufuhr ist lebensgefährlich – das Gehirn übersteht eine solche Belastung nicht ohne dauerhafte Folgeschäden.

Andere Landlebewesen kommen mit dem Lebensraum Wasser weit besser zurecht als wir Menschen. Optimal angepaßt haben sich mittlerweile die Wale und ihre Verwandten, die – obwohl sie von Landlebewesen abstammen – sich außerhalb des Wassers nicht mehr aufhalten können. Dennoch tragen sie noch heute das Erbe ihres früheren Land-Daseins mit sich herum: so atmen die Wale immer noch durch Lungen, obwohl sie im Wasser keinen direkten Zugang zur Luft haben. Dabei bleibt ihr Lebensraum nicht auf die Wasseroberfläche beschränkt wie bei uns Menschen: der Pottwal etwa, der größte der Zahnwale, kann bis zu 75 Minuten unter Wasser bleiben, während die kleineren Bartenwale bis zu 2 Stunden ohne Frischluftzufuhr auskommen.

Menschen können ohne Hilfsmittel nicht zu sehr großen Wassertiefen vordringen, weil der Wasserdruck mit wachsender Tiefe sehr rasch zunimmt und dem menschlichen Körper enge Grenzen setzt. Dort, wo sich die Anstrengungen lohnen, gibt es aber immer wieder Menschen, die versuchen, diese Grenzen hinauszuschieben.

So dringen die Perlentaucher, die in flachen Gewässern nach Austern am Meeresboden suchen, bis zu 15 Meter tief vor und bleiben bis zu zwei Minuten dort unten, ehe sie erneut Luft holen müssen. Entsprechendes vollbrachten auch schon die Perlentaucher der frühen Hochkulturen im Mittelmeer und im Persischen Golf. Heute dringen Menschen ohne Schutzkleidung bis zu dreißig Meter tief unter die Wasseroberfläche vor. Doch was ist das im Vergleich mit den 900 Metern, die ein Pottwal auf der Suche nach Nahrung wegtaucht?

Menschen können ihre Einsatzmöglichkeiten unter Wasser mit ein wenig Geschick verbessern. Eine luftdichte, durchsichtige Scheibe vor den Augen kann zumindest das Sehen unter Wasser erleichtern. Die Verwendung solcher »Schutzgläser«, dünner, transparenter Schildpatt-Plättchen, wird bereits aus dem 14. Jahrhundert von persischen Tauchern berichtet. Glasbrillen wurden erst um 1860 benutzt, und um 1930 fanden erstmals kurze Rohre Verwendung, deren eines Ende in den Mund gesteckt wurde und deren anderes Ende über die Wasseroberfläche ragte – Schnorchel. Mit ihnen konnte man auch unter Wasser atmen. Allerdings lassen sich Schnorchel nur nahe der Wasseroberfläche benutzen, weil schon sehr bald der Wasserdruck auf die Brust größer wird als der Luftdruck, der sich beim Atmen in der Lunge aufbaut, so daß man den Brustkorb nicht mehr zum Luftholen aufblähen kann, wenn man tiefer taucht.

1933 sah man die ersten Flossen; sie ermöglichten zusammen mit Taucherbrille und Schnorchel ein rascheres Vorankommen und einen längeren Aufenthalt unter der Wasseroberfläche.

Im Zweiten Weltkrieg erkundeten entsprechend ausgerüstete Taucher feindliche Küstenlinien und brachten bei gegnerischen Schiffen Sprengstoff unter der Wasserlinie an. Zunächst setzten die Italiener solche »Froschmänner« ein, doch folgten die anderen Länder bald nach. Was man aber wirklich brauchte, war ein Unterwasserschwimmer, der zumindest eine Zeitlang von der Luft an der Wasseroberfläche unabhängig war. So bekamen die Taucher Druckluft-Zylinder aufgeschnallt; die verbrauchte Luft gelangte in Behälter mit chemischen Reaktoren, die den Kohlendioxydgehalt reduzierten und die so gereinigte Luft wieder zum Atmen abgaben. Die ersten dieser »Aqua-Lungen« wurden 1943 von dem französischen Marine-Offizier Jacques-Yves Cousteau entwickelt. Nach dem Zweiten Weltkrieg hielten sie auch Einzug in die zivile Taucherei, und es entstand das sogenannte »scuba-diving«, wobei scuba für »self-contained underwater breathing-apparatus« stand, für »unabhängiges Unterwasser-Atemgerät«.

Erfahrene Taucher können mit diesem Gerät leicht 60 Meter Tiefe erreichen und sich einige Zeit dort aufhalten. In noch größerer Tiefe kann der Stickstoffgehalt des Blutes aufgrund des hohen Außendrucks so stark zunehmen, daß die Gefahr einer Vergiftung besteht – ihre Folge ist der sogenannte Tiefenrausch, der die Taucher entweder zu noch größeren Tiefen oder zu langem Aufenthalt unter Wasser verleitet, und beides kann tödlich enden.

Doch selbst 60 Meter sind im Vergleich zu den Tiefen der Meere herzlich wenig, und so bleiben auch Scuba-Taucher eigentlich nur nahe der Wasseroberfläche.

Der erste, von dem wir wissen, daß er sich für die Tiefen des Meeres interessierte, war der griechische Philosoph Posidonius. Um das Jahr 100 v. Chr. soll er vor der Küste Sardiniens die Wassertiefe bestimmt und dabei – nach heutigen Maßen – 1,8 Kilometer gemessen haben.

Dabei blieb es dann auch bis ins 18. Jahrhundert, sofern der Bericht überhaupt mehr als nur ein Gerücht ist. Erst dann begannen sich die Wissenschaftler ernsthaft für die Tiefen der Ozeane zu interessieren, wobei es ihnen zunächst um die dort lebenden Meerestiere ging.

Wie aber konnte man Lebensformen beobachten, die unter der Wasseroberfläche leben? Sich auf die jeweils nur kurzen Perioden zu beschränken, die ein Taucher sich unter Wasser aufhalten konnte, ergab wissenschaftlich wenig Sinn. Warum also kehrte man den Spieß nicht um und holte die Lebewesen aus den Tiefen herauf an die Wasseroberfläche?

Für diesen Zweck entwickelte der dänische Biologe Otto F. Müller (1730–1784) ein Schleppnetz. Es bestand aus einem Eisenrahmen, der ein starkes Netz aufspannte. Dieses Schleppnetz konnte man viele Meter unter der Wasseroberfläche hinter einem Schiff herziehen. Lebewesen würden sich in den Maschen des Netzes verfangen und konnten so an die Wasseroberfläche gebracht werden.

Der englische Biologe Edward Forbes Jr. (1815–1854) setzte ein solches Schleppnetz mit großem Erfolg ein. In den dreißiger Jahren des vergangenen Jahrhunderts brachte er damit eine Reihe Meereslebewesen aus der Nordsee und den angrenzenden Gewässern entlang der britischen Küste an die Wasseroberfläche. 1841 bekam er Gelegenheit, mit einem Marineschiff ins östliche Mittelmeer zu fahren. Dort war er erfolgreicher als alle anderen vor ihm – so holte er beispielsweise aus 400 Metern Tiefe einen Seestern nach oben, den er ebenso wie die anderen Lebewesen eingehend untersuchte.

Pflanzliche Lebewesen konnten eigentlich nur in den oberen Schichten des Meeres existieren, weil das Sonnenlicht nicht viel tiefer als vielleicht 75 Meter eindringen kann. Tierische Lebensformen hängen ihrerseits letzten Endes von der Existenz von Pflanzen ab. So kam Forbes zu dem Schluß, daß sich die Fische nie für sehr lange Zeit in größeren Tiefen unterhalb der Vegetationsgrenze würden aufhalten können, und sah in den 400 Metern so ziemlich die untere Grenze; darunter – so glaubte er – müsse der Ozean leer und unbelebt sein.

Doch schon zu diesem Zeitpunkt gab es Hinweise darauf, daß dieser Schluß voreilig war. James Clark Ross, der 1841 die Küsten der Antarktis erkundete, gab sich mit der bloßen Vermessung der Küstenlinie allein nicht zufrieden. Er wollte auch den Ozean vor den Küsten genauer untersuchen. Sehen wir einmal von der angeblichen Tiefenmessung des Posidonius ab, dann war Ross der erste, der die Tiefen des Ozeans zu messen versuchte. Er ließ ein Gewicht an einem langen Kabel absenken und hoffte, daß es den Meeresboden erreichen würde. Darüber hinaus setzte er Schleppnetze in sehr viel größeren Tiefen ein als alle anderen vor ihm. So konnte Ross selbst aus einer Wassertiefe von 730 Metern alle möglichen Arten von Meereslebewesen zutage fördern.

Sein Bericht blieb damals ohne allzu große Wirkung, doch einige Jahre später geschah etwas, das zunächst keine Beziehung zur Tiefsee hatte, dann aber doch die Erforschung der Meerestiefen völlig unerwartet in Gang setzen sollte. Im Jahre 1844 baute der amerikanische Erfinder Samuel F. B. Morse (1791–1872) die erste Telegraphen-Verbindung. Sie verlief zwischen Baltimore, Maryland, und Washington, D.C., über eine Entfernung von rund 65 Kilometer und ermöglichte über diese Strecke einen direkten Informationsaustausch. Der Telegraph war eine einfache Erfindung (nachdem sie erst einmal gelungen war), die sich rasch ausbreitete und dabei nur geringe Investitionskosten forderte. Die industriellen Zentren in Europa und Nordamerika waren schon bald durch zahllose Drähte miteinander verbunden, durch Drähte, die einfach auf in die Erde gerammte Pfähle über Land gespannt zu werden brauchten.
An manchen Stellen versperrte Wasser diesen Leitungen den Weg, denn Telegraphenmasten können weder in Flüsse noch in Meeresarme gerammt werden. Man fand einen Ausweg, indem die Drähte mit einem wasserdichten Mantel umgeben wurden – so erhielt man Unterwasserkabel, die dann auf dem Grund des Flusses oder Meeresarmes verlegt werden konnten. In den vierziger Jahren des vergangenen Jahrhunderts überwand man auf diese Weise die Hindernisse des Hudson-River und des Mississippi, und im folgenden Jahrzehnt verbanden Kabel bereits England mit Europa und Irland. Die große Herausforderung aber war ein Kabel quer durch den Atlantik, das Europa mit Nordamerika verbinden sollte. Dieses Kabel mußte mehr als 5000 Kilometer lang sein.

Eine solche Verbindung konnte sich als äußerst wichtig und nützlich erweisen. Im Dezember 1814 beispielsweise hatten Großbritannien und die USA in Gent (Belgien) einen Friedensvertrag unterzeichnet, der den Krieg von 1812 beenden sollte. Die Kunde von diesem Vertrag konnte Amerika aber erst mit dem nächsten Schiff erreichen, und das benötigte für die Überfahrt 6 Wochen. Unterdessen wurde am 8. Januar 1815 die Schlacht von New Orleans geschlagen, die als das größte und blutigste Gefecht dieses Krieges gilt – und das, obwohl zu diesem Zeitpunkt der Krieg eigentlich schon vorüber war. Wenn erst einmal die Kabelverbindung zwischen Europa und Amerika existierte, würde sich etwas Ähnliches nicht wiederholen können.

Der amerikanische Geldgeber Cyrus West Field (1819–1892) wollte dieses Kabel legen lassen. 1854 gründete er eine amerikanische Gesellschaft, die das Geld für die Aufgabe zusammenbringen und die notwendigen Arbeiten durchführen sollte. Der britische Physiker William Thomson, Lord Kelvin (1824–1907), befaßte sich mit den wissenschaftlichen Aspekten dieses Unternehmens und empfahl, das Signal in regelmäßigen Abständen automatisch zu verstärken, damit am Ende des langen Weges mehr als nur ein leises Rauschen ohne jeden Informationsgehalt ankam. 1858 konnten die Verlegungsarbeiten abgeschlossen werden, waren Neufundland und Irland mit einem unterseeischen Kabel verbunden. Königin Viktoria von England und der amerikanische Präsident Buchanan eröffneten die Leitung und tauschten freundliche Grüße aus. Die Kabelummantelung hielt dem Salzwasser aber nicht sehr lange stand, und so war die Verbindung schon bald nicht mehr brauchbar.

Field ließ sich jedoch nicht unterkriegen und startete einen neuen Versuch, obwohl ihn bereits der erste Anlauf ein Vermögen gekostet hatte (seine Reichtümer stammten aus der Papierindustrie). Diesmal konnte er die Dienste der »Great Eastern« in Anspruch nehmen, des ersten Dampfschiffes, das man selbst nach heutigen Maßstäben als Ozeandampfer bezeichnen konnte. Die »Great Eastern« besaß eine Länge von 211 Metern und war damit weit größer als alle anderen Schiffe, die bei ihrem Stapellauf 1858 die Meere befuhren. Sie war in gewisser Hinsicht ihrer Zeit voraus, ein technisches Wunderwerk, aber vom wirtschaftlichen Standpunkt her äußerst unrentabel, da sie nie voll ausgelastet über den Atlantik fuhr. Schließlich setzte man sie für die Verlegung eines neuen Ozeankabels ein, und dafür war sie aufgrund ihrer Größe besser geeignet als jedes andere Schiff. 1866 war die erste dauerhafte Verbindung zwischen Europa und Amerika hergestellt, andere folgten, und schließlich stellte weder der Atlantik noch irgendein anderer Ozean ein Hindernis für die Kommunikation auf elektrischem Wege dar.

All diese Arbeiten blieben nicht ohne Auswirkungen auf unsere Kenntnis vom Meeresgrund. Wenn man ein Kabel am Boden des Ozeans verlegen wollte, mußte man schon wissen, wie eben oder uneben das Gelände ist und ob sich diese oder jene Route besser eignet.

Der richtige Mann für diese Aufgabe war der amerikanische Marine-Offizier Matthew Fontaine Maury (1806–1873). Nach einem Verkehrsunfall mit einer Kutsche hatte er seinen aktiven Dienst quittieren müssen und 1839 einen »Schreibtisch-Job« übernommen – er machte sich an das Studium von Meeresströmungen und Windsystemen über dem Meer und wurde so zum »Vater der Ozeanographie«.

Im Jahre 1850 erhielt er den Auftrag, für die Verlegung des ersten Kabels die Meerestiefen entlang der geplanten Route zu bestimmen und daraus ein Profil des Meeresbodens zu erstellen. Das war damals eine sehr mühselige und langwierige Arbeit, weil man immer wieder ein Gewicht an einem langen Seil herablassen und abwarten mußte, bis es auf dem Meeresboden aufsetzte. Zum einen war das Seil so lang und damit so schwer, daß es sich nicht leicht handhaben ließ, zum anderen dauerte es jedesmal ziemlich lange, bis man das Seil abgelassen und nach der Messung wieder eingezogen hatte. Darüber hinaus konnte man nicht einmal sicher sein, ob nicht vielleicht starke unterseeische Strömungen das Gewicht mitgerissen hatten und die »Meßlatte« entsprechend schief hing, so daß eine viel zu große Meerestiefe vorgetäuscht wurde. Schließlich wußte man natürlich auch nicht, ob das Gewicht eventuell auf der Spitze eines Unterwasserberges oder am Grund einer tiefen Senke aufgesetzt hatte, wie stark also die lokalen Schwankungen des Meeresboden-Niveaus sein mochten.

Allerdings wurde weitgehend angenommen, daß der Meeresboden insgesamt ziemlich eben sei, weil man glaubte, daß die Strömungen im Wasser aufragende Hindernisse ebenso einebnen wie Sedimente bestehende Senken auffüllen würden. Die vergleichsweise wenigen Messungen, die Maury anstellen ließ, konnten diese Vorstellung kaum ändern. Dennoch fand Maury 1855 heraus, daß der Atlantik in der Mitte zwischen Europa und Amerika deutlich flacher sein mußte als in den Bereichen zwischen dieser Mitte und den Kontinenten. Er nannte dieses unterseeische »Hochland« das Telegraphen-Plateau, weil es während der Vorbereitungen für die Verlegung des ersten Telegraphen-Kabels aufgespürt worden war.

Auch die Engländer beteiligten sich an der Vermessung des Ozeanbodens. 1860 stellten sie ein Schiff in Dienst, die »Bulldog«, das diese Aufgabe übernehmen sollte. An Bord befand sich auch der englische Arzt George C. Wallich (1815–1899), der sich besonders für die Lebewesen der Tiefsee interessierte. Voller Ungeduld beobachtete er im Oktober 1860, was wohl mit der Meßleine zutage gefördert werden würde. Das Schiff befand sich damals etwa auf halbem Wege zwischen der Nordspitze Schottlands und der Südspitze Grönlands. Das Lot sank bis auf 2300 Meter Tiefe, und als man das Seil wieder an Bord hievte, fand Wallich nahe dem unteren Ende insgesamt 13 Seesterne. Es handelte sich aber keineswegs um tote Exemplare, deren Kadaver zum Meeresboden abgesunken waren – die Tiere waren vielmehr quicklebendig.

Wallich berichtete sofort über diesen Fund und zog daraus den Schluß, daß tierische Lebensformen auch ohne Pflanzen in den kalten und dunklen Gewässern der Tiefsee überleben konnten. Die Biologen standen diesem Schluß zunächst jedoch eher skeptisch gegenüber, bis sich der schottische Biologe Charles W. Thomson (1830–1882) selbst des Problems annahm. 1868 fuhr er mit dem Schiff »Lightning« auf den Nordatlantik hinaus und fand dort mit dem Schleppnetz auch in großen Wassertiefen tierische Lebensformen der unterschiedlichsten Art. Damit war jeder Streit um die Vermutung Forbes', es gebe eine untere Grenze für die »Bewohnbarkeit« der Meere, ein für allemal hinfällig geworden.

Thomson machte noch eine andere wichtige Entdeckung, als er die Wassertemperaturen in verschiedenen Tiefen bestimmte. Bis zu jenem Zeitpunkt hatte man angenommen, daß das Wasser in großen Tiefen einheitlich eine Temperatur von 4 Grad Celsius habe; bei dieser Temperatur ist Wasser nämlich am dichtesten und sollte entsprechend nach unten absinken. Thomson fand jedoch heraus, daß die Temperatur des Wassers bei einer vorgegebenen Tiefe sehr wohl lokale Unterschiede aufweisen kann; es gab Stellen, an denen es deutlich wärmer als 4 Grad Celsius war.

Wo mochte dieses warme Wasser herkommen? Die einzig

mögliche Erklärung war, daß es sich um von der Sonne aufgewärmtes Oberflächenwasser handelte, das von irgendwelchen Strömungen in die Tiefe transportiert wurde. Dann aber mußte es anderswo natürlich auch aufwärtsgerichtete Strömungen geben. Offensichtlich gab es also einen beständigen Wasseraustausch zwischen den oberen und unteren Schichten des Ozeans, und damit wurde die Entdeckung von Lebensformen in großen Wassertiefen allmählich verständlich.

Das Oberflächenwasser enthält eine Menge gelösten Sauerstoffs aus der Atmosphäre, jenen Sauerstoff, den die Wasserlebewesen zum Atmen benötigen. Wenn es starke vertikale Strömungen in den Meeren gibt, dann transportieren diese auch ausreichende Mengen an Sauerstoff zum Meeresboden, der den dort existierenden Lebensformen das Überleben ermöglicht.

Auch der Bedarf an Nahrung wird auf diese Weise gedeckt. Wann immer ein Tier eine Pflanze oder ein anderes (zumeist kleineres) Tier verschlingt, kann es passieren, daß kleine Teile der Beute abreißen und nach unten absinken. Andere Pflanzen oder Kleintiere sterben ab, ohne gefressen zu werden, und sinken ebenfalls nach unten. Unterwegs lauern natürlich genügend Beutejäger, die sich an diesem Strom gütlich tun, doch auch sie steuern ihren Teil zu dem »Nahrungsregen« bei, der weiter nach unten gelangt und schließlich den Meeresboden erreicht. Wäre dies alles, dann würden allmählich alle lebenswichtigen chemischen Elemente aus den oberflächennahen Zonen der Ozeane nach unten transportiert, und als Folge davon müßte das Leben nahe der Wasseroberfläche langsam aussterben. Das aber brächte auch das Ende der Lebensformen in größeren Tiefen, ja, sogar des Landlebens. Die gleichen Meeresströmungen aber, die den Sauerstoff in gelöster Form nach unten schaufeln, bringen in Gegenrichtung auch die lebenswichtigen Elemente wieder mit nach oben, so daß das Leben auch nahe der Wasseroberfläche fortbestehen kann.

Im Jahre 1869 warf Thomson sein Schleppnetz von einem anderen Schiff aus, der »Porcupine«; dabei fand er selbst in 4400 Meter Tiefe noch eine Reihe von Meerestieren. Thomson war davon überzeugt, daß es auch am Meeresboden noch Lebensformen geben müsse, ganz gleich, wie tief dieser liegen mochte. Er bemühte sich nun um eine großangelegte Expedition, die alle Ozeane der Erde erforschen sollte.

Am 7. Dezember 1872 startete er mit dem Schiff »Challenger« zu einer dreieinhalb Jahre dauernden Reise, die ihn über alle Meere der Erde führte; am Ende hatte er eine Gesamtstrekke von 125 000 Kilometern zurückgelegt. An 362 verschiedenen Stellen wurde die Meerestiefe bestimmt, und dabei entpuppte sich der größte Ozean, der Pazifik, zugleich auch als der tiefste, maß man doch an mehreren Stellen Wassertiefen von mehr als 7 Kilometern. Und selbst von dort unten wurden Lebewesen ans Tageslicht gebracht.

Der Meeresboden

Selbst die gewaltige Leistung, die mit Hilfe der »Challenger« vollbracht wurde, konnte lediglich eine sehr grobe Ahnung von der Struktur des Meeresbodens vermitteln, hatte man im Schnitt doch nur 1 Messung pro einer Million Quadratkilometer Ozeanboden. Was dies bedeutet, wird klar, wenn wir eine entsprechende »Dichte« der Meßpunkte auf das Festland übertragen: auf einer Fläche von der Größe der USA gäbe es lediglich 7 zufällig bestimmte Höhenwerte, mehr nicht – für die Erstellung eines Reliefs sicher viel zu wenig. Solange man das bisherige Verfahren einsetzen mußte, gab es jedoch kaum Hoffnung auf eine Verbesserung der Situation. Die Bestimmung der Meerestiefen mit einem Gewicht, das an einem langen Seil bis zum Grund abgelassen wurde und anschließend wieder hochgehievt werden mußte, war viel zu langwierig, zu mühsam und zu ungenau.

Allerdings blieb es nicht lange bei dieser eher vorsintflutlich zu nennenden Methode. Der Schall breitet sich in der Atmosphäre mit einer Geschwindigkeit von 331 Metern pro Sekunde oder 1192 Kilometern pro Stunde aus; Schallwellen werden darüber hinaus unter bestimmten Bedingungen reflektiert, wie jedermann weiß, der schon einmal das Echo von einer entfernt liegenden Bergwand gehört hat. Eine Schallwelle kann sehr wohl eine Strecke von 3 Kilometern zurücklegen, reflektiert werden und nach 18 Sekunden als Echo wieder empfangen werden. Aus der Zeit zwischen der Aussendung des Signals und der Ankunft des Echos läßt sich sogar die Entfernung des reflektierenden Körpers ermitteln. Je kürzer die Wellenlänge des Schalls, desto besser wird er reflektiert. Die besten Resultate erzielt man daher mit Schallwellen, die vom menschlichen Ohr gar nicht mehr registriert werden (sogenannter Ultraschall).

Die beiden Franzosen Pierre und Jacques Curie entwickelten

1880 eine einfache Methode zur Aussendung von Ultraschall; sie legten eine elektrische Wechselspannung an bestimmte Kristalle an. Während des Ersten Weltkriegs baute der französische Physiker Paul Langevin (1872–1946), ein Schüler von Pierre Curie (1859–1906), ein Gerät, das einen Ultraschallstrahl aussenden und sein Echo empfangen konnte. Das Gerät wird als Echolot oder auch Sonar bezeichnet, wobei Sonar eine Abkürzung für »sound navigation and ranging« ist, für »schallgestütztes Navigieren und Ausloten«.

Der unmittelbare Anwendungszweck war natürlich das Aufspüren feindlicher Unterseeboote, doch als das Gerät seine Kinderkrankheiten überstanden hatte, war der Krieg vorbei. So bekam das Sonar eine neue, friedliche Aufgabe zugeteilt, konnte man mit seiner Hilfe doch in Sekundenschnelle Meerestiefen messen, ohne Gefahr laufen zu müssen, das Ergebnis werde von schnellen Strömungen unter der Wasseroberfläche verfälscht. Mit dieser Methode ließ sich darüber hinaus entlang der gesamten Fahrtroute ein kontinuierliches Profil des Meeresbodens aufnehmen. In nur 5 Minuten lieferte das Sonar ähnlich viele Meßpunkte wie die »Challenger« während ihrer langen Reise.

Das erste Schiff, das mit einem derartigen Sonar für die Ozeanographie ausgestattet wurde, war das deutsche Forschungsschiff »Meteor«, das 1922 zu einer Erkundung des Atlantiks auslief. Schon nach kurzer Zeit wurde deutlich, daß der Meeresboden keineswegs so eben war, wie man zuvor angenommen hatte, und daß das Telegraphen-Plateau nicht bloß ein eng begrenztes Gebiet mit flach abfallenden Rändern sein konnte. Es präsentierte sich vielmehr als Teil einer langen unterseeischen Gebirgskette, die länger war und stärker zerklüftet als jedes Bergland auf dem Festland: dieser mittelatlantische Rücken erstreckt sich von Nord nach Süd durch den gesamten Ozean, und seine höchsten Erhebungen reichen bis zur Wasseroberfläche, wo sie Inseln wie die Azoren, Ascension-Island und Tristan da Cuñha entstehen lassen.

Spätere Messungen zeigten, daß sich dieses Phänomen nicht auf den Atlantischen Ozean beschränkte. Im Süden knickt es vielmehr nach Osten ab, umrundet Afrika und kann dann im Westteil des Indischen Ozeans bis nach Arabien verfolgt werden. Dabei zweigt ein Ausläufer nach Osten ab, zieht südlich an Australien und Neuseeland vorbei und umgibt dann wie ein gewaltiger Ring den Boden des Pazifiks. Aus dem mittelatlantischen Rücken wurde sehr schnell ein mittelozeanischer Rücken.

Nach dem Zweiten Weltkrieg wurden die Einzelheiten des Meeresbodens noch genauer untersucht, vor allem von den beiden amerikanischen Geologen William Maurice Ewing (1906 bis 1974) und Bruce C. Heezen (1924–1977). 1953 zeigten detaillierte Studien, daß der Gebirgskamm in der Mitte gespalten war. Allmählich entwickelte sich die Vorstellung, die Erdkruste sei in mehrere »Platten« zerborsten, die sich langsam relativ zueinander bewegten. Dies war die Geburtsstunde der »Plattentektonik«, die die Geologie revolutionierte – zeigte sie doch, daß Erscheinungen wie die Auffaltung von Gebirgen, der Ausbruch von Vulkanen oder auch Erdbeben, ja, sogar der Lauf der Evolution von dieser langsamen Bewegung der Platten beeinflußt wurde. Mit diesem Wissen über den Meeresgrund erschienen einzelne Aspekte der klassischen Geographie in einem etwas veränderten Licht. So halten wir beispielsweise den Mount Everest für den höchsten Berg der Erde, ragt er doch immerhin 8847 Meter über den Meeresspiegel auf, so hoch wie kein anderer Berg. Der Mount Everest ist aber im strengen Sinne ein Teil des tibetanischen Plateaus, das selbst im Mittel rund 4800 Meter hoch über dem Meeresspiegel liegt. Würde man die Höhe des Mount Everest von dieser Basis aus bestimmen, so erhielte man lediglich rund 4000 Meter, und das ist schon kein ungewöhnlich hoher Berg mehr.

Betrachten wir im Vergleich dazu einmal die Insel Hawaii, die ja lediglich die Spitze eines aus dem Wasser aufragenden Vulkankegels ist. Der höchste Vulkankrater dieser Insel, der Mauna Kea, erreicht eine Höhe von 4205 Meter über dem Meeresniveau. Rechnen wir noch jene Höhe hinzu, die unter dem Meeresspiegel verborgen ist, messen wir also die Höhe des Mauna Kea vom Meeresboden, der eigentlichen Basis aus, dann erhalten wir rund 10000 Meter, und dies dürfte dann wirklich der höchste Berg auf unserem Planeten sein.

Wären die Ozeane ohne Wasser, dann stellte der Mauna Kea einen eindrucksvollen Anblick dar, den wir uns in seiner Wucht gar nicht vorstellen können – man würde ihn ohne Schwierigkeiten als den größten und höchsten Berg der Erde ansehen. Dennoch wäre sein Gipfel nicht so schwer zu besteigen wie der des Mount Everest, da er weniger hoch in die Atmosphäre aufragt und entsprechend weniger kalt und von einer dichteren Atmosphäre umgeben ist.

Daneben gibt es auf dem Meeresgrund tiefe Schluchten und Spalten, gegen die der Grand Canyon ein Kratzer im Erdboden ist. In solchen Tiefseegräben fällt der Meeresboden weit tiefer ab als sonstwo. Sie liegen fast immer längsseits von Inselketten und stellen insgesamt rund 1 Prozent der Fläche des Meeresgrundes; dies scheint nicht sehr viel zu sein, entspricht aber dennoch rund der halben Fläche der Vereinigten Staaten von Nordamerika.

Solche Tiefseegräben finden wir im Indischen Ozean vor den Indonesischen Inseln und im Atlantik vor den Westindischen Inseln und den südlichen Sandwich-Inseln. Die tiefsten Gräben aber enthält – wen wundert's noch – der Pazifische Ozean, und zwar vor den Philippinen, den Solomon-Inseln, den Kurilen, den Aleuten und den Marianen-Inseln.

Die durchschnittliche Tiefe des Pazifiks liegt bei rund 4250 Metern, doch sinkt der Boden im Bereich der Gräben gut und gerne auf das Doppelte dieses Wertes ab. Mit dem britischen Forschungsschiff »Challenger II« wurde 1951 der Marianengraben als die tiefste Senke identifiziert. Am Extrempunkt, der sogenannten Challenger-Tiefe, fand man einen Wert von 10900 Metern. Acht Jahre später registrierte man von einem sowjetischen Forschungsschiff aus den tiefsten Punkt bei 11033 Metern. Damit reicht der Meeresboden viel weiter hinab, als die höchsten Berge über den Meeresspiegel hinausragen; könnte man den Mount Everest auf den Grund der Challenger-Tiefe stellen, dann läge sein Gipfel fast 2200 Meter unter der Wasseroberfläche. Nicht einmal der höchste Gipfel der hawaiischen Vulkane würde mit seiner Spitze über die Wasseroberfläche hinausragen. Insgesamt beträgt die Höhendifferenz zwischen dem höchsten und dem tiefsten bekannten Punkt der Erdoberfläche knapp 20000 Meter. Wir haben es gelernt, diese Höhen und ihre Differenzen zu messen. Wenn es noch irgendwo auf unserem Globus Regionen gibt, ob Festland oder Meeresboden, die nicht mit genügender Genauigkeit ausgelotet wurden, so kann dies nur noch an mangelnder Zeit oder Gelegenheit liegen. Wir können heute die Landkarte überall mit der erwünschten Genauigkeit erstellen, sofern wir das nur wollen.

Tiefseefahrzeuge

Die Tiefe des Ozeanbodens zu bestimmen bedeutet natürlich noch nicht, diese Tiefen auch dem Menschen zugänglich zu machen. Das Vordringen in diesen Bereich sollte sich als sehr viel schwieriger herausstellen als etwa die Besteigung der höchsten Berggipfel, und dies lag nicht etwa nur daran, daß wir Wasser noch schlechter atmen können als die dünne Luft auf dem Dach der Welt.

Die Aqualunge eröffnete den Menschen lediglich eine dünne Wasserschicht unter der Oberfläche, und auch der Gebrauch von Taucheranzügen mit luftdicht abgeschlossenen Helmen, in die Atemluft hineingepumpt wird, hilft kaum weiter hinab, macht die Taucher noch dazu reichlich unbeweglich.

Für Arbeiten unter der Wasseroberfläche ist die Taucherglokke, das »Caisson«, entwickelt worden. Sie funktioniert wie eine Tasse oder ein Glas, das man umgestülpt ins Wasser drückt: das Wasser dringt von unten ein wenig in das Gefäß ein und preßt dadurch die Luft zusammen, so daß sie nicht entweichen kann. Schließt man eine Klimaanlage an, so kann die Luft ständig erneuert werden, muß dabei aber immer auf dem Druck gehalten werden, der dem Druck des umgebenden Wassers entspricht. Es wurde schon darauf hingewiesen, daß Stickstoff sich unter äußerem Druck im Blut besser löst als unter normalen Bedingungen. Wenn der Überdruck dann abrupt abgebaut wird – weil der Arbeiter zum Beispiel auf dem schnellsten Weg an die Oberfläche zurückkehrt – wird der Stickstoff wieder aus dem Blut herausgedrängt; dabei entstehen Bläschen, die Schmerzen in Muskeln und Gelenken sowie Lähmungen hervorrufen, ja selbst zum Tode führen können. Man kann diese »Taucherkrankheit« nur durch rasche Wiederherstellung des Überdrucks und langsame Anpassung an die normalen Bedingungen bekämpfen – oder sie von vornherein durch eine ganz allmähliche Rückführung an die gewohnten Druckverhältnisse vermeiden. Das Risiko kann verringert werden, wenn man statt normaler Luft eine Mischung aus Sauerstoff und Helium verwendet, da sich das Helium weit weniger leicht in Blut löst als der Stickstoff. Dennoch stellt der Einsatz von komprimierter Luft eine Erschwernis für die Arbeiten unter Wasser dar, und natürlich bleibt der Tiefenbereich sehr begrenzt. Was man braucht, ist ein Schiff, dessen Wandungen stabil genug sind, um dem hohen Wasserdruck zu widerstehen, so daß im Innenraum Luft unter Normaldruck mitgeführt werden kann; ist das Schiff auch noch steuerbar, so sprechen wir von einem Unterseeboot. Das Prinzip ist naheliegend, und eine Reihe von Leuten haben es schon früh zu verwirklichen versucht. Der holländische Erfinder Cornelis Drebbel (1572–1634) gilt als der erste U-Boot-

Bauer. Er überzog einen Holzrahmen mit eingefettetem Leder und fuhr mit diesem Vehikel auf der Themse in einer Tiefe von 4 bis 5 Metern.

Die Einsatzmöglichkeiten eines solchen Gefährts im Krieg trieben die Entwicklung von U-Booten voran: ein Schiff unter Wasser ist unsichtbar, so daß man sich mit ihm ungesehen der feindlichen Flotte nähern und beispielsweise Sprengsätze unter der Wasserlinie anbringen kann. So versuchte der amerikanische Erfinder David Bushnell (1742–1824), mit einem selbstgebauten 1-Mann-U-Boot während des amerikanischen Unabhängigkeitskrieges ein britisches Kriegsschiff im New Yorker Hafen zu versenken. Das hölzerne U-Boot wurde von einem Propeller angetrieben, der im Innern des Bootes von Hand bewegt werden mußte; es funktionierte zwar ganz ordentlich, doch konnte Bushnell den kupfernen Schutzschild um den Rumpf des Kriegsschiffes nicht durchbohren. Während des Krieges von 1812 unternahm er im Hafen von New London (US-Bundesstaat Connecticut) einen neuerlichen Versuch, der aber ebenfalls fehlschlug.

Bevor Robert Fulton (1765–1815) durch den Bau des ersten wirklich konkurrenzfähigen Dampfschiffes berühmt wurde, befaßte auch er sich mit dem Bau eines Untersee-Bootes, das er »Nautilus« nannte. Er verwandte als erster Metall, überzog die Eisenspanten mit massiven Kupferplatten. Die Ausmaße des Fahrzeuges reichten aus, um vier Männer und zwei Kerzen drei Stunden lang mit der notwendigen Luft versorgen zu können. Das U-Boot hatte ein gläsernes Guckfenster und wurde von einem handbetriebenen Propeller vorwärtsbewegt.

Fulton baute das erste Exemplar im Jahre 1800, als England und Frankreich Krieg gegeneinander führten. Napoleon zeigte vorübergehendes Interesse an der Entwicklung, hätte er damit doch den britischen Lebensnerv, die Flotte, entscheidend treffen können. Leider war Fultons U-Boot jedoch zu langsam, als daß es ein britisches Kriegsschiff erfolgreich hätte jagen können. So ließ Napoleons Interesse bald wieder nach, und auch die Briten versprachen sich wenig Erfolg von einem solchen Gerät. Zurück in den USA, plante Fulton den Bau eines dampfgetriebenen U-Boots, das groß genug sein sollte, um hundert Mann Besatzung mitzuführen, doch er starb vor der Vollendung dieser Pläne.

Während des amerikanischen Bürgerkrieges waren die Südstaaten einer wirksamen Seeblockade durch die Flotte der

Unionisten ausgesetzt und suchten entsprechend nach Möglichkeiten, diese Blockade zu unterlaufen. Einen Ausweg sah man im Bau von Unterseebooten; das Projekt wurde von Horace Lawson Hunley (1823–1863) geleitet. Drei solcher Fahrzeuge wurden gebaut, doch gab es etliche Unfälle, bei denen auch Hunley selbst zu Tode kam. Das dritte U-Boot, das Hunleys Namen trug, wurde auch nach dessen Tod weiter benutzt und konnte schließlich am 17. Februar 1864 einen ersten Erfolg verbuchen: es versenkte das Kriegsschiff »Housatoni« der Unionisten im Hafen von Charleston (US-Bundesstaat South Carolina), wobei fünf Besatzungsmitglieder starben. Die Explosion zerstörte aber auch das U-Boot und tötete dessen Besatzung ebenfalls.

Das wohl bekannteste U-Boot aller Zeiten wurde – wenn auch nur als Phantasieprodukt – von dem französischen Science-fiction-Autor Jules Verne (1828–1905) für seinen Roman ›20000 Meilen unter dem Meer‹ »gebaut«, der 1870 veröffentlicht wurde. Er hatte die Geschehnisse des amerikanischen Bürgerkrieges verfolgt und war vermutlich von den Bemühungen der Südstaaten, ein solches U-Boot zu bauen, inspiriert worden; sein U-Boot erhielt den Namen »Nautilus«, den auch schon Fulton sieben Jahrzehnte zuvor verwendet hatte.

Solange ein solches U-Boot gewissermaßen von Hand angetrieben wurde, blieb seine Einsatzmöglichkeit stark beschränkt. Eine Dampfmaschine unter Wasser war aber auch nicht praktikabel, weil sie für die Verbrennung Luftsauerstoff benötigt und damit die Vorräte an Atemluft binnen kurzer Zeit aufbrauchen würde. Es mußte vielmehr ein elektrischer Antrieb her, der seine Energie aus einer Batterie beziehen konnte.

Das erste elektrisch betriebene U-Boot, das übrigens auch den Namen Nautilus trug, wurde 1886 von zwei Engländern gebaut. Zwar mußte die Batterie in regelmäßigen Abständen wieder aufgeladen werden, doch konnte das Gefährt mit einer »Füllung« immerhin eine Strecke von 130 Kilometern zurücklegen.

In der Folgezeit wurden eine ganze Reihe von U-Booten gebaut, die bei Fahrten an der Wasseroberfläche Dampfmaschinen oder Dieselmotoren für den Antrieb nutzten und unter Wasser von einem Elektromotor vorangetrieben wurden. 1897 stellte Simon Lake (1866–1945) seine »Argonaut« vor, die immerhin mit eigener Kraft von Norfolk (US-Bundesstaat Virginia) nach New York fuhr und dabei auch die Bedingungen auf offener See überstand.

Als 1914 der Erste Weltkrieg ausbrach, besaßen bereits alle

größeren europäischen Mächte solche Unterseeboote. Bis zum Ende des Zweiten Weltkrieges wurden sie ständig weiter verbessert und immer kriegstüchtiger gemacht. Trotzdem blieben sie mehr oder minder Schiffe für die Wasseroberfläche, die zwar vorübergehend untertauchen konnten, aber in regelmäßigen Abständen zum Aufladen der Batterien wieder auftauchen mußten.

Einen entscheidenden Fortschritt brachte erst das atomgetriebene Unterseeboot, dessen erstes am 17. Januar 1955 vom Stapel lief; es wurde ebenfalls auf den Namen »Nautilus« getauft. Die Überlegenheit gegenüber herkömmlichen U-Booten bestand darin, daß der Kernbrennstoff an Bord für eine längere Zeit ausreicht und ein solches U-Boot auch mehrere Monate unter Wasser bleiben kann, wenn es sein muß. 1960 folgte das erste sowjetische Atom-U-Boot, und England und Frankreich folgten 1963 beziehungsweise 1969. Der Kernreaktor eines modernen U-Boots muß erst nach einer Fahrtstrecke von 640000 Kilometern überholt werden – und das entspricht immerhin 16 Erdumkreisungen.

Konventionelle Unterseeboote können Wassertiefen von 2500 Metern erreichen, weit mehr als ein Wal, während atomgetriebene U-Boote wahrscheinlich tiefer als 6 Kilometer tauchen können. Solche Tauchleistungen werden aber lediglich für kriegerische Zwecke genutzt – die Wissenschaft profitiert wenig davon.

Zum Glück gibt es jedoch nicht nur militärische Unterwasserfahrzeuge. Schon vor dem Einsatz atomgetriebener U-Boote wurden spezielle Tauchfahrzeuge für die Erforschung von Meerestiefen gebaut. Ein Pionier auf diesem Gebiet war der amerikanische Naturforscher Charles William Beebe (1877–1962), der sich für Korallen interessierte und sie vor Ort, in den Tiefen des Meeres, erforschen wollte. Er entwarf eine wasserdichte Kugel aus Metall mit einem Fenster aus dickem Quarzglas, das dem gewaltigen Wasserdruck in großen Tiefen standhalten konnte. Die Kugelform wurde auf Anraten des damaligen Gouverneurs im US-Bundesstaat New York, Franklin D. Roosevelt (dem späteren Präsidenten der USA), gewählt, weil sie am besten geeignet war, den Wasserdruck zu überdauern. Zur Versorgung mit Atemluft wurde Sauerstoff in komprimierter Form mitgeführt sowie Chemikalien, die das Kohlendioxyd ausfiltern können. Beebe nannte dieses Gefährt »Bathysphäre« nach dem griechischen Wort für »Tiefenkugel«. Die Bathysphäre war nicht steuerbar – sie war lediglich eine ummantelte Luftblase, kaum groß genug, um zwei Männern genügend Platz zu bieten. Während des Einsatzes mußte sie von einem Schiff an der Meeresoberfläche mit einem langen Metallseil hinabgelassen werden. Sollten Stürme, Wind oder Wellen dieses Schiff beschädigen und dabei das Verbindungskabel zerstören, dann würde die Kugel haltlos zum Meeresboden absinken, und es gäbe kaum eine Rettungsmöglichkeit für die Insassen.

Dennoch unternahmen Beebe und ein Begleiter, Otis Barton, einen ersten Versuch, bei dem sie am 11. Juni 1930 eine Tiefe von 400 Metern erreichten. Zwei Jahre später konnte dieser Wert schon mehr als verdoppelt werden (920), doch nach insgesamt mehr als 30 Unternehmungen brach Beebe das Projekt ab, weil er keine weiteren Erfolgschancen mehr sah. Barton hingegen erreichte 1948 mit einer modifizierten Bathysphäre immerhin schon 1370 Meter Tiefe.

Wohin der Weg gehen mußte, war klar: man brauchte eine manövrierfähige Bathysphäre, die noch dazu wie ein Ballon unter Wasser treiben konnte, und das, obwohl das Gefährt natürlich auch aus schwerem Metall gebaut sein mußte, um dem Wasserdruck genügend Widerstand zu bieten. Der Schweizer Physiker Auguste Piccard (1884–1962), der 1933 mit Beebe zusammengekommen war, entwickelte die Idee vom »Unterwasser-Ballon«. Ballone treiben in der Luft, weil sie einen Auftrieb erfahren, der von der im Vergleich zur umgebenden Luft leichteren Füllung des Ballons herrührt. Einen solchen Auftrieb konnte man unter Wasser nur durch die Verwendung einer Flüssigkeit erzielen, die leichter als das umgebende Wasser ist. Piccard füllte zu diesem Zweck Benzin in einen riesigen schiffsförmigen Tank, neben dem die Passagierkugel wie ein kleiner Spielball wirkte.

Das Ergebnis war der sogenannte Bathyscaph (Schiff für die Tiefe). Der zigarrenförmige Tank enthielt 13 Behälter, von denen 11 mit Benzin gefüllt waren, die beiden letzten dagegen an der Wasseroberfläche leer blieben. Der so gewonnene Auftrieb reichte gerade aus, um das Gewicht des Bathyscaph aufzufangen und das Vehikel vor dem Absinken zu bewahren.

Wollte man in größere Tiefen vordringen, dann mußten die beiden leeren Tanks geflutet werden. Das zusätzliche Gewicht des eindringenden Meerwassers zieht dann das Bathyscaph nach unten und läßt es bis zum Meeresboden absinken. Bei zu großer Sinkgeschwindigkeit kann ein Teil der mitgeführten Eisengewichte abgeworfen werden; soll der Wiederaufstieg beginnen, entledigt man sich des Restes dieser Ballastkörper, und das Bathyscaph steigt infolge des Auftriebs wieder zur Oberfläche empor. An der Wasseroberfläche kann dann das Wasser wieder aus den beiden Tanks gepumpt und neues Ballasteisen geladen werden, so daß ein neuer Ausflug in die Tiefsee beginnen kann.

Piccard mußte mit dem Bau seines Bathyscaph bis nach dem Ende des Zweiten Weltkriegs warten. Das erste Exemplar war 1948 fertiggestellt. Nach umfangreichen Tests, Umbauten und Verbesserungen stiegen am 15. Februar 1954 zwei französische Marine-Offiziere mit dem Gerät bis auf 4050 Meter Tiefe ab und kehrten wohlbehalten zur Meeresoberfläche zurück.

Bereits 1953 war ein zweites, verbessertes Bathyscaph fertig geworden, die »Trieste«, die fünf Jahre später von der amerikanischen Marine gekauft wurde. Nach weiteren Umbauten in Kalifornien war es für den großen Einsatz vorbereitet. Es wurde in den westlichen Pazifik geschleppt, wo es bis zur tiefsten bekannten Stelle des Meeresbodens absinken sollte. Als Besatzung waren Jaques Piccard, der Sohn von Auguste Piccard, und der amerikanische Marine-Offizier Don Walsh vorgesehen.

Am Morgen des 23. Januar, um 8.20 Uhr Ortszeit, versank die »Trieste« in den Fluten über dem Marianengraben und erreichte nach einem Abstieg von 10915 Metern schließlich den Ozeanboden. Beim Aufsetzen wurde eine große Schlammwolke aufgewirbelt, die zunächst den Blick nach draußen versperrte. Nachdem sich der Schlamm wieder gesetzt hatte, konnten die beiden Männer im Licht der Suchscheinwerfer eine kleine rote Garnele erkennen sowie einen flunderähnlichen Fisch von rund 30 Zentimeter Länge. Anschließend wurden die Ballastgewichte abgeworfen, und das Bathyscaph stieg wieder zur Wasseroberfläche auf. Um 17 Uhr, nach einer gefährlichen Fahrt von knapp 9 Stunden und 22 Kilometern, kehrten die Männer ans Tageslicht zurück.

Die Erkundung der Tiefsee brachte den Wissenschaftlern seither eine Reihe von aufregenden Erkenntnissen. Es zeigte sich, daß in den Randbereichen der tektonischen Platten gelegentlich sogenannte »hot spots« (heiße Flecken) auftreten, aus denen heißes Wasser ins Meer austritt (ähnlich wie bei heißen Quellen auf dem Festland). Die Existenz solcher hot spots war 1965 zum ersten Mal vermutet und fünf Jahre später auch nachgewiesen worden. Seit 1977 werden sie systematisch mit einem Tiefsee-Tauchboot erforscht. Am Einlaß zum Golf von Kalifornien fanden die Wissenschaftler schlotähnliche Formationen, aus denen Schwaden von heißem Schlamm hervorquollen; dadurch, so konnten sie zeigen, wurden dem Meerwasser ständig neue Minerale zugeführt. Da es sich um schwefelreiche Minerale handelt, war die Umgebung dieser hot spots von vielen Bakterien besiedelt, die ihre Energie aus chemischen Reaktionen in Verbindung mit Schwefel und Wärme beziehen und daher ohne Sonnenlicht auskommen. Sie dienten kleinen Meerestieren als Nahrung, die wiederum von größeren Lebewesen gefressen wurden.

Da hatte man doch tatsächlich eine unabhängige, völlig neuartige Nahrungskette gefunden, die nicht von pflanzlichen Zellen ausging; allerdings konnten die dazugehörigen Lebewesen natürlich nur in der unmittelbaren Umgebung der hot spots existieren: Muscheln, Krabben und Würmer, von denen einige beachtliche Ausmaße erreichten. Diese Arten waren so gut an die Umweltbedingungen angepaßt, daß sie in einer Umgebung überleben konnten, die anderen Meeresbewohnern als mit Chemikalien vergiftet erschienen wäre.

So erreichte der menschliche Erfahrungshorizont schließlich auch die Tiefen der Ozeane, nachdem er sich zuvor schon über die gesamte Erdoberfläche, Land und Meer, ausgedehnt hatte.

Das feste Erdinnere

Die Erdoberfläche, deren Horizonte wir bislang erforscht und besprochen haben, weist zwischen den größten Höhen (Mount Everest) und den tiefsten Tiefen (Challenger-Tiefe) einen Höhenunterschied von rund 20 Kilometern auf; diese Differenz ist jedoch winzig im Vergleich zu den Ausmaßen der Erdkugel. Die Erdkugel hat einen Durchmesser von mehr als 12700 Kilometern. Könnte man sie auf die Größe eines Billardballs schrumpfen lassen, dann wäre ihre Oberfläche trotz dieser Höhen und Tiefen glatter als die einer gewöhnlichen Billardkugel, und die Ozeane würden als völlig unmerkliche Feuchtigkeit rund 70 Prozent dieser Kugel einhüllen.

Wir sehen, daß sich die Ausweitung des menschlichen Horizonts bis zu diesem Punkt trotz der Berge und Meerestiefen eigentlich nur in zwei Dimensionen vollzogen hat. Wie weit aber können wir wirklich unter die Erdoberfläche vordringen? Was wissen wir über das Innere der festen Erdkugel?

Einiges können wir schon aus unserer Kenntnis der Erdoberfläche ableiten. So wissen wir beispielsweise aufgrund der Art und Weise, wie Schiffe am Horizont verschwinden, wie neue Sterne auftauchen, wenn wir weiter nach Süden oder Norden wandern, aber auch aus der Form des Erdschattens bei einer Mondfinsternis, daß die Erde die Gestalt einer Kugel haben muß. Dies war schon den Griechen im klassischen Altertum geläufig. Da die Erde sich zudem um ihre Achse dreht, muß sie Zentrifugalkräfte ertragen (darauf wies Isaac Newton vor rund 300 Jahren als erster hin), und das heißt, daß sich die Erdoberfläche im Äquatorbereich aufwölben muß. Dadurch wird die Erde mehr zu einem abgeplatteten Sphäroid; der Äquatorwulst ist jedoch im Vergleich zu den Ausmaßen der Erdkugel so winzig, daß die Erde vom Weltraum aus betrachtet trotzdem wie eine Kugel aussieht.

Zwischen den beiden Polen beträgt der Erddurchmesser 12714 Kilometer, am Äquator dagegen 12757 Kilometer. Der Äquatorwulst vergrößert den Erddurchmesser also maximal um 43 Kilometer oder 0,32 Prozent.

Das Volumen eines abgeplatteten Sphäroids dieses Ausmaßes

beträgt $1{,}083 \times 10^{12}$ Kubikkilometer, also rund 1 Trillion Kubikkilometer. Etwas schwieriger ist schon die Bestimmung der Erdmasse, wobei wir unter Masse die Materiemenge verstehen wollen, die ein Körper enthält (diese Definition ist zwar nicht ganz exakt, reicht aber für unsere Zwecke völlig aus). Einen Weg zur Bestimmung der Masse liefert die Messung der Stärke des dazugehörigen Gravitationsfeldes, da diese streng proportional zur Masse ist. Im Jahre 1798 ermittelte der englische Wissenschaftler Henry Cavendish (1731–1810) mit großer Akribie die winzige Anziehungskraft, die eine Bleikugel bekannter Masse auf eine andere Bleikugel ausübte, und verglich diese mit der Anziehungskraft der Erde auf die beiden Kugeln. Aus dem Verhältnis der beiden Kräfte zueinander konnte Cavendish die viel größere Erdmasse berechnen. Schon sein erster Wert war erstaunlich gut und ist seither nur noch wenig verbessert worden. Der heute gültige Wert liegt bei $5{,}976 \times 10^{24}$ Kilogramm oder knapp 6 Quadrillionen Kilogramm.

Wenn wir die Masse der Erde durch das Volumen der Erdkugel teilen, erhalten wir die mittlere Dichte – die Masse, die ein vorgegebenes Einheitsvolumen der Erde besitzt. In der Physik wird diese mittlere Dichte immer auf einen Kubikzentimeter bezogen, und in diesem System errechnet sich die mittlere Dichte der Erde zu 5,518 Gramm pro Kubikzentimeter; verkürzt dargestellt schreibt man auch 5,518 g/cm^3. Da Wasser eine mittlere Dichte von 1 g/cm^3 besitzt, ist die mittlere Dichte der Erde also gerade 5,518mal größer als die von Wasser.

Mißt man die mittlere Dichte des Oberflächengesteins, so finden wir aber nur einen Wert um 2,8 g/cm^3, und daraus können wir folgern, daß das Material im Erdinnern teilweise eine beachtlich höhere mittlere Dichte besitzen muß als der Mittelwert für die gesamte Erde, als eben 5,518 Gramm pro Kubikzentimeter. Bestünde die Erde einheitlich aus steinigem Material, dann würden wir annehmen dürfen, daß die Dichte mit zunehmender Tiefe allmählich ansteigt, weil das gleichfalls wachsende Gewicht der darüberliegenden Schichten das Felsmaterial weiter im Innern mehr und mehr zu höheren Dichten zusammenpreßt. Aus Untersuchungen in Laboratorien wissen wir jedoch, daß der Druck der äußeren Gesteinsschichten nicht ausreichen kann, um das Gestein im Erdinnern auf so hohe Dichtewerte zusammenzupressen, damit wir am Ende eine mittlere Gesamtdichte von 5,518 Gramm pro Kubikzentimeter erhalten. Das aber heißt, daß die Erde nicht durch und durch aus Gestein bestehen kann – irgendwo auf dem Weg nach innen muß sich die Zusammensetzung der Erde ändern, muß eine Zone mit dichterem Material folgen.

Nun finden wir hin und wieder Meteoriten an der Erdoberfläche. Es handelt sich dabei um mehr oder minder kleine Brokken interplanetarer Materie, die in großer Zahl die Sonne auf ziemlich geregelten Bahnen umlaufen haben, ehe sie mit der Erde zusammenstießen. Wir kennen zwei unterschiedliche Arten solcher Meteorite: die meisten sind aus Gesteinsmaterial aufgebaut ähnlich dem, das wir an der Erdoberfläche finden, während einige aus Metall bestehen und dabei im wesentlichen eine Mischung aus 90 Prozent Eisen und 10 Prozent Nickel enthalten. Im vergangenen Jahrhundert neigte man zu der Annahme, bei diesen Meteoriten handele es sich um die Trümmerstükke eines zerplatzten Planeten. In diesem Fall sollte uns die Zusammensetzung der Meteoriten Aufschlüsse über den Aufbau der Planeten vermitteln. Ein französischer Geologe, Gabriel Auguste Daubrée (1814–1896), vermutete daher 1866, das Erdinnere könne aus einer Eisen-Nickel-Mischung bestehen wie die Eisen-Meteoriten. Dies erschien vernünftig, und so wird seine Hypothese noch heute weitgehend akzeptiert. Wenn sie stimmt, dann sollte die mittlere Dichte des Materials im Erdkern bei rund 11,5 Gramm pro Kubikzentimeter liegen oder rund dem Doppelten der mittleren Gesamtdichte.

Erdbeben

Wie aber sieht der innere Aufbau der Erde wirklich aus, was wissen wir über die Veränderungen der Dichte mit zunehmender Tiefe? Wenn der Aufbau der Erde gegliedert ist, wenn es einen vergleichsweise abrupten Übergang von Gesteinsmaterial zu Metall gibt, dann sollte damit eine ebenso plötzliche Zunahme der Dichte einhergehen. Wie können wir herausfinden, ob – und wenn ja, wo – ein solcher Dichtesprung existiert? Wir benötigen dazu etwas, das einerseits bis in die tiefen Schichten der Erde vordringt und andererseits auf dem Weg nach unten derart verändert wird, daß es anschließend Informationen der gewünschten Art enthält; zusätzlich müssen wir diese Informationen natürlich an der Erdoberfläche empfangen und interpretieren können.

So unwahrscheinlich es klingen mag, doch einen solchen »Spion« für das Innere der Erde gibt es wirklich.

Die langsam sich gegeneinander bewegenden tektonischen Platten der Erdoberfläche können sich im Laufe der Zeit verhaken und dann Spannungen im Gestein aufbauen, die sich schließlich in einem kraftvollen Ereignis lösen. Dann verrutschen die Platten ein etwas größeres Stück gegeneinander und versetzen dabei die Erdoberfläche in große Schwingungen, die wir Erdbeben nennen. Die Intensität dieser Schwingungen nimmt zwar mit dem Abstand zum Erdbebenherd ab, so daß wirkliche Schäden meist nur auf ein kleines Gebiet um das Epizentrum herum auftreten; dennoch können die Schwingungen mit empfindlichen Meßgeräten auch noch in größerer Entfernung nachgewiesen werden – im Falle besonders heftiger Beben sogar rund um den gesamten Globus.

Jedes Jahr wird die Erde von rund einer Million Erdbeben erschüttert, darunter sind rund 10 von katastrophalem Ausmaß und etwa 100 schwerere Beben. Die Erforschung dieser Naturgewalten fand daher schon früh das notwendige wissenschaftliche Interesse.

Bereits 1760 äußerte der englische Geologe John Michell (1724–1793) die Vermutung, solche Erdbeben würden ausgelöst, wenn in einigen Kilometern Tiefe Gesteinsmassen aneinander vorbeireiben. 95 Jahre später konnte der italienische Physiker Luigi Palmieri (1807–1896) den ersten »Seismograph« zur Untersuchung solcher Erdbebenwellen entwickeln.

Ein solcher Seismograph besteht im Prinzip aus einem massiven Block, der mit einer ziemlich schwachen Feder an einem Gestell aufgehängt ist, das seinerseits eine starre Verbindung zum anstehenden Oberflächengestein besitzt. Wenn nun die Erdoberfläche durch Erdbebenwellen in Schwingungen versetzt wird, verharrt der massive Block aufgrund seiner Trägheit im Ruhezustand, während das Gestell mitbewegt wird; diese Relativbewegung von Erdoberfläche samt Gestell einerseits und dem massiven Block andererseits läßt sich auf einen Papierstreifen zeichnen, wenn der Block mit einem Schreibstift verbunden ist. Moderne Geräte verwenden statt des Schreibstiftes und des Meßpapiers einen Lichtstrahl und lichtempfindliches Papier, um so die Reibung des Stifts auf dem Papier auszuschalten, die natürlich die Messung geringfügig verfälschen könnte.

Während der neunziger Jahre des vergangenen Jahrhunderts gelang dem englischen Ingenieur John Milne (1850–1913) mit eigenen Seismographen der eindeutige Nachweis, daß Michells Erklärung der Erdbeben als Wellen, die sich durch das Innere der Erde ausbreiten, richtig war. Er regte damals die Aufstellung von Seismographen an möglichst vielen Stellen der Erde an, und heute gibt es mehr als 500 solcher Stationen – auf jedem Kontinent, auch im Bereich der Antarktis.

Die seismographischen Analysen enthüllten die Existenz zweier Wellenarten: Oberflächenwellen und durchdringende Körperwellen. Die Oberflächenwellen folgen, wie der Name schon sagt, der Erdkrümmung entlang der Erdoberfläche, während die Körperwellen ins Erdinnere eindringen und dieses durchdringen können. Weil dieser Weg zwischen zwei entfernten Punkten in aller Regel kürzer ist, kommen die Körperwellen an einer Meßstation früher an als die Oberflächenwellen. Aus der zeitlichen Verschiebung zwischen beiden Wellenarten kann man die Entfernung der Meßstation vom Erdbebenherd, dem Epizentrum, ableiten. Die Körperwellen können noch einmal unterschieden werden: man spricht von (primären) P-Wellen und (sekundären) S-Wellen. Die Primärwellen breiten sich wie Schallwellen durch wechselndes Verdichten und Verdünnen der Trägersubstanz aus – das sieht dann so ähnlich aus, wie wenn man ein Akkordeon zusammenschiebt und wieder auseinanderzieht. Solche »Dichtewellen«, wie sie auch genannt werden, können jedes Medium durchdringen, sei es nun fester, flüssiger oder gasförmiger Natur.

Anders die S-Wellen, die in ihrem Aussehen an Schlangenlinien senkrecht zur Ausbreitungsrichtung erinnern. Sie können sich zwar durch feste Körper fortpflanzen oder auch längs der Oberfläche von gasförmigen oder flüssigen Körpern, aber sie können nicht in solche Körper eindringen. Die P-Wellen breiten sich schneller aus als die S-Wellen (daher auch ihre Bezeichnung), und auch daraus läßt sich die Entfernung zum Epizentrum des Bebens ableiten. Darüber hinaus ist die Ausbreitungsgeschwindigkeit der P- und S-Wellen abhängig von den Eigenschaften der durchdrungenen Materialien.

Wäre die Zusammensetzung des durchdrungenen Körpers einheitlich, dann würden sich P- und S-Wellen geradlinig ausbreiten. Verändern sich dagegen die Verhältnisse längs des Weges, dann kommen die Wellen vom geraden Pfad ab. Aus der Stärke der Ablenkung sowie der Größe der Geschwindigkeitsänderung können die Wissenschaftler Rückschlüsse auf die Eigenschaften des durchlaufenen Materials und dessen Änderungen ziehen. Mit anderen Worten, mit Hilfe von Erdbebenwellen läßt sich das Innere der Erde »durchleuchten«.

So wissen wir heute, daß die Dichte des irdischen Materials, die an der Oberfläche der Erde noch 2,8 Gramm pro Kubikzentimeter beträgt, in einer Tiefe von 1600 Kilometern bereits bei 5 g/cm^3 angekommen ist und bei 2900 Kilometer Tiefe 6 g/cm^3 erreicht. Dies jedenfalls können die Geologen aus den unterschiedlichen Ausbreitungsgeschwindigkeiten ableiten. Nahe der Erdoberfläche pflanzt sich eine P-Welle mit rund 8 Kilometern pro Sekunde fort, in 1600 Kilometer Tiefe dagegen bereits mit rund 13 Kilometern pro Sekunde. In ähnlicher Weise steigt die Geschwindigkeit einer S-Welle von 4,5 km/s nahe der Erdoberfläche auf 6,5 km/s in 1600 km Tiefe. Da die Geschwindigkeiten von der Dichte des durchdrungenen Materials abhängen, lassen sich daraus die obengenannten Werte ableiten.

In einer Tiefe von 2900 Kilometern muß es einen abrupten Wechsel im Aufbau der Erde geben – über diese Tiefe hinaus nämlich können S-Wellen nicht in das Erdinnere vordringen. Dies kann eigentlich nur bedeuten, daß das Erdmaterial in dieser Tiefe flüssig wird. Der Übergang ist so plötzlich, daß die Geologen in diesem Zusammenhang von einer Diskontinuität sprechen, von der sogenannten Gutenberg-Diskontinuität, deren Existenz 1914 von dem deutschen Geologen Benno Gutenberg (1889–1960) nachgewiesen wurde. Unterhalb der Gutenberg-Diskontinuität schließt sich der flüssige Erdkern an, der zum Mittelpunkt der Erde hin bei einer Tiefe von rund 5000 Kilometern noch einmal fester werden kann. Auf diese innere Kernschichtung hat 1936 die dänische Geologin Inge Lehmann hingewiesen. Oberhalb der Gutenberg-Diskontinuität sprechen wir vom »Erdmantel«.

Im Bereich des Übergangs steigt die mittlere Dichte von 6 g/cm^3 auf 9 g/cm^3 an, wenn wir der Analyse der Erdbebenwellen folgen dürfen, und daraus ergibt sich eine deutliche Veränderung der chemischen Zusammensetzung an dieser Stelle. Dies steht im Einklang mit der Annahme, daß an der Gutenberg-Diskontinuität der feste Gesteinsmantel der Erde in den flüssigen Eisen-Nickel-Kern übergeht (gegenwärtig diskutieren die Wissenschaftler nur noch, ob der Kern aus purem Metall besteht oder vielleicht eine mehr oder minder große Beimengung aus Schwefel und Sauerstoff enthält).

Obwohl der Erdmantel durch und durch aus Gestein besteht, scheint sich das Material in größeren Tiefen doch vom Oberflächengestein zu unterscheiden. Der Vergleich mit Labormessungen deutet darauf hin, daß mit zunehmender Tiefe der Gehalt an Aluminium abnimmt, während Magnesium und Eisen in verstärktem Maße vorkommen. Streng genommen kann daher der Erdmantel sich nicht ganz bis zur Erdoberfläche erstrecken. Aus dem Studium von Erdbebenwellen, die 1909 zu einer Erschütterung des Balkans führten, fand der kroatische Geologe Andrija Mohorovicic in einer Tiefe von 32 Kilometern ebenfalls eine markante Geschwindigkeitsänderung der Wellen. Diese Mohorovicic-Diskontinuität markiert den Übergang vom Erdmantel zur Erdkruste. Erdkern, -mantel und -kruste zeigen damit ungefähr das gleiche Dickenverhältnis zueinander wie das Eigelb, das Eiweiß und die Eierschale eines Hühnereis.

Die Erdkruste ist nicht überall auf unserem Planeten gleich dick. Unter den Kontinenten liegt die Mohorovicic-Diskontinuität tiefer als unter den Ozeanen, und unterhalb großer Bergketten sinkt sie dabei besonders tief ab. In gewisser Weise können wir von einer Art Symmetrie sprechen, denn je höher sich das Festland über den Meeresspiegel erhebt, desto tiefer sinkt die Mohorovicic-Diskontinuität ab. Unter großen Bergmassiven ist die Kruste bis zu 65 Kilometer dick, unter dem Flachland etwa 35 Kilometer und unter dem Meeresboden nur 13 bis 16 Kilometer, wobei hier die Wassertiefe mitgerechnet ist – die feste Erdkruste unter dem Meeresboden kann daher streckenweise nur rund 5 Kilometer dick sein.

In den sechziger Jahren glaubte man aufgrund dieser Erkenntnis, mit Hilfe von Bohrungen durch den vergleichsweise dünnen Ozeanboden bis in den Bereich des Erdmantels vordringen zu können, um von dort Proben ans Tageslicht zu fördern, die eine Überprüfung der theoretischen Modelle ermöglicht hätten. Das wäre dann das tiefste Bohrloch geworden, das Menschen bislang zustande gebracht hätten. Das Projekt wurde aber bislang nicht verwirklicht. Doch selbst, wenn es eines Tages erfolgreich angegangen wird, ist es unwahrscheinlich, daß Menschen mit Meßinstrumenten (von bemannten Fahrzeugen ganz zu schweigen) je weit über die Grenze zwischen Erdkruste und Erdmantel hinaus vorstoßen können. Wir können uns nicht einmal ernsthaft den technologischen Fortschritt vorstellen, der dazu notwendig wäre – das wirkliche Erdinnere dürfte uns für immer verschlossen bleiben.

7. Kapitel – Die Erdatmosphäre

Über der Erdoberfläche

Wenn der Weg nach unten in das Innere der Erde für uns Menschen eindeutig versperrt bleibt, wie steht es dann mit der Ausbreitung in die entgegengesetzte Richtung, mit dem Vordringen in die Atmosphäre?

In gewisser Weise haben die Menschen atmosphärische Höhen ja schon im Zusammenhang mit der Besteigung hoher Berge erforscht. Diese Vorstöße waren aber räumlich eng begrenzt und an die Positionen der fraglichen Berge gebunden; darüber hinaus blieben die Menschen bei solchen Unternehmungen immer mit beiden Beinen auf der Erde.

Gibt es aber nicht auch die Möglichkeit, sich vom Erdboden zu lösen und an jeder beliebigen Stelle in die Atmosphäre vorzudringen? Der Traum vom Fliegen ist so alt wie die Menschheit selbst, und er wurde genährt durch die Beobachtung, daß die Atmosphäre sehr wohl in der Lage ist, Gegenstände zu tragen. Der Wind beispielsweise wirbelt leichte Objekte durch die Luft – Blätter, Federn oder auch Pflanzensamen. Daneben gibt es aber auch einzelne Tierarten, die gelernt haben, weite Strecken durch die Luft zu segeln – Flughörnchen beispielsweise oder auch die fliegenden Fische. Den Vogel aber schießen die echten Flieger ab, Tierarten, die sich mit eigener Muskelkraft durch die Lüfte bewegen können, die keine günstigen Winde brauchen, ja, sogar gegen den Wind anfliegen können.

Mitglieder von vier verschiedenen Tierklassen haben – unabhängig voneinander – das Fliegen gelernt. Unter den Wirbellosen sind es die Insekten, unter den Wirbeltieren die Reptilien, Säugetiere und die Vögel. Zwar ist der Pterosaurier, der Flugsaurier, schon lange wieder von der Erdoberfläche verschwunden, sind Fledermäuse und Fliegende Hunde die einzigen Säugetiere unter den Fliegern, doch zeigen sie, daß die Natur neben den Vögeln auch noch andere Flugwesen hervorgebracht hat. Das einfache und scheinbar mühelose Fliegen der Vögel hat die Menschen immer wieder verleitet, selbst vom Fliegen zu träumen. Dabei ist es leider gar nicht so einfach, einen schweren Gegenstand gegen die Anziehungskraft der Erde in einem so dünnen Medium wie der Luft im Schwebezustand zu halten.

Die Vögel sind letzten Endes nur aufgrund ihres geringen Gewichts überhaupt flugtauglich.

Noch kleiner sind freilich die Fluginsekten, die aber wegen ihrer weniger wirkungsvollen Atemtechnik gar nicht genügend Kraft und Energie aufbringen könnten, um größere Massen in die Lüfte zu heben. Der schwerste Käfer, der durch die irdische Atmosphäre brummt, ist der Goliath-Käfer mit einem Gewicht von rund 100 Gramm. Demgegenüber können die Flugwesen aus dem Unterstamm der Wirbeltiere sehr wohl auch größere Lasten tragen, besitzen sie doch zum einen mit der Lunge ein sehr wirkungsvolles Atemorgan, und zum anderen können sie ihre Flügel durch knochige Versteifungen größer und damit tragfähiger machen. Obwohl die kleinsten Fledermäuse kleiner sind als die größten Fluginsekten, kennen wir auch sehr große Vertreter dieser Klasse wie etwa die Frucht-Fledermäuse Indonesiens, die immerhin bis zu 900 Gramm Körpergewicht erreichen können.

Einige Vögel sind noch größer, wie zum Beispiel die Kori-Trappen, von denen wenigstens ein Exemplar nachweislich 24 Kilogramm erreichte. Vielleicht waren wenige der ausgestorbenen Pterosaurier ähnlich schwer; es gibt sogar fossile Hinweise dafür, daß diese Masse vereinzelt auch überschritten wurde, doch herrscht keineswegs Einigkeit darüber, ob diese Wesen wirklich fliegen konnten oder nur durch die Luft segelten. Mit einiger Sicherheit können wir daher sagen, daß während der gesamten Evolution die Obergrenze für flugtaugliche Kreaturen bei etwa 30 Kilogramm gelegen haben dürfte. Aus diesem Grund ist es unwahrscheinlich, daß Menschen wie Vögel fliegen können, denn selbst die Erwachsenen zwergwüchsiger Volksstämme wiegen mehr als 35 Kilogramm, und das Durchschnittsgewicht eines männlichen Mitteleuropäers wird mit 70 Kilogramm gerechnet.

Dieser wesentliche Unterschied wurde allerdings in früheren Zeiten nicht bedacht. So berichten die griechischen Sagen von dem großen Erfinder Daedalus, der sich (und seinen Sohn Ikarus) mit Hilfe selbstgebauter Flügel aus seiner Gefangenschaft auf Kreta befreite. Die Flügel bestanden aus einem leichten Gestell, an dem mit Wachs Federn befestigt waren; damals glaubte man offenbar, daß Federn die Fähigkeit des Fliegens verliehen. Auch Künstler, die die übernatürlichen Flugfähigkeiten der Engel andeuten wollten, gaben diesen Wesen lange Vogelschwingen (ohne dabei allerdings auf die Arme zu verzichten – so entstanden, vermutlich ungewollt und unbedacht, Gestalten mit vier Armen und zwei Beinen, denn die Vogelschwingen entsprechen vom Körperbau her den Armen). Demgegenüber erhielten Feen, die man sich zumeist klein und zierlich vorstellte, die zarten Flügel von Insekten, während Dämonen oft mit den ledrigen Flughäuten der Fledermäuse ausgestattet waren.

Damals nahm man an, daß auch Tiere, die schwerer als der Mensch sind, fliegen könnten. Berühmtes Beispiel dafür ist das fliegende Roß Pegasus der griechischen Sagenwelt, sind aber auch die fliegenden Drachen, Abglanz der Flugsaurier, die von zumeist als winzig dargestellten Fledermausflügeln in den Lüften gehalten wurden. In den Geschichten aus ›1001 Nacht‹ wird von dem Riesenvogel »Rock« berichtet, so groß, daß sein Ei die Ausmaße eines kleinen Hauses erreichte, und so stark, daß er in der einen Klaue einen Elefanten, in der anderen ein Rhinozeros davontragen konnte. Wahrscheinlich ist der Rock die literarische Erinnerung an den Aepyornis, der vor noch nicht allzu langer Zeit auf Madagaskar lebte; er dürfte der größte Vogel gewesen sein, der je den Planeten Erde belebte: sein Gewicht lag bei 450 Kilogramm, und stehend erreichte er eine Höhe von 3 Metern – allerdings konnte er nicht fliegen.

Ballone

Natürlich konnten die Menschen flugfähige Objekte bauen. Weil man wußte, daß der Wind leichte, flache Gegenstände davontrug (leicht mußten sie sein, damit nicht viel Kraft erforderlich war, und flach, um dem Wind eine möglichst große Angriffsfläche zu geben), war es nur eine Frage der Zeit, bis jemand auf den Gedanken kam, ein Stück Papier oder etwas Vergleichbares über einen dünnen Holzrahmen zu spannen, das Ganze an eine lange Schnur zu hängen und in den Wind zu halten. Einen solchen Flugapparat nennen wir heute »Drachen«. Drachen wurden schon in vorgeschichtlicher Zeit in Ostasien aufgelassen. Im Bereich der westlichen Hemisphäre wird die Erfindung des Drachens dem griechischen Philosophen Archytas von Tarent zugesprochen, der um 400 bis 350 v. Chr. in Süditalien lebte.

Jahrtausende hindurch wurden solche Drachen vorwiegend zum Zeitvertreib genutzt, wiewohl es auch andere Einsatzmöglichkeiten gab. Ein Drachen kann beispielsweise eine Signallampe tragen, die zur Verständigung von Truppenteilen in einem größeren Gebiet dient. Mit Hilfe eines Drachens könnte man auch ein leichtes Seil über einen Fluß hinwegtransportieren, eine Kordel, mit der sich dann schwere Seile etwa für den Bau einer Brücke hinüberziehen lassen.

Im Jahre 1749 wurde ein Drachen erstmals für die Erforschung der Atmosphäre eingesetzt. Damals ließ der schottische Astronom Alexander Wilson (1714–1786) mit solchen Drachen Thermometer aufsteigen, um die Temperaturen in verschiedenen Höhen zu messen.

Von weit größerer Bedeutung waren die Arbeiten von Benjamin Franklin (1706–1790), einem Gelehrten im kolonialen Amerika. Er entsandte 1752 einen Drachen in ein Gewitter und konnte über die vom Regen durchnäßte Schnur Elektrizität ableiten, Elektrizität, die er in einer Leidener Flasche speicherte, der Urform des modernen Kondensators. Mit diesem Experiment gelang ihm der Nachweis, daß Blitze lediglich elektrische Entladungen sind, und er entwickelte mit diesem Wissen einen Blitzableiter, der einen wirksamen Schutz vor den Gefahren eines Blitzeinschlags darstellte. Zum ersten Mal hatte die Wissenschaft einen Sieg über die Naturgewalten errungen. Es sollte nicht mehr lange dauern, ehe sich auch die Menschen selbst in die Lüfte erhoben und den Drachen folgten. Die beiden französischen Brüder Joseph Michel (1740–1810) und Jacques Etienne Montgolfier (1745–1799) hatten beobachtet, wie der Rauch eines Feuers leichte Gegenstände, die zufällig in seine Bahn geraten waren, mit nach oben trug. Daraus folgerten sie, daß heiße Luft leichter sein mußte als kalte Luft und entsprechend auf dieser »schwimmen« würde wie Holz auf dem Wasser. Von da war es kein großer Schritt mehr zu der Überlegung, daß ein leichter Behälter, der mit der Öffnung nach unten über ein Feuer gehalten wurde, sich mit heißen Gasen anfüllen und von diesen emporgetragen werden sollte, bis sich das Gas in seinem Innern allmählich abgekühlt und dadurch seine »tragende« Wirkung verloren hätte. Am 5. Juni 1783 füllten sie auf dem Marktplatz ihrer Heimatstadt einen großen Sack aus Leinentuch mit heißer Luft; er stieg anschließend auf eine Höhe von 450 Metern und trieb in 10 Minuten fast 2,5 Kilometer weit, ehe er wieder auf dem Boden aufsetzte. Dies war der erste Flug eines Ballons (so genannt nach einem italienischen Wort für großer Ball).

Man konnte annehmen, daß eine Gondel, die an einen solchen Ballon gehängt wurde, samt Inhalt mit emporgetragen würde, sofern das Gesamtgewicht nicht zu groß wurde. Am 19. September 1783 ließen die Gebrüder Montgolfier daher in Versailles, dem damaligen Sitz der französischen Regierung, vor den Augen einer noblen Zuschauerschaft einen größeren Ballon aufsteigen, in dessen Gondel ein Schaf, ein Hahn und eine Ente saßen, die ersten Landlebewesen, die zu Luftfahrern wurden.

Die ersten menschlichen Ballonfahrer starteten am 21. November 1783. 300000 gespannte Zuschauer, unter ihnen Benjamin Franklin, erlebten, wie ein Ballon mit heißer Luft gefüllt wurde, sich in die Lüfte erhob und dann binnen 23 Minuten über eine Strecke von 19 Kilometern davontrieb.

Heiße Luft ist allerdings kein guter »Träger«. Weil sie nur geringfügig leichter als kalte Luft ist, bleibt ihr Auftrieb gering, und der läßt noch nach, wenn die Luft wieder abkühlt. Demgegenüber besitzt Wasserstoff eine Dichte, die 14mal kleiner ist als die von Luft. Henry Cavendish hatte 1766 zum ersten Mal reinen Wasserstoff gewonnen und untersucht und dabei diese extrem geringe Dichte gefunden; damals wie heute ist Wasserstoff das leichteste Gas überhaupt – sein Auftrieb ist entsprechend rund dreimal größer als der von heißer Luft, und das unabhängig von seiner Temperatur. Man brauchte den Wasserstoff also nicht zu erwärmen und konnte entsprechend auch durch Abkühlung keinen Auftrieb verlieren.

Als der französische Physiker Jacques Alexandre Charles (1746–1823) von den Ballonen der Montgolfiers hörte, regte er den Einsatz des Wasserstoffgases an und verwirklichte seinen Vorschlag noch vor Ablauf des Jahres. Noch im Dezember 1783 trieb er zusammen mit einem Freund mit einem wasserstoffgefüllten Ballon 24 Kilometer weit über das Land, ehe sie in einem Bauerndorf landen mußten. Die Einwohner, die von dem plötzlichen Auftauchen des Ballons über ihrem Dorf mächtig erschraken, hielten das Gefährt offenbar für einen Drachen – sie griffen ihn jedenfalls unerschrocken mit ihren Mistgabeln an und »töteten« ihn.

In der Folgezeit entwickelte sich das Ballonfahren zu einem Zeitvertreib, bei dem der Reiz des Neuen, nämlich durch die Lüfte zu gleiten und dabei die Landschaft von oben betrachten zu können, mit dem Schuß Risiko gewürzt war, den manche Menschen zur Steigerung des Vergnügens zu brauchen scheinen.

Gleichzeitig setzte aber auch die wissenschaftliche Nutzung der neuen Technik ein. Schon 1784 stieg der amerikanische Arzt

John Jeffries (1745–1819) mit einem Ballon über London auf; er führte neben anderen Meßinstrumenten ein Barometer zur Luftdruckmessung mit sowie einen Apparat, mit dem er in verschiedenen Höhen Luftproben einsammeln konnte. Ebenfalls 1784 entwickelte der französische Luftfahrer Jean Pierre Blanchard (1750–1809) den Fallschirm. Das große gewölbte Tuch aus Leinen oder Seide, an dem der Springer hängt, vergrößert den Luftwiderstand und bremst so die Fallgeschwindigkeit stark ab. Blanchard selbst sprang als erster und überlebte die Premiere ohne Schaden.

Schon bald zeigte sich, daß der Ballon für die Atmosphärenforschung dem Bergsteigen überlegen war. 1804 erreichte der französische Chemiker Joseph Louis Gay-Lussac (1778–1850) eine Höhe von rund 7 Kilometern und brachte von unterwegs mehrere Atmosphärenproben zum Erdboden zurück; er war damit nahezu eineinhalbmal höher aufgestiegen, als es der Mont Blanc zuläßt, der höchste seinerzeit bezwungene Gipfel. Ein solcher Ballonflug war darüber hinaus viel weniger anstrengend, verlief viel schneller und erwies sich insgesamt als viel gefahrloser als eine Besteigung des Mont Blanc. Nicht zuletzt konnte man mit einem Ballon die Atmosphäre an jedem gewünschten Ort erkunden, während der Mont Blanc eine Untersuchung nur eben am Mont Blanc ermöglichte.

Der Ballon blieb nicht der einzige Flugapparat, mit dem die Menschen sich in die Lüfte emporschwangen. Im Verlauf des 19. Jahrhunderts experimentierten zahlreiche Pioniere mit Gleitern, drachenähnlichen Konstruktionen, die stabil genug waren, um das Gewicht eines Menschen tragen zu können. Besondere Erwähnung in diesem Zusammenhang verdient der deutsche Flugingenieur Otto Lilienthal (1848–1896), der 1877 mit dem Entwurf eines Fluggleiters begann. 1891 konnte er die Flugtauglichkeit seines Gerätes eindrucksvoll unter Beweis stellen. Das Fliegen mit solchen Gleitern verläuft weniger passiv als das Ballonfahren, weil der »Passagier« – wenn auch nur in beschränktem Umfang – die Flügel des Apparates steuern und damit die Flugrichtung beeinflussen kann. Das Gleitfliegen wurde in den neunziger Jahren des vergangenen Jahrhunderts zu einem ähnlichen Abenteurersport wie das Ballonfahren hundert Jahre zuvor.

Lilienthal selbst startete zu mehr als 2000 »Flügen«, ehe er 1896 bei der Erprobung eines neuen Rudersystems abstürzte und den schweren Verletzungen erlag.

Wie ließ sich ein Flugapparat aber wirklich steuern? Konnte man nicht einfach eine Dampfmaschine in der Gondel eines Ballons montieren und damit einen Propeller antreiben? Bei den Schiffen hatte diese Umstellung vom windgetriebenen Segelschiff auf das Dampfschiff hervorragend funktioniert. Brauchte man also nur ein »Luftschiff« zu bauen?

Ganz so einfach war die Lösung nicht. Eine Dampfmaschine ist ein schwerer Apparat, der noch dazu große Mengen an Brennstoff benötigte. So schwere Lasten mit einem Ballon zu transportieren, war nahezu unmöglich. 1876 erfand Nicolaus August Otto (1832–1891) jedoch den Verbrennungsmotor, der viel leichter und viel leistungsfähiger als eine Dampfmaschine war. Seine Erfindung rückte die Verwirklichung eines Luftschiffs mehr in den Bereich der Möglichkeiten.

Ein Ballon ist aufgrund seiner Kugelform allerdings aerodynamisch nicht sonderlich geeignet – wollte man ihn durch die Luft vorantreiben, würde er einen unnötig großen Widerstand bieten. So kam der deutsche Erfinder Graf Ferdinand von Zeppelin (1838–1917) auf die Idee, einem Ballon mit einem Metallgerippe die Form einer Zigarre zu geben, um so den Luftwiderstand möglichst gering zu halten.

Natürlich brauchte man dazu ein Metall, das sowohl leicht als auch stabil war. Aluminium eignete sich dafür besonders gut, Aluminium, das erstmals 1886 in größeren Mengen von dem amerikanischen Chemiker Charles Martin Hall (1863–1914) und – unabhängig davon – von seinem französischen Kollegen Paul Louis Héroult (1863–1914) produziert worden war.

Am 2. Juli 1900 stieg die erste Aluminium-Zigarre Zeppelins auf. Sie trug eine Gondel mit einem Verbrennungsmotor für den Antrieb der Propeller. Bei der Landung wurde das Gefährt zwar etwas beschädigt, doch gilt die Vorführung als der erste erfolgreiche Flug eines Menschen mit einem motorgetriebenen Luftfahrzeug. Zu Ehren des Erbauers wurden solche Apparate später Zeppelin genannt. Fast 40 Jahre hindurch boten die Zeppeline einen eindrucksvollen, wenngleich nicht alltäglichen Anblick am Himmel. Das erfolgreichste und bekannteste Luftschiff war die »Graf Zeppelin«. Diese riesigen Strukturen waren jedoch durch Stürme sehr gefährdet, und immer wieder gab es auch kleinere Unfälle. Den entscheidenden Schlag erfuhr die Luftschiffahrt 1937, als die »Hindenburg« bei einem Landemanöver Feuer fing und völlig ausbrannte. Danach verschwanden die großen Zeppeline vom Himmel. Noch während die ersten Zeppeline gebaut wurden, versuchten andere Konstrukteure sich in der Entwicklung lenkbarer Gleiter, indem sie Verbrennungsmotoren auf solche Gleiter montierten. Der amerikanische Astronom Samuel Pierpont Langley (1834–1906) baute zwischen 1897 und 1903 drei derartige Apparate, doch blieb ihm der Erfolg versagt (wiewohl er ihm jedesmal ein Stück näher kam).

Den Durchbruch schafften die Gebrüder Wright. Wilbur (1867–1912) und Orville Wright (1871–1948) verdienten ihr Geld mit einer Werkstatt für Fahrradreparaturen und waren beide begeisterte Gleitflieger. Sie verfolgten Langleys Versuche mit großer Aufmerksamkeit, nahmen wohlüberlegte Konstruktionsverbesserungen vor und erfanden das Querruder, bewegliche Kanten am hinteren Ende der Tragfläche, mit denen man Kurven besser ansteuern konnte. Darüber hinaus bauten sie einen Windtunnel, in dem sie ihre Modelle erproben konnten, entwarfen neue Motoren mit einem zuvor unerreichten Verhältnis von Leistungsvermögen zu Gewicht; bei all dem steckten sie nicht mehr als tausend Dollar in diese Arbeit.

Am 17. Dezember 1903 flog Orville Wright bei Kitty Hawk im US-Bundesstaat North Carolina zum ersten Mal ein motorgetriebenes Fahrzeug, das schwerer als Luft war. Ein solcher Apparat wird heute allgemein Flugzeug genannt, und er wird von dem Auftrieb in der Luft gehalten, der beim schnellen Überströmen der Luft über seine Tragflächen entsteht.

Der erste Flug dauerte knapp eine Minute und führte lediglich über 260 Meter, doch war dies ja bloß der Anfang. Schon zwölf Jahre später wurden Flugzeuge in Luftkämpfen eingesetzt, als in Europa der Erste Weltkrieg ausgefochten wurde. Als Charles August Lindbergh (1902–1974) im Jahre 1927 mit seiner »Spirit of St. Louis« nonstop den Atlantik von New York nach Paris überflog, waren die Flugzeuge bereits den Kinderschuhen entwachsen.

Die obere Atmosphäre

Bis in die Neuzeit hinein war man davon ausgegangen, daß die Luft sich unbegrenzt nach oben ausdehnte und das ganze Universum erfüllte, also auch den Mond und die Planeten umgab und bis zur Fixsternsphäre reichte.

Mit unserem heutigen Wissen könnten wir dagegen argumentieren, daß die himmlischen Körper bei ihrer Wanderung um die Erde (von der man damals ausging) durch den Luftwiderstand dann eigentlich hätten abgebremst werden und zur Erdoberfläche stürzen müssen – daß dies nicht geschah, wäre Beweis genug gegen diese naive Ansicht. Offenkundig wurde dieser Widerspruch aber erst zum Ende des 17. Jahrhunderts, als die Bewegungsgesetze entdeckt wurden. Wer sich vor dieser Zeit eine Reise zum Mond und darüber hinaus ausdachte, brauchte daher nur irgendein Fahrzeug zu entwerfen, mit dem man die Lüfte durcheilen konnte. Die erste Erzählung dieser Art, die auf einen bekannten Autor zurückgeht, stammt von dem griechischen Satiriker Lucian von Samosata (120–180); er beschrieb um das Jahr 165 unter dem Titel ›Icaromenippus‹ einen Philosophen, der mit Hilfe eines Geierflügels und einer Adlerschwinge zum Mond flog. In einem späteren Buch, ›Eine wahre Geschichte‹, berichtet er, wie ein Schiff von einem Wirbelsturm emporgerissen wurde und nach einer einwöchigen Kreuzfahrt den Mond erreichte. 1532 erschien ›Orlando Furioso‹ von dem italienischen Dichter Ludovico Ariosto (1474 bis 1533); hier kam der Held Orlando mit dem gleichen Gefährt zum Mond, das bereits den Propheten Elias in die Lüfte emporgetragen hatte. Das erste literarische Werk in englischer Sprache, das von einer Reise zum Mond berichtete, wurde 1638 veröffentlicht; der Urheber, Francis Godwin (1562–1633), war fünf Jahre zuvor gestorben. Die Geschichte trug den Namen ›The Man in the Moon‹, und diesmal wurde der Titelheld von großen, schwanähnlichen Vögeln in einer Kutsche zum Mond gebracht.

Fünf Jahre später allerdings kam der Wendepunkt. 1643 konnte der italienische Physiker Evangelista Torricelli (1608 bis 1647) zeigen, daß das Gewicht der Luft ausreichte, um eine Quecksilbersäule von 76 Zentimeter in Balance zu halten. Das Gewicht einer Luftsäule mußte also dem Gewicht einer 76 Zentimeter hohen Quecksilbersäule mit gleichem Querschnitt gleich sein. Weil aber die Dichte von Quecksilber 10518mal größer ist als die Dichte von Luft in Meereshöhe, mußte die Luftsäule (eine nach oben konstant bleibende Dichte vorausgesetzt) 7,99 Kilometer hoch sein. Zum ersten Mal wurde deutlich, daß die Atmosphäre der Erde lediglich eine räumlich begrenzte Erscheinung war, daß es sich dabei nur um eine vergleichsweise dünne Schicht handeln konnte, an die sich weiter draußen das Vakuum anschließen mußte. Natürlich hat die Atmosphäre in Wirklichkeit keine gleichbleibende Dichte. Am Erdboden steht sie unter dem Druck der darüberliegenden Schichten, doch je höher man aufsteigt, desto geringer wird diese Last, und desto weiter sinkt der Luftdruck ab (und mit ihr die Dichte). Zum ersten Mal nachgewiesen wurde dieser Zusammenhang 1646, als der französische Mathematiker Blaise Pascal (1623–1662) seinen Schwager mit zwei Barometern auf einen Berg entsandte und ihm auftrug, den Luftdruck in Abhängigkeit von der Höhe aufzunotieren.

Aufgrund der nach oben abnehmenden Dichte breitet sich die Atmosphäre viel weiter nach oben aus als jene 7,99 Kilometer, die bei einer konstanten Dichte die Obergrenze markieren würden. Dies ändert allerdings wenig daran, daß die Atmosphäre eine extrem dünne Hülle um die Erde herum bleibt, denn schon acht Kilometer über dem Erdboden ist ihre Dichte so weit abgesunken, daß Leben unter diesen Umweltbedingungen kaum noch existieren kann – deshalb ist die Besteigung so hoher Berge auch besonders beschwerlich.

Science-fiction-Autoren ließen sich von solcher Erkenntnis jedoch wenig beeindrucken. Nach den ersten Ballonflügen änderten sie lediglich das Fahrzeug, mit dem man in den Weltraum vordrang, brauchte man keine Wirbelstürme, Vögel oder Flügel mehr, um zum Mond zu gelangen. Noch 1835 veröffentlichte Edgar Allan Poe (1809–1849) die Geschichte ›Hans Pfaall‹, in der der Held mit einem Ballon zum Mond kommt. Poe kannte zwar die Schwierigkeiten, die sich aus der abnehmenden Dichte ergeben, doch umging er dieses Problem mit Hilfe eines »Verdichters«, der die Luft in der Umgebung des Ballons zusammenpreßt. In Wirklichkeit gibt es solche Verdichter natürlich bis heute nicht, und auch in Zukunft stehen die Chancen dafür schlecht, so daß die Flughöhe eines Ballons begrenzt bleiben wird – auf Bereiche weit unterhalb der Mondbahn. Zum einen ergibt sich das Problem der Sauerstoff-Versorgung für die Passagiere. Als 1875 drei französische Luftfahrer mit ihrem Ballon bis auf eine Höhe von 9,6 Kilometern emporstiegen (800 Meter höher als der Gipfel des Mount Everest), bezahlten zwei von ihnen das gefährliche Experiment mit dem Leben. Der dritte im Bunde, Gaston Tissandier (1835 bis 1899), überstand das Unternehmen und beschrieb nach seiner Rückkehr die Symptome der Atemnot und des Sauerstoffmangels; er gilt daher als »Vater der Flugmedizin«.

Flugzeuge sind noch weniger für große Höhenflüge geeignet als Ballone; je höher sie steigen sollen, desto schneller müssen sie sich vorwärtsbewegen, damit sie in der dünner werdenden Luft noch genügend Auftrieb erfahren. Wollte man aber mit Ballonen die Rekordmarke von Tissandier überschreiten, so konnte man mit offenen Gondeln nicht viel anfangen. Statt dessen waren luftdicht verschließbare Kabinen vonnöten, in denen der Luftdruck konstant auf einem erträglichen Niveau gehalten werden konnte; dies bedeutete aber gleichzeitig eine notwendige Ausfilterung des Kohlendioxids und eine ständige Neuzufuhr an Sauerstoff.

Die Aufgabe war technisch jedoch viel einfacher als etwa bei Unterseebooten. Der äußere Druck kann dort nämlich auf viele Atmosphären ansteigen, während der äußere Druck um eine Ballongondel herum nicht unter null Atmosphären absinkt. Der Druckunterschied kann deshalb in einem Unterseeboot viele Atmosphären betragen, während er in einer Ballongondel immer weniger als 1 ist. Außerdem mußte man für die Ballonhüllen geeigneteres Material als die bislang verwendeten seidenen Hüllen finden. Egal, wie dicht Seide verwoben ist – luftdicht kann das Gewebe nicht sein, und so konnte das Trägergas allmählich entweichen, was zu einer Abnahme des Auftriebs führte. Im 20. Jahrhundert lernte man jedoch, Plastikhäute herzustellen, die dünner, leichter und dennoch dichter waren als seidene Ballonhüllen, aber trotzdem stark genug, um dem Druckunterschied standzuhalten.

Ein Risiko blieb zunächst noch, mit dem Ballone und Luftschiffe existieren mußten: die leichte Entzündbarkeit des Wasserstoffgases. Ein unbeabsichtigter Funke konnte das Gas entzünden und zur Explosion bringen – genau dies war die Ursache für das folgenschwere Unglück der »Hindenburg«.

1895 fand der schottische Chemiker William Ramsay (1852 bis 1916) jedoch das Edelgas Helium, das in seiner Dichte nur noch vom Wasserstoff unterboten wurde. Die Dichte von Helium ist doppelt so groß wie die von Wasserstoff, aber trotzdem ist sein Auftrieb nicht einmal 10 Prozent geringer als der einer gleichgroßen Menge Wasserstoff. Die geringe Einbuße wird durch die absolute Nichtbrennbarkeit des Stoffes mehr als nur aufgewogen; darüber hinaus kann Helium weniger leicht durch die Ballonwandung ins Freie gelangen als der Wasserstoff.

Im Jahre 1931 stieg Auguste Piccard, der später das Bathyscaph baute, mit einem Plastik-Ballon und luftdichter Kabine bis auf 15,8 Kilometer Höhe; sein Flug, der etwa 18 Stunden dauerte, trug ihn auf nahezu die doppelte Höhe des Mount Everest. Zum ersten Mal war ein Mensch, wahrscheinlich sogar ein Lebewesen überhaupt, weit über die Obergrenze der Wolken hinaus vorgedrungen. Das Wettergeschehen – die Ausbildung von Wolken, Regen und Turbulenzen – beschränkt sich auf die unterste Ebene der Atmosphäre, die daher 1908 von dem französischen Meteorologen Leon Teisserenc de Bort (1855–1913) mit der Bezeichnung Troposphäre belegt wurde (nach dem griechischen Wort für Wechsel, Veränderung). Die Obergrenze der Troposphäre nannte er Tropopause; ihre Höhe hängt von der geographischen Breite ab: in Polnähe liegt sie bei rund 8 Kilometern, am Äquator dagegen rund doppelt so hoch. Teisserenc de Bort glaubte, daß oberhalb der Tropopause die Atmosphäre nicht mehr durch Turbulenzen verwirbelt sei, sondern fein säuberlich in Schichten gegliedert – so erhielt diese Zone den Namen Stratosphäre (nach dem griechischen Wort für Schichten). Bis in diese Stratosphäre war Piccard erstmals vorgedrungen.

Seither sind Ballone noch viel höher aufgestiegen. 1961 erreichten zwei amerikanische Marine-Offiziere eine Höhe von 34668 Metern, und fünf Jahre später wurde der Rekord auf 37,7 Kilometer verbessert. Unbemannte Ballone sind sogar bis fast auf 47 Kilometer Höhe vorgestoßen und waren damit mehr als fünfmal so hoch wie der Gipfel des Mount Everest.

Radiowellen und Elektronen

Es ist ziemlich unwahrscheinlich, daß Ballone oder andere luftgetragene Fahrzeuge diese Rekordmarken noch wesentlich überbieten können. Zum Glück können wir die oberen Atmosphäreschichten aber auch noch auf eine andere, mehr indirekte Weise untersuchen. Am 12. Dezember 1901 konnte der italienische Elektroingenieur Guglielmo Marconi (1874–1937) erstmals Radiosignale von England über den Atlantik nach Neufundland funken. Für viele ist dieses Datum gleichbedeutend mit der Einführung der Radiotechnik. Radiosignale werden von sogenannten Radiowellen übertragen, elektromagnetische Wellen wie das Licht, doch mit millionenfach größerer Wellenlänge.

Radiowellen breiten sich wie das Licht nur geradlinig aus, so daß sie normalerweise unterhalb des Senderhorizonts gar nicht hätten empfangen werden dürfen – dennoch überwanden Marconis Signale die Erdkrümmung zwischen England und Neufundland ohne Schwierigkeiten.

Zur Erklärung dieses Phänomens schlugen der britisch-amerikanische Elektro-Ingenieur Arthur Edwin Kennelly (1861 bis 1939) und sein britischer Kollege Oliver Heaviside (1850–1925) unabhängig voneinander die Existenz einer Schicht elektrisch geladener Teilchen (Ionen) hoch in der Erdatmosphäre vor, an denen die Radiowellen reflektiert werden können. Durch ein- oder mehrfache Reflexion der Radiowellen an der Kennelly-Heaviside-Schicht und am Erdboden sollten die Radiosignale sich so rund um den Globus ausbreiten können.

Aufgrund eigener Untersuchungen der Überlagerung und gegenseitigen Störung verschiedener Radiowellen konnte der englische Physiker Edward Victor Appleton (1902–1965) 1922 zeigen, daß die Vorstellungen von Kennelly und Heaviside die wirklichen Verhältnisse genau modellierten. Zwei Jahre später hatte Appleton auch die Höhe dieser an Ionen reichen Schicht bestimmt – sie befand sich in einer Höhe von etwa 95 Kilometern über dem Erdboden. Oberhalb dieser Zone konnte er noch weitere ionenreiche Regionen (die Appleton-Schichten) nachweisen, die oberste in etwa 240 Kilometer Höhe. Aufgrund dieser neuen Erkenntnisse nannte man die Atmosphärenschicht zwischen 50 und 300 Kilometer Höhe fortan die »Ionosphäre«.

Die Gasdichte innerhalb der Ionosphäre beträgt nur noch rund ein Billionstel der Gasdichte am Erdboden, doch ist dies noch sehr dicht im Vergleich zu den nahezu leeren Tiefen des interstellaren Raumes; vor allem reicht diese Dichte aus, um noch einfach nachweisbare Phänomene hervorzurufen.

So wird die Erde beispielsweise ständig von winzigen Staubkörnern bombardiert, bei denen es sich vermutlich um Auflösungsprodukte von Kometen handelt. Weil diese Objekte, die kaum größer als ein Stecknadelkopf sind, mit Geschwindigkeiten von bis zu 72 Kilometern pro Sekunde auf die Erdatmosphäre prallen, heizen sie das Gas längs ihrer Flugbahn durch die Lufthülle auf und regen es dabei zum Leuchten an – wir können am Erdboden einen Meteor (eine Sternschnuppe) beobachten. Solche Meteorerscheinungen laufen noch innerhalb der Ionosphäre ab und zeigen damit zum einen deutlich, daß in diesen Höhen (um etwa 100 Kilometer) durchaus noch atmosphärische Gase vorhanden sind; zusätzlich ermöglichen sie uns aus der Beobachtung der Phänomene auch Rückschlüsse auf die Zusammensetzung und andere Merkmale dieser Gase.

Aber auch jenseits von 100 Kilometern Höhe treten noch Erscheinungen auf, die ohne Schwierigkeiten mit bloßem Auge verfolgt werden können. Sie lassen sich darauf zurückführen, daß sich der Erdkörper als Ganzes wie ein Magnet verhält; der englische Physiker William Gilbert (1544–1603) hatte dies im Jahre 1600 eindeutig bewiesen. Das bedeutet aber, daß die Erde – wie jeder andere Magnet auch – von Magnetfeldlinien umgeben sein muß. Ein elektrisch geladenes Teilchen, das sich durch ein solches Magnetfeld hindurchbewegt und mit ihm in Wechselwirkung tritt, muß eine Menge Energie aufbringen, wenn es sich quer zu den Magnetfeldlinien bewegen möchte; demgegenüber ist eine Bewegung entlang der Feldlinien weniger energiezehrend (es fällt uns ja auch leichter, auf einer Ebene zu gehen, als ständig treppauf, treppab steigen zu müssen).

Nun besteht die gesamte Materie aus Atomen, die ihrerseits im wesentlichen aus drei »subatomaren« Teilchen aufgebaut sind. Zwei dieser Elementarteilchen tragen eine elektrische Ladung: das Proton ist elektrisch positiv geladen, das Elektron negativ. Das Elektron, das 1897 von dem englischen Physiker Joseph John Thomson (1856–1940) erstmals identifiziert und untersucht worden ist, erwies sich als sehr viel leichter als das Proton; erst 1837 Elektronen erreichen zusammen die Masse eines Protons. Aufgrund dieser geringen Masse werden Elektronen besonders leicht von den Magnetfeldlinien abgelenkt, so daß sie längs dieser Feldlinien auf engen Spiralbahnen dahersausen. Die Feldlinien des Erdmagnetfeldes verlaufen vom magnetischen Nordpol der Erde zum magnetischen Südpol und wölben sich dabei weit in den Raum hinaus vor. Der magnetische Südpol liegt im nördlichsten Bereich Kanadas, der magnetische Nordpol am Rande der Antarktis. Weil die Magnetfeldlinien in der Gegend der magnetischen Pole auf die Erde zulaufen, werden die eingeschlossenen Elektronen ebenfalls näher an die Erdoberfläche herangezogen. Dabei treffen sie auf die obersten Schichten der Atmosphäre und stoßen mit den dort vorhandenen Atomen zusammen. Ein Teil ihrer Energie wird verbraucht, um die hohen atmosphärischen Gase zum Leuchten anzuregen – die berühmten Polarlichter entstehen.

Im Fachjargon der Meteorologen und Astronomen werden sie auch Aurorae genannt nach dem lateinischen Wort für Dämmerung. Frühe Nordlandreisende, die solche Erscheinungen nahe dem Horizont beobachteten, glaubten nämlich irrtümlich, die Morgendämmerung würde in der falschen Richtung beginnen. So heißen die Nordlichter Aurora Borealis, die Südlichter dagegen Aurora Australis. Die wechselnden farbigen Lichtströme lassen ein Polarlicht zu einem eindrucksvollen Anblick werden; normalerweise treten sie in Höhen oberhalb von hundert Kilometern auf, können in Extremfällen aber auch in Höhen bis zu 2000 Kilometern über dem Erdboden verfolgt werden. Dort oben gibt es offenbar immer noch genügend atmosphärische Gasteilchen, die von den aufprallenden Elektronen zum Leuchten angeregt werden können.

Die Nordlichtzone der Atmosphäre, der Bereich also, der sich nach außen an die Ionosphäre anschließt, wird Exosphäre genannt; sie geht unmerklich in das »Vakuum« des interplanetaren Raumes über (das aber kein wirkliches Vakuum ist, kein absolut leerer Raum – die Dichte der interplanetaren Materie ist jedoch so gering, daß die Elektronen dort draußen nicht mehr auf genügend Widerstand treffen, um noch Polarlichter entstehen zu lassen).

So können wir also sagen, daß die Erdatmosphäre sich bis in Höhen von rund 2000 Kilometern noch durch das eine oder andere sichtbare Phänomen bemerkbar macht. Selbst dies ändert nichts daran, daß die Atmosphäre der Erde eine rein lokale, auf die Erde beschränkte Erscheinung ist, deren Ausdehnung nur rund ein halbes Prozent der Strecke Erde–Mond ausmacht. Unbemannte Ballone können allenfalls 1/8000 dieser Strecke aufsteigen, bemannte Ballone sogar nur 1/10000.

Actio und Reactio

All jenen, die nach den Ballonen keine weitere Möglichkeit des Aufstiegs durch die Atmosphäre mehr sahen, muß der menschliche Horizont nach oben ziemlich eng begrenzt erschienen sein. Wir wollen uns jedoch den Prozeß der Fortbewegung einmal etwas genauer anschauen.

Wenn wir gehen, drücken wir uns mit den Füßen am Erdboden ab. Wie wichtig ein ausreichender Widerstand ist, wird deutlich, wenn wir statt auf rauhem Grund auf glattem Eis vorwärtszukommen versuchen: man wird vielleicht ausrutschen und hinfallen, aber vorwärts kommt man so nicht, und das gilt für alle Landlebewesen, mögen sie nun gehen wie wir, laufen wie ein Pferd, hüpfen wie ein Känguruh oder über den Boden gleiten wie eine Schlange. Im Wasser verhalten wir uns ähnlich wie die Fische, die mit ihren Schwänzen rudern – wir drücken uns mit Händen und Füßen an dem umgebenden Wasser ab. Die Propeller und Schiffsschrauben sind mechanische Nachempfindungen der Fischflossen oder Vogelschwingen. Solange wir uns *nur* auf diese Weise fortbewegen können, indem wir uns irgendwo an irgendeinem Medium abstoßen, stellt der Weltraum uns wirklich vor ernste Probleme, weil wir dort nichts fänden, was für unsere Zwecke dienlich wäre.

Dennoch bewegt sich der Mond um die Erde, bewegen sich beide seit einigen Milliarden Jahren um die Sonne und werden diese Bewegung wahrscheinlich auch noch einige Milliarden Jahre fortführen. Es hat sich gezeigt, daß bei den Himmelskörpern die Geschwindigkeit von entscheidender Bedeutung ist. Würde der Mond bei seiner Bewegung um die Erde allmählich abgebremst, dann würde er in immer engeren Spiralbahnen auf die Erde zustürzen und schließlich mit unserem Planeten kollidieren. Ein ähnliches Schicksal widerführe der Erde, wenn sie in ihrer Bewegung um die Sonne abgebremst würde.

Umgekehrt kann ein irdischer Gegenstand auf eine Umlaufbahn um unseren Planeten geschickt werden, wenn er nur genügend Geschwindigkeit erhält; in ausreichend großer Entfernung zur Erde, wo die irdische Lufthülle keine Bremswirkung mehr ausübt, bliebe eine solche Umlaufbewegung sogar endlos erhalten. Die erforderliche Mindestgeschwindigkeit liegt bei 8 Kilometern pro Sekunde, und mit 11,2 Kilometern pro Sekunde kann jedes Objekt den Anziehungsbereich der Erde völlig verlassen. Jeder Körper, der sich solchermaßen in einer Erdumlaufbahn befindet und sich dann nirgendwo mehr »abstoßen« kann, unterliegt nur noch den Einflüssen der Schwerkraft; er bewegt sich dann im sogenannten freien Fall, der ihn automatisch immer wieder um den Zentralkörper herumführt, genauso, wie der Mond die Erde umläuft und die Erde die Sonne. Trotz fehlender Steuermöglichkeiten böte ein solcher Körper die unschätzbare Gelegenheit, Instrumente in diese zuvor unerforschten Regionen zu tragen, mit deren Hilfe wir dann die dort herrschenden Umweltbedingungen untersuchen könnten.

Die Frage ist also, ob ein Körper die erforderliche Geschwindigkeit erreichen kann, die er benötigt, um in ausreichender Höhe über der Erdoberfläche in eine Umlaufbahn einzuschwenken.

Solange wir uns auf Maschinen stützen müssen, die für ihr Vorankommen den Widerstand eines Mediums benötigen, sind die Aussichten gleich Null. Der schnellste derartige Apparat, das propellergetriebene Flugzeug, vermag 0,25 Kilometer pro Sekunde nicht zu überschreiten; dies aber ist gerade $1/32$ der erforderlichen Geschwindigkeit. Man wird kaum annehmen dürfen, daß eine – wie auch immer geartete – Verbesserung der Technologie propellergetriebener Flugzeuge diese Marke wesentlich überschreiten kann. Aber vielleicht gibt es noch eine andere Art der Fortbewegung?

Die Antwort lautet – ja! Wir kennen sogar ein Lebewesen auf der Erde, das sich grundsätzlich anders voranbewegt als alle übrigen Arten. Der Tintenfisch kann sich fortbewegen, indem er einen Wasserstrahl nach hinten aus seinem Körper preßt. Die Rückwärtsbewegung des Wasserstrahls wird durch die Vorwärtsbewegung des Tintenfischs ausgeglichen. Zunächst könnte man den Eindruck haben, als würde die Reibung des herausgepreßten Wasserstrahls an den umgebenden Wassermassen den Tintenfisch vorantreiben, doch wäre dies völlig falsch: befände sich der Tintenfisch in einem Vakuum, so würde er sich ebenfalls weiterbewegen – vorausgesetzt, er könnte diese lebensfeindliche Umgebung überhaupt überdauern. Ein Medium, das Widerstand bietet, wäre für die Vorwärtsbewegung des Tintenfischs gar nicht erforderlich.

Stellen wir uns also vor, wir säßen auf einer extrem glatten

Fläche – einem stark gewachsten Fußboden oder einem zugefrorenen See –, so glatt, daß wir uns aufgrund mangelnder Reibung nicht dadurch fortbewegen können, daß wir uns mit den Händen irgendwo abdrücken; außerdem brauchen wir noch eine Reihe schwerer Steine auf unserem Schoß. Wenn wir nun einen Stein in eine bestimmte Richtung werfen, so werden wir sehen, daß wir selbst uns ganz langsam in die entgegengesetzte Richtung bewegen. Mit dem zweiten und jedem weiteren Stein wird die Geschwindigkeit allmählich größer (zumindest im Idealfall gänzlich fehlender Reibung). Dieser Geschwindigkeitszuwachs hängt aber nicht davon ab, ob die geworfenen Steine in der sie umgebenden Luft einen Widerstand verspüren oder nicht – befände man sich nämlich im Vakuum, so wäre das Ergebnis aufgrund der dort entfallenden Luftreibung noch eindeutiger. Hinter dieser vielleicht überraschenden Erkenntnis, nach der sich der Zustand der Ruhe in zwei entgegengesetzte Bewegungen auflösen kann, steckt das Gesetz von der »Erhaltung des Impulses«; man spricht in diesem Zusammenhang auch von Newtons drittem Bewegungsgesetz, das sich verkürzt als »actio gleich reactio« (Kraft gleich Gegenkraft) darstellen läßt. Anfangs hatte dieses Gesetz natürlich nur einen theoretischen Hintergrund, weil Newton seine Gültigkeit im freien Weltraum gar nicht überprüfen konnte; inzwischen ist es jedoch tausendfach bestätigt worden.

Das Prinzip konnte zum Beispiel für den Antrieb von Flugzeugen genutzt werden. Wenn man den Treibstoff in einer Brennkammer des Triebwerks zündet und den entstehenden Gasen nur den »Ausweg« nach hinten durch eine Düse läßt, werden die austretenden Gase das »Düsenflugzeug« vorantreiben. Der britische Ingenieur Frank Whittle entwickelte als erster ein flugtaugliches Düsentriebwerk, auf das er 1930 ein Patent erwarb. Im August 1939 flog in Deutschland das erste Düsenflugzeug, und im Mai 1941 zogen die Briten nach. Es dauerte nicht lange, bis auch die USA über diesen neuen Flugzeugtyp verfügten, der dann gegen Ende des Zweiten Weltkriegs sogar noch in Luftkämpfen zum Einsatz kam.

Die Entwicklung der Technik ging rasch weiter. Schon nach wenigen Jahren waren die Düsenflugzeuge schneller als die herkömmlichen Propellerflugzeuge, und die kommerziellen Fluggesellschaften verdrängten bald mit dem Einsatz sehr großer, sehr schneller Flugzeuge alle anderen Modelle für Langstrecken.

Am 14. Oktober 1947 flog der amerikanische Pilot Charles A. Yeager als erster schneller als die Schallgeschwindigkeit, was damals als »Durchbruch durch die Schallmauer« gefeiert wurde. Er erreichte ein Tempo von 1080 Kilometern pro Stunde unter Temperatur- und Luftdruckbedingungen, bei denen die Schallgeschwindigkeit 1060 Kilometer pro Stunde beträgt.

Mittlerweile steht der Geschwindigkeitsrekord für Düsenflugzeuge bei 7250 Kilometer pro Stunde, knapp über 2 Kilometer pro Sekunde – doch selbst dies ist lediglich ein Viertel jener Geschwindigkeit, die für den Einschuß in eine Erdumlaufbahn erforderlich ist.

Wollte man die notwendige Geschwindigkeit doch noch erzielen, so wäre auf jeden Fall eine Beschleunigung in sehr großen Höhen anzustreben, wo der Reibungswiderstand der Luft das Gefährt nicht unnötig abbremst oder es über Gebühr aufheizt. In solchen Höhen ist aber außerhalb des Flugzeuges nicht mehr genügend Sauerstoff vorhanden, um die Verbrennung des Treibstoffs im Triebwerk aufrechtzuerhalten.

Offenbar sind also nicht einmal die Düsenflugzeuge geeignet, den Weltraum zu erforschen.

Erste Raketenpläne

Wir brauchen statt dessen einen Apparat, der zwar das Düsenprinzip nutzt, aber keinen atmosphärischen Sauerstoff für die Verbrennung des Treibstoffs benötigt. Der erste brauchbare Raketentreibstoff war eine Mischung aus Kaliumnitrat (Salpeter), Schwefel und Holzkohle. Schwefel und Holzkohle sind leicht entzündliche Materialien, die sich rasch mit vorhandenem Sauerstoff verbinden; als Sauerstoffträger dient das Kaliumnitrat. Wenn die drei Substanzen im richtigen Verhältnis gemischt sind und erwärmt werden, läuft die chemische Reaktion mit hoher Geschwindigkeit ab und produziert eine Menge Dampf. Die Mischung ist unter dem Namen Schießpulver bekanntgeworden. Wenn sie unter Luftabschluß verwahrt und erwärmt wird, läuft die schnelle Reaktion des Gases durch Erhitzung ab, weil kein Luftsauerstoff benötigt wird. Der Druck der entstehenden Gase sprengt den Behälter in aller Regel mit lautem Knall auseinander. Das Schießpulver war der erste verwendbare Sprengstoff. Es war im Mittelalter zuerst in China entdeckt worden; im 13. Jahrhundert drang die Kunde davon auch nach

Europa. Es blieb für rund sechs Jahrhunderte der einzige bekannte Sprengstoff.

Füllt man dieses Schießpulver in einen langen Zylinder, der an nur einem Ende geöffnet ist, können sich die Brenngase nur durch diese winzige Öffnung nach außen bewegen, dabei »drücken« sie den Zylinder selbst in die entgegengesetzte Richtung. Das Ergebnis ist eine »Rakete«.

Ihren ersten kriegerischen Einsatz erlebten die Raketen 1232, als die Chinesen sich gegen die angreifenden Mongolen zur Wehr setzen mußten. In den darauffolgenden Jahrhunderten wurden sie dann immer mal wieder genutzt. Allmählich wurden sie immer schwerer und wirkungsvoller und schleuderten immer mehr und immer schnellere Geschosse auf den Feind. Gegen Ende des 18. Jahrhunderts setzten indische Truppen unter Tipu Sahib (1751–1799) Raketen gegen die Engländer ein.

Der britische Artillerie-Offizier William Congreve (1772 bis 1828), der den Angriff dieser Raketen miterlebte, verbesserte die Waffe weiter. 1805 baute er eine Rakete von einem Meter Länge, an deren Spitze ein fünf Meter langer Stabilisierungsstab montiert war, der ein Taumeln oder Überschlagen des Geschosses verhindern sollte. Dadurch konnte die Reichweite auf 1,8 Kilometer vergrößert werden. Die Engländer setzten solche Congreve-Raketen während der napoleonischen Kriege ein, aber auch beim Beschuß von Fort McHenry im Hafen von Baltimore während des Krieges von 1812. Francis Scott Key (1779–1843), ein Augenzeuge dieser »Bombardierung«, schrieb daraufhin die Verse, die heute unter der Überschrift ›A Star-Spangled Banner‹ bekannt sind (die amerikanische Nationalhymne), und erwähnt darin den »roten Feuerschein der Raketen«.

Daneben gab es noch eine andere Möglichkeit, schwere Körper auf hohe Geschwindigkeit zu bringen und sie gegen feindliche Truppen oder Objekte zu schleudern – die normale Artillerie. Dazu wurde eine größere Menge Schießpulver in ein nur an einem Ende offenes Rohr gestopft (eine Kanone) und eine passende Kugel aus Stein oder Metall davorgelegt. Durch die Explosion des Schießpulvers wurde die »Kanonenkugel« dann mit großer Geschwindigkeit fortgetrieben. Kanonen sind jedoch schwere, unförmige Geräte, deren Herstellung nicht einfach ist, und die abgeschossenen Kanonenkugeln bewegen sich am schnellsten, wenn sie die Mündung des Kanonenrohres verlassen. Darüber hinaus ruft jeder Schuß einen kräftigen Rückstoß hervor. Im Vergleich dazu sind Raketen leicht, einfach herzustellen und zu handhaben, und sie fliegen um so schneller, je länger der Treibstoff brennt; einen Rückstoß entwickeln sie nicht.

Trotzdem machten technische Verbesserungen im Bereich der Artillerie den Kanonenbeschuß zu Anfang des 19. Jahrhunderts wesentlich zielgenauer als den Raketenbeschuß. Als dann auch noch die Geschoßmasse vergrößert werden konnte, gerieten die Congreve-Raketen allmählich ins Hintertreffen. Trotzdem wurden die Raketen nie völlig vergessen, blieben ihnen auch weiterhin kleinere Aufgaben im Kriegsgeschehen zugedacht. Während des Zweiten Weltkriegs begannen die Raketen dann wieder wichtig zu werden. So wurde von der amerikanischen Armee die sogenannte »Bazooka« entwickelt, die nach dem Prinzip des Blasrohrs funktionierte, mit dem man vergiftete Pfeile durch kurzes, aber kräftiges Blasen abschießen kann. Die Bazooka bestand aus einem 1,5 Meter langen zylindrischen Rohr, aus dem heraus eine kleine Rakete zielgenau gegen feindliche Panzer abgefeuert werden konnte. Eine Bazooka ließ sich von einem einzigen Soldaten bedienen – ein vergleichbares Artilleriegerät gab es dagegen nicht, schon gar keins ohne Rückstoß. Auf sowjetischer Seite wurden gar Raketenwerfer entwikkelt, die eine Vielzahl von Raketen nacheinander abfeuern konnten – die Katjuschas oder »Stalinorgeln«.

Raketen wurden aber nicht ausschließlich als Waffen entwikkelt. Raketen machten es möglich, ein bewegliches Objekt im luftleeren Raum operieren zu lassen, und so konnte man sich vorstellen, mit einer Rakete Meßgeräte oder sogar auch Menschen über die Atmosphäre hinaus in den Weltraum zu transportieren.

Cyrano de Bergerac (1619–1655), ein französischer Soldat, Duellist und Dichter, beschrieb diese Möglichkeit als erster in seinem Zukunftsroman ›Reisen zum Mond und zur Sonne‹, der 1657 posthum veröffentlicht wurde. Darin schildert er, wie sein Held eine Reise zum Mond mit verschiedenen Fahrzeugen plant, von denen die meisten zwar sehr phantasievoll waren, dafür aber ohne jede praktische Bedeutung. Eines der Fahrzeuge allerdings wird von Raketen angetrieben, und auch dieses Gefährt gelangt zum Einsatz; leider sind die Raketen jedoch nicht stark genug, um den Helden wirklich bis zum Mond zu tragen, und so wird die Rettung mit einem der anderen Transportmittel notwendig. Cyrano hatte diesen Geistesblitz 30 Jahre bevor Newton mit seinem 3. Bewegungsgesetz den theoretischen Hintergrund für die Funktion einer Rakete überhaupt erst schuf. Dennoch griffen andere Autoren dieses Konzept später nicht mehr auf. Statt dessen erfand der amerikanische Erzieher George Tucker (1775–1861) für seine ›Reise zum Mond‹ 1827 eine Substanz, die die Schwerkraft unwirksam machen konnte. Auch der britische Romancier H. G. Wells (1866 bis 1946) griff auf einen solchen »Trick« zurück. Antigravitation ist aber leider auch heute noch ein bloßes Phantasiegespinst – sie scheitert nicht nur an den gegenwärtigen technischen Möglichkeiten, sondern dürfte auch aus theoretischen Gründen unmöglich sein (wiewohl eine solche Aussage selten völlig ungefährlich ist).

Ich erwähnte bereits, daß 1835 Edgar Allan Poe seinen Helden mit einem Ballon zum Mond fahren ließ. Dies ist natürlich völlig unmöglich. Dagegen schrieb der französische Autor Jules Verne (1828–1905) 30 Jahre später seinen Roman ›Von der Erde zum Mond‹, in dem er drei Personen und einen Hund durch eine Riesenkanone zum Mond schießen läßt. Dies ist – zumindest prinzipiell – durchführbar, jedenfalls in dem Sinn, daß bei entsprechend riesigem Sprengstoffeinsatz das Objekt die Mündung des Kanonenrohrs mit einer Geschwindigkeit verlassen kann, die größer ist als die Entweichgeschwindigkeit. Das Geschoß würde dann durch die Atmosphäre nach außen dringen (vorausgesetzt, seine Anfangsgeschwindigkeit liegt so weit über der Entweichgeschwindigkeit, daß sie trotz des Luftwiderstands nicht unter die Mindestgrenze sinkt) und in den Weltraum vorstoßen, den es von nun an für alle Zeiten durcheilen müßte. Unter dem Einfluß der Erdanziehungskraft verliefe die Bahn zwar gekrümmt, doch ließe sich dies berücksichtigen, so daß man bei entsprechender Kurskorrektur sehr wohl ein solches Geschoß auf den Mond zielen könnte.

Das Problem besteht allerdings darin, daß ein solches Objekt seine Höchstgeschwindigkeit auf dem kurzen Bahnstück innerhalb des Kanonenrohrs erlangen müßte – eine derart hohe Beschleunigung aber wäre für menschliche und tierische Besatzungsmitglieder tödlich. Eine Rakete gewinnt demgegenüber erst ganz allmählich an Geschwindigkeit, während der gesamten Brenndauer des Treibstoffs. Die Beschleunigung ist deshalb geringer, der Raketenstart für die Besatzung also weniger gefährlich.

Im Jahre 1869 verfaßte der amerikanische Autor Edward Everett Hale (1822–1909) eine Erzählung mit dem Titel ›The Brick Moon‹ (Der Backstein-Mond); darin wird ein noch unvollendetes Raumschiff zufällig durch die Beschleunigung mit Hilfe zweier riesiger Schwungräder auf eine Erdumlaufbahn geschleudert. Im Prinzip ist dies vergleichbar mit dem Start aus einem Kanonenrohr, so daß hier die gleichen Einwände aufgeführt werden können. Lediglich in dem Buch ›Reise zur Venus‹, das 1865 von dem Franzosen Achille Eyraud veröffentlicht wurde, tauchten Raketen auf. Allerdings hat Eyraud die Funktionsweise der Raketen falsch beschrieben – er nahm nämlich an, die austretenden Gase könnten aufgefangen und immer wieder verwendet werden. Allgemein kann man sagen, daß die Erfinder im vergangenen Jahrhundert das Raketenprinzip entschieden besser in den Griff bekamen als die Science-fiction-Autoren.

Etwa zur gleichen Zeit, da Congreve in England seine Raketen baute, schoß der italienische Feuerwerkslieferant Claude Rugieri Mäuse und Ratten mit Raketen in die Luft; er hatte sie in Behälter eingesperrt, in denen sie – an Fallschirmen hängend – sicher zur Erde zurückkehrten. Es wird erzählt, daß er ein ganzes Bündel von Raketen zusammensetzen wollte, um damit ein Schaf oder gar einen Knaben zu starten, ihm das jedoch von der Polizei untersagt worden sei.

Dann war da noch der russische Sprengstoffproduzent Nikolai Iwanowitsch Kibaltschitsch, der die Bomben zur Ermordung des russischen Zaren Alexander II. im Jahre 1881 lieferte. Ihm wurde (zusammen mit anderen) der Prozeß gemacht, er wurde verurteilt und hingerichtet. Während er auf die Exekution wartete, arbeitete er jedoch die Pläne für ein raketengetriebenes Flugzeug aus und übergab sie der Gefängnisleitung. Weil diese aber wenig Interesse hatte, sich mit der Arbeit eines Revolutionärs zu befassen, wurden die Papiere unter Verschluß genommen und blieben bis zur russischen Revolution vergessen.

Noch kühner waren die Ideen des deutschen Jurastudenten Hermann Ganswindt (1856–1934), der sich mit allen möglichen phantasievollen Gefährten wie Luftschiffen und Hubschraubern befaßte. Schon 1891 entwarf er raketengetriebene Fahrzeuge, die die Entweichgeschwindigkeit erreichen und überschreiten sollten. Weil Ganswindt aber wissenschaftlich und technisch ein Laie war, blieben seine Ideen völlig undurchführbar.

Der russische Physiker Konstantin Ziolkowski (1857–1935) war der erste, der sich auf wissenschaftlicher Basis mit den Problemen des Raketenflugs in den Weltraum auseinandersetzte. Obwohl er als Neunjähriger eine Streptokokken-Infektion erlitt, die zu nahezu völliger Taubheit führte, und darüber hinaus im zaristischen Rußland keinen Zugang zu den neuesten wissenschaftlichen Erkenntnissen hatte, arbeitete er sich so weit in die Materie ein, daß er schließlich Lehrschriften zur Physik und Chemie schreiben konnte. In seinen Veröffentlichungen erwähnte er den raketengetriebenen Weltraumflug erstmals 1895. Inzwischen hatte man neben dem Schießpulver neue Sprengstoffe entwickelt wie etwa Nitroglyzerin, das eine viel größere Sprengkraft besitzt. Ganswindt hatte in seinen Entwürfen bereits Dynamit (eine Mischung aus Nitroglyzerin mit einem chemisch trägen Material zur Erleichterung der Handhabung) als Treibstoff vorgesehen, nachdem klar war, daß normales Schießpulver nicht ausreichen würde, um die erforderliche Entweichgeschwindigkeit zu erreichen. Ziolkowski beschritt jedoch einen völlig anderen Weg; ihm erschienen die Sprengstoffe als zu wenig kalkulierbar in ihrer Energieproduktion. Er wollte statt dessen einen kontrolliert ablaufenden Verbrennungsprozeß. 1898 wies er auf den mathematischen Zusammenhang zwischen der Ausstoßgeschwindigkeit der Treibgase und der Leistung der Rakete hin und kam dabei zu dem Ergebnis, daß flüssiger Treibstoff wie Kerosin am besten geeignet sein würde. Wenn Kerosin nach und nach mit flüssigem Sauerstoff zusammengebracht und entzündet würde, mußte man die Entweichgeschwindigkeit schließlich erreichen können. Natürlich mußte ein solches Raumschiff Kerosin und Sauerstoff in Tanks mitführen, um von der Erdatmosphäre mit ihrem Sauerstoff unabhängig zu sein.

1903 begann er mit einer Artikelserie für ein Luftfahrt-Magazin, in der er die theoretischen Grundlagen der Raketentechnik vorstellte. Bereits hier schrieb er von Raumanzügen, von künstlichen Satelliten, Raumstationen und sogar der Kolonisierung des Sonnensystems. In einem späteren Science-fiction-Roman versuchte er auch jene, die mit Gleichungen wenig anfangen können, für die Raketentechnik zu interessieren.

In den USA entwickelte der spätere Physiker Robert Hutchings Goddard (1882–1945) bereits als Schüler ein reges Interesse am Raketenflug. 1914 erhielt er zwei Patente auf seine Raketen, und 1919 veröffentlichte er ein kleines Buch mit dem Titel ›Eine Methode zur Erreichung extremer Höhen‹, in dem er die Möglichkeiten eines raketengetriebenen Weltraumfluges erörterte. Auf diesem theoretischen Sektor war Ziolkowski ihm zwar zuvorgekommen (wenngleich dessen Schriften außerhalb des zaristischen Rußland wenig Verbreitung fanden), doch Goddard ging anschließend den entscheidenden Schritt weiter, die theoretischen Erkenntnisse auch in die Praxis umzusetzen. Anfangs experimentierte er noch mit Schießpulver, doch stieg er 1923 auf eine Mischung aus Benzin und flüssigem Sauerstoff um – Goddard baute also die ersten Raketen mit flüssigem Treibstoff. Am 16. März 1926 erfolgte der Start in Auburn, Massachusetts. Seine Frau fotografierte Goddard neben der Rakete vor dem Abschuß. Die Rakete war etwa 1,25 Meter hoch, hatte einen Durchmesser von 15 Zentimetern und wurde von einem Gerüst gehalten, das an die Ständer einer Kinderschaukel erinnert. Nach der Zündung flog die Rakete innerhalb von 2,5 Sekunden über eine horizontale Strecke von 56 Metern und erreichte dabei eine Höhe von 12 Metern sowie eine Höchstgeschwindigkeit von 95 Kilometern pro Stunde. Dieser Erstflug war kaum eindrucksvoller als der erste Flug der Gebrüder Wright ein knappes Vierteljahrhundert zuvor, doch stand er jenem Ereignis hinsichtlich der Bedeutung in nichts nach.

Dank einer finanziellen Unterstützung durch die Smithsonian-Stiftung in Höhe von einigen tausend Dollar konnte Goddard 1929 in der Nähe von Worcester, Massachusetts, eine größere Rakete starten, die dann auch schneller und höher flog als sein erstes Modell. Darüber hinaus führte sie ein Barometer und ein Thermometer samt einer kleinen Kamera zur Dokumentation der Meßwerte mit, war also die erste »Höhenforschungsrakete«.

Bei seinen Nachbarn stieß Goddard mit diesem Start allerdings auf wenig Verständnis; sie riefen die Polizei, die ihm weitere Versuche untersagte. Hinzu kamen kritische Stellungnahmen seitens der ›New York Times‹, die zuvor auch schon Langleys Arbeiten angegriffen hatte. Der Kommentator der ›Times‹ war davon überzeugt, daß eine Rakete nur in einem vorhandenen Medium funktionieren könne, weil sich die Abgase an diesem abstoßen müßten – dann aber bliebe ein solches Gefährt für den luftleeren Weltraum ungeeignet. Trotz mangelnder naturwissenschaftlicher Ausbildung glaubte er, dem erfahrenen Physiker Goddard die Grundprinzipien der Physik erklären zu müssen. Zum Glück interessierte sich Charles Lindbergh, der kurz zuvor den Atlantik in einem Nonstop-Flug überquert hatte, für die Arbeiten Goddards. Er überredete den Wissenschaftsmäzen Daniel Guggenheim (1856–1930), Goddard mit einem Preis von 50000 Dollar auszuzeichnen. Mit diesem Geld konnte Goddard an einem abseits gelegenen Punkt in Neu-Mexiko eine Versuchsanlage aufbauen und seine Arbeiten ungestört fortsetzen. Dort baute er neue, größere Raketen, die zwischen 1930 und 1935 Geschwindigkeiten bis zu 885 Kilometer pro Stunde und eine Höhe von 2,5 Kilometern erreichten.

Im Rahmen seiner Entwicklungsarbeiten schuf Goddard zahlreiche Methoden, die mittlerweile zum Standard der Raketentechnik gehören. So entwarf er beispielsweise Brennkammern mit einer optimalen Form und verbrannte seine Treibstoffe so, daß die aus den Tanks heranfließenden kalten Flüssigkeiten zunächst die Brennkammerwände kühlten, ehe sie entzündet wurden. Von ihm stammt auch ein Steuermechanismus, bei dem eine Art Ruder in den Abgasstrom gehalten wird, aber auch die Kurskontrolle mit Hilfe von Kreiselsystemen. Schließlich entwickelte Goddard bereits das Konzept einer Mehrstufen-Rakete – eine größere Rakete sollte eine kleinere mitführen, die erst gezündet wurde, wenn die erste Rakete ihren Gipfelpunkt erreicht hatte; auf diese Weise bekam sie sowohl Höhe als auch Geschwindigkeit der ersten Rakete als Vorgabe mit. Das Prinzip war natürlich noch erweiterungsfähig, doch schon eine Zweistufenrakete sollte weit höher steigen können als eine einfache Rakete mit gleicher Treibstoffmenge, denn schließlich brauchte die zweite Stufe nur noch einen Teil der Gesamtmasse weiter zu beschleunigen, wenn »totes Gewicht« mit der Stufentrennung abgeworfen wurde. Insgesamt erwarb Goddard 214 Patente auf dem Gebiet der Raketentechnik.

Goddard arbeitete jedoch als Einzelgänger und ohne Unterstützung der Regierung. Während des Zweiten Weltkriegs war er an einigen kleineren Projekten beteiligt, und die Bazooka basiert auf einer seiner Erfindungen. Insgesamt gesehen konnte jedoch auch Goddard – genauso wie Ziolkowski – kein größeres Interesse für die Ideen des Raketenfluges wecken.

Weit erfolgreicher in dieser Hinsicht war Hermann Julius Oberth, ein österreichischer Physiker, geboren im heutigen Rumänien. Er kannte weder die Arbeiten Ziolkowskis noch die Experimente Goddards, und so entwickelte er unabhängig von diesen die theoretischen Grundlagen des Raketenfluges ein drittes Mal. Er versuchte sogar, mit einer Arbeit über die Konstruktion von Raketen zu promovieren, doch wurde diese Dissertation nicht angenommen. So veröffentlichte er schließlich mit starker finanzieller Eigenbeteiligung im Jahre 1923 sein berühmt gewordenes Buch ›Mit der Rakete zu den Planetenräumen‹, das ihm später den Beinamen »Vater der Weltraumfahrt« einbrachte, denn mit ihm konnte Oberth endlich das Interesse vieler Menschen auf die Möglichkeiten der Raketentechnik lenken.

Raketenflüge

Danach wurde vor allem in Deutschland die Entwicklung der Raketentechnik vorangetrieben. 1927 gründete man den Verein für Raumschiffahrt, zu dessen ersten Mitgliedern auch der Ingenieur Willy Ley (1906–1969) gehörte; er hatte schon als Jugendlicher ein Buch über die Raketentechnik verfaßt. Bald stießen auch Walter Robert Dornberger (1895–1980) und Wernher von Braun (1912–1977) zu dem Verein, der wenig später mit ersten Raketenstarts begann.

Als Adolf Hitler 1933 die Macht in Deutschland übernahm, erkannte man die potentielle Bedeutung der Rakete als Kriegswaffe und steckte entsprechend viel Geld in die Entwicklung verbesserter Modelle. 1937 wurde das Raketentestgelände nach Peenemünde an der Ostsee verlagert. Zwar mußte Ley seine Heimat schon kurz nach der Machtübernahme verlassen, doch von Braun und Dornberger blieben zurück und setzten die Versuche fort. Man entwickelte zunächst ein düsengetriebenes, führerloses Raketenflugzeug, das 1944 zum Einsatz kam. An der Spitze trug das Geschoß eine Sprengladung mit sich. Nach dem Start konnte es ebensowenig gelenkt werden wie eine herkömmliche Kanonenkugel, doch war seine Reichweite natürlich sehr viel größer. Es ging unter dem Namen V 1 (für Vergeltungswaffe) in die Kriegsgeschichte ein, so benannt, weil Deutschland 1944 bereits einem heftigen Bombardement durch alliierte Flugzeuge ausgeliefert war.

Die V 1 war etwa 7,75 Meter lang und besaß eine Spannweite von 4,9 Metern, flog mit einer Geschwindigkeit zwischen 500 und 600 Kilometern pro Stunde und konnte bis zu einer Tonne Sprengstoff transportieren. Sie war allerdings keine Weltraumrakete, da sie zwar Treibstoff mitführte, aber keinen Sauerstoff – sie blieb also auf den Sauerstoff der Atmosphäre angewiesen und hätte im luftleeren Raum nicht operieren können. Zwischen dem 13. Juni 1944 und Kriegsende wurden mehr als 8000 V 1 Richtung England (vorwiegend auf London) abgeschossen und eine ähnlich große Zahl gegen die alliierten Truppen in Belgien.

Weit wichtiger (im Hinblick auf den Raketenbau) war die Entwicklung der A 4, die später als V 2 bekannt wurde. Sie war ein richtiges »Raumschiff«, denn sie führte neben dem Treibstoff (Alkohol) noch flüssigen Sauerstoff mit, so daß ihre Triebwerke auch im freien Weltraum hätten gezündet werden können. Sie war etwa 14 Meter hoch und wog mehr als 13 Tonnen; allerdings trug sie kaum mehr Sprengstoff als die V 1, und auch ihre Reichweite war nur unwesentlich größer. Dafür aber konnte die V 2 mit Überschallgeschwindigkeit fliegen, schlug also früher ins Ziel, als man ihre Fluggeräusche hätte hören können. Aufgrund ihrer Fluggeschwindigkeit war sie auch weitgehend gegen feindliche Abfang-Vorrichtungen (Flugzeuge oder Flugabwehr-Kanonen) gefeit, weil diese gar nicht schnell genug reagieren konnten. Vom 6. September 1944 an wurden bis Kriegsende rund 4300 V-2-Raketen gegen England und Belgien abgefeuert; davon schlugen 1230 in London ein, wobei 2511 Personen getötet und 5869 verletzt wurden. Zum Glück für den Rest der Welt kamen diese Raketen zu spät, als daß sie die Niederlage Deutschlands noch hätten abwenden können.

Die Alliierten erkannten die Bedeutung der Rakete als Kriegswaffe zu spät und konnten daher den Vorsprung der deutschen Raketentechniker nicht mehr einholen. Dies lag nicht zuletzt daran, daß – zumindest in Amerika und England – mit fieberhaftem Eifer an der Entwicklung der Atombombe gearbeitet wurde, einer viel schrecklicheren Waffe, die ihrerseits von den Deutschen unterschätzt wurde. Inzwischen sind beide Entwicklungslinien längst zusammengeflossen, denn mittlerweile tragen weiterentwickelte Interkontinentalraketen Atomsprengköpfe, deren Vernichtungspotential ausreicht, um die Menschheit mehrfach auszurotten. Nach der Kapitulation Deutschlands versuchten die Siegermächte, so viele Raketentechniker wie möglich »an Land zu ziehen«. Dornberger und von Braun schlugen sich zu den Amerikanern durch, wo sie sich besser aufgehoben glaubten als bei den Sowjets. Darüber hinaus wurden zahlreiche Bauteile beschlagnahmt und als Kriegsbeute mitgenommen, genug für mehrere hundert V-2-Raketen allein auf amerikanischer Seite.

In den ersten fünf Jahren nach Kriegsende wurden vom Erprobungsgelände White Sands in Neu-Mexiko rund 70 V-2-Raketen gestartet. Während dieser Phase lernten die amerikanischen Techniker eine ganze Menge über den Umgang mit großen Raketen (Goddard starb leider bereits 3 Monate nach der Kapitulation Deutschlands, so daß er den endgültigen Durchbruch seiner Ideen nicht mehr miterleben durfte). Jetzt, nach dem Ende des Krieges, wurden die V-2-Raketen im wesentlichen friedlichen Zwecken zugeführt, vornehmlich bei der Erforschung der Hochatmosphäre. Bereits 1949 erreichte eine »amerikanische« V 2 eine Höhe von 206 Kilometern, und noch im gleichen Jahr stieg eine zweistufige Version bis auf 400 Kilometer Höhe auf. Die Menschen hatten endlich die Exosphäre erreicht, jene Zone, in der die atmosphärischen Gase bereits so ausgedünnt sind, daß künstliche Erdtrabanten in eine permanente Erdumlaufbahn gebracht werden konnten.

Um 1952 waren die Vorräte an alten V-2-Raketen aufgebraucht, doch hatten die USA wie auch die UdSSR mittlerweile größere und stärkere Raketen entwickelt, die allmählich in der Lage waren, von Menschenhand geschaffene Objekte in die Erdumlaufbahn zu transportieren. Eine wirklich neue Idee war das nicht. Schon Newton hatte mehr als 250 Jahre früher einen künstlichen Erdsatelliten für ein Gedankenexperiment »erfunden«, und auch Hale beschrieb in seinem »Ziegelstein-Mond« ein derartiges Gebilde; Ziolkowski erläuterte in seinen Veröffentlichungen 1910 bereits Details eines Satelliten, und Hermann Oberth folgte unabhängig im Jahre 1923.

Wenn ein solcher Satellit wirklich sinnvoll sein sollte (und nicht nur als Demonstrationsobjekt gedacht war, mit dem die Verwirklichung einer Erdumlaufbahn unter Beweis gestellt wurde), dann mußte er wissenschaftliche Instrumente mitführen, deren Daten den Wissenschaftlern auch zugänglich gemacht werden konnten. Bei Forschungsballonen gab es zumindest die Aussicht auf eine weiche Landung, die eine Analyse der zurückgebrachten Proben ermöglichte. Die Nutzlasten von Höhenforschungsraketen konnten ebenfalls an Fallschirmen zur Erdoberfläche zurückkehren, doch wenn erst einmal die Entweichgeschwindigkeit überschritten war, blieb eine automatische Rückkehr ausgeschlossen. Sollte also das wissenschaftliche Potential mitfliegender Instrumente voll ausgeschöpft werden, dann blieb kein anderer Weg als die Übertragung der Meßdaten per Funk an eine Bodenstation.

Versuche zur Datenübertragung wurden schon vor der Entwicklung der drahtlosen Telegraphie angestellt. 1877 etwa übermittelte man Meßdaten von einem Ballon über einen mitgeführten Draht zur Bodenstation. Das Prinzip funktionierte zwar, erwies sich jedoch nicht als sonderlich praktikabel. 1925 gelang dem russischen Wissenschaftler Pjotr A. Molchanow die erste Datenübertragung von ballongetragenen Instrumenten mit Hilfe der Radiotechnik, und als in White Sands die Raketentechniker ihre erbeuteten V-2-Raketen in den Himmel schossen, war die Datenübertragung so ausgereift, daß die Wissenschaftler jederzeit über den momentanen Zustand von Rakete und Meßinstrumenten informiert waren.

1953 schien es angesichts der Entwicklung neuer, schubstarker Raketen nur noch eine Frage der Zeit zu sein, bis ein – wenn auch nur kleiner – Himmelskörper in eine Erdumlaufbahn gebracht werden könne. Damals liefen gerade die Vorbereitungen für das Internationale Geophysikalische Jahr an, das für den Zeitraum vom 1. Juli 1957 bis 31. Dezember 1958 eine konzentrierte, internationale Erforschung aller Vorgänge innerhalb und außerhalb der Erdkugel bringen sollte. In Amerika hielt man diesen Anlaß für besonders geeignet, um einen solchen künstlichen Satelliten in eine Umlaufbahn zu bringen, denn wie sollte man die Erde als Ganzes besser erforschen können als von »oben«. Auch auf sowjetischer Seite wurde ein Satellitenprogramm angekündigt, doch fanden entsprechende Verlautbarungen in westlichen Kreisen wenig Beachtung. Zum einen war man sich in Amerika sicher, daß die USA in allen technischen Bereichen eine Art Führungsrolle hatten (was den Tatsachen entsprach), zum andern hielt man die Sowjets für technologisch rückständig, vielleicht sogar von Natur aus rückständig (was sicher falsch war).

Auf sowjetischer Seite blieb diese Arroganz nicht unbemerkt, und so legten sich die Raketentechniker mächtig ins Zeug, um die Amerikaner eines Besseren zu belehren. Außerdem waren sie sich des Pioniertums eines Ziolkowski sehr wohl bewußt, und man setzte daher alles daran, nach Möglichkeit zum 100. Geburtstag dieses nationalen Raumfahrtpioniers (dem 17. September 1957) einen ersten Satelliten zu starten. Die russischen Raketentechniker arbeiteten in aller Stille, und weil ihren Ankündigungen wenig Glauben geschenkt worden war, schlug die Meldung vom erfolgreichen Start des Sputnik 1 am 4. Oktober 1957 wie eine Bombe ein. Sputnik 1 umrundete die Erde auf einer elliptischen Bahn zwischen 230 und 940 Kilometern Höhe; er wog immerhin 84 Kilogramm.

9. Kapitel – Hinaus in den Weltraum

Die frühen Satelliten

Global betrachtet war es völlig belanglos, welche Nation den ersten Satelliten in eine Bahn um die Erde schoß, ebenso wie es am Ende bedeutungslos war, welche Nation die Neue Welt entdeckt hatte. Es zählt doch nur, daß den Menschen eine neuerliche Erweiterung ihres Horizontes gelang. Jedwede »Führung«, die vorübergehend von der einen oder anderen Nation erzielt wird, kann eines Tages wieder eingeholt werden – auf lange Sicht profitieren alle Menschen von einer solchen Ausweitung, ganz gleich, wem sie gelang.

Dies hat sich auch im Zusammenhang mit der Weltraumfahrt gezeigt. Die Amerikaner fühlten sich zunächst aufgrund des sowjetischen Vorsprungs gedemütigt, zum Teil sogar bedroht, weil viele aufgrund ihrer Unwissenheit glaubten, mit dem Erststart eines Satelliten würden die Russen sich nunmehr anschikken, die Weltherrschaft anzutreten.

Dies hatte allerdings auch seine guten Seiten. Immerhin gab der amerikanische Kongreß, der wohl nie auch nur einen Penny für die bloße Erweiterung des menschlichen Horizonts vergeudet hätte, Milliarden frei, um »die Russen zu schlagen«. Auch die amerikanische Öffentlichkeit wurde von dieser Stimmung erfaßt und mitgerissen, und so konnten die ersten Erfolge auf dem Sektor der Weltraumfahrt viel schneller eingefahren werden als wenn keine sowjetische Konkurrenz bestanden hätte. Der Name des russischen Satelliten, Sputnik, wurde innerhalb kurzer Zeit zum wohl bekanntesten Wort; selbst Amerikaner benutzten es zeitweise, wenn sie allgemein von künstlichen Satelliten sprachen.

Sputnik 1 zeigte, daß der Start eines Satelliten für die Sowjets im Rahmen ihrer Möglichkeiten lag. Knapp einen Monat später, am 3. November 1957, brachten sie mit Sputnik 2 einen zweiten, größeren Satelliten in die Erdumlaufbahn. Er wog 510 Kilogramm und war groß genug, um einen lebenden Hund mitzuführen: die Polarhündin Laika wurde zum ersten »Kosmonauten« und damit zum Beweis dafür, daß auch größere Säugetiere die Startbelastungen überleben können.

Mittlerweile war das amerikanische Satellitenprogramm auf

Hochtouren beschleunigt worden, und am 31. Januar 1958 konnte schließlich auch der erste US-Satellit gestartet werden; Explorer 1 wog allerdings nur 14 Kilogramm und machte so die Überlegenheit der sowjetischen Raketen überdeutlich. Ungeachtet seiner geringen Größe gelang Explorer 1 jedoch eine bedeutsame Entdeckung. Mit zur wissenschaftlichen Nutzlast gehörte ein Zählgerät für energiereiche, elektrisch geladene Teilchen. Solche Partikel wurden auch in dem erwarteten Maße gefunden – ihre Anwesenheit dort oben hatte man ja schließlich bereits aus solchen Erscheinungen wie den Polarlichtern abgeleitet. Auf seiner elliptischen Umlaufbahn wurde der Satellit aber auch auf eine Höhe von rund 2500 Kilometern getragen, und dort, im erdfernen Teil der Bahn, ging die Zählrate überraschend bis auf Null zurück. Die gleichen Ergebnisse lieferten Explorer 3, der am 26. März 1958 gestartet wurde und ein Apogäum (erdfernster Bahnpunkt) von 3400 Kilometern erreichte, sowie Sputnik 3, der am 15. Mai 1958 folgte.

Der amerikanische Physiker James Alfred Van Allen, der dieses Experiment entwickelt hatte und nun betreute, glaubte nicht an ein wirkliches Fehlen elektrisch geladener Teilchen in großen Höhen; er hielt eher das Gegenteil für wahrscheinlich, daß nämlich die Teilchendichte nach oben immer weiter zunähme und schließlich so groß würde, daß die Zählrohre völlig überfordert seien. Ein Mensch, dessen Augen von zu grellem Licht geblendet werden, sieht hinterher zunächst einmal auch nichts mehr. So erhielt Explorer 4, der am 26. Juli 1958 gestartet wurde, andere Zähler eingebaut, die speziell für hohe Zählraten geeignet waren; einer von ihnen war zum Beispiel von einem dünnen Bleimantel umgeben, der den größten Teil der Strahlung abschirmte, also ähnlich funktionierte wie eine dunkle Sonnenbrille. Damit gelang der Nachweis, daß die Vermutung Van Allens richtig war: Explorer 4 erreichte eine Höhe von 2200 Kilometern und registrierte dort eine Teilchendichte, die weit über den Erwartungen der Wissenschaftler lag.

Offenbar war die Erde von »Gürteln« aus energiereichen Partikeln umgeben, von Teilchen, die aus der Sonne stammten und vom irdischen Magnetfeld eingefangen worden waren. Ursprünglich nannte man sie die »Van Allen Strahlungsgürtel«, doch hat sich mittlerweile der Begriff Magnetosphäre eingebürgert. Schon bald nach dem Start von Explorer 1 entsandten die USA mit Vanguard 1 ihren zweiten Satelliten; aufgrund seines geringen Gewichts von nur 1,4 Kilogramm wurde dieser Satellit anfangs etwas ironisch als »Apfelsine im Weltraum« karikiert. Die Größe allein ist jedoch kein Maß für den Erfolg. Aus der sehr genauen Bahnverfolgung und der Auswertung beobachteter Abweichungen zur erwarteten Bahn gelang dem amerikanischen Physiker John Aloysius O'Keefe der Nachweis, daß das Schwerefeld der Erde nicht über jedem Punkt der Erdoberfläche gleich stark ist. Offenbar war die Erde doch nicht das ideale, abgeplattete Sphäroid, das man bei einem homogenen Körper erwartet hätte. Mit Hilfe von Vanguard 1 und späteren Satelliten konnte man so die genaue Form der Erdfigur auf einen Meter genau bestimmen; mit Messungen nur am Erdboden allein wäre diese Genauigkeit unerreichbar geblieben.

Damit man die Bahn von Vanguard 1 kontinuierlich verfolgen konnte, mußte der Satellit einen Sender mit an Bord führen, der über längere Zeit hindurch in Betrieb blieb; es war also eine Energieversorgung erforderlich. Diese Aufgabe übernahmen eingebaute Sonnenzellen, dünne Halbleiterplatten, die bei auftreffendem Sonnenlicht einen kleinen elektrischen Strom produzieren. Vanguard 1 war der erste Satellit, der solche Sonnenzellen mitführte.

Allmählich überschlugen sich die Neuentwicklungen. Sputnik 3 wog bereits 1,33 Tonnen und war so groß, daß er eine Vielzahl unterschiedlicher Instrumente in den Weltraum hinaustrug. Es dauerte auch nicht mehr lange, bis die Menschen die ersten Auswirkungen der neuen Technik und ihrer Möglichkeiten deutlich zu hören bekamen: am 18. Dezember 1958 starteten die USA mit Score den ersten Satelliten, der Funksignale aufnehmen und weiterleiten konnte, Funksignale, die etwa eine menschliche Stimme zu übertragen vermochten. Score war aber bloß der Anfang. Am 12. August 1960 folgte Echo 1, ein großer Ballon mit einer Aluminiumhaut, der als Relais nicht nur für Tonleitungen, sondern auch für Bildfunk geeignet war. Knapp zwei Jahre später, am 10. Juli 1962, schließlich, startete Telstar 1, der erstmals einen eingebauten Verstärker an Bord hatte.

Telstar 1 war der erste wirkliche Kommunikationssatellit. In den über 20 Jahren seither hat sich ihr Leistungsvermögen weit verbessert, ihre Zahl vervielfacht. Heute wird die Erde von einem globalen Fernsehübertragungssystem eingehüllt, das unseren Globus zu einer Einheit verbindet: über Satellitenfunk kann jeder Teil der Erde mit jedem anderen in Sekundenschnelle verbunden werden – vorausgesetzt, die erforderlichen Bodenstationen sind verfügbar.

Der überragende Ausblick aus dem Weltall erlaubte den Menschen zum ersten Mal, die Erde von außen zu betrachten, sie als einen Planeten wie die übrigen Mitglieder des Sonnensystems zu sehen. Vanguard 2, am 17. Februar 1959 in eine elliptische Umlaufbahn gebracht, sollte erstmals Wolkenbilder aus dem Weltraum übertragen, doch waren die Ergebnisse wenig zufriedenstellend. Explorer 6, der am 7. August 1959 folgte, übermittelte zum ersten Mal Bilder von der Erde als ganzem Planeten. Der erste wirkliche Wettersatellit, Tiros 1, wurde am 1. April 1960 in eine fast kreisförmige Bahn um die Erde geschossen; er übermittelte innerhalb von zweieinhalb Monaten fast 23000 Aufnahmen von Wolkenformationen, aus denen die Meteorologen Rückschlüsse auf die atmosphärischen Strömungen ziehen konnten.

Bis zu jenem Zeitpunkt war die Wettervorhersage ein schwieriges Unterfangen gewesen, das sich auf nur unvollständiges Datenmaterial einiger weniger Meßstationen stützen mußte, die noch dazu ungleich über die Erde verteilt waren. Aus unbewohnten oder nur dünn besiedelten Gegenden lagen solche Daten nicht vor, ebensowenig wie von den gewaltigen Ozeanflächen. Der Einsatz immer leistungsfähigerer Wettersatelliten seit 1960 ließ die Qualität und Zuverlässigkeit der Voraussagen jedoch deutlich ansteigen. So erfuhren die Meteorologen zum Beispiel vor 1960 nur dann von der Entstehung eines Hurrikans über dem Meer, wenn zufällig ein Schiff in diesen Sturm geriet, aber eine solche vereinzelte Meldung erlaubte noch nicht einmal eine Prognose über den weiteren Weg des Wirbelsturms. Seit 1960 dagegen konnten Entstehung, Entwicklung und Kurs dieser gefährlichen Wettererscheinungen immer wieder im Detail verfolgt werden, konnten – durch entsprechende Vorwarnungen – ungezählte Menschenleben gerettet und zahllose Schäden vermieden werden. Dies ist nur ein Beispiel für die vielen Nutzanwendungen der Weltraumfahrt, das denen, die die Raumfahrt als eine einzige Geldverschwendung ansehen, zu denken geben sollte.

Am 13. April 1960 folgte Transit 1 B, ein erster (militärischer) Navigationssatellit. Weitere, auch zivile Satelliten dieser Art schlossen sich an. Sie senden ständig Signale aus, die zur Positionsbestimmung von Schiffen benutzt werden können. Die Navigation auf den Weltmeeren wurde damit unabhängig von den Sternen, unabhängig vom Wetter. Mit den entsprechenden Geräten ausgerüstet, kann man heute die Position eines Schiffes auf wenige Meter genau ermitteln – und natürlich entsprechend auch die Erdoberfläche kartieren.

Darüber hinaus wurden viele Satelliten mit anderen militärischen Aufgaben gestartet, Aufklärungssatelliten beispielsweise oder Frühwarnsatelliten, die den Start von Raketen oder die Explosion von Atombomben anzeigen können. Im wesentlichen hat diese militärische Nutzung des Weltraums bislang allerdings dem Frieden mehr genützt als geschadet, denn Überraschungsangriffe der einen oder anderen Seite sind mittlerweile fast unmöglich geworden – und entsprechend gering sind die »Erfolgsaussichten«, so daß man wohl kaum noch zu dieser Art der Kriegsführung zurückkehren wird.

Leider wird gegenwärtig in verstärktem Maße darüber diskutiert, auch hochentwickelte Waffen im Weltraum zu stationieren. Dies könnte einer der beiden Supermächte für kurze Zeit eine gewisse militärische Überlegenheit bringen, doch würde sich dadurch die Gefahr eines globalen Selbstmords auf Dauer nur weiter vergrößern – die Gefahr, die schon jetzt eine beängstigende Bedrohung darstellt.

Menschen im Weltraum

Obwohl unbemannte Erdsatelliten, vollgestopft mit komplexen Beobachtungsinstrumenten und einer ausgefeilten Übertragungselektronik, schon jetzt in beachtlichem Maße in der Lage sind, die Möglichkeiten des Weltraums zu nutzen, erhob sich natürlich die Frage, ob auch Menschen in diesen neuen »Freiraum« vordringen konnten. Das Unternehmen Sputnik 2 hatte zwar bewiesen, daß Lebewesen die Startbeschleunigungen durchaus überstehen und somit in eine Erdumlaufbahn gebracht werden können, doch gab es für Laika noch keine Rückfahrkarte – sie wurde nach einer Woche eingeschläfert, ehe sie wegen Nahrungs- und Sauerstoffmangel ohnehin hätte verenden müssen. Einen weiteren Schritt vorwärts gingen die sowjetischen Raketentechniker mit dem Start von Sputnik 5, mit einem Gewicht von 4,6 Tonnen der schwerste Satellit, der bis zu jenem Zeitpunkt in den Orbit katapultiert worden war. An Bord befanden sich zwei Hunde und sechs Mäuse, die allesamt nach einiger Zeit wieder wohlbehalten zur Erde zurückkehrten.

Jetzt war es nur noch eine Frage der Zeit, ehe auch Menschen in den Weltraum geschossen werden würden. Am 12. April

1961 war es soweit. Mit Wostok 1 drang Juri Alexejewitsch Gagarin (1934–1968) als erster Mensch in das Weltall vor. Er umrundete einmal die Erde und kehrte dann wieder sicher zum Erdboden zurück. Es war in der Tat eine bemerkenswerte Leistung, ein Meilenstein in der Geschichte der Menschheit. Die ersten Weltumsegler, jene 18 Mann aus der Mannschaft Magellans, die das Unternehmen überlebten, kamen 1522 nach einer Reisezeit von 1084 Tagen wieder am Ausgangspunkt an. Jetzt, knapp viereinhalb Jahrhunderte später, brauchte ein Kosmonaut für die Erdumrundung nur noch 108 Minuten. Wäre Gagarin so lange in der Erdumlaufbahn geblieben, wie die 18 Seefahrer für ihre Umsegelung benötigten, so hätte er währenddessen die Erde mehr als 17000mal umrundet (die 108 Minuten Gagarins schließen Start- und Landephasen mit ein – eine reine Erdumkreisung hätte nur etwa 90 Minuten gedauert). Gagarins Flug stellt gleichzeitig auch ein Ende des Wettrennens um die Erde dar – schneller als ein ziemlich tief fliegender Satellit kann nämlich nichts die Erde umrunden, so daß sein »Rekord« kaum noch deutlich unterboten werden kann. Gagarins Flug blieb nicht lange das einzige bemannte Weltraumunternehmen der UdSSR. Bereits am 6. August 1961 startete German Titow mit Wostok 2 und umkreiste innerhalb von 25 Stunden 11 Minuten die Erde sogar 17mal. Auch er kehrte am Fallschirm zur Erdoberfläche zurück. Damit stand außer Zweifel, daß Menschen die Anstrengungen und Belastungen während eines Raumfluges überstehen konnten: die Startbeschleunigung, die Schwerelosigkeit während des Fluges und das Landemanöver mit den starken Verzögerungen sowie dem Aufsetzen auf dem Erdboden.

Nach zwei ballistischen Vorversuchen von jeweils rund 15 Minuten Dauer umrundete als erster Amerikaner John H. Glenn an Bord von Friendship 7 die Erde (alle Mercury-Kapseln trugen die Zahl 7, weil das erste Astronautenteam insgesamt 7 Mitglieder umfaßte); Glenn vollendete drei Erdumrundungen und blieb knapp 5 Stunden im Weltraum. Am 24. Mai 1962 wiederholte Scott Carpenter die Mission an Bord von Aurora 7.

In der Folgezeit wurden immer neue Raumkapseln mit Menschen an Bord in den Weltraum gebracht; am 16. Juni 1963 mit Valentina Tereschkowa erstmals auch eine Frau. Erst 1982 startete erneut eine sowjetische Kosmonautin, und 1983 flog auch eine amerikanische Astronautin, Sally Ride, in den Weltraum.

Während eines Raumfluges befinden sich die Astronauten im freien Fall um die Erde, sie erleben entsprechend den Zustand der Schwerelosigkeit. Ganz so ungewöhnlich, wie dieser Zustand uns zunächst erscheint, ist er aber nicht. Bei kleinen Lebewesen spielt die Schwerkraft eine untergeordnete Rolle, und Kreaturen, die im Wasser leben, erfahren durch den Auftrieb einen weitgehenden Ausgleich der Erdschwere. Für uns Menschen dagegen ist die Schwerkraft ein Faktor, der unser tägliches Leben stark prägt. So müssen wir uns davor hüten, aus größerer Höhe herunterzufallen, aber wir können auch über unsere eigenen Füße stolpern. Die Schwerkraft bleibt nicht ohne Folgen auf die Physiologie des Menschen. Unsere Muskelkraft ist sicher eine Folge davon, daß wir ständig eine Vielzahl von Muskeln einsetzen müssen, um uns aufrecht zu halten. Muskelanspannungen beeinflussen ihrerseits den Knochenbau. Der Kreislauf ist darauf ausgerichtet, die Folgen der Schwerkraft auszugleichen, damit sich das Blut nicht in den Beinen sammelt – entsprechend unbequem (und unangenehm) ist ein längerer Kopfstand.

Da sich unser Organismus in jahrmillionenlanger Evolution ständig in diesem Erdschwerefeld bewegt hat, gab es keine Möglichkeit, vorauszusagen, wie sich ein längerer Aufenthalt in der Schwerelosigkeit auf den menschlichen Körper auswirken würde. Sicher, die ersten Flüge hatten schon gezeigt, daß der Mensch die Schwerelosigkeit ein paar Stunden, vielleicht auch ein paar Tage hindurch ertragen konnte, aber wenn die bemannte Raumfahrt je mehr werden sollte als ein bloßes Zirkuskunststück in der Erdumlaufbahn, dann müßten wir die Folgen längerer Schwerelosigkeit genauer erforschen. Je mehr man die Aufenthaltsdauer von Menschen im Weltraum würde ausweiten können, desto eher rückten Weltraumfabriken oder -siedlungen in den Bereich des Möglichen.

Während der folgenden Jahre wurde daher die Flugzeit bemannter Raumschiffe immer weiter ausgedehnt. Am 14. Juni 1963 startete Valery Bykowsky zu einem fünftägigen Flug, 1965 blieb Gemini 7 sogar fast 14 Tage mit zwei Astronauten im Orbit. Mittlerweile steht der Rekord bei rund einem halben Jahr. Während eines längeren Raumfluges vollziehen sich physiologische Veränderungen, von denen der Kalziumverlust in den Knochen noch am gravierendsten erscheint. Trotzdem konnten die Menschen im Weltraum weitgehend unbehindert arbeiten. Nach der Rückkehr zur Erde (und damit zur normalen Erdschwere) kehrte der ursprüngliche Zustand des Körpers in aller Regel wieder zurück, konnten die Astronauten und Kosmonauten wie zuvor weiterleben.

Valentina Tereschkowa, die drei Tage an Bord von Wostok 6 die Erde umrundet hatte, heiratete später den Kosmonauten Andrijan G. Nikolajew, der mit Wostok 3 im August 1962 vier Tage im Weltraum war – ihr gemeinsames Kind erwies sich als völlig normal entwickelt.

Sicher, noch haben wir nicht alle menschlichen Situationen im Weltraum nachvollzogen. Vor allem gab es noch keine Befruchtung unter Schwerelosigkeit, der sich eine Schwangerschaft samt Geburt unter Schwerelosigkeit anschloß. Solange sich Menschen an Bord eines Raumschiffes jedoch in Erdnähe aufhalten, ist eine entsprechende Erfahrung auch noch nicht von dringender Wichtigkeit. Man kann sich sehr wohl vorstellen, daß Menschen vorübergehend im Weltraum leben und arbeiten und anschließend wieder zur Erde als ihrem angestammten Wohnplatz zurückkehren. Ein derartiges Vorgehen wäre sicher das einfachste Szenario für die Errichtung und den Betrieb von Weltraum-Produktionsstätten, doch ist es beruhigend zu wissen, daß zumindest dies möglich ist. Hätte sich die Schwerelosigkeit als tödlich für den Menschen erwiesen oder als zumindest unerträglich, dann wäre uns die »Eroberung des Weltraums« vielleicht für immer verwehrt geblieben.

Sollte die bemannte Nutzung des Weltraums Wirklichkeit werden, dann mußten die Raumschiffe zunächst einmal mehr Platz bieten; während der ersten Jahre nämlich waren die Kapseln reichlich eng, selbst für nur eine Person. Am 12. Oktober 1964 startete in der Sowjetunion ein Raumschiff mit drei Kosmonauten; Woschod 1 war eine verbesserte Wostok-Version. Ein halbes Jahr später, am 23. März 1965, folgte die amerikanische Gemini 3 mit Virgil Grissom (1926–1967) und John W. Young; im Oktober 1968 schließlich brachten die USA ebenfalls drei Astronauten an Bord eines Raumschiffes in die Umlaufbahn. Mittlerweile flogen mit STS-9/Spacelab 1 sogar 6 Astronauten zusammen in den Raum.

Im Laufe der Zeit wurden die Systeme immer beweglicher, waren sie nicht länger bloße Geschosse im freien Fall um die Erde. Mit Hilfe von kleinen Steuerdüsen ließ sich die Lage im Raum verändern, konnte man die Umlaufbahn verändern und ein anderes Raumschiff ansteuern, so daß ein Umsteigen möglich wurde. Am 18. März 1965 startete Woschod 2 mit zwei

Kosmonauten an Bord. Während der zweiten Erdumkreisung öffnete Alexej A. Leonow eine Luftschleuse und verließ das Raumschiff für 10 Minuten; er trug während des Unternehmens einen Raumanzug und blieb über einen Versorgungsschlauch mit dem Raumschiff verbunden. Es war dies der erste »Raumspaziergang«, bei dem ein Mensch nur noch durch einen Raumanzug vor dem Vakuum des Weltraums geschützt blieb.

Auch auf amerikanischer Seite verließ wenig später ein Astronaut seine Kapsel: Edward White (1930–1967), der am 3. Juni 1965 zusammen mit James McDivitt an Bord von Gemini 4 gestartet war, hielt sich 20 Minuten im Weltraum auf; mit Hilfe einer kleinen »Rakete« konnte er sich sogar etwas vom Raumschiff entfernen, wiewohl auch er durch einen Versorgungsschlauch sicher angekoppelt blieb. Diese ersten Außenbordmanöver sollten zeigen, daß Menschen durchaus in der Lage waren, nur durch einen Raumanzug geschützt auch Reparaturarbeiten oder sonstige Aufgaben außerhalb des Raumschiffes vorzunehmen.

Obwohl zu Beginn der siebziger Jahre auch Frankreich, Japan, China und Großbritannien erste Satelliten in eine Umlaufbahn um die Erde gebracht hatten, blieben ihre Anstrengungen auf diesem Sektor weit hinter denen der USA und der Sowjetunion zurück. Erst Anfang der achtziger Jahre flogen auch europäische Kosmonauten und Astronauten in den Weltraum – als Gäste in sowjetischen beziehungsweise amerikanischen Raumschiffen.

Leider gab es in der mittlerweile mehr als 20jährigen Geschichte der bemannten Raumfahrt auch mehrere Todesopfer zu beklagen; so starb am 23. April 1967 der Kosmonaut Wladimir Komarow, als seine Sojus 1 bei der Rückkehr zur Erde infolge Fallschirmversagens abstürzte. 1971 wurden gleich drei Kosmonauten bei der Landung von Sojus 11 das Opfer einer technischen Panne, die zu einem Entweichen der Atemluft während des Wiedereintritts in die Atmosphäre führte. Als der Satellit zurückgekehrt war, fand man alle drei Kosmonauten tot. Obwohl die Raumschiffe der Amerikaner bislang alle sicher zur Erde zurückkehrten, starben auch auf ihrer Seite drei Astronauten. Am 27. Januar 1967 brach während einer Probe am Erdboden ein Feuer in der zu testenden Apollo-Kapsel aus, das sich aufgrund der reinen Sauerstoffatmosphäre blitzschnell ausbreitete und die drei Insassen auf der Stelle tötete: Virgil Grissom, der zwei Jahre zuvor als Kommandant das Raumschiff Gemini 3 gesteuert hatte, Edward White, der als erster Amerikaner einen Weltraumspaziergang unternommen hatte, und Roger B. Chaffee (1935–1967), der noch auf seinen Einsatz im Weltraum wartete.

Sonden zum Mond

Aber war mit diesen Satelliten und Raumschiffen, die die Erde gewissermaßen in der oberen Atmosphäre umkreisten, endgültig die Grenze menschlichen Vordringens erreicht?

Keineswegs. Schon früh wurden alle Anstrengungen unternommen, Raketen nicht nur bis auf eine Geschwindigkeit von etwa 8 Kilometern pro Sekunde zu beschleunigen (wie sie für eine Umlaufbahn um die Erde erforderlich war), sondern auch die Entweichgeschwindigkeit (11,2 Kilometer pro Sekunde) zu erreichen. Drei entsprechende amerikanische Versuche im Jahre 1958 schlugen allerdings fehl.

Am 2. Januar 1959 gelang es den sowjetischen Raketentechnikern mit dem Start von Lunik 1 erstmals, einen Raumflugkörper aus dem Anziehungsbereich der Erde herauszukatapultieren. Erst in einer Entfernung von knapp 600 000 Kilometern (mehr als anderthalbfache Mondentfernung) riß die Funkverbindung ab. Lunik 1 wurde zum ersten künstlichen Planeten, der seither die Sonne auf einer Ellipsenbahn umrundet.

Raumflugkörper, die nach ihrem Start nicht in eine Erdumlaufbahn einschwenken, kann man nicht mehr als Erdsatelliten bezeichnen; für sie wird vielfach der Begriff »Raumsonde« benutzt. Weil Lunik 1 eigentlich den Mond erreichen sollte, gilt sie als erste Mondsonde. Das exakte Zielen bedeutete damals aber noch ein Problem, und so zog die Sonde in einer Entferung von 6000 Kilometern an der Mondoberfläche vorbei, immerhin weniger als 2 Monddurchmesser. Viel schlechter zielten die amerikanischen Techniker im März 1959, als sie die Sonde Pioneer 4 starteten – sie flog in einer Distanz von 60 000 Kilometern am Mond vorbei. Am 12. September 1959 gelang den Russen dann der erste Volltreffer mit Lunik 2. Die Kapsel prallte hart auf der Mondoberfläche auf, gerade so, als sei der Mond »torpediert« worden; erstmals hatte ein von Menschenhand geschaffener Körper die Oberfläche eines anderen Himmelsobjektes erreicht, wenn auch sicher in einem sehr schlechten Zustand.

Den Mond zu verfehlen, war kein Kunststück, und ihn mit einer »harten Landung« zu treffen, stellte lediglich höhere Anforderungen ans Zielen. Damit hatte man aber noch nicht viel erreicht.

Der Mond bewegt sich – bezogen auf die Sterne – innerhalb von 27,3 Tagen einmal um die Erde. Im gleichen Zeitraum dreht er sich auch einmal um seine Achse. Diese Übereinstimmung ist nicht zufällig, sondern eine Folge der Gezeitenkräfte, die die Erde auf den Mond ausübt; sie haben die Mondrotation so weit abgebremst, bis der Erdtrabant uns immer die gleiche Seite zuwendet. Weil sich der Mond längs einer Ellipsenbahn um die Erde bewegt, ist seine Bahngeschwindigkeit nicht konstant: im erdnahen Teil bewegt er sich schneller, im erdfernen dagegen etwas langsamer. Währenddessen bleibt seine Rotationsgeschwindigkeit absolut konstant, und das führt dazu, daß die Drehbewegung relativ zur Bahnbewegung während der einen Hälfte des Umlaufes (im erdfernen Teil) schneller, während der anderen Hälfte (im erdnahen Teil) dagegen langsamer ist als die Bahnbewegung um die Erde. Für einen Beobachter auf der Erde scheint der Mond daher ein bißchen hin und her zu schwingen, wie der Waagbalken einer alten Waage. Man nennt diese »Schwingung« daher auch nach dem lateinischen Wort für Waage (libra) Libration. Die Libration führt dazu, daß wir von der Erde aus nahezu 60 Prozent der Mondoberfläche sehen können, wenn auch einige Gebiete immer sehr randnah liegen und daher nur stark verzerrt erscheinen. Die restlichen 40 Prozent dagegen bleiben uns für immer verborgen – die Mondrückseite ist wahrscheinlich schon seit Jahrmilliarden ständig von der Erde abgekehrt, so daß keines Menschen Auge sie je hat sehen können.

Eine Mondsonde konnte nun mit einer solchen Geschwindigkeit auf die Reise geschickt werden, daß sie bis zum Erreichen der Mondbahn durch das Erdschwerefeld so weit abgebremst war, um in eine Bahn um den Mond einschwenken zu können. Mit Hilfe von Bremsraketen wäre dieses Manöver natürlich viel einfacher gewesen, hätte man die Sonde sogar vom Mond »einfangen« lassen können. So etwas war in den Anfängen der Raumfahrt jedoch noch nicht möglich, und entsprechend gab man sich mit einem einfachen Bahnbogen über die Rückseite des Mondes zufrieden. Ohne jede Kurskorrektur mußte der Raumflugkörper nämlich zu schnell bleiben, um in eine Umlaufbahn um den Mond gezwungen werden zu können: statt dessen würde er nach dem Vorbeiflug hinter dem Mond wieder aus dem Anziehungsbereich des Erdtrabanten entfliehen können. Mit einer Kamera an Bord, deren Bilder anschließend zur Erde übertragen werden konnten, sollte es deshalb möglich sein, Bilder von der Rückseite des Mondes zu erhalten, von einer Gegend im Weltraum, die – obwohl nur rund 400000 Kilometer entfernt – noch nie betrachtet werden konnte, während man andererseits Himmelskörper untersucht hatte, die trillionenfach weiter entfernt sind.

Zwei Jahre nach dem Start von Sputnik 1 unternahm die UdSSR einen neuen Anlauf. Diesmal klappte es, war die Zielgenauigkeit inzwischen so weit verbessert worden, daß Lunik 3 schließlich den Mond einmal umrundete und Bilder von der Rückseite zur Erde übermittelte. Die Qualität der Bilder war zwar nicht gut, und auch ihre Zahl ließ zu wünschen übrig, doch reichten sie aus, um irgendwelche romantischen Vorstellungen über die Mondrückseite zu zerstören. Es hatte immer wieder Menschen gegeben, die – aus welchen Gründen auch immer – geglaubt hatten, die Rückseite des Mondes sei weniger unwirtlich als die Vorderseite, daß es dort zumindest Reste einer Atmosphäre gäbe, Wasser und vielleicht sogar Leben.

Alles falsch! Schon diese ersten Bilder zeigten, daß sich die Oberfläche der Mondrückseite nicht wesentlich von der Oberfläche auf der Vorderseite unterschied. Amerikanische Mondsonden konnten diesen Eindruck später voll bestätigen.

Am 28. Juli 1964 entsandten die USA ihre Mondsonde Ranger 7; auch sie schlug hart auf der Mondoberfläche auf wie schon fünf Jahre zuvor Lunik 2, doch war sie keine bloße Wiederholung der russischen Pionierleistung: Ranger 7 führte eine Fernsehkamera mit an Bord, die während der letzten 13 Minuten bis zum Aufprall 4308 Bilder von der Mondoberfläche übertrug, die letzten aus einer sehr geringen Entfernung. Die Bilder zeigten Einzelheiten, die das, was man mit den besten irdischen Teleskopen hätte erreichen können, weit übertrafen, (obgleich der Ausschnitt der Mondoberfläche zuletzt nur noch sehr winzig war).

Die Mondoberfläche erwies sich als von kleinen und kleinsten Kratern übersät; manche hatten Durchmesser von nur einem Meter und waren allenfalls 30 Zentimeter tief. Die späteren Sonden Ranger 8 und Ranger 9, die insgesamt rund 13000 Fotos zur Erde übermittelten, zeigten die gleiche Erscheinung auch an anderen Stellen des Mondbodens.

Die Mondsonden, die bis 1965 den Erdtrabanten erreichten, schlugen alle hart auf der Mondoberfläche auf und wurden dabei natürlich zerstört. Auf Dauer konnte man sich damit jedoch nicht zufriedengeben, weil so keine Erforschung des Mondes »vor Ort« möglich war. Dazu aber war eine »weiche Landung« auf dem Mond notwendig. Besäße der Mond eine Atmosphäre, so wäre dieses Ziel verhältnismäßig einfach zu erreichen gewesen, weil man dann die Raumsonde mit einem Fallschirm hätte abbremsen können. Ohne eine Atmosphäre aber war man darauf angewiesen, die Sonde mit Hilfe von Raketentriebwerken abzubremsen, mit Triebwerken, die genau in Flugrichtung gezündet wurden und so die Geschwindigkeit des Instrumententrägers verringerten. Dies war eine nicht gerade leichte Aufgabe.

Am 3. Februar 1966 schaffte Luna 9 als erste Mondsonde eine weiche Landung auf der Mondoberfläche. Etwas mehr als sechs Jahre nach dem ersten harten Aufprall stand nun ein von Menschenhand geschaffener Körper völlig intakt auf der Oberfläche eines anderen Himmelskörpers und konnte von dort Bilder zur Erde übermitteln. Luna 9 war im westlichen Teil einer ziemlich kraterfreien Ebene mit Namen Oceanus Procellarum (Ozean der Stürme) niedergegangen; die Bezeichnung der Mondlandschaften geht noch auf die Frühphase der Fernrohr-Astronomie zurück, als die Astronomen noch nicht wissen konnten, daß der Erdtrabant weder eine Atmosphäre noch flüssiges Wasser besitzt. Auf den Fotos, die während der drei Tage bis zum Ausfall des Geräts übertragen wurden, konnte man aber weder Stürme noch Wellen erkennen, sondern lediglich eine öde Steinwüste.

Vier Monate nach der sowjetischen Pionierleistung setzte am 2. Juni 1966 die amerikanische Sonde Surveyor 1 weich auf dem Mondboden auf, ebenfalls im Ozean der Stürme; seine Bilder waren qualitativ etwas besser als die der sowjetischen Sonde. Spätere amerikanische Sonden erfüllten weitere neue Aufgaben. So übermittelte Surveyor 3, der am 17. April 1967 gestartet wurde, nicht nur mehr als 6300 Aufnahmen von der Mondoberfläche, sondern schürfte mit einem kleinen Greifarm auch Bodenproben. Für die weitere Erkundung des Mondes war dies ein sehr wichtiges Experiment, weil zu jener Zeit eine Theorie im Umlauf war, die den Mond von einer gewaltigen Staubschicht umgeben glaubte, in der Raumschiffe wie im Treibsand versinken würden; eine solche Staubschicht, so nahm man an, müsse durch das andauernde Bombardement aus dem Kosmos entstanden sein, den Aufprall kleiner und kleinster Brocken der interplanetaren Materie. Zwar sprach die Tatsache, daß die ersten Sonden nicht von der Mondoberfläche verschwanden, sondern über längere Zeit Bilder zur Erde übermittelt hatten, schon von selbst gegen diese Gefahr, doch zeigten erst die Schürfexperimente, daß der Mondboden eine ähnliche Festigkeit besitzt wie die Erdoberfläche.

Surveyor 5, der im Mare Tranquillitatis (Meer der Ruhe) aufsetzte, führte sogar ein Gerät mit, das eine Analyse des Mondbodens ermöglichte. Insgesamt funkten die Surveyor-Sonden mehr als 50000 Fotos zur Erde; der Anblick des Mondbodens war den Wissenschaftlern bald ein gewohntes Bild.

Bereits am 31. März 1966 hatten die sowjetischen Raketentechniker mit Luna 10 einen ersten Mondsatelliten gestartet, und auch hier zogen die Amerikaner erst einige Monate später, am 10. August, mit Lunar Orbiter 1 nach. Aus den Fotos dieser und weiterer Mondsatelliten konnte in der Folgezeit eine sehr detailreiche Mondkarte erstellt werden, die der Genauigkeit irdischer Karten kaum nachstand. Die Bilder von der Mondrückseite bestätigten den Eindruck, den man schon anhand der ersten Fotos von Lunik 3 gewonnen hatte: Während es auf der erdzugewandten Seite des Mondes eine Reihe von Mondmeeren gibt, großen, weitgehend runden Tiefebenen mit relativ kraterfreien Böden, die aussehen, als wären sie erst später durch aufsteigende Lava gebildet worden, fehlen solche Formationen auf der Rückseite fast völlig. Aufgrund unserer inzwischen erworbenen Kenntnisse über den Mond wissen wir heute, daß die Mondkruste auf der »Vorderseite« rund 60 Kilometer dick ist, auf der Rückseite dagegen etwa 100 Kilometer. Ein riesiger Meteorit, der auf der Mondvorderseite aufschlägt, kann daher die Kruste leichter durchbrechen und so flüssigem Gestein aus tieferen Schichten den Weg nach oben öffnen als auf der Rückseite, wo er in der dickeren Kruste abgefangen wird.

Woher aber stammt diese Asymmetrie der Mondkruste? Es erscheint naheliegend, einen Zusammenhang mit der Erde und ihren Kräften anzunehmen, doch gibt es bislang noch keine überzeugende Erklärung für die genaue Ursache.

Wenig überraschend war die Beobachtung, daß der Mond kein eigenes Magnetfeld besitzt. Die zur Zeit diskutierten Modelle für die Bildung eines Magnetfeldes bei Himmelskörpern setzen nämlich zweierlei voraus: zum einen braucht man einen flüssigen Kern, in dem sich elektrische Ströme ausbilden können, zum anderen muß der Himmelskörper ziemlich rasch rotieren, damit der Kern in die erforderlichen Wirbelbewegungen versetzt wird. Diese Wirbelbewegungen elektrisch geladener Teilchen im Kern bauen dann ein internes Magnetfeld auf.

Die Erde verfügt über einen solchen flüssigen Eisenkern und rotiert auch rasch genug, und so ist ihr Magnetfeld verständlich. Die Dichte des Mondes dagegen beträgt nur 60 Prozent der irdischen Dichte, und er kann daher nur weit weniger schwere Elemente wie Eisen in sich bergen. Weil darüber hinaus die Masse des Mondes deutlich kleiner ist als die der Erde, kann er im Zentrum auch nicht so heiß sein wie unser Planet (die innere Hitze eines Himmelskörpers entstand durch den Zusammenprall kleinerer Körper, die einen größeren bildeten; da aber der Mond nur eine geringe Masse besitzt, war seine Anziehungskraft nicht groß genug, um heftige Zusammenstöße mit starker Wärmeproduktion zu ermöglichen). Die geringe Dichte und die anzunehmende niedrige Temperatur im Mondinnern lassen es als ziemlich sicher erscheinen, daß der Mond keinen flüssigen Eisenkern enthält, sondern eher durch und durch aus festem Gestein besteht. Doch selbst wenn es einen genügend großen Kern aus flüssigem Eisen gäbe, der elektrische Ströme leiten könnte, wäre doch die Rotation des Mondes zu langsam, um diesen Kern ausreichend zu verwirbeln, wie es für die Entstehung eines Magnetfeldes erforderlich wäre. Wenn also unsere Theorien über den Ursprung eines Magnetfeldes stimmen, so sollte der Mond keines besitzen – und er hat auch keins.

Menschen auf dem Mond

Konnten auch Menschen die weite und gefährliche Reise zum Mond antreten, nachdem dieser bereits von zahlreichen unbemannten Raumsonden gründlich erforscht worden war?

Die Vereinigten Staaten von Nordamerika hatten sich dieses Ziel schon früh gesteckt. Ihre Bemühungen wurden angestachelt durch die Erfolge der Sowjetunion im »Wettrennen zum Mond«, wie man es jetzt nannte. Hinzu kam eine blamable Niederlage der USA am 17. April 1961, als eine US-unterstützte Invasion Kubas in der Schweinebucht mißlang.

Um das amerikanische Prestige wieder aufzumöbeln, kündigte der damalige Präsident, John F. Kennedy (1917–1963), wenige Wochen später an, man wolle noch vor Ablauf des Jahrzehnts einen Menschen sicher zum Mond und wieder zurück zur Erde bringen. Aus dieser Zielvorgabe entstand das Apollo-Programm der NASA.

Das Gemini-Programm war als eine Art Vorbereitung für den Flug zum Mond gedacht. Während dieser Flüge sollten die notwendigen Fertigkeiten geprobt werden, die den Weg zum Mond ebnen sollten: Steuermanöver, Rendezvousmanöver, das Andocken zweier Raumschiffe sowie der Ausstieg aus der Kapsel. Dieses Gemini-Programm ging im Dezember 1966 zu Ende, und im Februar 1967 sollte die erste Apollo-Kapsel mit drei Mann an Bord in eine Erdumlaufbahn gebracht werden.

Durch den tragischen Tod der drei Astronauten Grissom, White und Chaffee während eines Brandunglücks bei einem Bodentest der Apollokapsel wurde das Programm jedoch verzögert. Die Kapsel mußte teilweise umgebaut werden, und dann schob man einige unbemannte Testflüge dazwischen, ehe am 11. Oktober 1968 Apollo 7 mit drei Astronauten unter der Leitung von Walter Schirra gestartet werden konnte. Zum ersten Mal flogen drei Astronauten gleichzeitig in den Weltraum, Schirra übrigens schon zum drittenmal. Während der 163 Erdumkreisungen wurden Steuer- und Kontrollsysteme der Apollo-Kapsel getestet, wurde erprobt, ob das Triebwerk auf Kommando auch im Weltraum gezündet werden konnte. Jetzt blieb nur noch wenig mehr als ein Jahr Zeit, wenn man die Zielsetzung Kennedys erfüllen wollte.

Bereits zwei Monate später, am 21. Dezember 1968, startete Apollo 8 unter dem Kommando von Frank Borman. Borman hielt damals zusammen mit James A. Lovell den Rekord im Daueraufenthalt im Weltraum, nachdem er drei Jahre zuvor an Bord von Gemini 7 die Erde 220mal umrundet hatte. Bei jenem Flug hatten er und sein Kollege Walter Schirra, der elf Tage nach ihm mit Gemini 6 in die Umlaufbahn kam, auch ein erfolgreiches Rendezvous- und Andockmanöver vollführt, ein Manöver, das später für die Landung auf dem Mond wichtig war. Apollo 8 ging nun auf einen völlig neuen Kurs: es flog mit den drei Astronauten zum Mond und schwenkte dort in eine Umlaufbahn um den Erdtrabanten ein. Zum ersten Mal in der Geschichte der Menschheit konnten Borman, Lovell und Anders auf dem Mond mit bloßem Auge Einzelheiten erkennen, die selbst den größten Teleskopen am Erdboden unsichtbar blieben. Apollo 8 umrundete den Mond zehnmal innerhalb von knapp 20 Stunden, ehe das Triebwerk erneut gezündet wurde und das Raumschiff auf Kurs zurück zur Erde brachte. Nach einer Flugzeit von insgesamt sechs Tagen und drei Stunden kehrten die Astronauten wohlbehalten zur Erde zurück; sie hatten das bislang kühnste Weltraumunternehmen erfolgreich überstanden.

Bei den Flügen von Apollo 7 und Apollo 8 war nur jeweils die eigentliche Raumkapsel zum Einsatz gekommen, zu der auch noch ein Triebwerk im sogenannten Service-Module gehörte. Damit allein hätte man aber nicht bis zur Mondoberfläche vordringen können, und so sah das Konzept vor, daß bei den eigentlichen Mondlande-Unternehmen noch ein zweites Raumschiff, die Mondfähre, mitgenommen werden mußte. Wenn die Kombination aus Apollo (mit Command Module und Service Module) und Mondfähre (dem Lunar Module) die Mondumlaufbahn erreicht hatte, sollten zwei der Astronauten in die Mondfähre umsteigen und mit ihr auf dem Mond landen, während der dritte Astronaut an Bord der Apollo-Kapsel in der Umlaufbahn verblieb. Später würden die beiden Astronauten dann mit dem Oberteil der Landefähre wieder von der Mondoberfläche starten und zur Apollo-Kapsel zurückkehren, umsteigen und schließlich auf die Bahn zur Erde gelangen; vorher brauchte nur noch die Landefähre wieder abgetrennt zu werden.

Einen Teil dieser Manöver probten die Astronauten von Apollo 9, die am 3. März 1969 unter dem Kommando von James McDivitt in eine Erdumlaufbahn starteten. Nach 151 Erdumkreisungen hatten sie die Landefähre in dem erforderlichen Maße durchgetestet.

Den nächsten Schritt machte Apollo 10; dieser Flug führte drei Astronauten wieder zum Mond, und diesmal war die Landefähre dabei. Der Kommandant Thomas P. Stafford und sein Kollege Eugene Cernan, mit dem er bereits an Bord von Gemini 9 im Weltraum gewesen war, stiegen in die Fähre um und näherten sich schließlich der Mondoberfläche bis auf 15 Kilometer, ehe sie wieder zu John W. Young stießen, der unterdessen in der Mondumlaufbahn gewartet hatte. Auch dieser Flug ging nach rund acht Tagen ohne größere Zwischenfälle zu Ende. Jetzt waren alle Schritte für die Landung auf dem Mond erprobt worden, nur die Landung selbst fehlte noch.

Apollo 11 startete am 16. Juli 1969 mit den Astronauten Neil Armstrong, Edwin Aldrin und Michael Collins. Alle drei waren 1930 geboren. Armstrong war bereits als Kommandant von Gemini 8 im Weltraum gewesen; er hatte damals an eine unbemannte Raketenendstufe andocken sollen, mußte das Manöver jedoch wegen technischer Schwierigkeiten abbrechen. Aldrin hatte im Verlauf des Fluges von Gemini 12, dem letzten dieser Serie, Mitte November 1966 einen Weltraum»spaziergang« von fünfeinhalb Stunden Dauer absolviert. Collins schließlich war zwar bei seinem Rendezvous zwischen Gemini 10 und einer unbemannten Raketenstufe etwas erfolgreicher gewesen als Armstrong, doch konnte auch er das Manöver nicht zu Ende führen. Alle drei Besatzungsmitglieder befanden sich also auf ihrem zweiten Weltraumflug.

Nachdem Apollo 11 am 20. Juli eine Umlaufbahn um den Mond in rund 110 Kilometern Höhe erreicht hatte, stiegen Armstrong und Aldrin in die Landefähre um und setzten sich zur Mondoberfläche ab. Um 21.18 Uhr Mitteleuropäischer Zeit landeten sie sicher auf der Mondoberfläche, nahe dem südwestlichen Rand des Mare Tranquillitatis (Meer der Ruhe), nachdem Armstrong die letzte Anflugphase selbst gesteuert hatte. 164 Tage vor Ablauf der von Kennedy gesetzten Frist waren zwei Amerikaner auf dem Mond gelandet. Kennedy selbst konnte die Erfüllung seiner Zielvorgabe allerdings nicht mehr erleben; er fiel am 22. November 1963 einem Attentat zum Opfer. Inzwischen saß bereits der übernächste Präsident im Weißen Haus, Richard M. Nixon, gegen den Kennedy seinerzeit die Wahl gewonnen hatte.

Am nächsten Morgen, am 21. Juli 1969 um 3.56 Uhr MEZ, betrat Armstrong als erster Mensch den Mond. Dabei meldete er sich in der Bodenstation mit den Worten »Ein kleiner Schritt für einen Mann, doch ein großer Sprung für die Menschheit«. Aldrin verließ wenige Minuten später die Landefähre und kletterte ebenfalls die Ausstiegsleiter herab. Mehrere hundert Millionen Menschen verfolgten diesen historischen Augenblick mit atemloser Spannung vor ihren Bildschirmen in aller Welt. Die Mondoberfläche trug die Astronauten und die Landefähre ohne jede Schwierigkeit. Nach einer Standzeit von 21 Stunden und 36 Minuten, innerhalb derer die Astronauten sich für zweieinviertel Stunden außerhalb der Mondfähre aufgehalten und Fotos geschossen, Bodenproben entnommen, ein paar Meßinstrumente aufgestellt und die amerikanische Flagge gehißt hatten, startete die Landefähre mit Armstrong und Aldrin wieder zurück zur Mondumlaufbahn, in der Michael Collins an Bord der Apollo-Kapsel auf sie gewartet hatte. Mit der Landung am

24. Juli 1969 ging dieses erste Mondlandeunternehmen zu Ende.

Innerhalb der nächsten dreieinhalb Jahre folgten sechs weitere Apollo-Missionen, von denen Apollo 13 im April 1970 beinahe zu einer Katastrophe geführt hätte. Kommandant dieses Unternehmens war Jim Lovell, der bereits mit Apollo 8 zum Mond geflogen war und nunmehr seinen vierten Raumflug unternahm. Apollo 13 befand sich schon auf dem Weg zum Mond, als eine Explosion zu einem Leck im Sauerstofftank und damit zum Ausfall der Energieversorgung führte; außerdem ließen sich mit dem Haupttriebwerk nun keine Kurskorrekturen mehr durchführen. Damit war auch eine Landung auf dem Mond ausgeschlossen. So blieb den Astronauten nichts anderes übrig, als mit dem geringeren Sauerstoff- und Energievorrat der Landefähre möglichst sparsam umzugehen. Mit Hilfe des Sauerstoffs und der Energie der Landefähre gelang es den Astronauten, den Mond zu umrunden und sicher zur Erde zurückzukehren.

Apollo 15, das am 26. Juli 1971 unter dem Kommando von David Scott startete, führte erstmals ein »Mondauto« mit, ein Fahrzeug, das den Aktionsradius der Astronauten an der Mondoberfläche erweitern sollte. Mit ihm legten Scott und Irvin immerhin 28 Kilometer zurück.

Von den sechs Exkursionen zum Mond wurden insgesamt rund 382 Kilogramm Mondgestein mit zur Erde gebracht.

Seit Dezember 1972 hat dann kein Mensch mehr den Mondboden betreten, und es werden derzeit auch keine weiteren bemannten Mondflüge geplant. Dennoch können wir heute sagen, daß der Mond inzwischen zum Erfahrungsbereich der Menschen gehört, denn wir können jederzeit dorthin zurückkehren, wenn wir den dafür notwendigen Aufwand nicht scheuen.

Wenn Menschen noch einmal zum Mond fliegen, wird dies sicher nicht nach dem Vorbild des Apollo-Programms geschehen. In diesem Programm wurde die Erde selbst als Ausgangspunkt genutzt, und man bediente sich einfacher Raumschiffe, die nach nur einem Einsatz unbrauchbar wurden. Für die ersten Erkundungsflüge mag das akzeptabel gewesen sein, doch reicht das für zukünftige Unternehmen nicht aus.

Um mehr zu erreichen, mußte zunächst geklärt werden, wie der Mensch über längere Zeit im Weltraum leben kann, mußten wiederverwendbare Raumschiffe entwickelt werden, braucht man ständig besetzte Weltraumstationen und darüber hinaus eine hochentwickelte Weltraumtechnologie.

Die erste Raumstation wurde von den Amerikanern am 14. Mai 1973 gestartet. Es handelte sich bei Skylab um eine umgebaute dritte Stufe einer überzähligen Saturn-V-Mondrakete – rund 15 Meter lang bei einem Durchmesser von 6,6 Metern. Skylab wog etwa 70 Tonnen. Insgesamt dreimal wurde Skylab von jeweils drei Astronauten bewohnt; die erste Mannschaft blieb 28 Tage, die zweite 59, die dritte schließlich sogar 84 Tage, bis am 8. Februar 1974 die Station eingemottet wurde.

Während dieser Zeit wurde eine Vielzahl von wissenschaftlichen Experimenten durchgeführt. Das bedeutsamste Ergebnis war aber wohl, daß Menschen einen, zwei, ja, drei Monate im Zustand der Schwerelosigkeit hatten ausharren können, ohne schwerwiegende Probleme zu erfahren.

Skylab umrundete die Erde auch weiterhin, zunächst in einer Höhe von etwa 425 Kilometern, durch die Ausläufer der Exosphäre. Deren Reibung bremste das Raumschiff jedoch ganz allmählich ab, so daß es immer mehr Bewegungsenergie verlor und sich entsprechend auf einer engen Spiralbahn ganz langsam der Erde näherte. Man hatte dies schon vor dem Start einkalkuliert, dabei jedoch angenommen, daß Skylab wenigstens 10 Jahre in seiner Umlaufbahn bliebe; bis dahin – so glaubte man 1973 – wäre es möglich gewesen, die Raumstation mit einer Art Weltraumschlepper auf eine neue, höhere Bahn zu katapultieren.

Leider verzögerte sich jedoch die Entwicklung dieses Raumschiffes, und darüber hinaus erlebte die Sonne ein viel stärkeres

Aktivitätsmaximum als erwartet, so daß sie die obere Atmosphäre mehr ausdehnte, als man vermutet hatte; dadurch aber wurde Skylab auch stärker abgebremst. Ende 1978 war klar, daß die ausgediente Raumstation irgendwann im darauffolgenden Jahr abstürzen würde und daß es keine Möglichkeit mehr geben würde, diesen Absturz aufzuhalten. Satellitenbruchstükke waren schon vorher auf die Erde heruntergefallen, und im Januar 1978 schlug in einer entlegenen Region Kanadas sogar ein russischer Satellit samt Kernreaktor auf, ohne dabei großen Schaden anzurichten. Skylab war aber das bei weitem größte und schwerste Objekt, das uns da auf den Kopf fallen sollte, und so wuchs die Besorgnis, daß dies nicht ganz ohne schlimme Folgen ausgehen könne. Daran vermochte auch die Versicherung der NASA wenig zu ändern, daß die Gefahr trotz allem verschwindend gering sei und die Wahrscheinlichkeit, von einem Trümmerstück getroffen zu werden, kaum größer war als die Chance, von einem Meteoriten erschlagen zu werden.

Am 11. Juli 1979 schließlich ging das Unternehmen Skylab während des 34981sten Umlaufes um die Erde zu Ende. Die beteiligten Raketeningenieure taten ihr Bestes, um durch letzte Drehungen und Kurskorrekturen den Absturz über einem unbewohnten Gebiet zu gewährleisten. Der überwiegende Teil der Trümmer stürzte dann auch in den Indischen Ozean, wiewohl einige Bruchstücke über der westaustralischen Wüste niedergingen, wo sie jedoch auch keinen Schaden anrichteten.

Seit 1975 betreibt auch die Sowjetunion ihre eigenen Raumstationen. Die Saljuts sind zwar wesentlich kleiner als Skylab, aber trotzdem hielten sich mehrfach auch drei, vorübergehend vier Kosmonauten dort auf. Zwei Mannschaften harrten jeweils ein halbes Jahr im Weltraum aus, wobei ein Kosmonaut, Valeri Rjumin, bei beiden Flügen dabei war, inzwischen also etwa ein Jahr lang unter den Bedingungen der Schwerelosigkeit gelebt hat. Auch von den sowjetischen Unternehmungen sind keine größeren medizinischen oder psychologischen Probleme bekanntgeworden. Es kann daher kaum noch bezweifelt werden, daß Menschen auch für längere Zeit im Weltraum leben und arbeiten können. Um dies zu ermöglichen, müssen wir jedoch die Raumschiffe verbessern.

Bei der Entwicklung eines wiederverwendbaren Raumtransporters liegen die Amerikaner vorn. Ein solches Gefährt soll nicht nur einmal benutzt werden, sondern am Ende der Mission wie ein Flugzeug landen können und dann für einen nächsten

Einsatz bereitstehen, und das viele Male. Allerdings hat sich das Space-Shuttle-Programm gegenüber den ursprünglichen Plänen ziemlich verzögert, weil in der Entwicklungsphase unvorhergesehene Schwierigkeiten auftraten. Probleme bereiteten beispielsweise die Hitzeschutz-Kacheln, die den Raumtransporter beim Wiedereintritt in die Erdatmosphäre vor der gewaltigen Reibungshitze schützen sollten. Es mußte sichergestellt sein, daß sie sich nicht während des Starts durch die dabei auftretenden Erschütterungen lösten und so die Sicherheit der Astronauten gefährdeten. Immerhin gingen dem bemannten Erstflug keine unbemannten Erprobungseinsätze voraus. Erst am 12. April 1981 stieg Columbia mit zwei Astronauten an Bord in den Himmel über Florida und landete zwei Tage später wieder auf der Erde.*

Gegenwärtig wird der Bau einer größeren Weltraumstation diskutiert, die dann allerdings in Einzelteilen in die Umlaufbahn gebracht werden müßte, weil solche großen Strukturen sich nicht mehr als Ganzes transportieren lassen. Von da wird der Weg auch nicht mehr weit sein bis hin zum Bau großer Sonnenenergieanlagen.

Es ist bekannt, daß die fossilen Brennstoffe, auf die wir unsere gegenwärtige Energieversorgung stützen, und hier vor allem das Erdöl, nicht mehr bis weit in das nächste Jahrtausend hineinreichen werden. Schon jetzt werden daher große Anstrengungen unternommen, die Sonnenenergie als alternative Energiequelle zu nutzen. Es ist allerdings nicht sehr vorteilhaft, die Sonnenenergie am Erdboden aufzufangen. So bliebe jede irdische Anlage im Schnitt zwölf Stunden pro Tag im Dunkel der Nacht. Aber auch am lichten Tag ist die Ausbeute nicht ideal, weil selbst eine wolkenfreie Atmosphäre einen Teil der ankommenden Sonnenstrahlen verschluckt, und diese Absorption wird um so größer, je trüber die Atmosphäre ist und je tiefer die Sonne über dem Horizont steht.

Demgegenüber hätte ein »Sonnenkraftwerk« in der Erdum-

* Inzwischen hat es bereits etliche operationelle Flüge der Columbia und des Schwesterschiffs Challenger gegeben, bei denen Satelliten ausgesetzt wurden. Am 28. November 1983 wurde erstmals auch das europäische Weltraumlabor Spacelab mitgenommen. Rückschläge im Space-Shuttle-Programm blieben jedoch nicht aus: Am 28. Januar 1986 explodierte die Raumfähre Challenger 72 Sekunden nach dem Start in 16000 Metern Höhe bei einer Geschwindigkeit von 3180 Kilometern pro Stunde. Alle sieben Besatzungsmitglieder fanden dabei den Tod.

laufbahn viele Vorzüge. Die Sonnenzellenflächen wären oberhalb der Erdatmosphäre dem ungetrübten Sonnenlicht ausgesetzt, was schon eine möglichst große Ausbeute bedeutet. Wenn sich die Station noch dazu in einer Umlaufbahn rund 36000 Kilometer hoch über dem Erdäquator befindet, wird sie gleichsam über einem Punkt auf der Erdoberfläche feststehen und nur um die Zeit der Herbst- und Frühjahrs-Tagundnachtgleiche in den Nachtschatten der Erde eintauchen; eine solche Station wäre innerhalb eines Jahres nur für insgesamt eine Woche von der Sonnenlichtzufuhr abgeschnitten.

Man kann abschätzen, daß ein von Sonnenzellen bedecktes Areal in der Erdumlaufbahn rund 60mal mehr Strom produzieren kann als eine gleich große Fläche am Erdboden. Diese Elektrizität ließe sich dann in Form von Mikrowellen zur Erdoberfläche abstrahlen und hier auffangen.

Sicher, die Installation vieler solcher Sonnenkraftwerke in der Erdumlaufbahn wird nicht einfach und billig sein, doch wenn sie erst einmal ihren Betrieb aufgenommen haben, könnten die Investitionen schon bald wieder hereingeholt werden und sich solche Sonnenkraftwerke zu einer wesentlichen Stütze der technisierten Zivilisation auf unserem Planeten entwickeln.

Daneben ließen sich noch andere sinnvolle Einrichtungen im Weltraum stationieren, zum Beispiel astronomische Observatorien oder auch Forschungslaboratorien, die die Bedingungen des Weltalls, die auf der Erde schwer oder gar nicht zu reproduzieren sind, ausnutzen könnten: Vakuum in beliebig großen »Mengen«, wahlweise hohe oder extrem niedrige Temperaturen (je nachdem, ob ein Gegenstand dem Sonnenlicht ausgesetzt wird oder nicht), Behandlung mit energiereicher Ultraviolett- und Röntgenstrahlung (von der Sonne), und nicht zuletzt die Schwerelosigkeit. Selbst die Entfernung von der Erde kann sich bei besonders gefährlichen Experimenten als nützlich erweisen, um einer direkten Gefährdung der Menschen auf der Erde vorzubeugen.

Vielleicht werden eines Tages auch industrielle Fabrikationsstätten in der Erdumlaufbahn montiert, in denen Roboter automatisch neue Produkte herstellen. In einem solchen Fall müßten natürlich Abfälle und Abgase in den Weltraum »verklappt« werden, um eine zusätzliche Belastung der irdischen Biosphäre zu vermeiden. Der Weltraum ist nämlich eine weit weniger empfindliche Umwelt als die Erde, und entsprechend geringer ist die Gefahr einer nachhaltigen Schädigung; hinzu kommt, daß der Weltraum weit mehr Platz bietet als die begrenzte, ohnehin schon überlastete Erde – die Schadstoffe könnten sich also viel besser verteilen, ganz abgesehen davon, daß sie durch den Sonnenwind (eine beständig von der Sonne ausgehende Teilchenstrahlung) mitgerissen und allmählich zu den Grenzen des Sonnensystems und darüber hinaus abgedrängt würden. Auf diese Weise könnte uns der Aufbau einer Weltraum-Industrie die Vorteile einer hochindustrialisierten Gesellschaft erhalten, uns dagegen von ihren Nachteilen befreien.

Die notwendigen Baustoffe wie Metalle, Beton und Glas würde man einfacher vom Mond als von der Erde heranschaffen. Einzig die drei lebenswichtigen Elemente Wasserstoff, Kohlenstoff und Stickstoff sind auf dem Mond nicht in ausreichendem Maße vorhanden, doch kann die Erde diese Lücke zumindest so lange füllen, bis wir mit Hilfe einer weiterentwickelten Weltraum-Technologie auch über den Mond hinaus in das Sonnensystem vordringen können.

Am Ende könnte der Aufbau einer solchen Weltraum-Industrie die Länder der Erde zu einer globalen Kooperation zusammenführen, weil sie alle von den Ergebnissen profitieren würden. Vielleicht böte dies eine Anregung zu weitergehender Zusammenarbeit, die dann auch ein Ende der kriegerischen Auseinandersetzungen erlauben würde, in die die Menschen ständig verwickelt waren und die jetzt ein Ausmaß erreicht haben, die jetzt unsere Zivilisation, vielleicht sogar die Menschheit insgesamt, ausrotten können.

Dies mag sich zwar nach Luftschlössern im Weltraum anhören, doch ist die gegenwärtige Situation auf der Erde so bedrükkend, daß es nicht schaden könnte, diese Anstrengungen zu unternehmen und zu sehen, was sie bringen.

Venus

Dies alles mag auch dann eintreten, wenn sich der menschliche Horizont, der inzwischen den Mond erreicht, nicht weiter ausdehnen läßt. Aber ist der Mond wirklich eine Grenze? *Müssen* wir jetzt aufhören?

Das Problem sind die Entfernungen jenseits des Mondes. Der Mond bewegt sich auf seiner elliptischen Bahn in einer Distanz zwischen 356000 und 407000 Kilometern zur Erde. Damit ist er nicht wirklich weit von uns entfernt, denn dies entspricht im

Mittel lediglich dem Neuneinhalbfachen des Erdumfangs. Schon Hipparch von Nicäa (190–120 v. Chr.), ein griechischer Astronom, kannte diese Entfernung, allerdings gab es damals noch keine Möglichkeit, die Distanz zu anderen Himmelskörpern zu bestimmen.

Erst mit Hilfe des Fernrohrs, das Galilei erstmals 1609 benutzte, und einer genau gehenden Uhr, wie sie von dem niederländischen Physiker Christiaan Huygens (1629–1695) im Jahre 1656 entwickelt worden war, konnten die Entfernungen zu den Planeten ermittelt werden. Erste vernünftige Werte lieferte 1672 der italienisch-französische Astronom Giovanni Domenico Cassini (1625–1711); allmählich bekam man eine Vorstellung von den ungeheuren Weiten des Sonnensystems. Betrachten wir zum Beispiel die übrigen Planeten im inneren Bereich des Sonnensystems, Planeten, die in ihrem Aufbau und ihrer chemischen Zusammensetzung der Erde und dem Mond ähneln. Es gibt derer drei: Merkur, Venus und Mars. Von ihnen kommt Venus uns am nächsten. Der tatsächliche Abstand hängt von den jeweiligen Positionen der Erde und der Venus auf ihren Bahnen um die Sonne ab, doch wenn beide auf der gleichen Seite der Sonne stehen und sich noch dazu (von der Sonne aus gesehen) auf einer Linie befinden, ist die Entfernung am geringsten. Selbst dann aber trennen uns noch 38,9 Millionen Kilometer von der Venus; Mars kann sich der Erde bis auf 56 Millionen Kilometer nähern, Merkur bis auf 80 Millionen Kilometer. Mit anderen Worten, die Venus ist selbst im günstigsten Fall 95,5mal weiter von uns entfernt als der Mond, wenn er in Erdferne steht, Mars 137,6mal und Merkur 196,6mal. Während eine Reise zum Mond nur drei Tage dauert, würde ein Flug zur Venus mehrere Monate in Anspruch nehmen, und das wäre beim gegenwärtigen Stand der Technik keine leichte Aufgabe.

Doch wir müssen uns ja nicht gleich selbst auf den Weg machen, sondern können zunächst einmal Instrumententräger dorthin entsenden, was natürlich längst geschehen ist. Raumsonden haben alle drei Planeten des inneren Sonnensystems passiert und den Astronomen eine Fülle neuer Erkenntnisse vermittelt.

Als erster Planet erhielt die Venus Besuch von der Erde – nicht nur aufgrund der geringsten Entfernung, sondern auch wegen des besonderen Interesses, das die Astronomen diesem Planeten entgegenbrachten. Die Oberfläche der Venus liegt unter einer ständigen Wolkendecke verborgen, so daß jedem noch so großen Fernrohr der Blick auf den Venusboden versperrt bleibt. Die Astronomen brauchen sich jedoch nicht mehr auf das sichtbare Licht allein zu beschränken.

Schon 1931 hatte der amerikanische Funkingenieur Karl Guthe Jansky (1905–1950) Radiowellen entdeckt, die aus dem Weltall bis zur Erdoberfläche vordringen. Zu jener Zeit konnten die Astronomen mit dieser Strahlung jedoch nichts anfangen, weil die notwendigen Empfangsanlagen noch nicht entwickelt waren. Während des Zweiten Weltkriegs wurde die Entwicklung solcher Geräte dann unter dem Druck des Kriegsgeschehens vorangetrieben, und zwar im Rahmen der neuen Radartechnik auf Mikrowellenbasis (trotz des Beiwortes »Mikro« für »klein« ist die Wellenlänge der Mikrowellen viel größer als die des sichtbaren Lichts). Diese Mikrowellen können im Gegensatz zum Licht auch Wolken und Nebel durchdringen, werden aber wie Lichtwellen von festen Gegenständen reflektiert. Die Laufzeit zwischen ausgesandtem Impuls und aufgefangenem Echo ermöglicht dann eine Entfernungsbestimmung.

Mit einem solchen Radarsystem konnte sich England schließlich auch vor überraschenden Flugzeugangriffen der deutschen Luftwaffe schützen, so daß die Schlacht um England für den damaligen Gegner verlorengehen mußte. Nach dem Krieg konnten die Astronomen auf diese Entwicklungen zurückgreifen und mit Hilfe der inzwischen angehäuften Erfahrungen die erforderlichen Empfangsanlagen bauen – die Radioastronomie wurde »geboren«.

Mikrowellenstrahlen ließen sich beispielsweise auf andere Himmelskörper richten und die Echos wieder empfangen. Aus der Laufzeit erhielt man auch hier die Entfernung genauso einfach wie bei Flugzeugen; der ungarische Wissenschaftler Soltan Lajos Bay konnte mit dieser Methode 1946 erstmals Echos vom Mond auffangen.

Die Venus ist viel weiter von uns entfernt als der Mond, wie wir bereits gesehen haben; entsprechend schwieriger wird es sein, sie zu »treffen« und das schwache Echo hinterher überhaupt noch zu registrieren. Dennoch gelang eine solche »Radarbeobachtung« bereits 1958; sie ermöglichte eine Bestimmung der Entfernung Venus–Erde mit einer Genauigkeit, die weit über der aller bisherigen Methoden lag, und erlaubte damit auch eine genauere Berechnung der übrigen Distanzen im Sonnensystem – sie erwiesen sich alle etwa um ein halbes Prozent kleiner als zuvor angenommen.

Alle Körper senden eine elektromagnetische Strahlung aus, deren Energie-Inhalt und Wellenlänge von der Temperatur des Körpers abhängen: je höher die Temperatur, desto kurzwelliger und energiereicher ist die Strahlung. Wenn man zum Beispiel Eisen erwärmt und auf hohe Temperaturen bringt, dann wird es zunächst rotglühend und schließlich weißglühend. Objekte, die zu kühl sind, um noch als rotglühend zu erscheinen, senden Infrarotstrahlen aus, deren Wellenlänge bereits so groß ist, daß man sie mit den Augen nicht mehr wahrnehmen kann; Infrarotstrahlung läßt sich aber mit entsprechenden Instrumenten nachweisen. Allgemein kann man sagen, daß die Wellenlänge der ausgesandten Strahlung um so größer wird, je niedriger die Temperatur des strahlenden Objekts ist – aus der Wellenlänge kann man also auf die Temperatur schließen.

Die Oberfläche der Venus sendet eine langwellige Strahlung aus, die eine beträchtliche Menge Mikrowellen enthält; im Gegensatz zum sichtbaren Licht kann sie die Wolkenschicht der Venusatmosphäre leicht durchdringen. Als 1956 die Eigenstrahlung der Venus untersucht wurde, fiel sofort auf, daß sich aus der Wellenlänge dieser Strahlung eine viel höhere Temperatur für die Oberfläche des Planeten ergab, als man zuvor angenommen hatte. Man war bis dahin davon ausgegangen, daß die Venus zwar einer stärkeren Sonnenstrahlung ausgesetzt ist als die Erde (weil sie näher an der Sonne steht als unser Planet), daß aber aufgrund der dichten Wolkendecke wenigstens 75 Prozent dieser ankommenden Strahlung gar nicht bis zur Venusoberfläche vordringen, sondern in den Weltraum zurückgeworfen werden, so daß die Venus selbst gar nicht viel heißer sein dürfte als die Erde. Die Mikrowellenstrahlung von der Venus schien dieser Vermutung jedoch zu widersprechen.

In den darauffolgenden Jahren lernten amerikanische und sowjetische Raketentechniker den Umgang mit Erdsatelliten und entwickelten Pläne für unbemannte Raumsonden zur Venus. Die erste erfolgreiche Sonde, Mariner 2, wurde am 27. August 1962 in Amerika gestartet. Sie flog auf einer weiten Kurve über eine Strecke von 290 Millionen Kilometern und passierte nach 109 Tagen, am 14. Dezember 1962, die Venus in einem Abstand von 35 000 Kilometern, also weit oberhalb ihrer Wolkenschicht. Zu diesem Zeitpunkt war sie 58 Millionen Kilometer von der Erde entfernt.

Die Meßinstrumente an Bord von Mariner 2 konnten die Mikrowellenstrahlung der Venus an unterschiedlichen Punkten der Venusoberfläche messen. Dabei zeigte sich, daß die Oberfläche noch heißer war, als man aus den Messungen von der Erde aus hatte ableiten können; dies wurde von allen späteren Sonden bestätigt.

Heute wissen wir, daß die Oberfläche der Venus überall höllische Temperaturen aufweist, an den Polen ebenso wie am Äquator, auf der Nachtseite nicht anders als auf der Tagseite. Die Werte liegen bei 475 Grad Celsius, und das reicht, um Zinn und Blei zu schmelzen oder Quecksilber zum Sieden zu bringen.

Warum aber ist die Venus so heiß? Schuld daran trägt offenbar die Atmosphäre des Planeten. Die Sowjetunion entsandte eine ganze Serie von Venus-Sonden, von denen viele auf der Venus-Oberfläche landeten; zu ihnen gehören auch Venera 9 und Venera 10, die den Planeten im Oktober 1975 erreichten. Sie überlebten die höllischen Umweltbedingungen nur je rund eine Stunde, doch konnten sie während dieser Zeit auch den Luftdruck am Venusboden messen und das Ergebnis zur Erde funken: die Atmosphäre ist rund 90mal dichter als die irdische Lufthülle.

Die beiden Sonden übermittelten auch jeweils ein Foto von der Umgebung des Landeplatzes, die ersten, die je aufgenommen wurden. Sie zeigen eine trockene, felsige Oberfläche, die überraschend gut »ausgeleuchtet« war. Obwohl die Wolken in der Venusatmosphäre 97 Prozent des auftreffenden Sonnenlichts reflektieren oder verschlucken, reichen die verbleibenden drei Prozent aus, um den Venusboden ähnlich aufzuhellen wie die Erdoberfläche an einem wolkenverhangenen Tag.

Die amerikanische Mission Pioneer Venus, deren erste Sonde am 20. Mai 1978 auf den Weg geschickt wurde, konnte diese Beobachtungen bestätigen. Mit zum Projekt gehörten einige Atmosphärensonden, die ebenfalls bis zur Venusoberfläche vordringen sollten; sie wurden am 8. August 1978 gestartet und erreichten den Planeten am 9. Dezember des gleichen Jahres. Während des Abstiegs durch die Venusatmosphäre registrierten sie eine Zusammensetzung dieser Atmosphäre aus 96,6 Prozent Kohlendioxid und 3,2 Prozent Stickstoff.

Kohlendioxid hat im Gegensatz zu Stickstoff und Sauerstoff die Eigenschaft, langwellige (Wärme) Strahlung zu verschlukken, und das Ergebnis ist eine Aufheizung der Atmosphäre. Während die relativ dünne Erdatmosphäre die Wärme, die tagsüber durch die Bestrahlung des Erdbodens mit Sonnenlicht entsteht, im Verlauf der Nacht wieder nach außen abstrahlen läßt, wird die Wärmestrahlung der Venus während der Nacht zurückgehalten. Die Venusoberfläche kann nachts nicht in dem gleichen Maße auskühlen, in dem sie tagsüber erwärmt wird. Dadurch steigt die Temperatur an der Oberfläche allmählich an, was wiederum zu einer Zunahme der abzustrahlenden, aber zurückgehaltenen Wärmestrahlung führt. Erst wenn eine gewisse Schwelle erreicht ist, kann der »Überlauf« durch die Atmosphäre entweichen. Diese Schwellentemperatur liegt bei der Venus ziemlich hoch.

Die Planetenforscher sprechen in diesem Zusammenhang von einem Treibhauseffekt, weil in einem Treibhaus auf ähnliche Weise die innen entstandene Wärme durch die Glasscheiben zurückgehalten wird.

Mit Hilfe des Pioneer-Venus-Satelliten konnten die Astronomen auch eine recht genaue Radarkarte der Venusoberfläche zusammenstellen. Dieser Venus-Satellit führte ein Radargerät mit an Bord, das Radarimpulse zur Venusoberfläche aussandte, deren Echo dann wieder aufgefangen und analysiert werden konnte (aufgrund der größeren Wellenlänge der Radarstrahlen im Vergleich zum sichtbaren Licht ist die Trennschärfe, das sogenannte Auflösungsvermögen, allerdings weit geringer als bei Verwendung von sichtbarem Licht, das aber wegen der dichten Wolkenhülle nicht eingesetzt werden konnte).

Der überwiegende Teil der Venusoberfläche stellt sich als relativ flaches Gelände dar, das eher mit irdischem Tiefland vergleichbar ist als mit dem Meeresboden. Man kann daraus die Information gewinnen, daß die Venus in ihrer langen Geschichte nie einen größeren Ozean hatte, allenfalls einige kleinere Binnenseen. Diese »kontinentalen« Gebiete machen rund 5/6 der Venusoberfläche aus, einige tiefere Stellen das restliche Sechstel. In dem recht groben Radarecho kann man einige Kraterstrukturen erkennen. Möglicherweise sind viele ältere Krater von der dichten Venusatmosphäre allmählich eingeebnet worden. Daneben findet man noch einige Hochländer, von denen zwei sehr ausgedehnt sind.

Im Bereich jenseits von 60 Grad nördlicher Breite, da, wo auf der Erde die Arktis liegt, gibt es ein großes Plateau, das den Namen Ischtar-Land erhielt (nach der babylonischen Liebesgöttin Ischtar). Ischtar-Land ist ungefähr so groß wie die USA und ragt im Westen rund 3,3 Kilometer über das »Normalniveau« der Venus auf, während es im Osten von einer großen

Gebirgskette begrenzt wird, den Maxwell-Bergen, die sich bis zu 11,8 Kilometer weit in den Himmel über der Venus recken; diese Berge sind also 3,7 Kilometer höher als der Mount Everest.

In der Äquatorzone finden wir eine zweite, noch größere Hochlandregion, die Aphrodite-Land genannt wird (nach der griechischen Liebesgöttin Aphrodite). Sie erstreckt sich über eine Länge von 9600 Kilometern und erreicht mit einigen Berggipfeln immerhin 8 Kilometer Höhe. Östlich von Aphrodite-Land konnte noch eine Reihe von großen Gräben gefunden werden, die bis zu 500 Kilometer lang sind und eine Tiefe von maximal 2,9 Kilometern aufweisen.

Südwestlich von Ischtar-Land existiert noch eine kleinere Hochlandregion, die im wesentlichen aus zwei Bergen gebildet wird, Rhea Mons und Theia Mons. Jeder dieser Berge ist rund 4 Kilometer hoch und hat am Fuß einen Durchmesser von etwa 1000 Kilometern, würde also die Fläche zwischen Köln und Königsberg, Kopenhagen und Wien voll bedecken; kein irdischer Vulkan könnte da mithalten. Diese Hochebenen, Gebirgsregionen, Gräben und Vulkane machen insgesamt nur 5 Prozent der Venusoberfläche aus.

Merkur

Innerhalb der Venusbahn umkreist noch der Merkur die Sonne. Für einen Umlauf benötigt er 88 Tage, und bis 1962 wurde allgemein angenommen, daß er sich in der gleichen Zeit auch einmal um seine Achse dreht, der Sonne also immer die gleiche Seite zuwendet, während auf der anderen Merkurhälfte ständig Nacht herrscht.

Im Jahre 1962 konnte jedoch mit Hilfe von Radarmessungen gezeigt werden, daß Merkur sich in nur 58,65 Tagen einmal dreht (dies entspricht gerade 2/3 der Umlaufperiode) und daher jeder Bereich des Planeten einen Tag-Nacht-Wechsel erfährt.

Die heißeste Stelle auf dem Merkur ist jener Punkt, an dem die Sonne im sonnennächsten Teil der Merkurbahn genau im Zenit steht – dort können bis zu 425 Grad Celsius erreicht werden. Dieser Wert bleibt noch unter der Oberflächentemperatur der Venus, obwohl der Merkur der Sonne deutlich näher steht als diese – der Merkur besitzt jedoch keine Atmosphäre, deren Gase die Wärme speichern könnten.

Anders als die Venus zeigt der Merkur daher auch starke Temperaturschwankungen im Verlauf eines Merkurtages: wenn die Sonne langsam zum Horizont hinabsinkt, nimmt die Temperatur ab, und diese Entwicklung setzt sich während der Nacht noch weiter fort, wenn die Sonneneinstrahlung ganz fehlt. Kurz vor Sonnenaufgang wird das Minimum bei etwa minus 180 Grad Celsius erreicht.

Obwohl Merkur keine Atmosphäre besitzt, blieb seine Oberfläche den Astronomen weitgehend unbekannt. Er steht für die Beobachtung von der Erde aus zu weit von der Erde entfernt und gleichzeitig zu nah bei der Sonne. Erst die Erkundung durch Raumsonden konnte die Geheimnisse der Merkuroberfläche lüften.

Am 3. November 1973 wurde die amerikanische Raumsonde Mariner 10 gestartet, die nach einem Vorbeiflug an der Venus am 5. Februar 1974 von deren Schwerefeld in Richtung Merkur abgelenkt wurde. Am 29. März 1974 zog die Sonde erstmals in einer Distanz von nur 700 Kilometern an der Merkuroberfläche vorbei. Mittlerweile bewegte sich der Instrumententräger auf einer Bahn, die ihn alle 176 Tage einmal um die Sonne herumführte, und dieser Zeitraum entspricht gerade zwei Merkurumläufen, so daß Mariner 10 am 21. September 1974 und am 16. März 1975 noch einmal am Merkur vorbeizog, einmal in etwa 50000 Kilometer Distanz, beim letzten Mal in einem Abstand von nur 327 Kilometern. Dann war das Gas für die Lagekontrolldüsen aufgebraucht, so daß die Sonde aufgegeben werden mußte.

Die Fotos, die Mariner 10 zur Erde übermittelte, zeigten eine Landschaft, die stark an die Mondoberfläche erinnert: Merkur ist wie der Erdtrabant von zahllosen Kratern zernarbt, deren größte einen Durchmesser von rund 200 Kilometern haben. Er besitzt jedoch nicht so viele Mareflächen wie der Mond. Das größte »Merkurmeer«, das man gefunden hat (die Fotos überdecken nur knapp 40 Prozent der gesamten Merkuroberfläche), hat einen Durchmesser von 1400 Kilometern. Es wurde Caloris-Becken genannt (nach dem lateinischen Wort für Wärme), weil es nahe dem Punkt liegt, an dem die Sonne im sonnennächsten Bahnteil der Merkurbahn im Zenit steht.

Auf den Aufnahmen von der Merkuroberfläche kann man auch zahlreiche Steilhänge und »Schrumpfungsfalten« erkennen, die oft mehrere hundert Kilometer lang sind und bis zu 2,5 Kilometer hoch. Noch ist der Merkur nicht ganz erkundet, aber die Planetenforscher glauben nicht, daß in den noch unbekannten Gegenden des Merkur wesentlich andere Formationen zu finden sein werden.

Mars

Der vierte Planet des inneren Sonnensystems ist der Mars. Im Gegensatz zu Merkur und Venus ist der Mars weiter von der Sonne entfernt als die Erde und kann daher viel einfacher beobachtet werden als Merkur und Venus. Mars kann sich der Erde viel stärker nähern als der Merkur und steht dann als vollbeleuchtete Scheibe am Nachthimmel; Venus und Merkur dagegen wenden uns zu Zeiten des geringsten Abstands immer die dunkle, unbeleuchtete Nachtseite zu.

Mars hat zwar eine Atmosphäre, doch ist sie sehr dünn und enthält nur selten Wolken oder Nebel, die den Blick zur Oberfläche versperren. So konnte die Marsoberfläche schon anhand von Fernrohrbeobachtungen weitgehend kartiert werden, was bei Venus und Merkur nicht möglich war. Die Marskarten früherer Zeiten wiesen vor allem hellere und dunklere Regionen aus, die von einigen Beobachtern für Land- und Seeflächen gehalten wurden. Im Jahre 1877 meldete dann der italienische Astronom Virginio Giovanni Schiaparelli (1835–1910) die Entdeckung langer dunkler Linien, die er »canali« nannte, was soviel wie Rillen heißen sollte.

Durch einen Übersetzungsfehler wurden daraus jedoch sehr schnell Kanäle, künstlich angelegte Wasserstraßen also, die als Anzeichen für die Existenz intelligenter Lebewesen auf dem Mars angesehen wurden. Der eifrigste Verfechter dieser Deutung war der amerikanische Astronom Percival Lowell (1855 bis 1916), der 1894 ein Buch veröffentlichte, das den Mars als bewohnten Planeten beschrieb. H. G. Wells schrieb vier Jahre später seinen ›Krieg der Welten‹ und trug ebenfalls dazu bei, daß das öffentliche Interesse am Mars rapide anstieg. Nachdem unbemannte Raumsonden zum Mond und zur Venus geflogen waren und von dort Informationen zur Erde zurückgefunkt hatten, machten sich sowjetische und amerikanische Wissenschaftler an die Erkundung des Mars durch solche Instrumententräger. Ein erster Erfolg wurde Mariner 4, der am 28. November 1964 gestartet wurde und den Planeten am 14. Juli 1965 in einer Entfernung von etwa 10000 Kilometern passierte.

Während des Vorbeiflugs nahm die Sonde 21 Bilder von der Marsoberfläche auf, die per Funk zur Erde übertragen wurden. Zum ersten Mal konnte man die Oberfläche eines anderen Planeten mit bemerkenswerter Klarheit studieren. Auf den Bildern fand man eine Reihe von Kratern, wie sie bereits vom Mond her bekannt waren. Aus weiteren Daten konnte man entnehmen, daß die Marsatmosphäre viel dünner war als angenommen – der Luftdruck beträgt nur rund 1 Prozent des irdischen Atmosphärendrucks – und dazu hauptsächlich aus Kohlendioxid besteht. Damit sanken die Chancen, dort auch intelligentes Leben zu finden, auf Null.

Am 24. Februar 1969 wurde Mariner 6 gestartet, Mariner 7 folgte am 27. März. Beide Sonden führten ein wesentlich verbessertes Instrumentenpaket mit als Mariner 4; vor allem die Fotos sollten um einiges deutlicher sein als die der früheren Sonde. Mariner 6 zog am 30. Juli 1969 am Mars vorbei, gefolgt von Mariner 7 am 4. August. Zusammen übermittelten sie 199 Bilder, die deutlich machten, daß die Marsoberfläche tatsächlich von Kratern übersät ist, an manchen Stellen genauso dicht wie die Mondoberfläche. Daneben fand man aber auch Regionen, die sich vom Mond unterschieden, die flach und ohne Strukturen waren beziehungsweise stark zerklüftet, als ob der Marsboden dort eingestürzt wäre (Vergleichbares findet sich weder auf dem Mond noch auf der Erde).

Auch auf diesen Fotos konnte man keine Kanäle erkennen. Temperaturmessungen zeigten darüber hinaus, daß es dort um einiges kälter war als vermutet, so daß es auch kaum Wasser in flüssiger Form auf der Oberfläche geben konnte (wohl dagegen als Eis gefroren in den Polkappen). Ohne flüssiges Wasser, ohne Sauerstoff und ohne Kanäle gab es keinen Grund mehr, an intelligente Lebewesen auf dem Mars zu glauben.

Am 30. Mai 1971 wurde die amerikanische Raumsonde Mariner 9 zum Mars entsandt. Sie sollte in eine Umlaufbahn um den roten Planeten einschwenken, was auch am 13. November 1971 planmäßig gelang. Damit befand sich zum ersten Mal eine Raumsonde in der Umlaufbahn um einen anderen Planeten – nur rund 14 Jahre nach dem Start des ersten künstlichen Erdsatelliten.

Kurz nach der Ankunft von Mariner 9 erreichten auch zwei sowjetische Marssonden den Planeten, Mars 2 und Mars 3. Beide warfen eine Landekapsel ab, die am 27. November und am 2. Dezember 1971 auf der Marsoberfläche aufsetzten. Leider hatte sich am 22. September 1971 ein riesiger Staubsturm entwickelt, der bald die gesamte Planetenoberfläche einhüllte. Er tobte noch, als die drei Sonden den Mars erreichten. Die beiden sowjetischen Landekapseln überlebten ihn nicht, doch Mariner 9 wartete geduldig in der Umlaufbahn, bis sich die Atmosphäre wieder aufklärte.

In der Zwischenzeit nahm die Sonde Bilder der beiden winzigen Marsmonde auf. Bis zu jenem Zeitpunkt wußte man lediglich, daß es sich um recht kleine Objekte handeln mußte, und kannte nur ihre Umlaufbahnen. Jetzt erwiesen sie sich als unregelmäßig geformte Körper, die das Aussehen von überdimensionalen Kartoffeln besaßen. Phobos, der den Mars auf der Innenbahn umrundet, hat einen Durchmesser von maximal 28 Kilometern, Deimos dagegen ist an keiner Stelle größer als 16 Kilometer. Phobos ist von zahlreichen Kratern zernarbt, deren größter den Namen Stickney trägt; dies ist der Mädchenname der Frau von Asaph Hall (1829–1907), der die beiden Marsmonde 1877 entdeckt hatte – sie soll ihn ermuntert haben, noch eine weitere Nacht zu suchen, nachdem er bereits hatte aufgeben wollen. Auch Deimos weist Kraterspuren auf, die jedoch weitgehend von Staub und Geröll zugedeckt erscheinen; die beiden größten Krater hier heißen Voltaire und Swift, da diese beiden Satiriker schon lange vor der Entdeckung der Marsmonde dem roten Planeten zwei Monde angedichtet hatten.

Im Dezember 1971 ließ der Sturm allmählich nach, und Mariner 9 konnte damit beginnen, die Planetenoberfläche zu fotografieren. Nach einem Jahr kannte man den Mars ebensogut wie die Oberfläche des Mondes. Nun konnte man endlich mit Sicherheit sagen, daß es auf dem Mars wirklich keine Kanäle gibt. Die schmalen dunklen Linien erwiesen sich nachträglich als optische Täuschungen, was schon lange von einigen Astronomen als »Erklärung« vorgeschlagen worden war. Ebensowenig waren die hellen und dunklen Gebiete Land- und Wasserflächen; es handelte sich vielmehr um verschieden helle Staubablagerungen, die von jahreszeitlichen Winden hin und her bewegt wurden (eine Deutung, die der amerikanische Astronom Carl Sagan einige Jahre zuvor angeregt hatte).

Die Krater, die von den früheren Marssonden fotografiert worden waren, beschränkten sich im wesentlichen auf eine Mars-Hemisphäre. Die andere, weitgehend kraterfreie Halbkugel weist dafür andere bemerkenswerte Formationen auf, darunter auch eindeutig als Vulkane zu klassifizierende Berge. Die auffälligsten Objekte dieser Art stehen in einer Region, die von Schiaparelli mit dem Namen Tharsis bedacht worden war. Das größte Gebilde erhielt 1973 den Namen Olympus Mons; es ist weit größer als jeder Vulkan auf der Erde.

Im Südosten der Tharsis-Region beginnt ein gewaltiger Canyon, der eine Tiefe von bis zu 8 Kilometern erreicht, maximal 200 Kilometer breit ist und sich über eine Länge von 4500 Kilometern erstreckt. Dagegen erscheint der Grand Canyon in den USA wie ein kleiner Kratzer an der Erdoberfläche.

Als nächstes sollte eine weiche Landung auf dem Mars folgen, doch mußte sie zu einem Zeitpunkt stattfinden, zu dem kein globaler Staubsturm den Abstieg durch die Atmosphäre gefährden würde, wie im Fall der beiden russischen Marssonden. Mit dieser Zielvorgabe startete am 20. August 1975 die amerikanische Raumsonde Viking 1, der am 9. September Viking 2 folgte. Beide schwenkten in eine Umlaufbahn um den Mars ein. Nach einigen Wochen hatte man anhand neuester Aufnahmen geeignete Landeplätze ausgesucht, und am 20. Juli 1976, sieben Jahre nach der Landung von Apollo 11 auf dem Mond, setzte das Landegerät von Viking 1 bei 22,27 Grad nördlicher Breite auf. Im September erreichte auch der Lander von Viking 2 die Marsoberfläche bei knapp 48 Grad nördlicher Breite.

Während des Abstiegs durch die Atmosphäre analysierten die Sonden die Zusammensetzung der Lufthülle und fanden, daß sie zu 95 Prozent aus Kohlendioxid besteht, 2,7 Prozent Stickstoff enthält und 1,6 Prozent Argon. Die Temperatur an der Oberfläche erwies sich als ziemlich niedrig, da sie nicht einmal im Maximum auf über null Grad anstieg.

Nach der Landung übertrugen die Geräte zunächst einmal Bilder von der Marsoberfläche. Obwohl die beiden Lander einige tausend Kilometer voneinander entfernt aufgesetzt hatten, zeigten diese Bilder eine vergleichbare Landschaft – eine öde Steinwüste, die mit Geröll jeder Größe übersät war. Auf den brillanten Farbfotos konnte man darüber hinaus erkennen, daß diese Felsbrocken alle eine deutliche Rotfärbung haben. Der Himmel erschien in einem hellen lachsfarbenen Rosa, vermutlich wegen des rötlichen Staubs in der Atmosphäre. In einem kleinen Laboratorium wurden Bodenproben des Mars analysiert. Man fand einen höheren Eisengehalt, dafür aber weniger Aluminium als im Krustengestein der Erde; die Unterschiede sind allerdings nicht gravierend.

Das Hauptaugenmerk richtete sich jedoch auf die Versuche, die jeder Lander zum Nachweis mikroskopisch kleiner Lebewesen durchführen konnte. Sie waren darauf ausgelegt, nach bestimmten Reaktionen Ausschau zu halten, die irdische Mikroorganismen unter vergleichbaren Bedingungen vollführen würden, und dann zu überprüfen, ob diese Reaktionen aufhörten, wenn man die Bodenprobe (nach irdischen Maßstäben) sterilisierte. Zu diesem Zweck waren drei verschiedene Experimente vorgesehen, die allesamt zu scheinbar positiven Ergebnissen führten. Dennoch konnte man daraus nicht zwingend auf die Existenz von Marslebewesen schließen, zumal ein viertes Experiment, das nach organischen Substanzen in der Marsoberfläche suchen sollte, eine klare »Fehlanzeige« meldete. Weil aber auf der Erde alle Lebewesen aus solchen Bausteinen zusammengefügt sind, wie sie im Marsboden offenbar fehlen, die Wissenschaftler sich andererseits aber nicht dazu durchringen konnten, die Existenz nichtorganischer Lebensformen (das heißt, ohne Beteiligung des Kohlenstoffs) für möglich zu halten, begannen sie nach komplexen chemischen Reaktionen zu suchen, die die beobachteten lebensähnlichen Reaktionen auch ohne das Vorhandensein marseigener Lebewesen zu erklären.

Die Frage nach mikroskopisch kleinen Lebensformen auf dem Mars ist bis heute nicht endgültig entschieden, wiewohl die meisten Wissenschaftler die Chancen für ziemlich gering halten.

Weltraumsiedlungen

Bis 1980 hatten Raumsonden von der Erde alle größeren Körper im inneren Sonnensystem untersucht und erforscht – die Erde und ihren Mond, die Venus, den Merkur sowie den Mars und seine beiden Satelliten Phobos und Deimos.

Darüber hinaus gibt es eine Vielzahl kleinerer Objekte, die gelegentlich in das Innere des Sonnensystems vordringen: Kometen, Asteroiden und Meteoroide.* Auch sie können wir zum »Erfahrungshorizont« der Menschheit hinzurechnen, weil sie jederzeit von einem Raumschiff angesteuert und erforscht werden können; die europäische Sonde Giotto, die 1986 den Kometen Halley erreichte, ist ein eindrucksvolles Beispiel dafür.

Auch der Kleinplanet Icarus könnte das Ziel einer solchen Mission werden; sein Durchmesser wird mit 1,9 Kilometer angegeben, und das Objekt kann sich unter günstigen Bedingungen der Erde bis auf 6,4 Millionen Kilometer nähern. Icarus ließe sich ohne allzu großen Aufwand in eine Sonnensonde besonderer Art umwandeln. Wenn man auf Icarus einen gegen die starke Sonneneinstrahlung geschützten Instrumententräger landen könnte, dann würden die Instrumente bei jedem Umlauf automatisch bis auf 28,4 Millionen Kilometer an die Sonne herangeführt; dies ist deutlich weniger als die Entfernung Sonne–Merkur, und auch die beiden deutsch-amerikanischen Sonnensonden *Helios* näherten sich der Sonne lediglich bis auf rund 45 Millionen Kilometer.

Gewiß – sieht man einmal von Erde und Mond ab, dann ist das innere Sonnensystem nur von unbemannten Raumschiffen erkundet worden, doch ändert dies nichts daran, daß die Körper in diesem Raumbereich zum Erfahrungshorizont der Menschheit gehören. Schließlich war die Erforschung mit ausgeklügelten Instrumenten so gut, daß wir heute die Marsoberfläche weit besser kennen als das Innere Afrikas vor hundert Jahren.

* Als Meteoroide werden im englischen Sprachbereich jene Objekte bezeichnet, die auf Kollisionskurs mit der Erde sind und beim Zusammenstoß als Meteorite auf die Erdoberfläche herabfallen. (Anm. d. Ü.)

Wir können natürlich auch fragen, ob Menschen nicht vielleicht doch einmal einen anderen Himmelskörper außerhalb des Systems Erde-Mond betreten. Dazu müssen wir uns noch einmal die Entfernungen in Erinnerung rufen, die dazu überbrückt werden müssen. Das nächste »logische« Ziel nach dem Mond ist der Mars, denn sowohl Venus als auch Merkur sind zu heiß, um den Ausstieg eines Astronauten an der Oberfläche zu ermöglichen. Ein Rundflug zum Mars würde jedoch weit länger als ein Jahr dauern (und das gilt genauso für Venus und Merkur), wäre also auf jeden Fall ein sehr aufwendiges Unternehmen.

Schon die Entsendung von unbemannten Raumsonden ohne kostspieliges Lebenserhaltungssystem und aufwendige Sicherheitsphilosophie hat sich als recht teuer erwiesen, doch müßte ein bemanntes Raumschiff sehr viel höheren Anforderungen genügen – der Verlust an Menschenleben wäre nämlich weit tragischer als der Ausfall oder der Verlust einiger Instrumente wie im Fall von Mars 1 und Mars 2. Die Kosten für ein bemanntes Unternehmen lägen entsprechend weit höher als die Ausgaben für die bisherigen Sonden. Außerdem könnte die psychologische Belastung der Astronauten, die für viele Monate mit einem ständig wiederkehrenden Programm auf engem Raum eingeschlossen wären, unerträglich sein, zumal sie alle in der Gewißheit leben müßten, daß im Falle einer technischen Panne keine Rettungsaussichten bestehen. All dies zusammen sollte die Aussichten auf eine Landung von Astronauten auf dem Mars eigentlich zerschlagen.

Andererseits können wir natürlich argumentieren, daß auch die frühen Seefahrer, die Phönizier, Wikinger, Polynesier und Portugiesen, in noch unbekannte Weiten vorgestoßen sind, sich viele Monate hindurch auf engem Raum zurechtfinden und auch jederzeit mit gefährlichen Stürmen rechnen mußten. Dennoch wagten sie sich auf die offene See hinaus und kamen durch. Wenn unsere Astronauten ähnliches leisten wie jene, dann sollten auch sie erfolgreich sein können.

Schließlich wären die Astronauten über weite Strecken dieses Unternehmens durch Funk und Fernsehen ständig mit der Erde verbunden, so daß sich eigentlich ein Gefühl der Isolation und der Verlassenheit gar nicht einzustellen braucht. Andererseits hofften die frühen Seefahrer immer, unterwegs irgendwo auf noch unbekannte Landgebiete zu stoßen – sie wußten also gar nicht, wie lang und beschwerlich ihre Reise sein würde. Die Astronauten auf dem Weg zum Mars wüßten dagegen sehr wohl, was sie erwartet.

Ich glaube, daß Astronauten eines Tages von der Erde starten können, den Mars erreichen und wieder sicher zur Erde zurückkehren, daß sie die lange und beschwerliche Reise tapfer und erfolgreich überstehen werden, sofern nur ein Land oder auch eine internationale Vereinigung ein solches Unternehmen finanziert. Es wäre allerdings eine »Gewalttour«, die sicher nicht so bald wiederholt würde (die erste Erdumseglung durch die Überlebenden der Magellan-Expedition blieb auch rund 60 Jahre ohne Nachfolge).

Dies gilt jedoch nur für den Fall, daß wir uns auf Astronauten *von der Erde* beschränken.

Ich habe schon angedeutet, welche Entwicklungen sich im erdnahen Weltraum, im Bereich zwischen Erde und Mond, anbahnen könnten. Wenn es wirklich einmal Sonnenkraftwerke, Observatorien, Forschungslabors und Produktionsstätten in der Erdumlaufbahn gibt, dann wird man für den Flug zum Mars wahrscheinlich keine Astronauten auswählen, die sich erst mühevoll an die lange Schwerelosigkeit gewöhnen müssen. Es erscheint vielmehr sinnvoll, die »Bauarbeiter« über längere Zeiträume im Weltraum zu belassen, vor allem dann, wenn die Baumaterialien vom Mond herangeschafft werden. Der Abbau von Erzen auf dem Mond wird natürlich am besten auch durch die entsprechende Weiterverarbeitung auf dem Erdtrabanten ergänzt, so daß man sowohl die Baustoffe wie Beton, Glas und Metall als auch andere Dinge wie Sauerstoff, Mutterboden und sonstigen Bedarf im Weltraum herstellt.

Im Jahre 1974 veröffentlichte der amerikanische Physiker Gerard O'Neill die Ergebnisse seiner Überlegungen, nach denen der Bau von großen Raumsiedlungen, die zehntausend und mehr Menschen Platz bieten, technisch schon jetzt durchführbar sei. Solche Raumsiedlungen könnten ihren Bewohnern erdähnliche Bedingungen bieten mit Sonnenlicht im üblichen Tag-Nacht-Rhythmus, mit der gewohnten Erdschwere (vorgetäuscht durch die Zentrifugalkraft einer Rotationsbewegung) und mit Energie im Überfluß aus der Umwandlung von Sonnenlicht in elektrischen Strom.

Seither ist der Bau solcher Raumsiedlungen ausgiebig studiert worden, und man kam übereinstimmend zu dem Ergebnis, daß unabhängig von den Anfangskosten die Investitionen sich schon bald mehr als nur bezahlt machen würden, wenn nur aus den wenigen Pionier-Siedlungen bald durch die Arbeit der Pioniere weitere Stationen entstünden. Außerdem wurde deutlich, daß die Technologie heute wirklich bereits ausreicht, um das Projekt in Angriff zu nehmen. Zwar würden zukünftige technologische Entwicklungen den Bau solcher Siedlungen wahrscheinlich beschleunigen und die Kosten reduzieren, aber darauf brauchte man gar nicht zu warten. Eigentlich stehen der Verwirklichung nur irrationale Gründe entgegen, wirtschaftliche Überlegungen (für solche Unternehmen wurde noch nie soviel Geld investiert), politische Faktoren (die Gelder werden lieber in Rüstung und Kriegsmaterial gesteckt) sowie psychologische Gründe (das gegenseitige Mißtrauen einzelner Nationen, aber auch Zweifel am Nutzen solcher Anstrengungen) – technologische Gründe dagegen zögern den Beginn der Arbeiten nicht hinaus. Mit einem optimistischen Blick in die Zukunft wird man erkennen, daß wir auf Dauer die Notwendigkeit einer weiteren Ausdehnung des menschlichen Horizontes nicht umgehen können und daher den Bau solcher Raumsiedlungen in Angriff nehmen werden.

Unter solchen Aspekten würde sich natürlich auch das Problem der weiten Reisen zu anderen Planeten von selbst lösen. Menschen, die seit langem unter Weltraumbedingungen leben, die vielleicht sogar an Bord einer Raumsiedlung geboren wurden, haben sicher eine ganz andere Einstellung zu langen Raumflügen als wir Erdenbürger heute. Solche Raumsiedler sind zunächst einmal an die physischen Bedingungen eines derartigen Unternehmens gewöhnt, die uns Erdenmenschen eher exotisch erscheinen; sie arbeiten routinemäßig im Weltraum, treiben Handel im Weltraum und begegnen ihm auf Schritt und Tritt – kurz, sie fühlen sich dort zu Hause. Sie sind darüber hinaus an die Umgebung eines Raumschiffes gewöhnt, die uns völlig fremdartig vorkommen würde. Sie kennen den festen Rhythmus, der zu einer solchen künstlichen Umwelt gehört. Auch die Probleme, die sich für uns Erdenmenschen aus der veränderten Schwerkraft-Situation an Bord eines Raumschiffes ergäben, bereiten Raumsiedlern wenig Kopfzerbrechen, weil sie sich an solche Bedingungen längst angepaßt haben.

Schließlich entfällt eine Hauptschwierigkeit des Raumflugs von der Erde aus. Der Energiebedarf ist bei einem Start aus der Umlaufbahn weit geringer als bei einem irdischen Start. Entsprechend können weit größere Raumschiffe gebaut werden, die natürlich den mitfliegenden Raumfahrern eine viel angenehmere Umgebung bieten können als jene Kapseln, die man vom Erdboden aus auf die weite Reise entsendet, und das wiederum dürfte die physischen und psychischen Belastungen weiter reduzieren.

So wird man vermuten dürfen, daß die nächste große Expansionswelle der Menschheit, die Eroberung des interplanetaren Raumes, von solchen Raumsiedlern vorangetrieben wird, weniger von den Menschen auf der Erde. Diese Raumsiedler könnten die Phönizier, Wikinger, Polynesier oder Portugiesen des 21. Jahrhunderts werden.

Das erste Ziel wäre wahrscheinlich der Mars, denn er bietet den Astronauten sicher ähnliche Umweltbedingungen wenn nicht bessere als der Mond (wenn man von der größeren Entfernung absieht). Die Temperaturen sinken dort nachts auch nicht tiefer als während der Mondnacht, doch dafür bleibt die Sonneneinstrahlung tagsüber weniger intensiv als auf dem Mond. Die Anziehungskraft an der Marsoberfläche beträgt immerhin 40 Prozent der Erdschwere (im Vergleich zu 17 Prozent beim Mond), und außerdem verfügt der Mars zumindest über eine dünne Atmosphäre, ja, sogar auch über einige leicht flüchtige Elemente, die beim Mond fehlen. Offen bleibt, ob die Raumsiedler auf dem Mars selbst wohnen werden oder ob sie sich in der Umlaufbahn »einquartieren« und den Mars lediglich als Arbeitsplatz für die Förderung von Bodenschätzen nutzen.

Dagegen dürften Ziele in der anderen Richtung, auf die Sonne zu, wohl kaum angesteuert werden. Venus scheidet von vornherein aufgrund ihrer hohen Temperatur und der dichten Atmosphäre aus. Merkur ist vielleicht weniger »lebensfeindlich«. Zumindest auf der Nachtseite sind die Bedingungen nicht wesentlich unwirtlicher als auf der Nachtseite des Mondes oder beim Mars, doch dauert die Nacht auf Merkur nicht ewig. Vielleicht könnte die Zeit während des ersten Nachtaufenthaltes ausreichen, um sich so tief in den Merkurboden einzugraben, daß man vor der intensiven Sonnenstrahlung geschützt die Hitze des 1400-Stunden-Tages auf dem Merkur überdauern könnte, doch sind dies vorerst nur Spekulationen.

Hin und wieder kommt auch der Vorschlag, die Planeten zu neuen Erden umzuformen – »terraforming« wird dies im englischen Sprachbereich genannt. Eine solche Umformung wird aber nie so weit gehen können, daß sie am Ende ein ganz normales, irdisches Leben auf dem Planeten ermöglichen würde – allenfalls eine Erleichterung der Lebensbedingungen ist denkbar, etwa, um einen möglichen Abbau von Bodenschätzen weniger aufwendig werden zu lassen.

Es spricht jedoch alles dafür, daß die Expansion der Menschheit zunächst einmal von der Sonne weggerichtet sein wird. Weiter draußen gibt es viel mehr Platz als im Innenbezirk des Sonnensystems, und es ist leichter, sich in einer kalten Umgebung eine warme »Nische« zu schaffen als ein kühles Plätzchen in einer heißen Umgebung. Der Mars wird dann vielleicht nur eine Zwischenstation auf dem Weg noch weiter nach draußen. Jenseits des Mars beginnt der Asteroidengürtel mit zahllosen kleineren Himmelskörpern; die Zahl der Objekte, deren Durchmesser größer als ein Kilometer ist, mag bei einigen zehn- bis hunderttausend liegen. Sie stellen ein riesiges Reservoir an Bodenschätzen dar. Zwar ist die Gesamtmasse aller Asteroiden weit geringer als die Gesamtmasse des Mondes, doch erreichen wir beim Mond allenfalls die obere Kruste – der Rest liegt (wie bei der Erde) zu tief für eine wirkliche Nutzung. Sieht man einmal von den größten Planetoiden ab (Ceres hat einen Durchmesser von rund 1000 Kilometern, einige Dutzend mögen größer als 100 Kilometer sein), so liegt in den meisten Fällen das gesamte Material eines Asteroiden nahe genug unter der Oberfläche, um auch abgebaut werden zu können. Darüber hinaus enthalten die Asteroiden auch jene Elemente, die auf dem Mond fehlen. Es kommt also vielleicht einmal die Zeit, da die kleinen Planeten die Bergwerke der Menschheit sein werden. Dort könnten auch neue Siedlungen entstehen, weil im Asteroidengürtel genügend Baustoffe vorhanden sind und auch die Sonneneinstrahlung zur Energieversorgung reicht. Der Gürtel der kleinen Planeten bietet möglicherweise milliardenfach mehr Raum als die Umlaufbahn des Mondes, und so kann die Zahl der Raumsiedlungen dort schier ins Unermeßliche steigen. Es muß gar nicht so schwerfallen, sich vorzustellen, daß eines Tages der überwiegende Teil der Menschheit im Bereich des Asteroidengürtels lebt.

Jupiter

Der Asteroidengürtel markiert die Grenze des inneren Sonnensystems. Dahinter beginnen die Tiefen des äußeren Sonnensystems. Dort draußen stehen die Himmelskörper nicht mehr so dicht beisammen wie weiter innen, doch dafür sind sie auch größer. Es beginnt mit Jupiter, dem Riesen im Planetensystem, der immerhin rund 60 Prozent der Gesamtmasse aller Planeten und ihrer Monde in sich vereint; dahinter folgen Saturn, Uranus, Neptun und Pluto – sie alle sind deutlich kleiner als Jupiter, mit Ausnahme von Pluto aber allesamt weit größer als die Erde. Jupiter verfügt über vier große Monde, die so groß sind wie der Erdmond oder größer: Io, Europa, Ganymed und Kallisto; bei Saturn und Neptun finden wir jeweils einen ähnlich großen Begleiter: Titan beziehungsweise Triton.

Daneben gibt es noch eine Vielzahl kleinerer Monde. Bei Jupiter kennen wir gut ein Dutzend, bei Saturn fast zwei Dutzend, bei Uranus fünf und bei Neptun einen. Auch Pluto hat, wie wir inzwischen wissen, einen Mond: Charon, der immerhin fast halb so groß ist wie sein »Zentralplanet«. Beide fallen aber aus dem Rahmen der großen Planeten jenseits der Marsbahn, ebenso wie Chiron, der die Sonne zwischen Saturn- und Uranusbahn umkreist.

Die Entfernungen, die im äußeren Sonnensystem an der Tagesordnung sind, übertreffen die Distanzen im inneren Sonnensystem bei weitem. Jupiter ist mit seinen Satelliten rund 780 Millionen Kilometer von der Sonne entfernt – er steht selbst unter günstigen Bedingungen mehr als zehnmal so weit von der Erde weg wie Mars zu Zeiten des kleinsten Abstandes. Bis zum Saturn sind es weitere 651 Millionen Kilometer, und die Bahn von Uranus liegt 2,1 Milliarden Kilometer jenseits der Jupiterbahn. Neptun bewegt sich 3,7 Milliarden Kilometer außerhalb der Jupiterbahn, und Pluto umläuft die Sonne im Schnitt 5,1 Milliarden Kilometer weiter draußen als Jupiter: der Abstand Jupiter–Pluto ist rund viermal so groß wie der Durchmesser des inneren Sonnensystems (gerechnet bis zum äußeren Rand des Asteroidengürtels). Dennoch sind bereits unbemannte Raumsonden in diesen Bereich vorgedrungen und haben eine Fülle von Daten zur Erde übermittelt.

Am 2. Mai 1972 wurde die amerikanische Jupitersonde Pioneer 10 gestartet; sie verließ den Anziehungsbereich der Erde mit einer Geschwindigkeit von 14,5 Kilometern pro Sekunde, schneller als jeder andere Raumflugkörper bis zu jenem Zeitpunkt.

Pioneer 10 passierte den Asteroidengürtel ohne Schaden und meldete von dort eine weit geringere Staubdichte, als von den Astronomen erwartet. Am 3. Dezember 1973 zog die Sonde in einer Entfernung von nur 135 000 Kilometern an der Jupiteroberfläche vorbei. Das Magnetfeld des Jupiter erwies sich als

40mal stärker als das irdische Magnetfeld – sein Einfluß reicht mehr als 7 Millionen Kilometer weit in den Raum hinaus.

Ein Jahr später erreichte Pioneer 11 den Jupiter; diese »Schwestersonde« war am 5. April 1973 gestartet und kam am 2. Dezember 1974 bis auf 42000 Kilometer an die Jupiteroberfläche heran. Dabei führte die Bahn über die Polarregionen des Riesenplaneten hinweg.

Aus den Daten, die von Pioneer 10 und Pioneer 11 zur Erde gefunkt wurden, läßt sich Jupiter als eine im wesentlichen aus Wasserstoff bestehende Kugel modellieren; außen ist der Wasserstoff gasförmig, weiter innen flüssig und zum Zentrum hin metallisch. Hinzu kommt noch Helium im Verhältnis 1 zu 5 sowie kleine Mengen schwerer Elemente; möglicherweise existiert im Zentrum ein kleiner Kern aus felsigem Material. Der Planet ist heiß. Tausend Kilometer unter der Wolkenobergrenze liegt die Temperatur bereits bei 3600 Grad Celsius, und im Zentrum werden rund 30000 Grad erreicht.

Während die Pioneersonden nicht sonderlich nahe an die Jupitermonde herankamen, wurden die beiden nächsten Sonden vom Typ Voyager gezielt auch an den Jupitertrabanten vorbeigeführt.

Voyager 1 startete am 5. September 1977, rund zwei Wochen nach Voyager 2. Weil Voyager 1 unterwegs etwas schneller war als die Schwestersonde, konnte er sie überholen und erreichte den Jupiter am 5. März 1979, rund vier Monate vor Voyager 2. Voyager 1 fand unter anderem einen Staubring um Jupiter, der jedoch viel dünner und weniger weit ausgedehnt ist als die Ringe des Saturn, so daß er von der Erde aus weitgehend unsichtbar ist. Der Ring selbst besteht aus winzigen Partikeln, doch konnte Voyager 1 an seinem Außenrand zwei oder drei größere Brokken erkennen, die man fast schon als eigenständige Monde bezeichnen kann; sie umrunden den Jupiter noch innerhalb der Bahn, die der innerste, von der Erde aus beobachtete Mond zieht. Möglicherweise halten diese Kleinstmonde den Jupiterring zusammen.

Voyager 1 fotografierte auch die vier großen Jupitermonde; von innen nach außen sind dies Io, Europa, Ganymed und Kallisto. Europa ist der kleinste dieser vier großen Jupitermonde – sein Durchmesser bleibt etwas hinter dem des Erdmondes zurück. Io hat nahezu die gleichen Ausmaße wie unser Mond, während Ganymed und Kallisto deutlich größer sind, größer sogar noch als der Planet Merkur.

Die Oberfläche von Kallisto ist dicht mit Kratern übersät. Man erkennt darüber hinaus zwei große Einschläge, um die herum das Material in mehreren konzentrischen Ringen aufgebrochen erscheint. Ganymed, der größte Mond im ganzen Planetensystem, steht näher an Jupiter als Kallisto und ist damit auch einer stärkeren Gezeitenkraft ausgesetzt als dieser. Gezeitenkräfte können eine Art Wärmequelle darstellen, und vielleicht konnte Ganymed daher seine innere Hitze länger halten als Kallisto; das zumindest würde erklären, warum die Oberfläche von Ganymed so ganz anders aussieht als die von Kallisto. Dann nämlich mag Ganymed noch nach dem Bombardement, das die Krater entstehen ließ, Krustenbewegungen an der Oberfläche erlebt haben, bei denen »frische«, nicht von Kratern zernarbte Gebiete entstanden, die wegen dieser Bewegung starke Faltungen oder Furchen aufweisen.

Europa steht dem Jupiter noch näher und ist daher auch noch wärmer; warm genug jedenfalls, um einen Großteil des Wassers an seiner Oberfläche in flüssiger Form zu halten (auch die beiden äußeren Monde Ganymed und Kallisto enthalten einen beachtlichen Anteil an Wasser, wie man aus den Werten für die mittlere Dichte ableiten kann, doch ist dieses Wasser dort ganz zu Eis gefroren). Der globale Ozean auf Europa ist jedoch an der Oberfläche gefroren, und so erscheint der Mond bemerkenswert glatt und eben. Wann immer ein Meteorit auf Europa hinabstürzt, wird er (sofern er groß genug ist, um sichtbare Spuren zu hinterlassen) das Oberflächeneis durchbrechen und in dem darunter befindlichen Wasser versinken. Der Einschlag»krater« aber friert wieder zu, und so findet man später keinerlei Zeugnisse des Aufschlags mehr (man hat bislang lediglich drei Andeutungen für Krater gefunden, wo das Eis beim Aufschlag aufgetürmt worden ist und vielleicht noch nicht ausreichend Zeit hatte, sich wieder zu glätten). Seltsam sind auch die weitgehend geraden dunklen Linien, die man in der Eiskruste erkennen kann und die eine verblüffende Ähnlichkeit mit den vermeintlichen Marskanälen haben; wahrscheinlich handelt es sich hierbei um Risse und Brüche in der Eiskruste.

Io, der innerste der vier großen Jupitermonde, spürt naturgemäß den Gezeiteneinfluß des Riesenplaneten am stärksten. Drei Tage vor dem Vorbeiflug von Voyager 1 an Jupiter erschien in dem amerikanischen Wissenschaftsmagazin ›Science‹ ein Artikel, der die mögliche Existenz von aktiven Vulkanen auf Io voraussagte. Sie wurden wenig später wirklich gefunden. Auf den Fotos, die Voyager 1 von Io übermittelte, konnte man nicht weniger als acht gleichzeitig spuckende Vulkane erkennen, von denen sechs vier Monate später, als Voyager 2 das Jupitersystem passierte, immer noch aktiv waren. Io ist der einzige Himmelskörper, auf dem aktive Vulkane gefunden wurden.*

Die mittlere Dichte von Io gleicht der des Erdmondes, und so erscheint uns Io als riesiger Klumpen aus felsigem Material. Wasser und andere flüchtige Elemente oder Verbindungen sind vermutlich durch die große innere Hitze allmählich ausgetrieben worden, und auch Io verfügt über keine nennenswerte Atmosphäre. Allenfalls Spuren von Gasen kann man in seiner Umgebung erwarten, vorwiegend Schwefeldioxid, das bei den Vulkaneruptionen zusammen mit Staub und Asche herausgeschleudert wird.

Den Löwenanteil aber stellt Schwefeldampf, der sehr rasch gefriert und die Oberfläche des Mondes mit einem rötlich-gelben »Schwefelschnee« überdeckt, einer besonderen Art von Lava gewissermaßen. Dieser »Niederschlag« deckt natürlich auch Krater und sonstige Unebenheiten zu, so daß man lediglich ein paar besonders junge Krater auf Io erkennen kann, die noch nicht wieder zugeschüttet worden sind.

Saturn

Drei der vier bislang gestarteten Jupitersonden sind vom Schwerefeld des Riesenplaneten so abgelenkt worden, daß sie anschließend auf Kurs zum nächst äußeren Planeten gingen, zu Saturn-Sonden wurden.

Den Anfang machte Pioneer 11, der am 1. September 1979 in einer Entfernung von rund 21 000 Kilometern über den Wolken des Saturn vorbeizog. Pioneer 11 übermittelte die ersten Nahaufnahmen vom Ringsystem des zweitgrößten Planeten im Sonnensystem, und schon sie machten deutlich, daß dieses System weit komplexer war als man aufgrund irdischer Beobachtungen vermutet hatte. Am 12. November 1980 folgte Voyager 1, dessen Kameras weit klarere Fotos vom Planeten, den Ringen und den Monden zurückfunkten. Die Ringe präsentierten sich nun

* Inzwischen glauben einige Wissenschaftler, aus den Meßdaten der Pioneer-Venus-Sonde Hinweise auf vulkanische Aktivitäten beim inneren Nachbarplaneten der Erde herauslesen zu können. (Anm. d. Ü.)

in einer fast unvorstellbaren Filigranstruktur, lösten sich in Tausende von Einzelringen auf. Selbst im Bereich der sogenannten Cassini-Teilung, die von der Erde aus betrachtet wie eine materiefreie Zone erscheint, konnten mehrere dieser Einzelringe nachgewiesen werden. Einige Ringe wirkten nicht ganz kreisförmig, andere wiesen sogar seltsame Verdrillungen auf. Wie schon im Fall des Jupiterringes fand man auch hier zumindest drei kleinere Saturnmonde, die wie Aufpasser die Ringpartikel in ihren engen Grenzen zu halten scheinen.

Voyager 1 fotografierte auch eine Reihe von Saturnmonden. Ihre Oberflächen waren, wie erwartet, weitgehend von Kratern zernarbt. Bei Mimas fand man sogar einen Krater, dessen Ausmaße im Vergleich zur Größe des Mondes fast schon bedrohlich sind; der Einschlag, auf den dieser Krater zurückgeht, hätte den Mond beinahe zertrümmern können.

In der Umlaufbahn von Dione stieß man auf einen weiteren Satelliten (Dione B), der sich in einem Abstand von 60 Grad vor dem »Hauptmond« bewegt. Beide Trabanten bilden zusammen mit Saturn die Eckpunkte eines gleichseitigen Dreiecks. Die Astronomen sprechen hier von einer »Trojaner-Situation«, die eine spezielle Lösung des sogenannten Dreikörperproblems darstellt. Der italienisch-französische Astronom Joseph Louis Lagrange (1736–1813) zeigte um 1790, daß bei einer solchen Anordnung die gegenseitigen Anziehungskräfte eine weitgehend stabile Konfiguration erlauben. Mehr als ein Jahrhundert später stieß man dann auf zwei Gruppen von kleinen Planeten, die sich an den »passenden« Stellen der Jupiterbahn bewegen; weil sie nach Helden des Trojanischen Krieges benannt wurden, entstand der Begriff von der »Trojaner-Situation«. Mittlerweile wurde bekannt, daß auch Tethys von zwei kleineren Monden begleitet wird, von denen einer rund 60 Grad vorausläuft, während der andere in entsprechendem Abstand folgt.

Auf den Bildern von Voyager 1 erschien der Mond Enceladus ähnlich glatt wie die Oberfläche des Jupitertrabanten Europa, doch kam die Sonde nicht besonders nahe an diesen Mond heran. Voyager 2, der am 25. August 1981 am Saturn vorbeizog, konnte auch Enceladus aus geringerer Distanz fotografieren. Dabei zeigte sich, daß der Mond zwar einige Krater an der Oberfläche besitzt, darüber hinaus aber auch zahlreiche Rillen und Furchen ähnlich dem Ganymed. Dies läßt zusammen mit dem gefundenen hohen Rückstrahlvermögen von fast 100 Prozent den Schluß zu, daß Enceladus von einer Eiskruste eingehüllt ist, die möglicherweise durch wasserspeiende »Vulkane« ständig erneuert wird.

Ein weiterer Sonderfall im Saturnmondsystem ist Iapetus; schon von der Erde aus konnte man nachweisen, daß Iapetus eine helle und eine dunkle Hemisphäre haben muß. Zumindest erschien Iapetus, wenn er auf der einen Seite des Saturn stand, wesentlich heller als wenn er auf der gegenüberliegenden Seite zu beobachten war. Weil die Astronomen aber davon ausgingen, daß Iapetus (wie die übrigen Monde ebenfalls) dem Saturn immer die gleiche Seite zuwendet, konnten sie ihre Beobachtung nur mit dem Modell zweier unterschiedlich heller Halbkugeln bei Iapetus erklären. Voyager 1 bestätigte die Hypothese: ein Teil des Iapetus reflektiert nur rund drei bis fünf Prozent des auftreffenden Sonnenlichts und gehört damit zu den schwärzesten Flächen im Sonnensystem überhaupt, während die übrigen Regionen etwa die Hälfte des Lichtes zurückwerfen. Auch hier ließen die Bilder, die Voyager 2 zur Erde übermittelte, mehr Einzelheiten erkennen, aus denen man die Vermutung ableiten kann, daß das dunkle Material möglicherweise aus dem Inneren des Iapetus aufgestiegene Lava ist (ähnlich den dunklen Mareflächen beim Erdmond).

Das Hauptaugenmerk zog jedoch der Saturnmond Titan auf sich, der größte Mond des Ringplaneten; lange Zeit hindurch hatte er sogar als größter Mond im Sonnensystem gegolten, bis genauere Vermessungen anhand der Sondenfotos diesen Rang dem Jupitermond Ganymed zusprachen. Bei Titan hatte man schon von der Erde aus eine mehr oder minder dichte Atmosphäre nachgewiesen, die einzige Mondatmosphäre im Sonnensystem, die noch dazu Methan enthielt. Methan besteht aus einem Kohlenstoff- und vier Wasserstoffatomen, ist also die einfachste Kohlenwasserstoff-Verbindung, die als »organisch« bezeichnet werden kann. Daraus entwickelte sich die Spekulation, nahe der Titanoberfläche könnten auch komplexere Verbindungen dieser Art existieren, so daß Titan von »Asphaltkontinenten und Benzin-Ozeanen« bedeckt sei. Noch spektakulärer war die Überlegung, die die Entstehung von primitiven Lebensformen aus solchen organischen Molekülen nicht ausschließen mochte. Die Astronomen hofften, mit Voyager 1 einige Fragen in diesem Zusammenhang klären zu können.

Die Titanatmosphäre erwies sich dann sogar als noch weit dichter, als man aufgrund irdischer Beobachtungen vermutet hatte – den Löwenanteil stellt Stickstoff, der sich von der Erde aus nur sehr schwer nachweisen läßt; der Luftdruck an der Titanoberfläche ist mindestens 50 Prozent höher als der Druck am Boden der irdischen Atmosphäre. Die Temperatur an der Titanoberfläche erwies sich dagegen als niedriger als erwartet – hier könnte es Seen aus flüssigem Stickstoff geben, die vielleicht Methan in gelöster Form enthalten. Wenn Lebensformen solch eisige Temperaturen überdauern können, ließe sich ihre Existenz noch nicht völlig ausschließen. Leider konnten die Kameras die Oberfläche von Titan nicht fotografieren, weil die Atmosphäre auch eine dichte Dunstschicht enthält, die den Blick nach unten ähnlich versperrt wie die Wolken in der Venusatmosphäre. Auch hier wird man auf den Einsatz von Radarsystemen zurückgreifen müssen.

Die äußeren Planeten

Bislang haben wir noch keine Sondenbeobachtungen von Planeten jenseits des Saturn vorliegen. Allerdings näherte sich Voyager 2 am 24. Januar 1986 Uranus bis auf 81 000 Kilometer und befindet sich gegenwärtig auf einem Kurs, der ihn 1989 am Neptun vorbeiführen soll. Verstärkte Beobachtungsprogramme haben in den letzten Jahren aber auch von der Erde aus manche neue Informationen über die Planeten jenseits des Saturn zusammengetragen.

So bemerkte der amerikanische Astronom James Elliot am 10. März 1977 bei der Bedeckung eines weit entfernten Fixsterns durch den Planeten Uranus, daß das Licht des Sterns schon vor dem eigentlichen Termin mehrfach kurzzeitig »flakkerte« und im gleichen zeitlichen Abstand hinterher ebenfalls. Die beste Deutung für diese Erscheinung spricht dem Uranus eine Reihe von schmalen Ringen zu, die das Licht des Fixsterns vorübergehend abblockten.

Damit hätten wir dann drei Ringplaneten im Sonnensystem; zwischenzeitliche Meldungen, auch Neptun besitze ein solches Ringsystem, konnten durch neuere Beobachtungen bislang nicht bestätigt werden. Das Ringsystem des Saturn, das lange Zeit hindurch als einmalig gegolten hatte, ist also nur noch in seiner Komplexität und seiner auffälligen Helligkeit einmalig, denn nur die Saturnringe kann man von der Erde aus ohne Schwierigkeiten wirklich »sehen«.

Am 18. und 19. Oktober 1977 fotografierte der amerikanische

Astronom Charles T. Kowal ein Objekt, das sich als seltsames Mitglied des Sonnensystems entpuppte: es bewegt sich auf einer Bahn, die im sonnennahen Teil noch innerhalb der Saturnbahn verläuft, im sonnenfernen Teil dagegen fast an die Uranusbahn herankommt. Kowal nannte dieses Objekt Chiron. Noch ist unklar, ob es sich dabei lediglich um einen Sonderfall der bekannten Asteroiden handelt, um ein Objekt, das durch Bahnstörungen auf diese äußere Umlaufbahn geworfen wurde, oder um das hellste Objekt eines zweiten, äußeren Gürtels kleiner Planeten. Einige Astronomen wollen auch nicht ausschließen, daß Chiron ein »schlafender Komet« ist, der irgendwann einmal durch Bahnstörungen in das Innere des Sonnensystems abgedrängt wird: allerdings erscheint er dafür reichlich groß.

Selbst Pluto konnte Ende der siebziger Jahre mit einer Überraschung aufwarten. Dieser Planet mit der größten bekannten Umlaufzeit war erst 1930 von dem amerikanischen Astronomen Clyde Tombaugh entdeckt worden. Ursprünglich hatte man ihn für einen erdähnlichen Planeten gehalten, der so gar nicht in die Gruppe der äußeren Planeten passen wollte (Jupiter, Saturn, Uranus und Neptun sind alle viel größer als Pluto und haben eine viel geringere Dichte als die Erde). Je mehr man jedoch über Pluto in Erfahrung bringen konnte, desto deutlicher wurde, daß es sich um einen noch kleineren Himmelskörper handeln mußte.

Pluto bewegt sich auf einer ziemlich elliptischen Bahn um die Sonne, deren Exzentrizität größer ist als die jeder anderen Planetenbahn. Dies führt dazu, daß Pluto sich im sonnennahen Bahnteil über einen Zeitraum von 20 Jahren noch innerhalb der Neptunbahn befindet; eine solche Periode erleben wir gegenwärtig, und so ist Pluto derzeit günstiger zu beobachten als etwa zum Zeitpunkt seiner Entdeckung oder auch in den beiden nächsten Jahrhunderten. Aufgrund der ebenfalls beachtlichen Bahnneigung von 17 Grad kreuzen sich die Bahnen von Neptun und Pluto übrigens nur »scheinbar«: Pluto steht in beiden Fällen weit oberhalb der Neptunbahn, so daß die beiden Planeten nicht zusammenstoßen können.

Am 22. Juni 1978 fand der amerikanische Astronom James W. Christy bei Pluto einen Mond, der eine im Vergleich zum Planeten beachtliche Größe besitzt. Christy nannte den Plutobegleiter Charon. Aus dem Abstand zwischen Pluto und Charon konnte man schließlich unter Berücksichtigung der Umlaufzeit des Mondes die Masse des Pluto mit himmelsmechanischen Methoden errechnen. Sie liegt in der Größenordnung von einem Viertel der Mondmasse, so daß man – mit einem »vernünftigen« Wert für die mittlere Dichte – den Durchmesser des Planeten zu etwa 3000 Kilometer abschätzen kann; damit wäre Pluto sogar noch kleiner als der sonnennahe Merkur. Der Durchmesser von Charon wird mit rund 1200 Kilometern angegeben.

Diese Entdeckungen innerhalb der letzten 10 Jahre haben deutlich gezeigt, daß auch das äußere Sonnensystem noch einiges zu bieten hat und für manche Überraschung gut ist. Sind wir nun dazu verdammt, diese Region auch weiterhin nur mit terrestrischen Instrumenten und unbemannten Raumsonden zu erkunden, oder können wir eines Tages auch Menschen in diese entlegenen Gebiete entsenden? Wenn wir uns wieder auf die Erforschung mit Raumschiffen beschränken wollen, die von der Erdoberfläche aus starten müssen, erscheint die Lage ziemlich aussichtslos. Raumsonden brauchen rund 18 Monate bis zum Jupiter und – bei geeigneter Stellung von Jupiter und Saturn – weitere 20 Monate bis zum Saturn (Pioneer 11 dagegen war fast 60 Monate von Jupiter zu Saturn unterwegs, weil Saturn damals auf der anderen Seite der Sonne stand). Entsprechend würde ein Rundflug an beiden Planeten vorbei mindestens ein Jahrzehnt in Anspruch nehmen.

Wenn aber erst einmal der Asteroidengürtel von Menschen besiedelt worden ist, wird das Problem einfacher zu lösen sein. Solche Raumsiedlungen lassen sich durchaus auch in die Nähe des Jupiter steuern und könnten dann von dessen Schwerefeld zum Saturn geschleudert werden. Vielleicht findet man auch noch weitere Asteroiden jenseits der Jupiterbahn (ähnlich Chiron), auf denen sich Siedler niederlassen können, oder die zumindest als Zwischenstation genutzt werden können – ebenso wie die äußeren Monde des Saturn. Sie wären dann das Sprungbrett zu Expeditionen auch in die sonnenfernen Bezirke des Planetensystems.

Mit Sicherheit können wir jedoch sagen, daß in absehbarer Zukunft ein Vorstoß zu den vier großen Planeten selbst – also eine »Landung« – unmöglich bleiben wird. Ebenso dürfte auch eine Landung auf einem der vier großen Jupitermonde ausgeschlossen bleiben, sofern uns keine unerwarteten technischen Neuentwicklungen den Weg dorthin ebnen. Die vier großen Jupitermonde bewegen sich nämlich noch innerhalb der Magnetosphäre des Jupiter und sind damit einem heftigen Strahlungsbombardement ausgesetzt, das für Menschen absolut tödlich ist, solange sie sich nicht wirksamer schützen können als mit Raumschiffen heutiger Bauart. Weiter draußen gibt es jedoch noch eine Reihe kleinerer Monde, auf denen man zunächst einmal Observatorien zur Beobachtung des Jupiter und der vier großen Trabanten installieren könnte – vielleicht lernt man dabei auch einen Weg kennen, sich ohne allzu große Gefahr dem inneren Bereich des Jupitersystems zu nähern.

Kometen

Damit wären wir aber noch nicht am Ende des Sonnensystems angelangt, hätten wir den menschlichen Horizont noch nicht bis an die Grenzen des solaren Einflußbereichs ausgedehnt. Pluto ist zwar der sonnenfernste Planet, den wir kennen (er kann im sonnenfernen Bahnteil, im sogenannten Aphel, immerhin bis auf 7,35 Milliarden Kilometer von der Sonne abrücken – 1,6mal so weit wie Neptun), aber es gibt andere Objekte, die einen noch größeren Abstand zur Sonne gewinnen, ihr dabei andererseits auch ziemlich nahe kommen können: die Kometen.

Eine Reihe der Kometen, die am irdischen Firmament auftauchen, ist allerdings im Laufe der Geschichte von Jupiter »eingefangen« worden und bewegt sich jetzt auf Bahnen, die selbst im sonnenfernen Teil kaum über die Jupiterbahn nach außen hinwegführen. Daneben gibt es aber auch solche, die nur als »Gäste auf der Durchreise« erscheinen und sich dann wieder tausendmal weiter von der Sonne zurückziehen als der Abstand Sonne–Erde. Man könnte sich vorstellen, daß wir auf einem solchen Kometen einen Instrumententräger absetzen, der dann mit auf die weite Reise nach außen getragen wird und über viele tausend Jahre hindurch Meßdaten aus dem transplutonischen Raum zur Erde zurückfunkt – vorausgesetzt, die Instrumente überleben eine solch lange Reise.*

* Genau genommen bringt eine solche Methode keinerlei Vorteile gegenüber einem »Direktschuß«, da ein solcher Instrumententräger zur Vermeidung von Schäden weich auf dem Kometen landen müßte und dazu auf die gleiche Geschwindigkeit gebracht werden muß, mit der der Komet durch den Innenbezirk des Sonnensystems rast – diese Geschwindigkeit würde aber ausreichen, um die Sonde auch ohne die Hilfe des Kometen in die weit entfernten Gegenden des Sonnensystems zu tragen. (Anm. d. Ü.)

Darüber hinaus gibt es sicher auch zahllose Kometen, die während der 4,6 Milliarden Jahre dauernden Geschichte des Planetensystems noch nie in Sonnennähe gekommen sind und aufgrund ihrer gewaltigen Entfernungen auch für immer unsichtbar bleiben werden. Die Astronomen schätzen ihre Zahl auf einige Hundertmilliarden. Aus dieser »Kometenwolke« am Rande des Sonnensystems dringen nur deshalb gelegentlich Kometen bis zu uns vor, weil ihre Bahnen durch den nahen Vorübergang eines anderen Sterns gestört wurden. Vermutlich ist bislang lediglich ein Sechstel aller Kometen überhaupt erst einmal in Sonnennähe gekommen.

Wenn ein Komet in Sonnennähe gelangt, kann er sich zu einer eindrucksvollen Erscheinung entwickeln. Die Aufheizung durch die Sonneneinstrahlung führt zu einem Verdampfen der gefrorenen Gase an der Kometenoberfläche, und diese Gase bilden dann zusammen mit dem ebenfalls freigesetzten Staub zunächst eine Kometenatmosphäre; die Wechselwirkung mit dem Sonnenwind – einer von der Sonne weggerichteten Strömung elektrisch geladener Teilchen – läßt daraus einen Gas- und Staubschweif entstehen.

Mit jeder Annäherung an die Sonne verliert ein Komet also immer mehr von seiner ursprünglichen Materie, so daß die Überreste nicht mehr viel Ähnlichkeit mit der anfänglichen Zusammensetzung des Objektes gemeinsam haben. Die anfangs vorhandene Mischung dürfte dagegen in weiter entfernten, vor der sengenden Sonnenhitze verschont gebliebenen Kometen noch weitgehend erhalten sein, und dies wären dann vermutlich die am wenigsten verfälschten Relikte jener Gas- und Staubwolke, aus der vor 4,6 Milliarden Jahren das Sonnensystem mit seinen Planeten entstanden ist. Eine Erforschung dieser Kometen könnte daher auch Rückschlüsse auf die Anfänge des Sonnensystems ermöglichen.

Dazu müssen wir aber nicht notwendigerweise viele Billionen Kilometer über die Plutobahn hinaus in die Tiefen des Raumes vordringen. Vermutlich gibt es etliche Kometen, deren sonnennächste Bahnpunkte jenseits der Saturnbahn liegen und die deshalb noch recht wenig von der Sonne zu spüren bekamen. Sie bleiben zwar von der Erde aus unsichtbar, könnten jedoch lokalisiert und genauer studiert werden, wenn wir eines Tages zu den äußeren Planeten vorstoßen.

Da wir weiter draußen aber ohnehin nur noch solche Kometen fänden, wie wir sie auch anderswo finden würden, kann man sich vorstellen, daß die Menschen sich mit der Erforschung der Kometen jenseits der Saturnbahn begnügen nach dem Motto »Einen gesehen, alle gesehen«. Dann bliebe Pluto wahrscheinlich für immer die Grenze des menschlichen Erfahrungshorizontes.

Die Entfernung der Sterne

Bliebe Pluto wirklich die äußere Grenze unseres Erfahrungshorizontes, dann wäre dies in der Tat eine sehr enge Grenze, denn jenseits des Pluto beginnt erst der eigentliche Weltraum, der sich noch weit über die Kometenwolke hinaus erstreckt.

Schon jetzt aber greifen die Menschen nach den Sternen. Pioneer 10, die erste Jupitersonde, befindet sich auf einem Kurs, der sie allmählich aus dem Sonnensystem herausführt. Mitte 1983 überschritt sie die momentane Neptundistanz und hat sich damit bereits weiter von der Sonne entfernt als einer der bekannten Planeten. Da die Geschwindigkeit ausreicht, um den Anziehungsbereich der Sonne völlig zu verlassen, treibt Pioneer 10 jetzt in die Tiefen des Alls hinaus.

An der Außenwand der Raumsonde befindet sich eine Botschaft von der Erde in Form einer vergoldeten Aluminium-Plakette, in die etliche Symbole und Figuren eingeätzt wurden. Der Inhalt dieser Botschaft ist von Carl Sagan und Frank Drake ausgewählt worden, der Entwurf stammt von Linda Sagan. Besonders auffällig sind die Umrisse zweier unbekleideter Menschen, eines Mannes und einer Frau, samt diskreter Darstellung der geschlechtsspezifischen Unterschiede; sie sollen potentiellen Empfängern zumindest eine vage Vorstellung von den Absendern der Sonde vermitteln. Der Mann hält seine rechte Hand erhoben, was als Geste für Freundschaft und Frieden gewertet werden soll, zumindest aber deutlich macht, daß wir über vier Finger und einen Daumen verfügen. Hinter beiden Figuren sind die Umrisse der Raumsonde im gleichen Maßstab dargestellt, damit intelligente Empfänger nach dem Vermessen der Sonde auch gleich wissen, wie groß wir sind. Am unteren Rand symbolisiert eine Reihe von Kreisen das Sonnensystem mit den neun Planeten (wobei die Kreisdurchmesser auf unterschiedliche Größen der Planeten hindeuten) und markiert eine Linie die Bahn der Sonde vom dritten Planeten aus nach außen. Dies sollte genügen, um das Sonnensystem als Absender der Botschaft identifizieren zu können. Mit weiteren Symbolen wird die Lage des Sonnensystems in der Galaxis angedeutet und gleichzeitig eine vage Vorstellung unseres wissenschaftlichen

Erkenntnisstandes vermittelt. Pioneer 11, der sich anschickt, ebenfalls das Sonnensystem zu verlassen, trägt eine identische Plakette.

Die beiden Voyager-Sonden führen sogar eine Bildplatte mit Fotos und Tönen von der Erde mit, samt dazugehöriger Abspielanweisung.

Es ist zwar äußerst unwahrscheinlich, daß die Sonden je von intelligenten Lebewesen aufgefangen werden, daß diese kosmischen Flaschenposten je einen Empfänger erreichen, und selbst wenn – es werden sicher Millionen von Jahren vergangen sein. Dennoch gehört es offenbar zu unserer Mentalität, unsere Existenz nach außen hin zu dokumentieren sowie unsere Grüße nach draußen zu senden – vielleicht der Ausdruck eines berechtigten Stolzes. Aber warum sollten Menschen Botschaften über die Grenzen des Sonnensystems hinausschicken? Wer soll sie denn eines Tages dort draußen entziffern können?

Die Erkenntnis, daß es überhaupt ein »Draußen« gibt, daß sich das Weltall weit über die Grenzen des Sonnensystems hinaus erstreckt, ist noch gar nicht so alt. Bis ins Mittelalter hinein sah man die Sterne fast immer als leuchtende Punkte an, die an die dunkle feste Himmelskugel geheftet waren; diese Himmelskugel drehte sich einmal pro Tag um die Erde und mochte gar nicht so sonderlich hoch über den Gipfeln der Berge »zu fassen« sein. Man sah den Himmel als die feste äußere Grenze der Erde an, nicht als ein Universum.

Daran änderte sich auch nicht viel, nachdem Cassini 1672 die Ausmaße des Sonnensystems ermittelt und dabei den Durchmesser der Saturnbahn zu rund 2,8 Milliarden Kilometer bestimmt hatte. Das bedeutete zwar, daß die Sterne noch weiter entfernt sein mußten, aber sie blieben helleuchtende Flecken an einem dunklen Himmelsgewölbe. Der Himmel war lediglich zur Grenze des Sonnensystems geworden, war noch immer nicht als Universum erkannt.

Dabei hatte bereits 200 Jahre vor Cassini der deutsche Gelehrte Nikolaus von Kues (1401–1464) in einem Buch die Auffassung vertreten, das Universum sei ein unendlicher Raum, in dem die Sterne in unendlicher Zahl anzutreffen wären, Sterne als weit entfernte Sonnen. Auch diese anderen Sonnen, so behauptete er, wären von Planeten umrundet, so daß es unendlich viele bewohnte Welten geben müsse. Nikolaus von Kues konnte seine Behauptungen nicht beweisen, er hatte keinerlei Anlaß für ihre Formulierung, doch vertrat er sie aus einer Art innerer

Überzeugung, weil sie ihm sinnvoll erschienen. Zur damaligen Zeit müssen sie wie die Gedanken eines Exzentrikers gewirkt haben, und sicher wurden sie von vielen Kollegen hochmütig belächelt. Sie schadeten ihrem Urheber allerdings auch nicht, denn 1448 wurde er zum Kardinal ernannt und starb 16 Jahre später in Frieden.

Anderthalb Jahrhunderte später griff der italienische Mönch Giordano Bruno (1548–1600) die Ideen des Nikolaus von Kues wieder auf, doch mittlerweile hatte die protestantische Reformation das geistige Klima in Europa verändert. Außerdem war in der Zwischenzeit das Buch des Nikolaus Kopernikus erschienen, in dem dieser die Sonne in den Mittelpunkt der Welt gerückt hatte. So sah sich die katholische Kirche genötigt, gegen die naturwissenschaftliche und die religiöse Rebellion gleichzeitig zu kämpfen. Es gab weniger Toleranz für exzentrische Meinungen – Giordano Bruno wurde auf dem Scheiterhaufen verbrannt.

Dabei gab es zu jener Zeit immerhin schon Argumente und Beobachtungshinweise, die für eine sehr große Entfernung der Sterne sprachen, wenn man sie nur akzeptierte und ernst nahm. Als Kopernikus seine Theorie veröffentlichte, wiesen sofort einige Gelehrte darauf hin, daß man die Bewegung der Erde um die Sonne am Himmel »wiederfinden« müsse: je nach Stellung der Erde auf ihrer Bahn sollte man die nahen Sterne unter verschiedenen Blickwinkeln erkennen können, eine sogenannte Sternparallaxe beobachten (falls Nikolaus von Kues mit seiner Behauptung recht hatte, daß die Sterne alle unterschiedlich weit von der Sonne entfernt waren). Daran gab es nichts zu deuteln, und wenn man keine Parallaxe feststellte, konnte entweder die Überlegung von Nikolaus von Kues nicht stimmen oder das Weltmodell des Kopernikus (oder beides) – es sei denn, man fände noch einen anderen Weg, um das Fehlen einer Parallaxe zu erklären.

Es gab einen Weg, und Kopernikus sah und nutzte ihn. Er wies darauf hin, daß die Parallaxe natürlich um so kleiner werden müßte, je weiter die Sterne von der Erde entfernt waren; man brauchte also nur anzunehmen, daß die Entfernung selbst zu den nächsten Sternen bereits zu groß war, um noch eine Parallaxe nachweisen zu können.

In den Augen der Traditionalisten erschien eine solche Erklärung lächerlich, ebenso wie die Behauptung, die Erde bewege sich um die Sonne. Doch die kopernikanische Theorie erwies sich im Laufe der Zeit als immer überlegener, und so akzeptierte man allmählich auch die gewaltigen Distanzen zu den Sternen. Der englische Astronom Edmund Halley (1656–1742) besann sich auf die Ideen des Nikolaus von Kues, als er um 1718 den ersten Versuch einer wissenschaftlich fundierten Entfernungsschätzung unternahm. Geht man einmal davon aus, daß die Sterne wirklich Sonnen sind und nur deshalb so viel schwächer leuchten, weil sie so viel weiter entfernt sind, dann sollte man aus dem Helligkeitsverhältnis auch das Entfernungsverhältnis ableiten können. Nehmen wir als Beispiel einmal Sirius, den hellsten Fixstern am irdischen Firmament. Wäre er ein genauer Doppelgänger unserer Sonne, also genauso hell wie sie und genauso groß – wievielmal weiter müßte er dann von uns entfernt sein als die Sonne, damit er uns mit seiner bekannten Helligkeit am Nachthimmel erscheint? Halley kam aufgrund des Helligkeitsvergleichs zu einem Verhältnis, nach dem Sirius 125000mal weiter entfernt sein mußte als die Sonne. Mit dem modernen Wert für die Entfernung Erde–Sonne (zu Halleys Zeiten setzte man die Distanz zu niedrig an) findet man eine Entfernung von 19 Billionen Kilometern – eine unvorstellbar große Strecke, die man sich vielleicht mit Hilfe der Lichtgeschwindigkeit etwas verdeutlichen kann.

Der dänische Astronom Olaus Roemer (1644–1710) entwikkelte 1676 eine erste brauchbare Vorstellung von der Lichtgeschwindigkeit. Er beobachtete, wie sich die Verfinsterungen der Jupitermonde mit wachsendem Abstand zwischen Jupiter und Erde verzögerten, bei geringer werdender Entfernung dagegen wieder verfrühten. Der Wert, den Roemer für die Lichtgeschwindigkeit erhielt, lag zwar nur bei rund 75 Prozent des heutigen Wertes, doch war dies für damalige Zeiten schon eine beachtliche Leistung. In modernen Lehrbüchern findet man für die Lichtgeschwindigkeit den Wert 299792,5 Kilometer pro Sekunde.

Nach irdischen Maßstäben ist dies eine gewaltige Geschwindigkeit: innerhalb eines Jahres legt das Licht im Vakuum des Weltraums immerhin 9,4609 Billionen Kilometer zurück; diese Strecke wird »ein Lichtjahr« genannt. Wie gewaltig selbst diese Strecke schon ist, wird vielleicht deutlich, wenn man bedenkt, daß der Durchmesser der Plutobahn nur wenig mehr als 1 Promille eines Lichtjahrs mißt. Halley fand also für die Entfernung von Sirius knapp zwei Lichtjahre. Natürlich beruhte seine Schätzung auf der Annahme, daß Sonne und Sirius gleich hell waren, und das mußte nicht unbedingt den Tatsachen entsprechen – Halleys Entfernungsangabe war also mit einer gewissen Vorsicht zu genießen. Wenn man genauere Werte erhalten wollte, mußte man eben doch versuchen, eine Sternparallaxe zu finden und sie zu messen, doch dazu reichten die Teleskope noch nicht aus.

Erst 1838 konnte der deutsche Astronom Friedrich Wilhelm Bessel (1784–1846) die Parallaxe eines lichtschwachen Sterns mit Namen 61 Cygni bestimmen. Wenig später meldete der schottische Astronom Thomas Henderson (1798–1844), er habe die Parallaxe von Alpha Centauri, einem hellen Stern am Südhimmel, gemessen, und Friedrich von Struve (1793–1864) gelang die Beobachtung einer Parallaxe beim hellen Stern Wega.

Alpha Centauri erwies sich als der nächstliegende Stern im Weltall (es handelt sich dabei sogar um ein System aus drei Sternen, die sich gegenseitig umlaufen), doch selbst er ist noch 4,3 Lichtjahre von der Sonne entfernt; bis zum Stern 61 im Schwan sind es 11,2 Lichtjahre, bis zur Wega sogar 27 Lichtjahre. Sirius erwies sich als in Wirklichkeit 23mal so hell wie die Sonne und mußte daher weiter als die zwei Lichtjahre von uns entfernt sein, die Halley unter der Annahme einer gleichen Helligkeit ermittelt hatte – Sirius steht in einer Distanz von 8,16 Lichtjahren. Nehmen wir einmal an, wir hätten die Technik der Raumfahrt so weit verbessert, daß wir ohne allzu große Schwierigkeiten das Sonnensystem durchqueren könnten und etwa für die Reise vom einen Ende der Neptunbahn bis zum anderen in modernen Raumkreuzern nur noch zwei Jahre benötigen würden, so wären wir mit der gleichen Geschwindigkeit 9000 Jahre bis zu Alpha Centauri unterwegs, ist er doch 4500mal weiter von uns entfernt als der Durchmesser der Neptunbahn.

Die meisten Sterne jedoch, die wir mit bloßem Auge am nächtlichen Himmel erkennen können, sind viele hundert Lichtjahre von uns entfernt, und auch sie gehören im strengen Sinne noch zu unserer kosmischen Nachbarschaft. Sie alle sind zusammen mit der Sonne nur ein Teil eines riesigen Sternensystems, der Galaxis, die einen Durchmesser von mindestens 100000 Lichtjahren hat. Daneben gibt es Millionen und Abermillionen andere Galaxien, jede mit einigen Milliarden bis Hundertmilliarden Sternen, die Millionen, ja Milliarden von Lichtjahren von uns entfernt sind.

Es erscheint eigentlich sinnlos, von den Sternen zu träumen, wenn schon die nächsten außerhalb unserer »Reichweite« liegen, und trotzdem geht eine starke Anziehungskraft von diesen weit entfernten Objekten aus.

In den letzten Jahren haben die Astronomen eine Menge über das Universum gelernt, von dem sie vorher nichts wußten. Großen Anteil daran hatte die Ausweitung der Beobachtungsmöglichkeiten auf Spektralbereiche jenseits des sichtbaren Lichts, also die Radioastronomie, aber auch die Satellitenastronomie oberhalb der Erdatmosphäre, mit der zum Beispiel Röntgenstrahlen erforscht werden können, die durch die Atmosphäre aufgehalten werden. Wir haben inzwischen gelernt, daß es Quasare, Pulsare, Schwarze Löcher und explodierende Galaxien gibt – alles Objekte, die noch vor einem Vierteljahrhundert unbekannt waren. Natürlich würden die Astronomen liebend gerne mehr über sie erfahren. Es wäre allerdings viel zu gefährlich, sich solchen Objekten allzusehr zu nähern, doch eine Beobachtung aus sicherer Entfernung böte die Chancen zu einem besseren Verständnis. Darüber hinaus wüßten wir nur zu gerne, ob auch andere Sterne über Planetensysteme verfügen. Gibt es Planeten, die genügend erdähnliche Bedingungen bieten, daß sie besiedelt werden könnten, oder gibt es vielleicht sogar bewohnte Planeten? Innerhalb unseres Sonnensystems haben wir zwar außerhalb der Erde keine anderen Lebensformen gefunden, aber das Sonnensystem ist vielleicht nur eines von vielen Milliarden solcher Systeme, und warum sollten sie alle unbewohnt sein, warum sollte es keine intelligenten Lebensformen geben, warum nicht sogar auch technisierte Zivilisationen?

Aber obwohl die Neugier an uns nagt, müssen wir an den riesigen Distanzen scheitern. Im ersten Augenblick mag man annehmen, daß der technologische Fortschritt hilft, Entfernungen schrumpfen zu lassen. Immerhin brauchten die Überlebenden der Magellan-Expedition für ihre Umsegelung der Erde ziemlich genau drei Jahre, während die Astronauten in rund drei Tagen bis zum Mond kamen, also eine 9,5mal größere Distanz zurücklegten. Die Durchschnittsgeschwindigkeit der Astronauten war etwa 3500mal schneller als die der ersten Erdumsegler. Könnte nicht eine weiterentwickelte Technik eine nochmalige Erhöhung der Geschwindigkeit um diesen Faktor ermöglichen, so daß wir auf interstellaren Reisen 3500mal schneller durch das All sausen als die Apollo-Astronauten?

Sie hatten eine durchschnittliche Geschwindigkeit von rund 1,5 Kilometer pro Sekunde. Multipliziert mit 3500 ergibt dies ein Tempo von 5250 Kilometer pro Sekunde, doch damit wären wir immer noch rund 250 Jahre unterwegs, ehe wir Alpha Centauri erreichten. Versuchen wir es also mit einer nochmaligen Steigerung der Geschwindigkeit. 3500mal schneller als 5250 Kilometer pro Sekunde hieße etwa 18 Millionen Kilometer pro Sekunde – damit wären wir innerhalb von vier Wochen bei Alpha Centauri.

Leider geht dies nicht so einfach, wie es sich niederschreiben läßt. Im Jahre 1905 nämlich veröffentlichte Albert Einstein (1879–1955) seine »Spezielle Relativitätstheorie«, nach der es unmöglich ist, daß irgendein Körper die Lichtgeschwindigkeit im Vakuum überschreiten kann. Seit der Veröffentlichung der Relativitätstheorie sind ihre Konsequenzen immer wieder von zahllosen Wissenschaftlern überprüft worden, doch jedesmal mußte man erkennen, daß Einsteins Aussagen richtig sind. Niemand hat bislang beobachtet, daß ein Körper schneller als das Licht war.

Dann aber kann auch ein Raumschiff allenfalls mit einer Geschwindigkeit von 299 792,5 Kilometern pro Sekunde durch das Weltall rasen und wird 4,3 Jahre brauchen, um den nächsten Stern zu erreichen, 30 000 Jahre bis zum Zentrum der Galaxis und 300 000 Jahre, um die Galaxis einmal zu umrunden. Bis zur Andromeda-Galaxis wäre ein solches Raumschiff 2,3 Millionen Jahre unterwegs, etwa eine Milliarde Jahre bis zum nächsten Quasar 10 Milliarden Jahre bis zum entferntesten, bislang beobachteten Quasar und vielleicht 40 Milliarden Jahre, um einmal das gesamte Weltall zu umrunden.

Mit anderen Worten – auch die Lichtgeschwindigkeit, die uns Menschen nach irdischen Maßstäben unvorstellbar groß erscheint, erweist sich in kosmischen Dimensionen als bloßes Schneckentempo, und doch können wir die Lichtgeschwindigkeit nicht überschreiten, müssen wir uns eher noch langsamer vorwärtsbewegen. Über die nächsten Nachbarsterne werden wir kaum hinauskommen, selbst wenn wir ein ganzes Menschenleben an Bord eines dahinrasenden Raumschiffes verbringen.

Aber können wir da so sicher sein? Es gibt genügend Leute, die wenig von Physik verstehen und daher glauben, man bräuchte nur genügend lange zu beschleunigen, um schließlich auch die Lichtgeschwindigkeit zu übertreffen, gerade so, wie ein Flugzeug die Schallmauer »durchbricht«.

Leider ist das jedoch unmöglich. Jede Beschleunigung vergrößert die Bewegungsenergie, die »kinetische Energie« des beschleunigten Körpers. Diese aber setzt sich zusammen aus der Geschwindigkeit und der Masse des Objekts. Bei niedrigen Geschwindigkeiten führt eine Beschleunigung fast ausschließlich zu einer Geschwindigkeitssteigerung, so daß der Körper schneller und schneller wird, während seine Masse nur unmeßbar zunimmt. Je größer aber die Geschwindigkeit wird, desto weniger führt die Beschleunigung zu einem weiteren Geschwindigkeitszuwachs – die Vergrößerung der kinetischen Energie macht sich vielmehr in einer Zunahme der Masse bemerkbar. So sehr man auch den Raketenschub vergrößert, man treibt damit nur die Masse des beschleunigten Körpers in die Höhe, bis sie schließlich unendlich groß wird, ohne daß die Geschwindigkeit auch nur geringfügig die Lichtgeschwindigkeit überschritte. Dies widerspricht zwar unserer Alltagserfahrung, doch beschränkt die sich auch auf Geschwindigkeiten, die klein sind im Vergleich zur Lichtgeschwindigkeit.

Die Spezielle Relativitätstheorie gilt für alle Objekte, die wir kennen. Objekte mit einer endlichen Masse, so wie wir und unsere Raumschiffe, können theoretisch mit jeder beliebigen Geschwindigkeit zwischen Null und der Lichtgeschwindigkeit reisen; masselose Objekte dagegen wie Lichtwellen können sich im Vakuum nur stets mit Lichtgeschwindigkeit bewegen, weder schneller noch langsamer.

Doch wie steht es mit Teilchen, deren Masse ein Mathematiker als »imaginär« bezeichnen würde? Setzt man imaginäre Zahlen in die Gleichungen Einsteins ein, so kommt man zu dem Ergebnis, daß solche Teilchen sich stets *schneller* als das Licht bewegen müßten. Sie können theoretisch jede Geschwindigkeit annehmen, die größer als die Lichtgeschwindigkeit ist, doch lassen sie sich nicht auf Werte unterhalb der Lichtgeschwindigkeit abbremsen. Die Existenz solcher Teilchen, die sich mit Überlichtgeschwindigkeit bewegen, wurde zuerst im Jahre 1962 von den Physikern O. M. P. Bilaniuk, V. K. Deshpande und E. C. G. Sudarshan angenommen. Einige Jahre später prägte der amerikanische Physiker Gerald Feinberg den Begriff »Tachyon« (nach dem griechischen Wort für schnell) für diese Teilchen.

Ließen sich normale Teilchen auf irgendeine Weise in Tachyonen verwandeln, so würden diese neuen Partikel sich sofort mit Überlichtgeschwindigkeit davonbewegen; könnten sie sich am Ende wieder in die ursprünglichen Teilchen zurückverwandeln, dann wären in kurzen Zeiten gewaltige Distanzen zu überbrücken. Leider hat bislang noch niemand zweifelsfrei solche Tachyonen beobachten können, und es gibt eine Reihe von Physikern, die die Existenz dieser Teilchen auch nicht aus den Gleichungen der Relativitätstheorie ableiten zu können glauben. Doch selbst, wenn es sie wirklich gäbe, würde der Einsatz des »tachyonischen Antriebs« – die Umwandlung von gewöhnlichen Teilchen in Tachyonen, die Kontrolle des tachyonischen Fluges und die Rückführung der Tachyonen in normale Partikel – uns sicher vor gewaltige Probleme stellen. Wir dürfen kaum hoffen, diese Schwierigkeiten in absehbarer Zeit auch nur annähernd in den Griff zu bekommen.

Man mag sich auch auf den Standpunkt stellen, daß die Lichtgeschwindigkeit nur in jenen Bereichen eine obere Grenze darstellt, in denen wir unsere Tests durchführen können; vielleicht verliert die Lichtgeschwindigkeit ihre Sonderstellung unter anderen Umweltbedingungen. Schließlich gibt es doch die Schwarzen Löcher, in denen die Materie so eng zusammengequetscht wird, daß die Dichte des Materials und seine Anziehungskräfte unendlich hohe Werte erreichen. Behält die Spezielle Relativitätstheorie unter solchen Voraussetzungen ihre Gültigkeit?

Einige Astronomen haben tatsächlich die Vermutung geäußert, ein Körper, der irgendwo in ein Schwarzes Loch stürze, träte gleichzeitig an einer anderen Stelle des Universums wieder hervor. Dann wären die Schwarzen Löcher lediglich Bahnhöfe für eine »kosmische Untergrundbahn«. Gelänge es uns, für jedes Schwarze »Eingangsloch« den Ausgang zu lokalisieren, dann ließe sich mit Hilfe der richtigen Objekte eine interstellare Reise durch das gesamte Universum binnen kurzer Zeit verwirklichen, blieben wir nur während des »Umsteige-Transfers« vom Ausgang eines Schwarzen Lochs zum Eingang des nächsten »Tunnels« an die Höchstgrenze der Lichtgeschwindigkeit gebunden.

Längst nicht alle Physiker können sich dieser Vorstellung anschließen, doch selbst wenn sich die Schwarzen Löcher wirklich als »kosmische U-Bahn« benutzen ließen: die Aufgabe, sie zu finden, zu katalogisieren, herauszufinden, wo die besten »Umsteigemöglichkeiten« sind und vor allem eine ungefährliche Methode des Einsteigens zu entwickeln, bei dem man nicht durch die gewaltigen Gezeitenkräfte auseinandergerissen wird – dies alles wäre mit noch viel größeren Schwierigkeiten verbunden als der Gebrauch des tachyonischen Antriebs, wenn es ihn nun gäbe. Auf die Hilfe Schwarzer Löcher für unsere interstellaren Reisen werden wir auf absehbare Zeit sicher noch verzichten müssen. Wir sollten uns also mit der Tatsache abfinden, daß wir die Lichtgeschwindigkeit als obere Grenze für unsere materiellen Objekte anerkennen müssen.

Beinahe-Lichtgeschwindigkeit

In einer Hinsicht bringt uns die Spezielle Relativitätstheorie aber auch eine Erleichterung interstellarer Raumflüge, denn sie besagt, daß der Ablauf der Zeit sich verlangsamt, wenn die Geschwindigkeit zunimmt. Zunächst bleibt dieser Effekt so gering, daß man ihn nur mit hochempfindlichen Geräten nachweisen kann, doch nahe der Lichtgeschwindigkeit macht er sich immer stärker bemerkbar, bis schließlich für ein Objekt, das sich mit Lichtgeschwindigkeit bewegt, die Zeit stillsteht.

Wenn also Raumfahrer sich mit Lichtgeschwindigkeit durch das All bewegen könnten, so würden sie dabei nicht altern, ganz gleich, wie weit die Reise auch gehen mag. Selbst ein Flug zum entferntesten Quasar in 10 Milliarden Lichtjahren Entfernung erschiene ihnen wie ein Augenblick.

Warum also sollen wir uns um kosmische Schwarze-Loch-U-Bahnen kümmern oder versuchen, Raumschiffe und Besatzungsmitglieder in Tachyonen umzuwandeln? Genügt es nicht, Raumschiff und Besatzungsmitglieder in Lichtwellen umzuformen, in einen Lichtstrahl, der alle komplexen Informationen über jedes Detail von Mannschaften und Maschinen enthielte, in einen Lichtstrahl, den man dann nur in die gewünschte Richtung auszusenden braucht? Wenn dieser Lichtstrahl am Ende wieder in normale Materie umgewandelt werden könnte, dann hätten Raumschiff und Besatzung jedwede Distanz sozusagen in Nullzeit überbrückt.

Auch ein solches Vorhaben erwiese sich als nicht leichter als etwa die Benutzung von Schwarzen Löchern oder der Einsatz eines tachyonischen Antriebes. Auch darauf werden wir sicher noch lange verzichten müssen.

Aber vielleicht können wir auch mit anderen Methoden als der Umwandlung in einen Lichtstrahl zumindest ziemlich nahe an die Lichtgeschwindigkeit herankommen? Wie steht es um die gewöhnliche Beschleunigung? Wir können ein Raumschiff zwar nicht auf Geschwindigkeiten jenseits der Lichtgeschwindigkeit bringen, doch – zumindest theoretisch – beliebig nahe an die Lichtgeschwindigkeit heran.

Natürlich darf eine solche Beschleunigung nicht zu heftig sein, weil sonst die Besatzungsmitglieder gegen die Rückfront des Raumschiffes geschleudert würden. Nehmen wir daher einmal an, wir würden unser Raumschiff mit 1 g beschleunigen, mit der gleichen Beschleunigung also, der wir an der Erdoberfläche durch die Anziehungskraft der Erde ausgesetzt sind. Eine solche Beschleunigung könnten wir beliebig lange überstehen und würden uns dabei sogar noch wohlfühlen – schließlich hätten wir den Eindruck, wir stünden auf der Erdoberfläche und würden vom Gravitationsfeld der Erde angezogen.

Bei einer Beschleunigung von 1 g wird unser Raumschiff in jeder Sekunde um 0,0098 Kilometer pro Sekunde schneller als in der Sekunde zuvor. Wenn dies unbegrenzt weiterginge (was natürlich nicht möglich ist, weil – wie schon erwähnt – bei größeren Geschwindigkeiten ein immer größerer Anteil der Energiezufuhr für die Vergrößerung der Masse genutzt wird und nicht zur Geschwindigkeitssteigerung, doch das wollen wir der Einfachheit halber an dieser Stelle einmal vernachlässigen), dann würden wir nach rund einem Jahr die Lichtgeschwindigkeit erreicht haben, und während dieser Beschleunigungsphase hätte das Raumschiff bereits die Strecke von einem halben Lichtjahr zurückgelegt.

Zu diesem Zeitpunkt könnte man den Schub abschalten, so daß das Raumschiff antriebslos weitergleitet. Im Vakuum des Weltraums würde es seine Geschwindigkeit für immer beibehalten, sofern es nicht in den Anziehungsbereich anderer Sterne gelangt (und dies könnte man bei interstellaren Reisen sehr wohl berücksichtigen). Während dieses Dahingleitens knapp unterhalb der Lichtgeschwindigkeit würden an Bord des Raumschiffes nur wenige Minuten, Tage oder vielleicht auch Wochen vergehen, abhängig einerseits von der zurückzulegenden Strekke, andererseits aber auch davon, wie nahe die Geschwindigkeit an die Lichtgeschwindigkeit herankommt. In einer Entfernung von noch einem halben Lichtjahr vor dem Ziel muß dann wieder mit einer negativen Beschleunigung von 1 g verzögert werden, abgebremst werden, und nach einem weiteren Jahr wäre man dann am Ziel angelangt.

Es sieht also so aus, als würde mit diesem Verfahren jeder interstellare Raumflug nicht viel mehr als zwei Jahre in Anspruch nehmen. Rechnet man ein Jahr für die Erforschung am Zielpunkt hinzu, dann dauerte ein Rundflug zu Alpha Centauri lediglich fünf Jahre, und auch ein Besuch bei einem Stern in der Andromedagalaxie würde kaum länger währen.

Haben wir damit die Lösung gefunden, den Zugang zum interstellaren Raum? Oder hat auch diese Methode ihre Haken?

Leider ja. So verlangsamt sich der Zeitablauf nur für die Insassen des Raumschiffes, das mit fast Lichtgeschwindigkeit durch den Raum gleitet. Auf der Erde (und überall dort im Weltall, wo die Bewegung mit normalen Geschwindigkeiten erfolgt) läuft die Zeit dagegen wie gewohnt weiter.

Von der Erde aus betrachtet, dauert der Rundflug zu Alpha Centauri nicht fünf Jahre, sondern etwa elf Jahre. Dieser Unterschied mag ja noch zu verkraften sein, doch wenn die Astronauten nach fünf Raumschiffjahren aus der Andromedagalaxie zurückkehren, werden auf der Erde 4,6 Millionen Jahre vergangen sein, und es ist fraglich, ob dann noch jemand sie hier erwartet. Flögen sie innerhalb von fünf Jahren zum entferntesten Quasar und zurück, so kämen sie sogar erst nach 20 Milliarden irdischen Jahren wieder bei uns an; dann existiert vielleicht auch die Erde nicht mehr, weil mittlerweile unsere Sonne das Stadium eines Roten Riesensterns durchlebt und dabei die inneren Planeten zerstört haben dürfte (die Sonne wäre inzwischen zu einem Weißen Zwergstern geschrumpft).

Selbst wenn die Astronauten diese unterschiedlichen Zeitabläufe hinnehmen und sich auch dann auf eine Forschungsreise durch das Universum machen, wenn sie sicher sind, bei ihrer Rückkehr niemanden von uns mehr vorzufinden, so müssen wir uns doch zunächst einmal fragen, ob wir überhaupt ein Raumschiff Jahre hindurch konstant mit 1 g beschleunigen können, um nahe an die Lichtgeschwindigkeit heranzukommen. Der Treibstoffbedarf für eine solch lange Beschleunigungsphase ist gewaltig, größer jedenfalls als die Mengen, die ein Raumschiff mitführen kann, vor allem unter dem Gesichtspunkt, daß am Ende der Hinreise ja noch einmal so viel Treibstoff benötigt wird, um das Raumschiff wieder abzubremsen. Selbst wenn wir den stärksten Treibstoff einsetzen würden, brauchten wir für das jahrelange Beschleunigungs- und Bremsmanöver soviel Treibstoff, daß er sicher nicht in ein Raumschiff hineinpassen würde.

Aber vielleicht braucht ein Raumschiff seinen Treibstoff auch gar nicht von der Erde mitzunehmen, vielleicht genügt eine kleine Menge für den Notfall, während der Hauptanteil aus dem interstellaren Raum »aufgesammelt« werden könnte. Dort gibt es bekanntlich eine sehr dünn verteilte Materie, die »interstellare Materie«, die zum überwiegenden Teil aus Wasserstoff besteht. Es wäre aber schon ein gewaltiger, überdimensionaler »Staubsauger« erforderlich, um die notwendigen Gasmengen zusammenzubekommen, denn immerhin würde man viele tausend Kubikkilometer pro Sekunde leerfegen müssen.

Doch auch wenn man das Treibstoff-Problem auf diese Weise lösen könnte, bleiben weitere Schwierigkeiten zu lösen.

Erinnern wir uns daran, daß bei steigender Geschwindigkeit eine weitere Energiezufuhr immer stärker zur Vergrößerung der Masse genutzt wird, dagegen kaum noch zur Beschleunigung des Raumschiffes. Das aber heißt, daß mit konstant bleibender Treibstoffmenge der effektive Schub immer weiter nachläßt, bis wir schließlich mit der zur Verfügung stehenden Energie das Raumschiff nicht mehr weiter beschleunigen können.

Nehmen wir einmal an, daß dieser »Endpunkt« bei 90 Prozent der Lichtgeschwindigkeit erreicht wird. Im ersten Augenblick hört sich das zwar ganz gut an, doch wären 90 Prozent der Lichtgeschwindigkeit für die zuvor beschriebenen interstellaren Reisen völlig unzureichend. Wenn sich ein Raumschiff mit 90 Prozent der Lichtgeschwindigkeit bewegt, erfahren die Besatzungsmitglieder nämlich nur einen rund dreimal langsameren Zeitablauf als die Menschen am Erdboden, und das heißt, daß ein Flug zum Zentrum der Milchstraße für die Astronauten immerhin rund 10000 Jahre dauern würde, eine Reise zur Andromedagalaxie sogar 800000 Jahre. Wenn das Raumschiff nicht viel näher an die Lichtgeschwindigkeit heran beschleunigt werden kann (wenn der Zeitablauf an Bord nicht wirklich drastisch reduziert werden kann), dann bleiben interstellare Reisen, die nicht länger währen dürfen als ein Menschenleben, eben doch auf unsere kosmische Nachbarschaft beschränkt, auf Sterne im Umkreis von einigen hundert Lichtjahren.

Doch dies wäre nicht einmal die schwierigste Hürde, die sich einem Raumschiff entgegenstellt, das auf beinahe Lichtgeschwindigkeit gebracht werden soll. Wir haben schon darauf hingewiesen, daß der Raum zwischen den Sternen nicht völlig leer ist, und je schneller sich ein Raumschiff durch diesen Raum bewegt, desto weniger gut kann es einem Hindernis ausweichen. Es ist zwar mehr als nur unwahrscheinlich, daß ein solches Raumschiff mit einem Stern zusammenstößt, weil diese doch »dünn gesät« sind; selbst bei einer Flugzeit von Millionen Jahren wird ein zufällig gewählter Kurs kaum zu einer Kollision führen. Die Zahl der kleineren Objekte – umherfliegende Felsbrocken, Kieselsteine oder auch größere Staubkörner – ist dagegen sicher viel größer, und selbst der Aufprall eines kleinen Steins hätte bei einem Raumschiff, das sich mit beinahe Lichtgeschwindigkeit durch das Weltall bewegt, katastrophale Folgen.

Aber nicht einmal in einem Weltall ohne Trümmer und Schutt könnte ein Raumschiff ungefährdet mit großen Geschwindigkeiten dahinrasen. Wir wissen, daß der interstellare Raum auch Staub und Wasserstoffatome enthält – wir sehen diese interstellare Materie in Form von kosmischen Dunkelwolken oder leuchtenden Gasnebeln. Am »reinsten« ist das Universum wahrscheinlich noch im Bereich zwischen den Galaxien – man schätzt, hier etwa ein Wasserstoffatom pro Kubikmeter zu finden; im interstellaren Bereich innerhalb einer Galaxie ist die Dichte der Wasserstoffkerne bestimmt größer. Wir können diese Wasserstoffatome leider nicht außer acht lassen. Wenn sich ein Raumschiff mit einer Geschwindigkeit nahe der Lichtgeschwindigkeit durch den Raum bewegt und dabei mit einem Wasserstoffatom zusammenstößt, dann hat das die gleichen Folgen, wie wenn sich dieses Wasserstoffatom mit der gleichen Geschwindigkeit auf das Raumschiff zubewegt – ein solch schnelles Wasserstoffatom aber wird zur kosmischen Strahlung gezählt. Selbst wenn es nur ein Wasserstoffatom pro Kubikmeter gäbe, würde ein schnelles Raumschiff in jeder Sekunde mit rund 1 Trillion Teilchen der kosmischen Strahlung zusammenstoßen; durch diese Kollisionen würde das gesamte Raumschiff sehr rasch radioaktiv, und jeder an Bord wäre schon bald gebraten.

Um diese Strahlungsgefahr zu umgehen, darf das Raumschiff vielleicht nicht schneller als mit 10 Prozent der Lichtgeschwindigkeit durch das Weltall sausen, in besonders »staubigen« Zonen sogar noch langsamer. Dann aber unterscheidet sich der Zeitablauf an Bord nicht mehr merklich von dem irdischer Beobachter, und so könnte man selbst den nächsten Fixstern erst nach rund 40 Jahren erreichen.

Es scheint also, daß Menschen wohl nie in der Lage sein werden, schneller als auch nur mit einigen Prozent der Lichtgeschwindigkeit durch das Weltall fliegen zu können, sofern nicht ein völlig unerwarteter technologischer Durchbruch gelingen sollte. Dies aber heißt, daß wir wohl nie innerhalb eines Menschenlebens eine Rundreise auch nur zum nächsten Stern werden bewerkstelligen können.

Vielleicht aber gibt es eine Möglichkeit, die Lebenserwartung der Menschen drastisch zu verlängern. Was wäre, wenn man Menschen durch eine Art Schock-Gefrierbehandlung in einen »Winterschlaf« versetzen könnte? Kann man hoffen, daß sie dann nicht tot sind, sondern lediglich ihre Lebensfunktionen ausgesetzt sind, und könnte man solche »tiefgekühlten Astronauten« mit flüssigem Stickstoff so lange »frisch« halten, bis sie kurz vor dem Ziel wieder aufgetaut und zu neuem Leben erweckt werden können? Hätten sie am Ende die weite Reise ohne jedes Zeitempfinden zurückgelegt, ohne jedes Altern also?

Leider stellt uns die Aufgabe, einen so großen und warmen Körper wie den eines Menschen blitzschnell auf Tiefsttemperaturen zu bringen, um nirgendwo Abbau-Prozesse mit schwerwiegenden Schädigungen zu riskieren, vor schier unlösbare Probleme. Nicht minder schwierig wäre ein gleichmäßiges, schnelles Auftauen, das ebenfalls Zersetzungsprozesse verhindern helfen soll. Raumschiffe als kosmische Tiefkühltruhen für Astronauten sind daher sicher auch noch auf lange Sicht auszuschließen, wiewohl die Probleme nicht ganz so groß erscheinen wie im Zusammenhang mit dem tachyonischen Antrieb, den Schwarzen Löchern oder der Umwandlung menschlicher Körper in Lichtwellen.

Wir können uns aber fragen, was geschähe, wenn wir die Lebenserwartung der Menschen drastisch verlängern könnten, wenn Menschen also auf lange Reisen gehen dürften, ohne dazu tiefgefroren werden zu müssen. Wahrscheinlich würde man die Menschen dann sogar in den Raum hinausschicken müssen, denn bei einer »Beinahe-Unsterblichkeit« würde die Erde, ja, würde das Sonnensystem schon bald aus den Nähten platzen. Auch diese Entwicklung ist jedoch vorerst wenig wahrscheinlich, wenngleich auch eher zu erwarten als der erfolgreiche Einsatz des Winterschlafs. Somit dürfen wir wohl davon ausgehen, daß interstellare Reisen, wenn überhaupt, mit langsamer Geschwindigkeit ablaufen werden, ohne Tiefkühlastronauten und mit Besatzungsmitgliedern, die eine normale Lebenserwartung haben. Das aber heißt, daß die Raumfahrer sich darauf einstellen müssen, den Rest ihres Lebens an Bord zu verbringen, Kinder zu haben, die ihrerseits nur noch die Raumschiff-Welt kennen, und so weiter, vielleicht über viele Generationen hinweg.

Im ersten Augenblick erscheint dies als eine Schreckensvision, als ein Zustand, den niemand auf sich nehmen wird und niemand überleben wird – aber dann denken wir in irdischen Kategorien, denken wir an uns Erdenmenschen von heute. Wir dürfen nicht vergessen, daß vielleicht eines Tages zahllose Raumsiedlungen den Asteroidengürtel und die äußeren Regionen des Sonnensystems bevölkern. Jede dieser Raumsiedlungen ist schon ein »Sternenschiff«, das vielleicht mit Hilfe kontrollierter Kernfusion beschleunigt werden kann, um aus der Umlaufbahn um die Sonne auszuscheren und in den interstellaren Raum abzudriften.

Es gäbe wohl weder das Gefühl der Isolation noch der Gefangenschaft, denn die Besatzungsmitglieder wären die Raumsiedler selbst, die sich längst an die Umweltbedingungen in einem solchen Raumschiff gewöhnt haben, die dort geboren wurden und ihr Leben verbrachten; auch ihre Eltern und Großeltern werden solche Raumsiedler gewesen sein, und ihre Kinder und Kindeskinder hätten ihr Leben ohnehin auch an Bord einer solchen Raumsiedlung verbracht. Sicher: sie würden die Verbindung zu anderen Raumsiedlungen verlieren, den Kontakt zur alten »Mutter Erde«, den Kontakt zur Sonne, die als Energiequelle für das Leben während der ersten paar Milliarden Jahre gedient hat – doch dies alles ließe sich überstehen, ist schon oft überstanden worden. Immer wieder in der Geschichte der Menschheit haben auch wir Erdenmenschen unsere angestammte Heimat verlassen und uns irgendwo anders niedergelassen (so auch meine Eltern). Die Raumreisenden wären sogar noch besser dran, denn sie würden ihre Heimat ja gar nicht verlassen müssen – sie nähmen sie einfach mit. Bei einem solchen Unternehmen gäbe es auch keine Treibstoffprobleme. Da die Raumsiedler es ohnehin nicht eilig haben, brauchen sie auch keine große Geschwindigkeit zu erreichen, sondern könnten sich mit einigen 10 oder 100 Kilometern pro Sekunde dahintreiben lassen, und eine Beschleunigung auf solche Geschwindigkeiten erfordert nicht allzuviel Treibstoff. Auf dem Weg nach draußen könnten sie in der Kometenwolke am Rande des Sonnensystems ein oder zwei dieser »schmutzigen Eisberge« einfangen und als Vorrat an »Verbrauchsgütern« (Wasserstoff, Sauerstoff, Kohlenstoff und Stickstoff) mitnehmen, denn davon geht immer mal wieder etwas verloren; außerdem eignet sich der Wasserstoff als Brennstoff für den Kernfusionsantrieb.

Vielleicht ist der interstellare Raum auch gar nicht so leer, wie wir annehmen, so daß solche »Sternenschiffe« immer mal wieder einem asteroidenähnlichen Körper begegnen, einer willkommenen Lagerstätte, mit deren Hilfe die Vorräte an Metall und anderen wichtigen Stoffen aufgefrischt werden könnten.

Irgendwann einmal (sicher erst nach vielen Generationswechseln an Bord) mag sich eine solche durchs Weltall treibende Raumsiedlung einem anderen Stern nähern, nicht irgendeinem, sondern einem Stern, der von den Raumreisenden sorgfältig ausgewählt wurde, weil er vielleicht große Chancen bot, bewohnbare Planeten zu besitzen. Dort würde man vielleicht landen können, um sich einmal »die Beine zu vertreten«, um das Raumschiff vollkommen zu überholen oder auch ein neues zu bauen. Am Ende wird die Reise weitergehen, wenn auch sicher ein Teil der Ankömmlinge auf diesem neuen Planeten zurückbleiben dürfte. Sie könnten dann über viele Generationen hinweg die Freuden von Expansion und Wachstum genießen und am Ende schließlich auch wieder Sternenschiffe bauen, um von einem neuen Ausgangspunkt aus in den interstellaren Raum vorzudringen.

Die Zahl der Sternenschiffe, die unser Sonnensystem und jeden anderen kolonisierten Planeten verlassen, wäre sicher recht groß. Alle bereits besiedelten Systeme würden zu Pusteblumen, die ihren Samen in alle Winde verstreuen. An Bord der einzelnen Sternenschiffe mögen sich im Laufe der Zeit kulturelle und biologische Veränderungen abspielen, die schließlich eine unendliche Vielfalt an Erfahrung und Kultur hervorbringen, vielleicht auch neue menschliche Spezies – wobei Doppelentwicklungen auch bei noch so vielen Sternenschiffen nicht zu erwarten wären.

Vielleicht kommt es hin und wieder auch zu einer Begegnung von zwei Sternenschiffen. Da eine solche gegenseitige Annäherung sicher schon lange im voraus erkannt wird, wird ein bevorstehendes Treffen die Bewohner der Raumschiffe wahrscheinlich in große Aufregung versetzen. Bei einer solchen Gelegenheit ließen sich Informationen und Aufzeichnungen austauschen. Es würde Beschreibungen verschiedener Gegenden des Alls geben, die die anderen noch nicht besucht haben. Neue wissenschaftliche Theorien und Deutungen alter Traditionen würden diskutiert, Literatur, Musik und Kunstwerke ausgetauscht, aber auch verschiedenartige Lebensformen und Gebräuche studiert.

Natürlich könnte nicht jedes einzelne Sternenschiff die gesamte Galaxis durchforsten, nicht einmal innerhalb vieler Millionen Jahre, doch wenn immer wieder neue Planeten besiedelt werden, die sich ihrerseits zu Zentren neuer Expansionswellen entwickeln, wird irgendwann die Galaxis angefüllt sein mit Leben von der Erde, wird man vielleicht sogar den Sprung zu den Nachbargalaxien wagen.

Es wäre auch nicht verwunderlich, wenn solche Raumsiedlungen früher oder später mit Raumschiffen anderer Zivilisationen zusammenträfen, von denen wir vielleicht eine Menge lernen könnten. Es ist charakteristisch für unsere beschränkte historische Entwicklung, daß wir uns unter Begegnungen mit anderen Zivilisationen immer zunächst Krieg und Auseinandersetzungen vorstellen, doch der Weltraum ist groß genug, um allen genügend Lebensraum zu bieten. Darüber hinaus sollte die gegenseitige Neugierde einen stärkeren Einfluß haben als etwa das Mißtrauen den Fremden gegenüber. Vielleicht erweist sich auch die Intelligenz als ein starkes Bindeglied, das physiologische Unterschiede zwischen den Lebewesen als zweitrangig erscheinen läßt.

Doch was könnte die Sternenschiffe über das Sonnensystem (oder jedes andere bewohnte Planetensystem) hinausdrängen?

Man mag zunächst etwas kühn die Neugier als Antrieb annehmen, die Suche nach neuen Abenteuern oder einer fremden Umgebung – doch die Länge der Reise führt dazu, daß jene, die sich auf den Weg machen, von all dem nichts mehr mitbekommen werden. Warum also sollten sie ihre wohlvertraute Heimat verlassen?

Es müssen schon zwingendere Gründe sein.

Jede der Raumsiedlungen wird ihr eigenes ökologisches Gleichgewicht entwickeln, das sicher viel einfacher strukturiert ist als das auf der Erde. Überall wird man bemüht sein, Unkraut, Ungeziefer und Krankheitserreger zu verbannen, weil dies die Aufrechterhaltung eines ökologischen Gleichgewichts sicher erleichtert. So könnte jede Raumsiedlung ihr eigenes Ökosystem entwickeln, das sich von denen anderer Siedlungen geringfügig unterscheidet.

Wie aber ließe sich unter solchen Voraussetzungen ein gegenseitiger Handel aufrechterhalten, wie könnten Menschen verschiedener Raumsiedlungen zusammen an Projekten außerhalb ihrer Station arbeiten? Auf der Erde haben wir heute schon Bestimmungen, die die Einführung von bestimmten Pflanzen und Tieren aus anderen Ländern verbieten, Quarantäne-Bestimmungen, die das Einschleppen von Seuchen verhindern sollen. Um wieviel strenger müßten solche Bestimmungen in so empfindlichen Umwelten wie einer Raumsiedlung sein!

Einige Siedler mögen unvermeidliche Infektionen vielleicht in Kauf nehmen und sich für ein einheitliches »Weltraum-Ökosystem« entscheiden, das mit geringen Unterschieden in jeder Raumsiedlung verwirklicht wird. Doch auch dann wird man wenig Wert darauf legen, Schädlinge und Krankheiten von der Erde her einzuschleppen, jenem unkontrollierbaren Ökosystem, von dem alles seinen Ausgang nahm.

Andere Siedlungen könnten sich dagegen eine biologische Isolation auferlegen und Handel und Zusammenarbeit mit anderen Stationen einstellen, um die in ihren Augen idealen Umweltbedingungen ihrer eigenen kleinen »Raumwelt« nicht zu gefährden. Sie könnten den Anfang machen und ihre Raumsiedlungen in die endgültige totale Quarantäne des interstellaren Raumes hinausmanövrieren, wo nur noch die langsamen Kräfte der Evolution (oder die Ergebnisse einer gezielten genetischen Manipulation) das mühsam gewonnene Gleichgewicht gefährden beziehungsweise verändern würden. *Dies* wäre vielleicht eine viel stärkere Motivation für die Auswanderung in die Tiefen des Universums als Neugier oder Abenteuerlust: die Angst vor einer Zerstörung der eigenen Umwelt durch den Kontakt mit anderen Raumsiedlungen. Vielleicht reicht dieser Antrieb aus, um Menschen (und andere Intelligenzen) immer weiter hinauszutreiben, bis ihr Erfahrungshorizont schließlich mit den Grenzen des Universums zusammenfällt – vorausgesetzt, ihre Zeit reicht dafür aus.

Teil II
Die Horizonte der Zeit

13. Kapitel – Zeit und Geschichte

Der Kalender

Bislang habe ich in diesem Buch beschrieben, wie die Menschen den Horizont des Raumes immer weiter ausgedehnt haben bis an die Grenzen des Universums. Wie aber steht es um eine weitere Größe, die ebenso fundamental wie der Raum ist und sich ebenso messen läßt – die Zeit?

Es ist denkbar, daß nur wir Menschen unter allen Lebewesen nicht bloß in der Gegenwart leben, daß nur wir uns an Details in der Vergangenheit erinnern und daraus die Erfahrung gewisser Regelmäßigkeiten ableiten können, die dann eine – wenn auch nur begrenzte – Vorschau auf die Zukunft erlauben.

Natürlich können wir heute nicht mehr mit endgültiger Klarheit herausfinden, wie unsere Vorfahren ein Gefühl für die Zeit entwickelten. Vielleicht begann es mit der tagtäglichen Beobachtung von Hell und Dunkel, von Tag und Nacht. Diese einfache Einheit der Zeit, der »Tag«, könnte als Ausgangspunkt für längere und kürzere Zeiträume gedient haben.

Der Tag ist strukturiert durch die Bewegung der Sonne am Himmel, eine endlose Folge von Sonnenauf- und -untergängen, von astronomischen Ereignissen also. Wir wissen heute, daß sich dahinter die Rotation der Erde um ihre eigene Achse verbirgt, doch war dies bis Kopernikus im 15. Jahrhundert nicht bekannt.

Weil die Erdachse gegenüber der Senkrechten zur Erdbahn ein wenig geneigt ist (um einen Winkel von etwa 23,5 Grad), bewegt sich die Sonne in den gemäßigten Breiten von Tag zu Tag ein wenig höher über den Himmel, dann wieder tiefer, wieder höher, und so weiter; ein solcher Zyklus dauert sehr viel länger als ein Tag. Mit ihm geht der jahreszeitliche Wechsel einher, der das Leben der meisten Tiere und Pflanzen auf unserem Planeten beeinflußt: ein Wechsel von Trocken- und Regenzeiten, von kalten und warmen Perioden; Pflanzen wachsen, sterben ab, wachsen erneut, und so weiter, während viele Tiere große Wanderungen unternehmen, um der Sonne zu folgen. All dies konnte den Menschen nicht verborgen bleiben, und so wurden bereits in vorgeschichtlicher Zeit Perioden von vielen Tagen zu größeren Einheiten zusammengefaßt.

Der Mond ist nach der Sonne das hellste Objekt am Himmel; und sein Aussehen unterliegt einem regelmäßigen Wechsel, der mindestens ebenso auffällig ist wie der Tag-Nacht-Rhythmus. Die Mondphasen beginnen mit einer schmalen Mondsichel, die kurz nach Sonnenuntergang beobachtet werden kann (der »neue Mond«); je mehr das Mondlicht zunimmt, desto weiter entfernt sich der Mond von der Sonne am Himmel, bis schließlich ein voller Mond bei Sonnenuntergang aufgeht; anschließend nimmt das Mondlicht wieder ab, der Mond nähert sich von der anderen Seite wieder der Sonne, bis er am Ende als schmale Sichel am Morgenhimmel kurz vor Sonnenaufgang verblaßt. Ein paar Tage später taucht er als neuer Mond am Abendhimmel wieder auf, und der Kreislauf beginnt von neuem. Wir wissen heute, daß diese Mondphasen sich aus der Bewegung des Mondes um die Erde ergeben.

Der ganze Zyklus wiederholt sich alle 29,53 Tage, und denen, die sich als erste mit den Veränderungen des Mondes beschäftigten, erschien es so, als würde der Mond mal nach 30 Tagen wieder als »neuer Mond« auftauchen, mal nach 29 Tagen. Man sprach in diesem Zusammenhang von »Monden« oder Monaten, und auf dieser Periode basierte der Mondkalender viele tausend Jahre hindurch; noch heute bilden die Mondphasen die Grundlage für den jüdischen und den moslemischen Kalender. Die Woche dagegen ist eine künstliche Unterteilung. Sie könnte die vier Hauptphasen des Mondes markiert haben: Neumond, erstes Viertel, Vollmond und letztes Viertel. Um exakt »nach dem Mond zu gehen«, müßte die Woche jedoch 7,38 Tage dauern, und das hieße, sie müßte mal 7 Tage umfassen, dann wieder acht Tage. Die Bewohner des Zweistromlandes zwischen Euphrat und Tigris, deren Astronomie damals am weitesten fortgeschritten war und unsere Zeitrechnung stark beeinflußt hat, wollten jedoch wahrscheinlich die sieben Planeten des Altertums mit dieser Zeiteinteilung verehren, also Sonne, Mond, Merkur, Venus, Mars, Jupiter und Saturn; diese sieben »Planeten« unterschieden sich in ihren Bewegungsmustern von den üblichen Sternen des Himmels und sollten daher göttlichen Charakter haben, dem man am besten durch die Zuteilung der einzelnen Wochentage gerecht werden konnte. Die Juden übernahmen diese Einteilung, und von ihnen ging sie auf die Christen über, die sie uns bis heute erhalten haben, obgleich der Bezug zu den »Göttern des Himmels« mit christlichem Glauben unvereinbar ist. Dieser Wochenrhythmus ist etwas willkürlich, was auch daran deutlich wird, daß die Woche weder zum Mondzyklus noch zum Sonnenjahr paßt.

Natürlich läßt sich die Abfolge der Jahreszeiten leichter anhand von Monaten verfolgen als durch das Zählen der Tage. Zwar sind die Jahreszeiten bei weitem nicht so regelmäßig wie etwa ein Tag oder ein Monat (oder auch die künstlich geschaffene Woche), doch für die frühen Menschen war das Jahr der Hauptzyklus, mögen sie nun Nahrungssammler, Jäger oder Bauern gewesen sein. So wird ihnen auch aufgefallen sein, daß ein Jahr, der Zeitraum zwischen zwei gleichen Jahreszeiten, etwas mehr als 12 Monate lang ist.

Genau sind es 12,37 Mondmonate, und aus diesem Verhältnis bastelten die Babylonier ein komplexes Jahresmuster zusammen, das mal 12, mal 13 Monate umschloß und sich nach 19 Jahren wiederholte. Auch dies wurde von den Griechen und den Juden übernommen (und wird noch heute im jüdischen Kalender beibehalten). Im alten Ägypten wurde das Leben hauptsächlich von der alljährlich wiederkehrenden Nilflut geprägt, die im Durchschnitt im Abstand von 365 Tagen eintrat (was ungefähr der Umlaufperiode der Erde um die Sonne entspricht, wie wir heute wissen). Ihr »Sonnenjahr« umfaßte daher 12 Monate zu je 30 Tagen, denen fünf Feiertage folgten. Die ägyptischen Monate stimmten zwar nicht mit den Mondphasen überein, doch störte das die Ägypter wenig.

Die Römer übernahmen unter Cäsar im Jahre 44 v. Chr. diesen ägyptischen Sonnenkalender, verbesserten ihn aber mit Unterstützung des griechischen Astronomen Sosigenes durch die Einführung des Schaltjahres, das alle vier Jahre einen zusätzlichen Tag enthielt. Leider stimmte auch dieses julianische Jahr von 365,25 Tagen noch nicht genau mit dem wirklichen Sonnenjahr überein, das mit 365,2422 Tagen rund 11,2 Minuten kürzer war. Wollte man diese Abweichung drastisch verringern, so mußten innerhalb von 400 Jahren drei Schaltjahre zu normalen Jahren verkürzt werden. Als einer der ersten wies der englische Gelehrte Roger Bacon (1220–1292) auf diese Notwendigkeit hin, doch ist die Umstellung eines Kalenders immer ein äußerst schwieriges Unterfangen. Erst im Jahre 1582 erließ Papst Gregor XIII. (1501–1585) ein Dekret zur Kalenderreform, dem zunächst aber nur Teile des katholischen Europa folgten. Mittlerweile hat sich dieser neue »Gregorianische« Kalender aber weltweit durchgesetzt.

Perioden von mehr als einem Jahr Dauer sind nicht gebräuchlich, es sei denn, es handelt sich um Vielfache eines Jahres. So sprechen wir von einer Dekade, wenn wir 10 Jahre meinen, von einem Jahrhundert und von einem Jahrtausend.

Im römischen Kulturkreis existierten daneben noch das »Lustrum«, eine Fünfjahres-Periode, die auf regelmäßige Sühneopfer zurückgeht (in der späteren römischen Geschichte wurde alle fünf Jahre eine Volkszählung durchgeführt, an die sich eine rituelle Reinigung anschloß, um einen Neubeginn zu dokumentieren), und die »Indictio«, ein Zeitraum von 15 Jahren, nach dem eine neue Steuerschätzung fällig war.

Im klassischen Griechenland kannte man die Olympiade, die vier Jahre umschloß (alle vier Jahre wurden die Olympischen Spiele ausgerichtet).

Hin und wieder sprechen auch wir heute noch von einer »Generation«, wenn wir einen Zeitraum charakterisieren wollen, der im Zusammenhang mit der Abfolge menschlicher Generationen steht; es gibt jedoch keine allgemeingültige Definition für die Länge einer solchen Generation – es können 25, 30 oder auch 33 Jahre sein.

Lebenserwartung

Früher, unter primitiveren Lebensbedingungen, mag die Lebenserwartung kaum größer als 33 Jahre gewesen sein, so daß eine Generation damals tatsächlich den Wechsel von den Eltern auf die Kinder beschrieb. Doch selbst zu jenen Zeiten gab es schon Menschen, die länger als eine Generation lebten.

So finden wir zum Beispiel in der Bibel den berühmten Vers »Die Zeit unseres Lebens währt insgesamt 70 Jahre, wenn es hoch kommt, 80 Jahre« (Ps 90,10). Dies deutet auf eine Grenze bei 70 Jahren hin, sofern nicht vorher schon Krankheit oder Gewalteinwirkung dem Leben eine Ende bereiten (was damals sicher oft genug vorkam).

Damals werden wohl kaum viele Menschen dieses »biblische« Alter erreicht haben, doch mittlerweile hat sich die Lage gewandelt. Betrachtet man die Menschheit insgesamt, so liegt die Lebenserwartung gegenwärtig bei 55 Jahren; dabei ist diese in unseren Augen niedrige Lebenserwartung eine Folge davon, daß die moderne medizinische Betreuung in vielen Gegenden auf unserem Planeten noch nicht durchgesetzt werden konnte. So liegt die mittlere Lebenserwartung in Afghanistan derzeit bei

37,5 Jahren, in Angola bei 33,5 Jahren, und in anderen Teilen Afrikas werden Männer durchschnittlich kaum älter als 25 Jahre.

Die Lebenserwartung in den hochtechnisierten Ländern ist dagegen viel höher. In der Bundesrepublik beispielsweise werden Männer gegenwärtig durchschnittlich knapp 68 Jahre alt, Frauen dagegen etwa 74,5 Jahre. Offenbar spielen aber auch noch andere Faktoren eine Rolle, denn den Weltrekord halten die Isländer, deren Männer im Schnitt 73 Jahre alt werden, die Frauen sogar 79,2 Jahre. Natürlich gibt es auch genügend Menschen, die diese mittlere Lebenserwartung überschreiten, und das war schon immer so.

Bekannt geworden sind beispielsweise der griechische Redner Isokrates (436–338 v. Chr.), der römische Geschichtsschreiber Cassiodorus (490–583), der byzantinische General Narses (478 bis 573), der venetianische Doge Enricolo Dandolo (1108 bis 1205), der italienische Maler Tizian (1477–1578), der französische Gelehrte Bernard de Fontenelle (1657–1757), der französische Gelehrte Louis de Richelieu (1696–1788) und sein Landsmann Michel E. Chevreul (1786–1889), ein Chemiker – sie alle wurden 90 Jahre und älter.

Es ist durchaus nicht verwunderlich, daß einzelne Menschen selbst dann ein so hohes Alter erreichen, wenn die allgemeine Lebenserwartung vergleichsweise gering ist, da es immer wieder Menschen gibt, die von Krankheit und Gewalteinwirkung verschont bleiben. Wer aber erst einmal die 60 erreicht hat, ist inzwischen gegenüber so vielen Krankheiten immun, daß ihm die meisten Infektionen nichts mehr anhaben können. In diesem Alter sterben außerdem die Männer nicht mehr auf dem Schlachtfeld, die Frauen nicht mehr im Kindbett, und wenn man dann auch noch der Mittel- oder Oberschicht angehört, braucht man in aller Regel auch den Hunger nicht zu fürchten. Unter solchen Voraussetzungen waren die Lebenserwartungen derer, die erst einmal diese Schwelle überschritten hatten, früher wie heute gleich groß, denn jetzt kommen eigentlich nur noch degenerative Krankheiten in Frage, Alterserscheinungen wie Krebs, Arteriosklerose, Arthritis, Leberschäden und eine allmähliche Vergreisung, und deren Gefährlichkeit ist bis heute gleichgeblieben. Weil aber heute immer mehr Menschen ein Alter von 60 Jahren erreichen, erleben auch immer mehr Menschen das patriarchalische Alter der 90. Die Zahl der über 100jährigen wird auf der ganzen Erde auf rund 25000 Menschen geschätzt, von denen etwa die Hälfte in den USA lebt.

Immer wieder hört man von Gegenden, in denen besonders viele Hochbetagte leben, die weit über 100 Jahre alt sind – im Kaukasus, in den Anden, und so weiter. Ihnen allen ist gemeinsam, daß es dort keine offiziellen Geburtsurkunden gibt, mit denen das Alter wirklich belegt werden könnte. Geburtsregister werden noch nicht lange überall regelmäßig geführt, und so kann es geschehen, daß alten Menschen ihr Alter viel höher vorkommt, da ihnen der Zeitbegriff etwas außer Kontrolle gerät (wie den meisten Menschen die mittleren Jahre viel zu schnell vorübergehen). Die Lebensdaten bekannter Menschen des Altertums und des Mittelalters, die ich weiter oben zitiert habe, mögen zwar leicht übertrieben sein, müssen es aber nicht notwendig sein. Alle Altersangaben jedoch, die weit über hundert Jahre hinausgehen, sind dagegen sicher fast immer übertrieben, sofern sie sich nicht durch Dokumente belegen lassen.

Je weiter wir in die Vergangenheit zurückblicken, desto häufiger stoßen wir auf solche Übertreibungen bei den Altersangaben. Die Bibel liefert auch hierfür eine Reihe von Beispielen. So soll Josua beispielsweise 110 Jahre alt geworden sein, Moses 120, Jakob 147, Isaak 180; Terach (Isaaks Großvater) starb mit 205 Jahren, Eber (Terachs Ururgroßvater) mit 464, Sem (Ebers Urgroßvater) mit 600, Noah (Sems Vater) mit 950 und Methusalem (Noahs Großvater) mit 969 Jahren. Es hat genügend Versuche gegeben, diese Altersangaben anders denn als Jahresangaben zu deuten. Wenn man beispielsweise annimmt, die extrem hohen Lebensalter wären in Mondmonaten gezählt, dann wäre Methusalem in Wirklichkeit nur 78,5 Jahre alt geworden. Solche Versuche sind jedoch wenig überzeugend. Viel wahrscheinlicher ist, daß die Bibelschreiber sich hier an eine alte babylonische Tradition anlehnten, denn in babylonischen Legenden wird von Königen berichtet, die Tausende von Jahren regierten. Solche Zeiträume mögen den Juden allerdings zu sehr übertrieben erschienen sein, so daß sie sich mit einigen Jahrhunderten begnügten, um die gleiche Ehrwürdigkeit und Bedeutsamkeit dieser Gestalten auszudrücken.

Wenn wir uns auf solche Menschen beschränken, deren Geburtstermin amtlich bestätigt ist, dann dürfte der Rekordhalter ein gewisser Pierre Joubert aus der kanadischen Provinz Quebec sein, der am 15. Juli 1701 geboren wurde und am 16. November 1814 im Alter von 113,3 Jahren starb.*

Menschen besitzen demnach eine erstaunlich hohe Lebenserwartung. Betrachtet man alle Säugetiere als eine Gruppe, so zeigt sich, daß die Lebenserwartung in etwa mit der Körpergröße steigt. Spitzmäuse erreichen gewöhnlich nicht einmal ein Alter von einem Jahr – auch dann nicht, wenn sie gut genährt und vor äußeren Gefahren geschützt werden. Tiger und Löwen können zwischen 20 und 30 Jahre alt werden, Rhinozerosse 35 bis 45, Flußpferde und Elefanten 55 bis 65 Jahre. Den Rekord unter den Landsäugern hält ein indischer Elefant, der wohlversorgt in einem Zoo 69 Jahre alt wurde. Das aber heißt, daß jeder Mensch, der seinen 70sten Geburtstag feiert, von allen Landsäugern nur noch Menschen um sich hat, die mit ihm zusammen das Licht der Welt erblickt haben. (Möglicherweise werden die größten Wale noch älter als die Landsäugetiere, doch selbst wenn sie 90 Jahre würden, könnten sie die mögliche Lebensspanne eines Menschen nur annähernd erreichen, nicht jedoch übertreffen.)

Nicht einmal die übrigen Primaten können hier mithalten. Kein Gibbon ist nachgewiesenermaßen älter als 32 Jahre geworden, kein Orang-Utan älter als 34, kein Gorilla älter als 40 und kein Schimpanse älter als 51.

Der Unterschied wird noch deutlicher, wenn wir die Zahl der Herzschläge betrachten. Je kleiner ein Tier ist, desto schneller schlägt normalerweise sein Herz, und desto schneller läuft gewissermaßen auch seine Lebensspanne ab. Wenn wir die Zahl der Herzschläge addieren, die sich während der normalen Lebenserwartung einzelner Tierarten ereignen, so kommen wir in überraschend vielen Fällen auf eine Zahl in der Größenordnung von einer Milliarde. Unabhängig von der Körpergröße, so scheint es, beträgt die Lebenserwartung eines Tieres rund eine Milliarde Herzschläge. Auch hier bilden die menschlichen Lebewesen eine Ausnahme, denn wer die 70 erreicht hat, dessen Herz hat seit seiner Geburt bereits etwa 2,5milliardenmal geschlagen, und maximal können es offenbar bis zu rund 4 Milliarden Schläge werden. Warum dies so ist, blieb bislang ungeklärt.

* Das Guinness-Buch der Rekorde nennt demgegenüber George Fruits, der 1762 in Baltimore geboren wurde und 1876 in Alamo im Alter von 114 Jahren starb – der Unterschied ist jedoch unwesentlich (Anm. d. Ü.)

Vögel leben im Schnitt länger als gleich große Säugetiere. Auch dies erscheint rätselhaft, haben die Vögel doch eine höhere Körpertemperatur und einen schnelleren Stoffwechsel, so daß man annehmen sollte, sie lebten »schneller« als die Säugetiere. Sie besitzen darüber hinaus aber auch ein leistungsfähigeres Atmungssystem, und das könnte den Ausschlag geben. Es gibt eine Reihe von Geschichten, in denen von sehr alten Vögeln berichtet wird, die hundert Jahre und älter sind. Solche Angaben sind aber möglicherweise übertrieben, denn bislang hat man noch in keinem Fall eine Lebensdauer von 70 Jahren beobachten können. Es ist daher gut möglich, daß die Menschen die langlebigsten Warmblüter auf der Erde sind.

Allenfalls die Kaltblüter können ihnen den Rang streitig machen, Tiere, deren Stoffwechselfunktionen langsamer ablaufen, die in kalten Zeiten in eine Art Winterstarre verfallen und insgesamt einfach langsamer leben. Unter den Reptilien erreichen die Schlangen jedoch selten die 30, und auch die ältesten Eidechsen und Krokodile haben die 60 noch nicht überschritten. So bleiben nur die Land- und Seeschildkröten, die unter den Reptilien den Rekord im Langsamleben halten. Es sind authentische Fälle bekannt, nach denen Landschildkröten mehr als 100 Jahre alt geworden sind. Als (bei ihrem Tod) älteste Schildkröte gilt ein Exemplar, das 1918 152jährig starb.

Auch Fische können vielleicht 100 Jahre und mehr leben. Vor allem dem Stör billigt man eine entsprechende Lebenserwartung zu; so wurde das Alter eines Störs, der im Lake of the Woods an der amerikanisch-kanadischen Grenze gefangen wurde, auf 152 Jahre geschätzt. Bei Wirbellosen kann Langlebigkeit auch nicht ausgeschlossen werden, so zum Beispiel im Fall von Riesen-Tintenfischen oder Riesenmuscheln, doch gibt es darüber keine verläßlichen Angaben.

Die Pflanzenwelt dagegen kennt ganz andere Zeiträume. Viele Bäume werden weit älter als jedes Tier. So können Kiefern 600 Jahre alt werden, Zirbelkiefern sogar bis zu 1000 Jahre. Amerikanische Riesenmammut-Bäume erreichen ohne Schwierigkeiten 2000 und mehr Jahre. Der wohl älteste Baum aber und damit das älteste Lebewesen auf unserem Planeten dürfte eine Borstenkiefer sein, die im östlichen Nevada steht und 4900 Jahre alt sein soll. Wenn die Angabe stimmt, dann keimte sie um das Jahr 3000 v. Chr., noch vor dem Bau der Pyramiden.

Betrachten wir nun einmal einzelne Zellen statt der vielzelligen Lebewesen. Bäume, vor allem die ältesten und größten, bestehen hauptsächlich aus abgestorbenem Material; die intakten Zellen stellen lediglich einen geringen Anteil der Gesamtmasse, und keine von ihnen lebt mehr als 30 Jahre, bis sie ihre Identität durch Zellteilung oder Absterben verliert. Noch deutlicher wird dies bei einzelligen Organismen, denen landläufig eine Art »Unsterblichkeit« zugesprochen wird. Dies trifft aber nur insofern zu, als man die zellularen Informationen bis zu den Anfängen des Lebens zurückverfolgen kann, doch gilt dies auch im Falle mehrzelliger Lebewesen. Die Identität eines bestimmten einzelligen Organismus geht vielmehr bei jeder Zellteilung verloren, und das ist oft schon nach wenigen Minuten der Fall. Anders ist es um die Gehirnzellen bestellt. Sie funktionieren offenbar ohne Teilung oder Ersatz über hundert Jahre hinweg, sofern der betreffende Mensch so alt wird. Keine anderen Zellen können da mithalten, wenn wir von Nervenzellen in anderen langlebigen Tieren wie etwa Schildkröten oder Stören absehen (und wer würde schon eine menschliche Nervenzelle gegen diese langsamen Datenüberträger austauschen wollen).

Geschichtsschreibung

Altersangaben müssen sich jedoch nicht auf ein einzelnes Individuum beschränken. Zumindest bei den Menschen ermöglicht die Sprache eine Weitergabe der Erfahrungen von den Alten an die Jungen, so daß allmählich eine komplexe Tradition entsteht. Leider ist das menschliche Gedächtnis jedoch nicht vollkommen, so daß die Erinnerungen verblassen, und durch das ständige Nacherzählen werden sie zusätzlich verfälscht. Hinzu kommt, daß solche Berichte selten exakte Jahreszahlen enthalten, daß aber besonders auffällige Zahlen eher Beachtung finden und in der Erinnerung zu noch auffälligeren Angaben ausgemalt werden. Die Dinge änderten sich erst, nachdem die Schrift entwickelt worden war, doch selbst dann waren die Berichte noch äußerst knapp und beschränkten sich nur auf das, was damals für besonders wichtig gehalten wurde. Vor der Erfindung der Buchdruckerkunst war die Erstellung einer solchen »Schrift« jedoch ein schwieriges, aufwendiges Unterfangen, so daß oft nur wenige Kopien existierten und damit die Gefahr von Verlust oder Vernichtung weit größer war als heute. In der Zeit vor dem 19. Jahrhundert waren solche Aufzeichnungen daher selten genügend detailreich oder zuverlässig, und auch seither erfüllten eigentlich nur die industriell entwickelten Nationen die wichtigste Anforderung an die Geschichtsschreibung: die Genauigkeit der Zeitangabe. Solange ein Ereignis sich nicht genau datieren läßt, ist seine zeitliche Zuordnung aber sehr erschwert und damit auch die Möglichkeit, Zusammenhänge mit anderen Ereignissen zu rekonstruieren. Dazu ist vor allem eine eindeutige Identifizierung des Jahres erforderlich.

In frühen Berichten wurden die Jahre oft durch den Hinweis auf ein lokal bedeutungsvolles Ereignis gekennzeichnet: »im Jahr des großen Schneesturms« oder »zwei Jahre nach dem verheerenden Brand in der Stadt« oder »drei Jahre vor dem Dammbruch«. Das Problem dabei ist, daß der Zeitpunkt dieses Bezugsereignisses gewöhnlich außerhalb der näheren Umgebung unbekannt bleibt.

Im antiken Athen wurde jedes Jahr ein neuer Archont gewählt, eine Art Präsident, und mit seiner Regentschaft wurden die Jahre identifiziert. Auf die gleiche Weise konnten die Römer ein Jahr nach den jeweiligen Konsuln angeben. Dazu war allerdings eine genaue Liste der Archonten oder Konsuln notwendig, die ständig ergänzt werden mußte.

In den späteren Büchern der Bibel finden wir häufig Datierungen, die sich an den Herrschaftsjahren von Königen orientieren. Hier braucht man eine Liste der Könige und muß darüber hinaus wissen, wie lange die einzelnen Regenten auf dem Thron saßen. Würde jede Nation so verfahren, interne Ereignisse nach den Jahren der Herrschaft ihrer Machthaber zu zählen, müßte man bei gemeinsamen Ereignissen, wie etwa Schlachten oder Verträgen, diese Zeitbestimmungen miteinander in Beziehung setzen, müßte also wissen, wie lange König X des einen Landes schon regierte, als König Y des Nachbarstaates gekrönt wurde.

Eine solche Verflechtung der einzelnen lokalen Zeitrechnungen birgt die Gefahr vieler Fehler in sich, und so können wir bei frühen Berichten selten sicher sein, ob die Jahresangaben so exakt stimmen, wie sie uns erscheinen (von den Tagen ganz zu schweigen). Die Bibel beispielsweise ermöglicht keine genaue Angabe über den Geburtstag Jesu, auch nicht über das Geburtsjahr. Der Überlieferung zufolge soll er am 25. Dezember geboren worden sein, und eine Woche später, am 1. Januar, begann dann das Jahr 1 unserer gegenwärtigen Jahreszählung. Die Historiker stellen diese Angaben jedoch zu Recht in Zweifel.

Als erster hat wahrscheinlich Seleucus I., einer der mazedonischen Feldherren und Teilerbe des Reiches von Alexander dem Großen, die einfache, durchgehende Jahreszählung, unabhängig von Königen, Herrschern oder besonderen Ereignissen, eingeführt. Im Jahre 312 v. Chr. eroberte er Babylon und schwang sich damit zum König über den größten Teil des asiatischen Bereiches aus den Eroberungen Alexanders des Großen auf. Dieser Zeitpunkt war für ihn der Beginn seiner Zeitrechnung, also das Jahr 1 der Ära der Seleukiden. Dieses System der Zeitrechnung gewann noch an Bedeutung, nachdem die Juden im Jahre 114 Ä.S. (Ära der Seleukiden) unter den Einflußbereich der Seleukiden gerieten (nach unserer Zeitrechnung war dies im Jahre 198 v. Chr.). Sie übernahmen das System und trugen es auf ihren Handelswegen in den gesamten Mittelmeerraum hinaus. Dadurch gab es die Möglichkeit einer Anordnung lokaler Zeitangaben, die für eine einheitliche Chronologie der gesamten Welt des klassischen Altertums von Bedeutung ist.

Natürlich wollte man den Beginn der Jahreszählung immer so weit wie möglich nach vorne verlegen, denn mit negativen Zahlen konnte man damals noch nicht operieren, und es hörte sich auch schlecht an, wenn man sagen mußte, Alexander der Große starb elf Jahre vor Beginn der Seleukiden-Ära. Um diese Schwierigkeiten zu umgehen, entwickelte der griechische Geschichtsschreiber Timaeus (342–250 v. Chr.) das System der Olympiaden für seine Geschichte von Italien und Sizilien. Die Olympischen Spiele wurden alle vier Jahre ausgetragen, und Timaeus numerierte sie einfach durch, um dann ein Ereignis nach der Methode »erstes Jahr der fünften Olympiade« zu datieren. Wann aber begann die erste Olympiade nach unserer heutigen Zeitrechnung? Die Überlieferung nennt das Jahr 776 v. Chr., doch können wir natürlich nicht mit absoluter Sicherheit sagen, ob das stimmt.

Der griechische Gelehrte Eratosthenes, der als erster den Umfang der Erde bestimmt hatte, versuchte sich auch als erster in einer systematischen Chronologie; dazu mußte er die Ereignisse, die nach unterschiedlichen Verfahren datiert waren, in einem einheitlichen System ordnen. Auch er wählte als Grundlage die Olympiaden, doch ging er über das Jahr 776 v. Chr. weiter in die Vergangenheit zurück, denn er wollte auch das früheste Ereignis griechischer Geschichte mit einbeziehen, den Trojanischen Krieg. Eratosthenes datierte den Fall Trojas in das Jahr 408 vor der ersten Olympiade, also das Jahr 1184 vor unserer Zeitrechnung; er gilt wegen dieser Bemühungen auch als der »Vater der Chronologie«.

Die Römer entwickelten ein eigenes System der Jahreszählung, die mit der Gründung Roms ihren Anfang nahm. Natürlich wußte niemand, in welchem Jahr die Stadt wirklich begründet wurde, und so mußten sich die Römer auf Schätzungen und die Überlieferung verlassen. Der römische Schriftsteller Marcus Terentius Varro (116–27 v. Chr.) schließlich schloß das System an die griechische Zeitrechnung an und datierte die Stadtgründung in das dritte Jahr der fünften Olympiade (753 v. Chr.). Seither zählten die Römer ihre Jahre von diesem »Nullpunkt« aus. Die Ermordung Cäsars beispielsweise ereignete sich im Jahr 709 a. u. c. (»ab urbe condita«, seit der Stadtgründung), was unserem 44 v. Chr. entspricht. Der Fall Konstantinopels im Jahre 1453, der das Ende des oströmischen Reiches brachte, ereignete sich nach römischer Zeitrechnung im Jahre 2205 a. u. c.*

Natürlich bedeutete die Einführung einer einheitlichen Jahreszählung nicht notwendigerweise auch, daß die Zeitangaben immer korrekt waren, doch stellte sie gegenüber der zuvor geübten Praxis lokaler Zeitsysteme eine wesentliche Verbesserung dar. Eine bloße Jahreszählung reicht aber nicht aus, wenn man den genauen Zeitpunkt eines Ereignisses festlegen möchte. Die am weitesten zurückreichende exakte Datierung betrifft eine Schlacht zwischen den Lydern und Medern, und in diesem Fall kennen wir das Datum nur aufgrund eines astronomischen Schauspiels, das den Verlauf der Schlacht abrupt beendet: während des Kampfgetümmels verfinsterte sich über dem Ort des Geschehens in Kleinasien die Sonne, so daß die Soldaten auf beiden Seiten von tiefer Furcht gepackt wurden. Die Astronomen können heute berechnen, wann an der besagten Stelle zu jener Zeit eine totale Sonnenfinsternis stattgefunden hat, und finden dafür den 28. Mai 585 v. Chr.

Die frühen Christen bedienten sich anfangs der römischen Zeitrechnung, doch dürfte es ihnen irgendwann widerstanden haben, ihre Daten nach einem heidnischen System zu ordnen, deren Träger sich über Jahrhunderte hinweg in Christenverfolgungen als Gegner ihres Glaubens erwiesen hatten. Da nach

* Da es in der Chronologie kein Jahr »Null« gibt, muß beim Überschreiten der Zeitenwende stets 1 Jahr von der Summe der Jahre vor und nach Christi Geburt abgezogen werden. (Anm. d. Ü.)

christlichem Glauben die Geschichte der Welt mit der Geburt Jesu eine entscheidende Wende nahm, erschien es den Christen sinnvoll, diese Geschichte in zwei große Epochen zu teilen, in eine vorchristliche Zeit und die Zeit nach Christi Geburt. Dazu mußte man allerdings erst einmal das Geburtsjahr nach römischer Zeitrechnung kennen.

Der Mönch Dionysius Exiguus, der im sechsten Jahrhundert in Rom lebte, errechnete im Jahre 525 den Geburtstag Jesu für den 25. Dezember 753 a.u.c. Nach diesem System war der 1. Januar 754 a.u.c. der erste Tag des Jahres 1 (auch A.D. 1 genannt, Anno Domini, das Jahr des Herrn), während der 31. Dezember 753 der letzte Tag des Jahres 1 v. Chr. war. Damit ist die christliche Zeitrechnung festgelegt.

Sie setzte sich allerdings nur sehr langsam durch. Der englische Gelehrte Bede (673–735) verwandte sie in seinen geschichtlichen Aufzeichnungen, und Karl der Große (742–814) führte das System in seinem Reich ein. Dennoch dauerte es bis zur ersten Jahrtausendwende, ehe die Zeitrechnung in ganz Westeuropa benutzt wurde. Heute dagegen findet sie – zumindest für geschäftliche Zwecke und im internationalen Verkehr – überall Verwendung, von Christen und Nichtchristen gleichermaßen; der Durchbruch erfolgte wohl mit der europäischen Vorherrschaft zwischen 1750 und 1950.

Leider machte Dionysius einen Fehler. Die Bibel besagt eindeutig, daß Jesus noch unter der Regentschaft des Herodes geboren wurde, und der starb nach Ansicht der meisten Historiker im Jahre 750 a.u.c., also bereits 3 Jahre vor der Zeitenwende. Die Geburt Jesu müßte also spätestens im Jahre 4 v. Chr. gewesen sein, wobei astronomische Andeutungen und ihre Erklärungsversuche auf das Jahr 7 v. Chr. hindeuten.

Die historische Zeit

Wie weit reichen die als gesichert geltenden Daten historischer Ereignisse in diesem System der Jahreszählung in die Vergangenheit zurück?

In der griechischen Geschichte wird der Trojanische Krieg als erstes bedeutsames Ereignis angesehen, wie ich bereits erwähnte. Er endete mit der Eroberung Trojas im Jahre 1184 v. Chr. Natürlich gibt es auch aus der Zeit davor Überlieferungen, die viele Griechen damals als wahre Geschichten angesehen haben mochten, zum Beispiel die Heldentaten von Herkules, Theseus und Perseus, um nur einige zu nennen. Die meisten griechischen Gelehrten hielten diese Berichte jedoch für Sagen, bei denen sie erst gar keine zeitliche Einordnung versuchten.

Es gibt jedoch Kulturkreise, die älter sind als das griechische Staatswesen. Ägypten stand beispielsweise schon in hoher Blüte, als die Griechen noch bloße Hirtenvölker waren. Der ägyptische Priester Manetho, der um das Jahr 300 v. Chr. lebte, schrieb eine Geschichte Ägyptens in griechischer Sprache. Er teilte die Herrscher seines Landes, die von dem Zeitpunkt der Vereinigung zu einem Staat bis zu seinen Lebzeiten regiert hatten, in 30 Dynastien ein, in Herrschergruppen also, deren Mitglieder aus der gleichen Familie stammten. Sein System wird noch heute benutzt.

So wird beispielsweise berichtet, daß im siebten Jahr der Herrschaft des dritten Königs der zwölften Dynastie (sein Name war Sesostris III.) der Stern Sirius am Datum der Nilflut zeitgleich mit der Sonne aufging. Für Astronomen ist es heute einfach, mit Hilfe des ägyptischen Sonnenjahrs von 365 Tagen auszurechnen, wann Sirius derart zeitgleich mit der Sonne aufgegangen sein kann, denn dieses bemerkenswerte Ereignis trat nach ägyptischer Zeitrechnung nur einmal nach jeweils 1460 Jahren ein. Die Beschreibung trifft auf das Jahr 412 v. Chr. zu, doch muß zu jener Zeit die 12. Dynastie längst vergangen gewesen sein, und so kommt eigentlich nur das Jahr 1872 v. Chr. in Frage. Wenn man dies als das siebte Jahr der Regentschaft von Sesostris III. nimmt, dann läßt sich von da aus jedes andere Datum vor- und nachher bestimmen.

Bei größeren Zeiträumen mag dabei eine Abweichung von einer Dekade oder so auftreten, doch sind sich die Historiker ziemlich sicher, daß die Pyramiden aus der Zeit um 2500 v. Chr. stammen, also etwa 1300 Jahre vor dem Trojanischen Krieg erbaut wurden, und daß Ägypten erstmals unter Narmer, dem Begründer der 1. Dynastie, um das Jahr 2850 v. Chr. vereint wurde.

Noch etwas älter dürfte die Zivilisation im Bereich des Zweistromlandes zwischen Euphrat und Tigris gewesen sein, wo kurz vor Ende des vierten vorchristlichen Jahrtausends die Sumerer die Schrift erfanden. Dies gilt allgemein als Beginn der geschichtlichen Zeit, weil die Schrift erstmals eine Aufzeichnung von Ereignissen ermöglichte. Natürlich konnten dabei ungewollte oder auch gewollte Fehler gemacht werden, doch die schriftliche Fixierung war der zuvor geübten Praxis mündlicher Überlieferung weit überlegen.

Die geschichtliche Zeit währt daher jetzt seit etwa 5000 Jahren. Eine Sammlung von Berichten über die frühgeschichtliche Zeit der Menschen, die für uns Angehörige des westlichen Kulturkreises von besonderer Bedeutung ist, basiert auf den Aufzeichnungen der Bibel. Die Juden und Christen der Zeit vor dem 19. Jahrhundert erkannten die dortigen Schilderungen als wahr an (diesem Irrtum erliegen auch heute noch zahlreiche Menschen), weil in ihren Augen die Schrift durch die Eingebung Gottes entstand und daher nur die reine Wahrheit sein kann. Leider wird in der Bibel keine einheitliche Zeitrechnung verwendet, und so gibt es vielfach Datierungsprobleme. Erst in den späteren Büchern des Alten Testaments werden gelegentlich Monarchen erwähnt, die auch den griechischen Geschichtsschreibern bekannt waren. So starb der jüdische König Josiah beispielsweise in der Schlacht mit dem ägyptischen Pharao Necho, dessen Regentschaftszeit bekannt ist. Daraus läßt sich zuverlässig ableiten, daß Josiah im Jahre 144 a.u.c. starb, 609 v.Chr., und dieser Zeitpunkt kann wieder als Grundlage für die Umrechnung anderer Angaben in der Bibel dienen. So kommt man bis zum Jahre 1020 v.Chr. zurück, dem Jahr der Inthronisation des ersten jüdischen Königs, Saul. Daß dies erst 164 Jahre nach dem überlieferten Datum der Eroberung Trojas war, konnte den nationalen und religiösen Stolz der Juden und Christen nicht befriedigen, denn sie hätten gerne auf eine längere geschichtliche Zeit zurückgeblickt als die Heiden. Also versuchten sie, die biblischen Ereignisse bis zurück zu Abraham zu datieren, der mit dem Götzendienst brach und die Verehrung des einen Gottes der Bibel einführte.

Ein Kirchengeschichtler, Eusebius von Caesaria (260–340), fand nach umfangreichen Rechnungen und sorgfältigem Quellenstudium das Jahr 2016 v.Chr. als das Geburtsjahr Abrahams. Dies lag immerhin 1250 Jahre vor der Gründung Roms und etwa 830 Jahre vor dem Trojanischen Krieg, und das genügte für den Anspruch auf die älteste Geschichte, die also mit dem Zeitalter Abrahams ihren Anfang nahm.

Wenn man aber schon das Geburtsjahr Abrahams kannte, dann ließ sich aus den biblischen Angaben über die ganze Ahnenreihe des Patriarchen die Zeit zurückverfolgen bis zur Erschaffung der Welt, denn diese Ahnenreihe nennt auch jeweils das Alter des Vaters zum Zeitpunkt der Geburt seiner Söhne.

Daraus konnte man also das »Alter der Welt« ermitteln, zu dem es keine früheren Daten mit negativen Zahlen mehr geben konnte. Die Juden entwickelten dieses System im neunten Jahrhundert, und dreihundert Jahre später hatte es seine heutige Form erreicht. Den Rechnungen der Rabbis zufolge erschuf Gott die Welt im Jahre 3671 v. Chr., rund zwölfeinhalb Jahrhunderte vor dem Bau der Pyramiden. Nach dieser Zählung wäre das Jahr 1984 das Jahr 5654 seit der Erschaffung der Welt.

Andere Kirchengelehrte machten ihre eigenen Rechnungen auf und kamen auf ein Datum um das Jahr 5500 v. Chr., wobei die Abweichungen in der Größenordnung von einem Jahrzehnt sind. Danach wäre die Erde jetzt annähernd 7500 Jahre alt.

Unter den englischsprachigen Protestanten dagegen wird den Berechnungen des James Ussher (1581–1666) die meiste Beachtung geschenkt; Ussher war ein anglikanischer Bischof irischer Herkunft. Er kam zu dem Ergebnis, daß die Erschaffung der Welt genau viertausend Jahre vor der Geburt Christi stattgefunden haben müsse, also im Jahre 4004 v. Chr. Alle Ausgaben der King-James-Bibel (der autorisierten Fassung), die von den gläubigen Protestanten im englischsprachigen Raum als *die* Bibel schlechthin angesehen wird, enthalten diese Zeitrechnung am Rand oder über den einzelnen Spalten angegeben.

Nach Usshers Rechnung befinden wir uns also zum Zeitpunkt des Erscheinens dieser Übersetzung im Jahre 5987 nach der Erschaffung der Welt.

14. Kapitel – Das Alter der Erde

Uniformitarianismus

Vor dem 18. Jahrhundert schien also die Erforschung der Zeit durch einen absoluten Horizont in der Vergangenheit beschränkt zu sein, der lediglich einige tausend Jahre zurücklag. Konnte dies aber überhaupt möglich sein? Mußte die Erde nicht viel älter sein als vielleicht 6000 Jahre?

Es gibt genügend Anzeichen dafür, daß sich auf unserem Planeten eine Vielzahl von bedeutenden Ereignissen abgespielt hat, die insgesamt sicher mehr Zeit in Anspruch genommen haben als lediglich 6000 Jahre. Im westlichen Kulturkreis hat der griechische Philosoph Xenophanes (560–478 v. Chr.) als erster darauf hingewiesen. Er war ein Rationalist, der den griechischen Götter- und Heldensagen äußerst skeptisch gegenüberstand. Er hielt es für absurd und lächerlich, daß göttliche Wesen Menschengestalt annehmen sollten, und meinte, daß Ochsen, wenn sie Statuen meißeln könnten, ihren Göttern sicher die Gestalt von Ochsen geben würden. Xenophanes bemerkte zum Beispiel, daß die Felsen mancher hochliegender Gebirgsregionen die Schalen von Meeresmuscheln enthielten. Für ihn war dies Beweis genug dafür, daß jene hoch über den Meeresspiegel aufragenden Gebiete früher einmal unter Wasser gelegen haben mußten. Dort lebten schon in grauer Vorzeit Muscheln, die nach ihrem Absterben von Schlamm bedeckt wurden; später verwandelte sich der Schlamm in hartes Gestein, das schließlich zu hohen Bergen aufgetürmt wurde. Weil entsprechende Veränderungen aber zu seiner Zeit nicht nachweisbar waren, mußten sie entweder sehr langsam ablaufen und damit ein Argument für ein viel größeres Alter der Erde bieten, oder aber die Veränderungen müssen von großen Katastrophen in jüngerer Vergangenheit begleitet gewesen sein.

Natürlich hatten auch die Griechen ihre »Schreckensmärchen«. Xenophanes dürfte für sie nur ein mitleidiges Lächeln übrig gehabt haben, doch mußte er zugestehen, daß es sich dabei auch um – wenngleich auch übertriebene, in der Erinnerung verfälschte – Beschreibungen wirklicher Ereignisse handeln konnte. Eines dieser »Schauermärchen« berichtete von Phaeton, dem Sohn des Sonnengottes Helios mit einer Sterblichen, der einmal den Sonnenwagen über das irdische Firmament lenken wollte. Das Gespann entglitt ihm jedoch, und beinahe hätte die Sonne bei ihrem Abweichen vom rechten Kurs die gesamte Erde vernichtet, wenn nicht Zeus den Phaeton mit einem Blitzschlag getötet hätte, um die Ordnung wiederherzustellen. Auf diese Beinahe-Katastrophe konnte man natürlich alle unerklärlichen Dinge auf der Erde zurückführen.

Eine ähnliche Rolle zur Erklärung der von Xenophanes beschriebenen Absonderlichkeiten spielte im christlichen Europa die biblische Sintflut. Mit Sicherheit hat es im Zweistromland in der frühgeschichtlichen Zeit eine große Flut gegeben, wie der englische Archäologe Charles Leonard Woolley (1880–1960) in den 20er Jahren unsres Jahrhunderts anhand dicker Schlammschichten nachweisen konnte, deren Entstehung er aufgrund von Altersbestimmungen in die Zeit um 2800 v. Chr. rückte. Flußlandschaften werden immer wieder von großen Fluten heimgesucht, doch das Ereignis vor rund 4800 Jahren muß wirklich katastrophal gewesen sein. Ihm dürften weite Teile der damaligen Bevölkerung zum Opfer gefallen sein, und beinahe wäre sogar die gesamte Zivilisation dort vernichtet worden. Für die Bewohner jener Region mag dies wie das Ende der Welt erschienen sein, und die Berichte davon sind im Laufe der Überlieferung sicher nicht abgeschwächt worden. Am Ende wurde daraus eine weltweite Flut, die nur von einer Familie überlebt wurde.

Der Bericht über die große Flut ist im Gilgamesch-Epos enthalten, das kurz nach der Katastrophe im sumerischen Kulturkreis entstand und allmählich weite Verbreitung unter den damaligen Völkern fand. Auch die Israeliten hörten so von diesem Ereignis und flochten es gleich zweimal in die Berichte der Bibel ein, im 6. bis 9. Kapitel des Buches Genesis. Nach der Zeitrechnung Usshers ereignete sich die Sintflut im Jahre 2349 v. Chr.

In der Bibel wird die Flut als weltweite Überschwemmung geschildert, bei der alle auf dem Land lebenden Tiere ums Leben kamen mit Ausnahme von Noah, seiner Frau, seinen drei Söhnen und jenen Tieren, die er mit in die Arche genommen hatte.

Auf diese große Flut konnte man alles Unerklärliche auf der Erde zurückführen. Reste von ausgestorbenen Lebewesen waren eben Reste von Tieren, die in der Flut umkamen. Wenn man irgendwo auf Felsen stieß, wo eigentlich keine sein durften, so hatte natürlich die Flut sie dorthin geschleudert. Alle früheren Spekulationen über langsame Veränderungen der Erdoberfläche, über die Entstehung von Flußdeltas, Meeresspiegelveränderungen und Erosionen wurden von der Flut »weggeschwemmt«: Die Erde wurde im Jahre 4004 v. Chr. geschaffen (oder zumindest in vergleichbar weit zurückliegender Vergangenheit) und erlebte 1655 Jahre später jene katastrophale Sintflut, die alles radikal veränderte, und damit hatte es sich.

Trotzdem waren nicht alle mit dieser Erklärung zufrieden, einige hielten diesen Zeitraum von nur 6000 Jahren für zu kurz.

Der erste Gelehrte der Neuzeit, der diese Zweifel öffentlich kundtat, war der französische Naturforscher Georges L. L. de Buffon (1707–1788). Er arbeitete 50 Jahre an der Erstellung einer riesigen Enzyklopädie der Naturwissenschaften, die am Ende 36 Bände umfaßte (50 hatte er geplant). Der fünfte Band, der 1778 erschien, enthielt seine Vorstellungen über die Entwicklungsgeschichte der Erde. De Buffon ging davon aus, daß die Erde weit mehr Zeit benötigt habe, um allein die sichtbaren Veränderungen erleben zu können, und schlug daher vor, daß die Erde nicht erst vor 6000 Jahren entstanden sei, sondern schon vor 80 000 Jahren. Er glaubte auch nicht an einen göttlichen Schöpfungsakt, sondern an den Zusammenstoß der Sonne mit einem ähnlich schweren Körper (Buffon nannte diesen Eindringling einen Kometen, denn zu jener Zeit hatte man noch keine rechte Vorstellung vom Aufbau dieser Himmelskörper).

Es folgte eine Schilderung der Entwicklungsgeschichte der Erde. Die zunächst glutflüssige Erde kühlte langsam ab und erstarrte dabei; die Drehung um die eigene Achse hatte zuvor schon durch die Fliehkraft den Äquatorwulst entstehen lassen, den wir heute noch beobachten. Die feste Kruste verzog sich und türmte dabei die großen Gebirgsketten auf, und der Wasserdampf in der Atmosphäre kondensierte und regnete herunter, wodurch die Ozeane gebildet wurden. Vor etwa 40 000 Jahren entstanden die ersten Meerestiere, von denen etliche Exemplare später im Schlamm begraben und so zu Fossilien wurden. Ein Teil des Wassers versickerte dann durch Risse und Spalten ins Erdinnere, so daß auch trockene Landflächen freigelegt wurden, auf denen Pflanzen, Tiere und schließlich der Mensch auftauchten. Buffon schloß sogar eine Art Evolution nicht aus, eine Evolution durch Degeneration: einige Pferde hätten sich zu Eseln entwickelt, einige Menschen zu Menschenaffen, und so weiter.

Obwohl Buffon seine Überlegungen sorgfältig begründen konnte, sie auf Beobachtungen und – wo möglich – auf Experimente stützte, konnte er sich nicht gegen die religiös geprägten Ansichten durchsetzen und mußte schließlich seine Theorien zurückziehen. Ein Jahr nach Buffons Tod brach jedoch die Französische Revolution aus, in deren Verlauf der Einfluß der Kirchen stark zurückgedrängt wurde. Allmählich konnten sich die Wissenschaftler von den alten babylonischen Berichten lösen, durften sie an der Bibel vorbei die Geschichte der Erde anhand der vorliegenden Beweise rekonstruieren. Der zeitliche Horizont wich allmählich zurück, gab den Blick in eine weite Vergangenheit frei.

Einen wesentlichen Beitrag dazu lieferte der schottische Geologe James Hutton (1726–1797). Er war aufgrund sorgfältiger Untersuchungen der Erdoberfläche zu dem Schluß gekommen (wie andere vor ihm), daß die Formationen einer allmählichen Veränderung ausgesetzt gewesen sein müßten. Einige Felsarten konnten nur aus zusammengepreßten Ablagerungen entstanden sein, während andere bei Vulkanausbrüchen als flüssiges Material aus dem Erdinnern an die Oberfläche gebracht worden sein mußten. Exponierte Felsbrocken schließlich wurden von Wind und Wasser angegriffen und abgetragen, und so weiter.

Huttons entscheidender Beitrag zur »Verlängerung« der Erdgeschichte war die Annahme, daß solche Veränderungen nicht nur heute so langsam abliefen, daß man sie kaum beobachten konnte, sondern immer mit der gleichen Geschwindigkeit abgelaufen sind. Dies war das Prinzip des Uniformitarianismus.

Hutton glaubte, in der inneren Wärme der Erde den Antrieb für all diese langsamen Veränderungen vermuten zu müssen, so daß ihm die Erde wie eine gewaltige Wärmemaschine erschien. Nach Hutton mußte die Erdgeschichte also bereits sehr lange andauern, um trotz der äußerst geringen Veränderungen all jene Prozesse ermöglichen zu können, deren Folgen wir heute beobachten. Hutton sah entsprechend kein Anzeichen für einen Anfang, keine Aussicht auf ein Ende. Seine Vorstellungen sind in dem 1785 erschienenen Buch ›Theorie der Erde‹ dargestellt. Sie machten ihn zum »Vater der Geologie«. Natürlich gab es starken Widerstand gegen diese Thesen, doch war die Kirche in Großbritannien nicht mehr einflußreich genug, um ihn zum Widerruf zu zwingen. So mußten schließlich auch seine Gegner sich mit den Beweisen für eine »alte« Erde abfinden und sahen sich nun vor die Aufgabe gestellt, dies in Einklang mit der kurzen Erdgeschichte der Bibel zu bringen.

Der Schweizer Naturforscher Charles Bonnet (1720–1793) versuchte, die Vielzahl unterschiedlicher Fossilien dadurch zu erklären, daß die Erde nicht nur eine Sintflut erlebt habe, sondern mehr oder minder regelmäßig von solchen Ereignissen heimgesucht werde, bei denen alle Lebensformen umkämen und ihre Spuren in den Schlammschichten zurückließen. Damit nahm die Katastrophentheorie ihren Anfang.

Die Katastrophentheorie ermöglichte ein Festhalten an dem Glauben, daß Gott die Welt vor 6000 Jahren so geschaffen habe, wie wir sie heute beobachten, nachdem sie zuvor schon länger existiert und dabei eine Reihe von Katastrophen erlebt hatte. Solche Katastrophen machten auch den Gedanken an eine Evolution der Lebewesen überflüssig, der sich eigentlich zwingend aus den erkennbaren Unterschieden zwischen fossilen Lebensformen und den heute anzutreffenden Lebensformen ergab; die ausgestorbenen Tierarten waren eben das Ergebnis früherer Schöpfungsphasen gewesen, die von der heutigen Welt unabhängig und durch Katastrophen getrennt waren.

Charles Lyell (1797–1875), ein anderer schottischer Geologe, griff die Vorstellungen von Hutton auf und führte sie mit eigenen Arbeiten fort. Zwischen 1830 und 1833 veröffentlichte er die ›Grundlagen der Geologie‹ in drei Bänden. Das Werk war überzeugend geschrieben und wurde zu einem Verkaufserfolg. Die sorgfältige Darstellung und Analyse aller Beweiselemente verhalf dem Uniformitarianismus zum Durchbruch.* Von nun an gab es unter den Wissenschaftlern eigentlich keine Auseinandersetzung mehr darüber, daß die Erde älter als die aus der Bibel abgeleiteten 6000 Jahre sein mußte, viel älter sogar.

* Mittlerweile ist das Prinzip des absoluten Uniformitarianismus von den Geologen wieder verworfen worden, denn trotz eines im allgemeinen gleichmäßigen Entwicklungsprozesses hat es gelegentlich auch katastrophale Ereignisse gegeben, bei denen nahezu alle Lebensformen ausgerottet wurden. Keines dieser Ereignisse fand in historischer Zeit statt, so daß die Menschen keine weltweite Flut erlebt haben, von der in der Bibel berichtet wird.

Es stellte sich natürlich sofort die Frage, wieviel älter die Erde denn wohl sei.

Würde man sich den Gedanken des Uniformitarianismus anschließen, dann könnte man versuchen, das Tempo zu messen, mit dem irgendein ständiger Veränderungsprozeß abläuft, und daraus zurückrechnen, wieviel Zeit seit dem Beginn dieses Prozesses vergangen sein muß, um den gegenwärtigen Zustand zu erreichen. Wie schnell wächst zum Beispiel das Nildelta in das Mittelmeer hinaus, wie lange kann der Nil also schon seine Ablagerungen dort loswerden? Wie rasch setzen sich Sedimente am Meeresboden fest, wie lange muß es also gedauert haben, bis Gesteinsschichten der beobachteten Dicke entstanden waren? Oder wenn man davon ausgeht, daß das Wasser der Meere ursprünglich salzfrei gewesen ist und erst allmählich durch die Salzauswaschungen von Flüssen im Gestein »versalzen« wurde, kann man über die Analyse des gegenwärtigen Salztransportes aller Flüsse abschätzen, daß es mindestens 1 Milliarde Jahre gedauert haben muß, ehe die heutige Salzkonzentration erreicht war.

Eine solche Aufgabe konnte natürlich nicht frei von Fehlern sein, weil man nie wußte, wieviel Salz die Flüsse früher transportiert haben, oder ob sich nicht flache Meeresarme abtrennten und ihren Salzgehalt gewissermaßen »aus dem Verkehr« zogen. Dennoch führte die Mehrzahl solcher Schätzungen zu Ergebnissen, die auf ein Alter der Erde von wenigstens einigen hundert Millionen Jahren schließen ließen.

Den Geologen konnten diese Zeiträume nur recht sein, aber auch die Biologen begannen, solche Vorstellungen zu unterstützen, hatten sie doch inzwischen neue Theorien über die langsame Entwicklung der Lebensformen aufgestellt.

Dem englischen Geologen William Smith (1769–1839) war aufgrund sorgfältiger Untersuchungen der Fossilienhäufigkeit in unterschiedlichen Schichten (Strata) aufgefallen, daß einzelne Schichten ganz charakteristische Fossilien enthielten, sogenannte Leitfossilien, die man an den unterschiedlichsten Stellen immer in der gleichen Schicht wiederfand. Je tiefer man vordrang, je weiter die Ablagerungszeit dieser Schicht also zurücklag, desto stärker unterschieden sich die Fossilien von den heutigen Lebewesen. Smith veröffentlichte seine Untersuchungsergebnisse 1816 und gab damit dem Gedanken an eine biologische

Evolution einen starken Anreiz, der Vorstellung, daß sich die Lebensformen im Lauf der Zeit ganz allmählich verändert haben könnten.

Dabei war allerdings weniger die Tatsache einer solchen Evolution umstritten als der Mechanismus: was könnte die Tier- und Pflanzenarten dazu gebracht haben, sich im Laufe langer Zeiträume zu verändern?

Einen ersten Erklärungsversuch lieferte der französische Naturforscher Jean Baptiste de Lamarck (1744–1829) im Jahre 1809. Er schlug damals vor, daß sich die Tiere im Verlauf ihres Lebens aufgrund ihres Lebenswandels geringfügig weiterentwickelten. So sollte beispielsweise eine Antilope, die sich ständig von Blättern an Bäumen ernährt, allmählich einen längeren Hals bekommen, weil sie sich zur Nahrungsaufnahme fortwährend recken muß. Dieser etwas längere Hals würde dann vererbt, und die Entwicklung könnte sich in der nächsten Generation fortsetzen, bis schließlich aus einer Antilope eine Giraffe geworden wäre. Eine solche »Vererbung erworbener Eigenschaften« konnte allerdings nicht alles erklären. So mußte in diesem Fall offenbleiben, woher die Giraffe ihr geschecktes Fell hat, das für andere Antilopenarten völlig atypisch ist. Gewiß, das gescheckte Fell diente der natürlichen Tarnung, aber *tat* die Giraffe irgend etwas, das die Fleckigkeit des Fells hätte erhöhen können?

Ein halbes Jahrhundert später, 1859, veröffentlichte der Engländer Charles Robert Darwin (1809–1882) sein Buch ›Über den Ursprung der Arten‹, in dem er die Theorie der Evolution durch natürliche Auswahl propagierte. In jeder Generation – so Darwin – gab es geringfügige Unterschiede zwischen den einzelnen Lebewesen, gab es solche, die schneller, stärker oder wilder waren als ihre Artgenossen, die mehr Durchhaltevermögen besaßen oder ein Fell, das besser an die Umwelt angepaßt war, und die damit eine höhere Überlebenschance und entsprechend mehr Zeit zur Fortpflanzung hatten als andere Tiere. Solche winzigen Verbesserungen könnten sich im Laufe der Zeit aufhäufen und zu einer stärkeren Anpassung der Art an ihre Umwelt führen, so daß am Ende vielleicht sogar eine neue Art entstand, die der alten in mancher Hinsicht überlegen sein mochte.

Diese Vorstellung stieß sofort auf heftigsten Widerstand der damaligen religiösen Führer, wurde jedoch schon bald von der Gemeinde der Wissenschaftler und jener, die sich nicht auf bloße Traditionen, Autoritäten und Gefühle stützten, akzeptiert. Wenn aber die Darwinsche Evolutionstheorie (oder jede daraus abgeleitete, verbesserte Version) der Wirklichkeit entsprach, so hieß dies, daß die Entwicklungen einen unvorstellbar großen Zeitraum in Anspruch genommen haben mußten. Eine ungesteuerte, natürliche Auswahl, die zwischen einer Vielzahl zufälliger, meist negativer Veränderungen zu treffen war, erforderte mit Sicherheit viele Millionen Jahre.

Um so verwirrter waren die Wissenschaftler daher, als aus einer ganz anderen Richtung plötzlich Argumente ins Feld geführt wurden, die der Erde nur ein viel geringeres Alter einräumen konnten – zwar durchaus mehr als die biblischen 6000 Jahre, aber eigentlich viel zu wenig für eine Evolution im Darwinschen Sinne. Diese überraschende Wende ergab sich notwendig aus den Erkenntnissen der Physiker.

In den vierziger Jahren des vergangenen Jahrhunderts war mehr und mehr deutlich geworden, daß Energie in vielen verschiedenen Erscheinungsformen auftreten konnte, die ineinander umwandelbar waren. Wenn man aber Wärme auch als eine Art von Energie ansah, dann zeigte sich, daß sich bei diesen Umwandlungen die Gesamtmenge der vorhandenen Energie nicht veränderte.

Der deutsche Physiker Hermann Ludwig von Helmholtz (1821–1894) faßte diesen Zusammenhang in exakten mathematischen Formeln zusammen und begründete so 1847 den Satz von der Erhaltung der Energie. Seither konnte kein Zweifel mehr daran bestehen, daß Energie zwar umgeformt werden kann, nicht aber neu erzeugt oder vernichtet. Ausgerüstet mit dieser Erkenntnis versuchte Helmholtz, die Energieproduktion der Sonne zu erklären.

Bis zu jenem Zeitpunkt hatte man vielfach naiv geglaubt, die Sonne könne ewig existieren oder zumindest so lange, wie es Gott gefiel; man stellte sie sich als Lichtbehälter vor, der die Erde beleuchtete. Irdische Lichtquellen gaben aber nur so lange Licht ab, wie sie etwas zu verbrennen hatten – ging der Brennstoff aus, verlosch auch das Licht. Man hätte natürlich argumentieren können, himmlische Lichtquellen würden sich nach anderen Regeln richten, doch Helmholtz war von der universellen Gültigkeit der Energieerhaltung überzeugt. Die Sonne gab ständig ungeheure Energiemengen an den umgebenden Weltraum ab, und die mußten irgendwoher kommen. Würde das Sonnenfeuer durch die Verbrennung von Kohle aufrechterhalten, dann hätte sie mit der beobachteten Intensität allenfalls 1500 Jahre brennen können. Da man aus der Bibel aber ein Alter für Sonne und Erde von rund 6000 Jahren ableiten konnte, mußte die Sonne eine stärkere Energiequelle besitzen.

Helmholtz zog verschiedene Möglichkeiten in Betracht, doch waren sie alle unbefriedigend. Schließlich gelangte er 1854 zu der Ansicht, die Sonne müsse sich zusammenziehen. Unter dem Einfluß der eigenen Schwerkraft »stürzten« die äußeren Bereiche allmählich immer näher zum Zentrum, und die dabei gewonnene Bewegungsenergie (kinetische Energie) wurde dann in Strahlungsenergie umgewandelt. Dabei erwies sich die Sonne als so riesig, daß schon eine geringe Schrumpfungsrate ausreichte, ihre beobachtete Strahlungsenergie zu decken, und so hatte die Sonne während der gesamten geschichtlichen Zeit ihr Aussehen nicht zu verändern brauchen (jedenfalls nicht so sehr, daß es mit den damaligen Beobachtungsinstrumenten nachweisbar gewesen wäre).

Was aber, wenn die Erdgeschichte viel weiter in die Vergangenheit zurückreichte als die Geschichte der frühen Hochkulturen? Je weiter man in diesem Modell in die Vergangenheit zurückging, desto größer und größer mußte die Sonne gewesen sein, bis man jenen Zeitpunkt erreichte, zu dem die Sonne noch bis an die Erdbahn herangereicht haben mochte; seither konnten nicht sehr viele Millionen Jahre vergangen sein, doch war dies gleichzeitig das absolute Maximalalter der Erde – nach Helmholtz.

Den Geologen und Biologen reichte die so gefundene Zeitspanne seit der »Entstehung« der Erde allerdings nicht aus, um die beobachteten Veränderungen im Bereich der Erdkruste oder die Entwicklung der Arten zu erklären.

Ganz offenkundig wurde diese Schwäche der Helmholtzschen Überlegungen, als der schottische Physiker William Thomson, der spätere Lord Kelvin (1824–1907), seinen Teil dazu beisteuerte. Er hatte schon 1846 darauf hingewiesen, daß die Erde – wenn sie wirklich zuvor ein Teil der Sonne war, wie Buffon 60 Jahre zuvor behauptet hatte – rund 100 Millionen Jahre benötigt hätte, um von der Sonnentemperatur auf ihre heutige Temperatur abzukühlen. Zwar würde die gegenwärtige Rotationsgeschwindigkeit der Erde nicht ausreichen, um den beobachteten Äquatorwulst entstehen zu lassen, doch wäre diese Rotation ständig von der Gezeitenkraft des Mondes abgebremst worden. Irgendwann in früherer Zeit hätte sie also groß genug gewesen sein können, um durch die Fliehkräfte den Äquatorwulst aufzutürmen – vorausgesetzt, die Erde wäre damals noch glutflüssig gewesen und konnte diesen Fliehkräften nachkommen. Als später die Temperatur weiter absank und die Erdkruste erstarrte, blieb der Äquatorwulst »eingefroren« an seinem Platz erhalten. Auch nach dieser Argumentationskette kam Kelvin auf eine Zeitspanne von rund 100 Millionen Jahren, die seit der Erstarrung der Erdkruste vergangen sein mochten und daher als Obergrenze für das Alter geologischer Formationen und biologischer Entwicklungen angesehen werden mußten.

Kelvin hatte diese Berechnungen noch vor Helmholtz angestellt. Als dieser nun seine Arbeiten veröffentlichte, versuchte Kelvin sofort herauszufinden, wie alt die Erde im Helmholtzschen Modell sein konnte. Wenn die Sonne anfangs einen Durchmesser von 300 Millionen Kilometer besaß (den Durchmesser der Erdbahn) und sich unter konstanter Energieabstrahlung auf ihre heutige Größe zusammengezogen haben sollte, dann konnte dies nicht länger als etwa 25 Millionen Jahre gedauert haben. Älter konnte die Erde nicht sein, denn sonst hätte sie sich ja noch im Innern der Sonne befunden.

All diese Theorien führten zu dem übereinstimmenden Ergebnis, daß die Erde kaum älter als 100 Millionen Jahre sein durfte, daß sie eher sogar erst 25 Millionen Jahre alt war – und das war einfach für die Geologen und die Biologen eine viel zu kurze Zeitspanne.

Radioaktivität

Doch dann entdeckte der französische Physiker Antoine Henri Becquerel (1852–1908) im Jahre 1896 eher zufällig, daß bestimmte chemische Substanzen ständig eine bestimmte Strahlung aussenden. Das neue Phänomen wurde »Radioaktivität« genannt. Sorgfältige Untersuchungen durch andere Physiker führten zu dem Ergebnis, daß diese Strahlung aus dem Zerfall der Atomkerne schwerer Metalle wie Uran und Thorium stammte. Bei diesem radioaktiven Zerfall wurde außerdem Wärme freigesetzt. Irgendwo im Innern der Atome steckte offenbar eine zuvor unbekannte Energiequelle, für die später der Begriff »Kernenergie« geprägt wurde.

Diese Entdeckung veränderte die Situation völlig. Sicher, der

Zerfall eines einzigen Atoms gab nur eine verschwindend kleine Energiemenge frei, und normalerweise enthielt eine Bodenprobe auch nur einen geringen Anteil an radioaktiven Elementen – deshalb war die Kernenergie den Menschen zuvor auch nicht aufgefallen. Wenn man aber berücksichtigte, wieviele Atome pro Sekunde im gesamten Erdkörper zerfallen mußten, so konnte dies sehr wohl ausreichen, um die Temperatur der Erde für sehr lange Zeiträume auf dem gegenwärtigen Niveau zu halten.

Damit wurden alle Berechnungen wertlos, die von einer stetigen Abkühlung unseres Planeten nach der Abtrennung von der Sonne ausgegangen waren. Die Radioaktivität mußte diese Abkühlrate stark verringert haben, und das hieß nichts anderes, als daß von dieser Seite her gegen ein weit höheres Alter der Erde nichts mehr einzuwenden war.

Nach 50 Jahren deutete sich erstmals wieder ein Ausweg aus der scheinbar hoffnungslosen Lage der Geologen und Biologen an, denn nun sprachen auch physikalische Überlegungen nicht mehr notwendigerweise gegen ein hohes Alter der Erde. Die Radioaktivität ermöglichte sogar eine sehr viel genauere Altersbestimmung der Erde als alle bislang benutzten Praktiken und Theorien.

Der in Neuseeland geborene Physiker Ernest Rutherford (1871–1937) konnte nämlich 1904 zeigen, daß die Zerfallsrate für die einzelnen radioaktiven Elemente konstant war. Es erwies sich zwar als unvorhersagbar, wann ein bestimmtes Atom auseinanderbrach, doch das Verhalten einer großen Anzahl von Atomen ließ sich mit einer einfachen mathematischen Beziehung beschreiben. Nach jeweils einer bestimmten Zeit nämlich war die Hälfte der vorgegebenen Atome zerfallen; von der verbliebenen Hälfte zerfiel in der gleichen Zeitspanne anschließend wieder die Hälfte, von der in dem nächsten gleichen Zeitraum x wiederum die Hälfte zerfiel, und so weiter. Rutherford nannte diese Zeit x die Halbwertszeit des radioaktiven Elements, und sie konnte je nach Atomart von sehr kurzen bis zu sehr langen Zeiträumen reichen.

Das erste radioaktive Element, Uran, kommt in der Natur in zwei Formen vor (sogenannten Isotopen): Uran 238 und Uran 235. Uran 238 hat eine Halbwertszeit von 4,5 Milliarden Jahren, Uran 235 eine solche von 700 Millionen Jahren. Bezeichnet man eine Milliarde Jahre als ein Äon, so liegen die Halbwertszeiten der beiden Uran-Isotope bei 4,5 beziehungsweise 0,7 Äonen.

Thorium, das zweite Element, dessen Radioaktivität identifiziert wurde, kommt in der Natur nur in einer Form vor, als Thorium 232 mit einer Halbwertszeit von 13,9 Äonen.

Im gleichen Jahr 1904 konnte der amerikanische Physiker Bertram Borden Boltwood (1870–1927) die gesamte Zerfallsreihe von Uran und Thorium aufzeigen und nachweisen, daß beide Elemente schließlich als stabile Blei-Isotope »zur Ruhe kommen«. Uran 238 endet als Blei 206, Uran 235 als Blei 207 und Thorium 232 als Blei 208. Aus diesem Zusammenhang ergab sich die Konsequenz, wie Boltwood 1907 ausführte, daß man anhand des radioaktiven Zerfalls das Alter eines Steins bestimmen konnte – oder zumindest den Zeitraum, der seit seiner letzten Erstarrung aus einer Gesteinsschmelze vergangen war. Wenn man die Mengenanteile von Uran 238 und Blei 206 feststellen konnte, so brauchte man nur noch nachzurechnen, wie lange es gedauert haben mußte, daß bei gleichbleibender Halbwertszeit so viel Blei aus dem Uran entstanden sein konnte.

Allerdings hat die Sache einen Haken. Nicht alles Blei, das in dem Stein enthalten ist, muß aus dem Zerfall von Uran oder Thorium stammen; ein Teil kann auch schon von Beginn an vorhanden gewesen sein. Schließlich kannte man genügend Steine, die kein Uran oder Thorium enthielten (und wahrscheinlich auch nie enthalten hatten), die aber trotzdem Spuren von Blei aufwiesen. Zum Glück gibt es eine Möglichkeit, diesen ursprünglichen Bleigehalt zu rekonstruieren. In der Natur kommt Blei in vier verschiedenen Isotopen vor, von denen drei aus dem Zerfall von Uran und Thorium stammen; lediglich das Isotop Blei 204 erwies sich als »ursprünglich«, mußte also jeweils von Anfang an in einem Gestein enthalten gewesen sein, wenn man es dort fand. Steine, die niemals mit Uran oder Thorium in Verbindung gekommen waren (soweit man dies mit absoluter Sicherheit sagen kann), zeigten immer ein konstantes Mengenverhältnis der einzelnen Isotope untereinander: auf jeweils 3 Atome Blei 204 kommen 47 Atome Blei 206. Wenn also Blei und Uran zusammen in einem Gestein gefunden werden, muß man zunächst herausfinden, wieviel Blei 204 die Probe in sich birgt. Multipliziert man dies mit 47/3, so erhält man die »natürliche« Menge an Blei 206, und jedes *zusätzliche* Atom muß aus dem Zerfall von Uran 238 stammen.

Leider läßt sich auch auf diese Weise nicht sofort das Alter der Erde errechnen. Längst nicht alle Gesteinsarten enthalten nämlich nachweisbare Mengen von Uran. Größere Uranmengen findet man vor allem in solchen Gesteinen, die vielfach vulkanischen Ursprungs sind und daher erst später als die Erde insgesamt erstarrt sind. In solchen Fällen mißt man aber immer nur den Zeitraum, der seit der letzten Verfestigung vergangen ist, und auch das nur, wenn der Stein seither keinen äußeren Einflüssen wie Wind- oder Wassererosion ausgesetzt war, die Teile der Bleikonzentration hätten abtransportieren können.

Um überhaupt sinnvolle Ergebnisse der Messungen zu bekommen, brauchte man also Gesteinsproben, die seit der letzten Erstarrung unverändert geblieben waren, und diese Zeit war sicher kürzer als das Alter der Erde.

Dennoch fand man bei den Untersuchungen Bodenproben, die aufgrund der radioaktiven Altersbestimmung älter als eine Milliarde Jahre sein mußten. Die gegenwärtig ältesten Gesteine stammen aus Westgrönland und sind rund 3,8 Milliarden Jahre alt.

So alt also muß die Erde wenigstens sein, aber wie alt ist sie wirklich? Wenn wir schon keine älteren »ungestörten« Steine mehr finden können, gibt es dann vielleicht eine andere Methode, die uns hilft, die Dauer der davorliegenden Zeiträume zu ermitteln?

Die Entstehung des Sonnensystems

Nach den Aussagen der Bibel soll nicht nur die Erde vor 6000 Jahren erschaffen worden sein, sondern mit ihr auch das gesamte Universum – Sonne, Mond, Planeten und Sterne. Die Zeitvorstellung ist sicher nicht richtig, aber vorausgesetzt, das Universum wäre mit all seinen Himmelskörpern gleichzeitig entstanden, dann könnten wir das Alter der Erde herausfinden, wenn wir das Alter irgendeines anderen Himmelskörpers zweifelsfrei bestimmen. Muß aber das Universum mit all seinen Bestandteilen wirklich als Ganzes so entstanden sein, wie wir es heute beobachten? Nicht unbedingt. Buffon hatte zum Beispiel die Vermutung geäußert, die Erde sei bei einer Kollision der Sonne mit einem anderen Himmelskörper aus der Sonne herausgerissen worden. In einem solchen Fall hätte die Sonne natürlich bereits seit Äonen existieren können, ehe es zu diesem katastrophalen Vorgang der Bildung der Erde kam. Allerdings wären wahrscheinlich auch die übrigen Planeten im Sonnensystem auf diesen Ursprung zurückzuführen.

Dagegen hatte der französische Astronom Pierre Simon de

Laplace (1769–1827) 1796 eine Theorie aufgestellt, nach der das gesamte Sonnensystem einschließlich der Sonne selbst aus einem riesigen Gas- und Staubwirbel, dem sogenannten »Urnebel«, entstanden sei. Die Wolke zog sich aufgrund der Eigengravitation immer weiter zusammen, wobei wegen der Erhaltung des Drehimpulses die Rotationsgeschwindigkeit zunehmen mußte und schließlich so groß wurde, daß sich ein Äquatorwulst bildete; weil die Zunahme der Rotationsgeschwindigkeit auch dann noch nicht aufhörte, brach der Wulst irgendwann ab und verdichtete sich zu einem Planeten – ein Vorgang, der sich mehrfach wiederholte und so zur Entstehung der einzelnen Planeten führte, während im Zentrum allmählich die Sonne heranwuchs.

Während des 19. Jahrhunderts fand diese »Nebular-Hypothese« viele Anhänger. Eine ihrer Konsequenzen war natürlich, daß die Planeten weiter draußen älter sein mußten als jene näher an der Sonne, während die Sonne selbst das jüngste Mitglied des Systems war. Allenfalls der Mond mochte dann ein vergleichbares Alter wie die Erde haben, weil man annehmen durfte, daß er aus dem gleichen Materiering entstand wie die Erde.

Die Nebular-Hypothese hatte jedoch einen entscheidenden Nachteil, der sie um ihre Popularität brachte. Genauere Rechnungen zeigten nämlich, daß die Planeten rund 98 Prozent des gesamten Drehimpulses im Sonnensystem auf sich vereinen, die Sonne dagegen nur 2 Prozent. Wie aber sollten sie beim Abbrechen von der Hauptmasse so viel Drehimpuls mitgenommen haben können?

Zu Beginn unseres Jahrhunderts versuchte daher der amerikanische Geologe Thomas Chrowder Chamberlin (1843–1928) eine Wiederbelebung der Buffonschen Gedanken. Er stellte sich vor, daß die Sonne während ihrer frühen Geschichte beinahe mit einem anderen Stern zusammengestoßen wäre. Die gegenseitigen Anziehungskräfte zogen damals aus dem jeweils anderen Stern eine Menge Material heraus, das dann von den Anziehungskräften der sich relativ zueinander bewegenden Sterne einen »Schwung« mitbekam. Die herausgerissenen »Brocken« begannen sich zu drehen, und der Drehimpuls konzentrierte sich in ihnen durch den Einfluß der Schwerkraft.

Chamberlin machte somit (indirekt) alle Planeten gleich alt. Diese Theorie konnte sich rund drei Jahrzehnte hindurch einer großen Anhängerschaft unter den Wissenschaftlern erfreuen, bis man auch bei ihr auf Einzelheiten stieß, die sich mit den

Beobachtungen nicht in Zusammenhang bringen ließen. Die gegenseitigen Anziehungskräfte der beiden Sterne hätten eigentlich gar nicht so viel Materie, wie sie zur Entstehung der Planeten notwendig war, aus dem jeweils anderen Stern herausreißen können, sie hätten die Materie gar nicht weit genug von dem anderen Stern wegzerren und ihr auch nicht genügend Schwung für die Beibehaltung einer Umlaufbahn mitgeben können. Darüber hinaus hatten andere Überlegungen zu dem Ergebnis geführt, daß das Sonneninnere viel heißer war, als noch um 1900 angenommen, und herausgerissenes Material sich daher im Weltraum hätte verflüchtigen müssen, anstatt sich abzukühlen und zu Planeten zu verdichten.

So kehrte der deutsche Wissenschaftler Carl Friedrich von Weizsäcker schließlich 1944 wieder zur Nebular-Hypothese zurück. Inzwischen hatte man einiges mehr über das Verhalten so großer Gaswolken gelernt, auch über die Entstehung von Wirbeln an ihren Rändern. Weizsäcker konnte zeigen, daß Sonne und Planeten mehr oder minder gleichzeitig entstanden sein mußten, daß das gesamte Sonnensystem also annähernd gleich alt war. Was das ungleiche Verhältnis des Drehimpulses anging, so ließ sich dieses ursprünglich gegen die Nebular-Hypothese gerichtete Argument dadurch entkräften, daß man auch die elektromagnetischen Kräfte berücksichtigte, die für eine Übertragung des Drehimpulses von der Sonne auf die Planeten sorgen konnten. Heute sind sich die Astronomen ziemlich sicher, daß alle Körper im Sonnensystem ungefähr gleich alt sind und eine Altersbestimmung an irgendeinem dieser Objekte auch gleichzeitig das Alter der Erde verrät. Entsprechend sollte eine Analyse des Mondgesteins unter anderem auch etwas über das wirkliche Alter unseres Heimatplaneten verraten.

Als die Astronauten im Jahre 1969 erstmals auf dem Mond landeten und Mondsteine mit zur Erde zurückbrachten, machten sich die Geologen sehr rasch an eine Bestimmung des »radioaktiven Alters« dieser Gesteine. Sie fanden heraus, daß die Proben aus den lunaren Hochländern zwischen 4 und 4,2 Äonen alt sein mußten, rund 500 Millionen Jahre älter als die ältesten bekannten Sedimentgesteine der Erde.

Aber auch dies konnte nur eine untere Grenze darstellen. Nach dem heute weitgehend akzeptierten Modell entstanden die Körper des Sonnensystems (mit Ausnahme der Sonne selbst) aus der Gas- und Staubwolke nämlich erst nach etlichen »Zwischenstadien«. Zunächst kondensierten sich kleine Staubkörner, die sich allmählich zu größeren Brocken zusammenlagerten, zu Kieselsteinen, Felsbrocken und ganzen Bergen. Aus der Anlagerung solcher Brocken entstanden die »Keime« der einzelnen Planeten, die dann sehr rasch immer mehr »Schutt« anzogen und sich einverleibten. Gegen Ende blieben jedoch noch genügend große Klumpen zurück, die bei ihrem Aufschlag riesige Krater in die bereits entstandenen dünnen Krusten schlugen.

Solche Krater finden wir heute nicht nur auf dem Mond, sondern auch auf dem Merkur, dem Mars und auf zahlreichen Trabanten von Mars, Jupiter und Saturn. Besäße die Erde keine Atmosphäre mit einer stark erodierenden Wirkung, dann fänden wir auch auf unserem Planeten noch die Überreste jenes Bombardements – so jedoch können wir allenfalls die jüngsten Aufschläge aus der vorgeschichtlichen Zeit erkennen.

Dieses heftige Bombardement zertrümmerte auf dem Mond das anstehende Oberflächengestein, pulverisierte es oder ließ es teilweise sogar aufschmelzen. Entsprechend müssen wir davon ausgehen, daß die meisten Bodenproben vom Mond lediglich das Alter ausweisen, das dem Zeitraum seit dem Ende des heftigen Bombardements entspricht. Aufgrund unserer Messungen wissen wir also lediglich, daß der Mond vor rund 4 Milliarden Jahren »äußerlich« Ruhe bekam. Aber wie lange hatte zuvor das Bombardement aus dem Kosmos gedauert?

Vielleicht sollten wir versuchen, kleinere Himmelskörper als den Mond auf ihr Alter hin zu untersuchen. Sie haben eine geringe Anziehungskraft und konnten daher in der Frühzeit des Sonnensystems weniger Materie aus ihrer Umgebung auflesen, sollten also eigentlich weniger durch äußere Einschläge durcheinandergebracht worden sein als der Erdtrabant.

Es ist jedoch nicht ganz einfach, an so kleine Himmelskörper heranzukommen – mit einer Ausnahme: hin und wieder fallen sie buchstäblich vom Himmel. Meteoriten, die bei ihrem Zusammenstoß mit der Erde den Sturz durch die Erdatmosphäre überleben und am Erdboden gefunden werden, können uns die erforderlichen Aufschlüsse über das Alter des Sonnensystems und damit der Erde vermitteln.

Das Alter der Meteorite ist auf verschiedene Weisen bestimmt worden, aus dem Zerfall von Uran in Blei, aus dem Zerfall eines Rubidium-Isotops in Strontium und von Rhenium in Osmium. Alle Methoden führten zu vergleichbaren Ergebnissen, die einem Alter der Gesteinsbrocken von 4,4 bis 4,6 Äonen entsprechen. Daraus können wir ableiten, daß das gesamte Sonnensystem einschließlich der Erde vor rund 4,6 Milliarden Jahren entstanden ist. Während der ersten 500 Millionen Jahre ging ein allmählich nachlassender »Steinregen« auf die größeren Körper im Sonnensystem nieder, doch seit rund 4 Milliarden Jahren hat sich die Lage ziemlich unverändert ruhig gehalten. Aufgrund entsprechender Beobachtungen gehen die meisten Wissenschaftler heute davon aus, daß sich das Leben vor rund 3,5 Milliarden Jahren auf unserem Planeten entwickelt hat und seither ständig gegenwärtig war, wenngleich es auch Phasen gegeben haben mag, die durch starke Umwälzungen weite Teile der damaligen Lebensformen vernichtet haben.

Innerhalb von 200 Jahren konnten die Wissenschaftler also den zeitlichen Horizont der biblischen 6000 Jahre für die Erde auf immerhin 4,6 Milliarden Jahre Vergangenheit ausweiten – auf einen 760 000mal größeren Zeitraum.

Das expandierende Universum

Doch dies gilt zunächst einmal nur für die Sonne und ihre Planeten, die kaum mehr als ein Staubkorn im Universum sind. Entstanden die anderen Sterne zur gleichen Zeit wie die Sonne? Ist das ganze Weltall 4,6 Äonen alt?

Denkbar wäre dies. Denkbar wäre aber auch, daß das Universum schon seit unendlich vielen Äonen existiert und die Sonne mit ihren Planeten zu den Neulingen gehört. Immerhin beobachten wir im Orionnebel auch heute noch, wie sich aus einer Gas- und Staubwolke ähnlich dem solaren Urnebel neue Sterne entwickeln. Wenn aber ein Stern vor 4,6 Äonen entstand, ein anderer erst jetzt hinzukommt, warum sollen dann nicht auch schon vor 46 Äonen Sterne existiert haben?

Wenn es aber schon so schwierig war, das Alter der Erde zu ermitteln, um wieviel schwieriger wird es sein, das Alter der Welt herauszufinden? In gewisser Weise ist diese Aufgabe zum Glück leichter als erwartet.

Die Grundlage dafür schuf der österreichische Physiker Christian Johann Doppler (1803–1853) bereits im Jahre 1842; er zeigte damals, daß sich die Tonhöhe eines Schallsignals verändert, wenn sich Schallquelle und Beobachter relativ zueinander bewegen: nimmt die Entfernung zu, so hört man niedrigere Töne, wird die Entfernung kleiner, so steigt die Frequenz, erscheinen die Töne höher. Die Erklärung für diese Erscheinung ist einfach. Wenn sich die Schallwelle vom Beobachter entfernt, werden die Schallwellen für ihn gedehnt, und längere Wellen vermitteln einen tieferen Ton; verringert sich die Distanz zwischen Schallquelle und Beobachter, so werden die Schallwellen zusammengequetscht, und kürzere Wellenlängen entsprechen höheren Tönen. Man nennt diese Erscheinung den Doppler-Effekt.

Sechs Jahre später konnte der französische Physiker Armand H. L. Fizeau (1819–1896) zeigen, daß der gleiche Effekt auch bei Lichtwellen auftritt. Wenn sich eine Lichtquelle vom Beobachter entfernt, so sieht dieser längere Lichtwellen, und das entspricht einer Verschiebung hin zum roten Licht. Umgekehrt führt eine Verringerung des Abstands zu einer Verschiebung zum blauen Ende des Spektrums hin. Wie groß die Verschiebung ist, läßt sich durch den Vergleich der Lage von Spektrallinien im Licht der Sterne oder Galaxien mit der im Labor bestimmten Wellenlänge ermitteln.

Weil der Doppler-Effekt unabhängig von der Entfernung funktioniert, sollte man ihn auch bei den Sternen beobachten können. Tatsächlich fand der englische Astronom William Huggins (1824–1910) im Jahre 1868 im Spektrum des Sternes Sirius eine geringe Rotverschiebung, die auf eine langsame Vergrößerung des Abstands zwischen Sirius und Sonne hindeutet.*

Man hat seither ähnliche Beobachtungen bei vielen Sternen angestellt und dabei sowohl Sterne gefunden, die sich auf uns zu bewegen, als auch solche, die sich von uns entfernen, wobei die Geschwindigkeiten von einigen wenigen Kilometern pro Sekunde bis hin zu mehreren hundert Kilometern pro Sekunde reichen. Im Laufe der Zeit konnten Fernrohre und Spektrographen immer weiter verbessert werden, so daß schließlich auch das Studium der Spektren entfernter Galaxien möglich wurde. Einer der ersten, die sich dieser Aufgabe widmeten, war der amerikanische Astronom Vesto Melvin Slipher (1875–1969). Er fand 1912, daß sich die Andromeda-Galaxie mit einer Geschwindigkeit von rund 200 Kilometern pro Sekunde auf unsere Galaxis zubewegt. Bei allen anderen Galaxien seiner Meßreihe fand er dagegen eine Zunahme der Entfernung (mit einer weiteren Ausnahme), und zwar mit Geschwindigkeiten, die weit größer waren als die gewöhnlicher Sterne (zu jenem Zeitpunkt war die wahre Natur der Galaxien noch nicht bekannt).

Die beiden amerikanischen Astronomen Edwin Powell Hubble (1889–1953) und Milton La Salle Humason (1891 bis 1972) führten seine Arbeit fort. Auch sie fanden eine überwiegende Mehrzahl von Galaxien, die sich von uns entfernen, und die Geschwindigkeit war offenbar um so größer, je lichtschwächer die Galaxien erschienen.

Hubble versuchte, die Entfernung dieser Galaxien so gut wie möglich zu bestimmen, und konnte schließlich im Jahre 1929 eine Beziehung zwischen Entfernung und Fluchtgeschwindigkeit erkennen: die Fluchtgeschwindigkeit nahm proportional zur Entfernung zu. Wenn sich also die Galaxie A in einer fünfmal größeren Entfernung zu uns befand als die Galaxie B, so

* Im Gegensatz zu Asimovs Angaben *nähert* sich Sirius mit einer Geschwindigkeit von 7,25 Kilometern pro Sekunde dem Sonnensystem. (Anm. d. Ü.)

besaß sie auch eine fünfmal größere Geschwindigkeit von uns weg. Es ist dies die sogenannte Hubble-Beziehung. Aus den Messungen ergaben sich dabei zum Teil Fluchtgeschwindigkeiten, die einige tausend oder gar zehntausend Kilometer pro Sekunde erreichten.

Man konnte den Eindruck gewinnen, als besäße unsere Galaxis eine Kraft, mit der sie alle umgebenden Galaxien davontreiben konnte, und zwar mit um so größerer Wucht, je weiter diese bereits von uns entfernt waren. Ein solcher Zusammenhang ergab jedoch keinen Sinn, und so mußte man eingestehen, daß diese allgemeine Fluchtbewegung der Galaxien nichts mit unserer Galaxis zu tun haben konnte.

Die Lösung brachte der Vorschlag, daß sich offenbar das gesamte Universum ausdehnt, daß sich alle Galaxien voneinander entfernen (genau genommen sind es die Galaxienhaufen, die sich voneinander entfernen, denn die Galaxien sind zumeist durch ihre gegenseitige Anziehungskraft in solchen Galaxienhaufen »gebündelt«; daher können wir auch zwei Galaxien in unserer Nachbarschaft beobachten, die sich auf unsere Galaxis zubewegen – es handelt sich um Mitglieder des gleichen Galaxienhaufens, der sogenannten Lokalen Gruppe).

Wir würden also den gleichen Eindruck einer allseitigen Entfernung der Galaxienhaufen von jedem Ort haben, auf welchem Planeten im Weltall wir auch stünden – die Fluchtbewegung der Galaxien ist nicht an unseren speziellen Standort auf der Erde gebunden.

Die Erklärung Hubbles gewann noch an Überzeugungskraft durch die 1916 von Einstein veröffentlichte Allgemeine Relativitätstheorie, die eine solche Expansionsbewegung des Weltalls als einen möglichen Bewegungszustand des Universums voraussagte.

Wenn sich aber das Universum ständig vergrößert, sollte man daraus auch das Alter der Welt ableiten können. Stellen wir uns einmal vor, wir könnten die Entwicklung umkehren (den Eindruck einer solchen umgekehrten Bewegung hätten wir, wenn wir in die Vergangenheit zurückblicken könnten). Ließen wir den Film »Geschichte des Weltalls« rückwärts ablaufen, so würden wir beobachten, wie sich das Universum allmählich zusammenzöge, je weiter wir in die Vergangenheit kommen.

Eine Expansionsbewegung können wir uns endlos vorstellen, solange wir keine äußere Grenze kennen, die diese Bewegung aufhalten könnte. Bei der Kontraktion liegen die Dinge dagegen anders. Wenn sich das Universum immer weiter zusammenzieht, muß es irgendwann auf ein Null-Volumen verdichtet sein, und damit wäre die Kontraktion bis zu ihrem Ende getrieben worden; dieser Punkt wäre gleichzeitig der Nullpunkt der Zeit, der Zeitpunkt der Entstehung der Welt.

Der belgische Astronom Georges Lemaître (1894–1966) hatte entsprechende Überlegungen schon zwei Jahre vor der Veröffentlichung der Hubble-Beziehung angestellt. Lemaître stellte sich vor, daß das Universum in grauer Vorzeit mit all seiner Materie auf ein winziges Volumen zusammengequetscht war, auf ein Gebilde, das er das »kosmische Ei« nannte. Dieses kosmische Ei, so Lemaître weiter, ist dann in einer gewaltigen Explosion auseinandergeflogen und hat damit das Universum entstehen lassen, wie wir es heute beobachten. Die davonfliegenden Galaxien demonstrieren noch heute die Wucht dieser Explosion, für die der russisch-amerikanische Physiker George Gamow den Begriff »Big Bang« prägte (im deutschen Sprachbereich ist in diesem Zusammenhang von »Urknall« die Rede).

Nicht jeder schloß sich diesen Vorstellungen an. In den vierziger Jahren konnte Gamow jedoch darauf hinweisen, daß die Astronomen eine Möglichkeit zur Überprüfung der Hypothese vom Urknall hätten. Wenn das Weltall am Anfang wirklich auf engem Raum zusammengedrängt war, dann muß es damals extrem heiß gewesen sein und dabei eine äußerst kurzwellige, energiereiche Strahlung produziert haben. Mit fortschreitender Ausdehnung kühlt sich das Weltall allmählich ab, wurde die Strahlung immer langwelliger und sollte inzwischen vor allem im Bereich der Mikrowellen zu beobachten sein, also mit Hilfe der radioastronomischen Meßtechniken. Als Gamow diese Voraussage einer stetigen, aus allen Richtungen ankommenden Strahlung machte, besaßen die Radioastronomen noch keine Geräte zum Nachweis dieser Strahlung, doch hat der technische Fortschritt auch vor dieser Wissenschaft nicht haltgemacht. 1965 konnten die beiden amerikanischen Physiker Arno A. Penzias und Robert W. Wilson eine solche »Hintergrundstrahlung« auffinden, die von allen Richtungen des Himmels gleichermaßen zu kommen schien. Diese Entdeckung verhalf der Theorie des Urknalls zum endgültigen Durchbruch unter den Astronomen.

Es erhebt sich die Frage, wann dieser Urknall stattfand. Wenn wir ihn als den Anfang des Universums ansehen, haben wir damit auch die Frage nach dem Alter der Welt beantwortet.

Nehmen wir einmal an, die Fluchtgeschwindigkeit einer Galaxie nähme auf jeweils 6500 Lichtjahren um einen Kilometer pro Sekunde zu. Dann würde sich eine Galaxis in einer Entfernung von 6,5 Millionen Lichtjahren mit einer Geschwindigkeit von 1000 Kilometer pro Sekunde weiter von uns fortbewegen. Wieviel Zeit muß dann vergangen sein, seit die Galaxie gewissermaßen direkt über unseren Köpfen gehangen hat?

Wenn sich diese Galaxie während der ganzen Zeit konstant mit einer Geschwindigkeit von 1000 Kilometern pro Sekunde bewegt hat, dann brauchte sie für die 6,5 Millionen Lichtjahre rund 2 Milliarden Jahre. Eine andere Galaxie, die gegenwärtig doppelt so weit von uns entfernt ist, hat aufgrund der Hubble-Beziehung eine doppelt so große Geschwindigkeit und brauchte dann für diese größere Strecke auch 2 Milliarden Jahre. Eine zehnmal weitere Galaxie besäße eine zehnmal höhere Geschwindigkeit und hätte die Strecke ebenfalls in 2 Milliarden Jahren bewältigen können.

Wenn sich, mit anderen Worten, die Galaxien so von uns entfernten, daß die Geschwindigkeit auf 6500 Lichtjahren jeweils um 1 Kilometer pro Sekunde zunimmt, dann müßten *alle* Galaxien vor etwa 2 Milliarden Jahren im kosmischen Ei vereint gewesen sein. Der Urknall hätte sich dann vor 2 Milliarden Jahren ereignet, das Weltall wäre 2 Äonen alt.

Die ersten Werte, die Hubble bei seinen Untersuchungen für die Geschwindigkeitszunahme pro Entfernungseinheit ermittelte, lagen in dieser Größenordnung, und sie brachten die Geologen wieder einmal in arge Bedrängnis. Hatten sie 50 Jahre zuvor die 25 Millionen Jahre als Alter für die Sonne nicht akzeptieren können, die Kelvin bei seinen Rechnungen herausgefunden hatte, weil sie wußten, daß die Erde älter sein mußte, so standen sie nun vor der gleichen Situation: die 2 Milliarden Jahre, die Hubble zunächst für das Alter der Welt hielt, standen im krassen Widerspruch zu den Altersbestimmungen irdischen Gesteins mit Hilfe der radioaktiven »Uhren«, nach denen die Erde *älter* als 2 Milliarden Jahre sein mußte – doch die Erde konnte unmöglich älter als das übrige Universum sein.

Hubble gründete seine Entfernungsbestimmung bei Galaxien auf Beobachtungen bestimmter veränderlicher Sterne, die sogenannten »Cepheiden«, die man einige Jahre zuvor als »Maßstab« für kosmische Distanzen erkannt hatte. Bereits 1912 hatte die amerikanische Astronomin Henrietta Swan Leavitt zeigen können, daß es einen Zusammenhang zwischen der Periode des

Lichtwechsels und der Leuchtkraft der Cepheiden gibt: je länger die Periode ist, desto heller mußte der Stern sein. Wenn Hubble also in einer bestimmten Galaxis einen Cepheiden-Veränderlichen fand, konnte er aus dessen Lichtwechsel-Periode schließen, welche wahre Helligkeit dieser Stern besaß, und wenn er diese »Soll-Helligkeit« mit der beobachteten, scheinbaren Helligkeit verglich, ließ sich sofort die Entfernung des Sterns (und damit der gesamten Galaxis, der er angehört) errechnen, denn die Intensität des Lichtes nimmt bekanntlich mit dem Quadrat der Entfernung ab.

Im Jahre 1942 – Amerikas Städte an der Westküste wurden wegen des Krieges mit Japan nachts verdunkelt, so daß die Astronomen ungestört von irdischen Lichtquellen arbeiten konnten – fand der deutsch-amerikanische Astronom Walter Baade bei genaueren Untersuchungen der Andromeda-Galaxie, daß es dort unterschiedliche Typen von Cepheiden gab. Die von Frau Leavitt gefundene Beziehung zwischen Helligkeit und Veränderlichkeits-Periode galt zwar für eine Art, nicht aber für jene, die Hubble bei seiner Entfernungsbestimmung verwendet hatte. Mit Hilfe der neuen Perioden-Helligkeits-Beziehungen ließen sich auch die Distanzen zu den Galaxien neu ermitteln, und dabei verzehnfachte sich die jeweilige Entfernung. Dagegen blieb die Fluchtgeschwindigkeit für jede Galaxie unverändert, denn sie war ja anhand der Rotverschiebung im Spektrum gemessen und nicht aus den Cepheiden abgeleitet worden. Natürlich braucht eine Galaxie bei gleicher Geschwindigkeit für eine zehnmal größere Strecke auch eine zehnmal längere Zeit, und so rückte der Urknall entsprechend weiter in die Vergangenheit zurück: das kosmische Ei konnte nicht erst vor 2 Milliarden Jahren explodiert, sondern mußte bereits vor 20 Milliarden Jahren auseinandergeflogen sein.

Allerdings stimmt diese Altersabschätzung nur, wenn die Zunahme der Fluchtgeschwindigkeit pro Entfernungseinheit, die sogenannte Hubble-Konstante, während der gesamten bisherigen Existenz des Universums wirklich konstant geblieben ist, und das ist unwahrscheinlich. Viel eher steht zu erwarten, daß die Bruchstücke des kosmischen Eis nach dem Urknall zunächst mit größerer Geschwindigkeit davongeschleudert wurden und erst allmählich durch die gegenseitigen Anziehungskräfte auf das gegenwärtige Tempo verlangsamt wurden. Das Universum dehnt sich heute also langsamer aus als in der Vergangenheit.

Wenn die Expansionsgeschwindigkeit aber abnimmt, dann muß beim Blick zurück die Kontraktionsbewegung immer schneller werden, weil natürlich bei geringeren Entfernungen die Anziehungskräfte stärker werden. Das aber bedeutet, daß das Universum in einem rückwärts laufenden Film schon früher als erst nach 20 Äonen auf einem engen Raum verdichtet ist. Berücksichtigt man diesen Einfluß der Gravitation, so kommt man auf einen Zeitraum von etwa 15 Milliarden Jahren, der seit dem Urknall vergangen sein dürfte.*

So müssen wir erkennen, daß das Universum bereits etwas älter als 10 Milliarden Jahre war, als das Sonnensystem und mit ihm die Erde entstand, daß das Universum also rund ⅔ seiner bisherigen Existenz ohne die Erde ausgekommen ist.

Wenn aber die Erde selbst schon rund 760 000mal älter ist, als Ussher aus der Bibel abgeleitet hatte, dann ist das Weltall insgesamt 2,5milliardenmal älter.

Das Ende der Sonne

Es sieht so aus, als könnten wir nicht weiter in die Vergangenheit vorstoßen, weil vor dem Anfang all dessen, was wir beobachten, nichts gewesen sein kann. Wie aber sieht es aus, wenn wir in die andere Richtung blicken, in die Zukunft?

Man wird zunächst vermuten, daß dort alles vor unseren Blikken verborgen ist. Wir können uns nur an die Vergangenheit erinnern, können Aufzeichnungen studieren, die von vor uns lebenden Menschen gemacht wurden, können die Vergangenheit aus dem rekonstruieren, was wir heute sehen und beobachten. Wie aber ließe sich etwas über die Zukunft in Erfahrung bringen?

Nun, obwohl wir zwar keine Kristallkugel haben, aus der wir den Gewinner des Pferderennens nächste Woche erfahren könnten, obwohl wir auch nicht sagen können, wer von uns als nächster von einem Auto überfahren wird oder innerhalb einer vorgegebenen Zeit einem attraktiven Mitmenschen des anderen Geschlechts begegnet, so können wir doch einige allgemeinere Prognosen erstellen.

* Der Wert ist umstritten, nachdem vor kurzem einige Astronomen Hinweise gefunden haben, aus denen sie auf ein Alter von nur etwa 9 Milliarden schließen zu müssen glauben. Da andererseits aber auch gute Argumente für ein 15 Äonen altes Universum vorliegen, sollte man vorerst an diesem Wert festhalten, bis wir eines Besseren belehrt werden.

So läßt sich beispielsweise aus den vorliegenden Statistiken über Geburten, Todesfälle und Lebensdauern herauslesen, daß von 100000 Menschen, die derzeit 60 Jahre alt sind, eine ganz bestimmte Anzahl im nächsten Jahr sterben wird, während ein anderer Teil auch die nächsten fünf Jahre überlebt – und die Zukunft wird uns im wesentlichen recht geben. Wir wissen zwar nicht, wer nun genau zur ersten Gruppe gehören wird und wer zur zweiten, aber auch solche statistischen Aussagen haben ihren Wert.

Können wir aber in gleicher Weise auch abschätzen, wann die Erde »sterben« wird oder zumindest unbewohnbar wird? Natürlich können immer wieder katastrophale Veränderungen auftreten, die solche Voraussagen erschweren, weil sie den normalen Ablauf der Dinge beeinträchtigen, doch lassen sich auch solche Ereignisse bei entsprechenden Überlegungen berücksichtigen. So gibt es zum Beispiel eine Reihe von Himmelsobjekten, so groß wie Berge, die die Sonne umrunden und dabei bis auf ein paar Millionen Kilometer (oder weniger) an die Erdbahn herankommen können. Hin und wieder gelangt ein solcher Brocken dabei auch in Erdnähe, weil er fast gleichzeitig mit der Erde diesen »Treffpunkt« erreicht. Man nennt solche Objekte »Earth Grazer«, was soviel wie »Erdschrammer« heißt (ein deutscher Begriff ist dafür bislang noch nicht geprägt worden); die geringste bisher beobachtete Annäherung ereignete sich 1937, als ein rund ein Kilometer großer Brocken in einer Entfernung von nur 400000 Kilometer an der Erde vorbeizog.

Wären die Umlaufbahnen dieser Himmelskörper, die zu den Asteroiden zählen, stabil, so brauchten wir nichts zu befürchten. Die Bahnen werden jedoch durch die Anziehungskräfte der Planeten (in diesem Fall vornehmlich durch Jupiter und Erde) immer wieder geringfügig verändert, so daß es eines Tages zu einer Überschneidung mit der Erdbahn kommen kann. Wenn dann auch noch Asteroid und Erde gleichzeitig diesen Schnittpunkt der Bahnen erreichen, müssen beide Objekte zusammenstoßen, muß der Asteroid auf die Erde stürzen. Die Astronomen können ausrechnen, wie oft eine derartige Kollision im Durchschnitt zu erwarten ist.

Wahrscheinlich hat ein solches Ereignis vor rund 65 Millionen Jahren stattgefunden und damals eine dichte Staubwolke hoch in die Atmosphäre gewirbelt, daß die Erdoberfläche über drei Jahre hinweg nahezu vollständig vor der Sonneneinstrahlung abgeschirmt war. Als Folge davon starb die Vegetation weitgehend ab, und auch viele Tiere mußten an Nahrungsmangel verenden. Vor allem die auffälligen Dinosaurier fielen diesem Zusammenstoß zum Opfer, aber auch andere Tierarten wurden ausgerottet (diese Katastrophe kommt dem am nächsten, woran Bonnet vor 200 Jahren bei seiner Katastrophentheorie gedacht haben mag). Einige Lebensformen überlebten die Finsternis jedoch und wurden anschließend zu den Stammvätern der weiteren Entwicklung, uns eingeschlossen. Es hat nicht viel gefehlt damals, und die Erde wäre vollständig sterilisiert worden, und etwas Ähnliches kann sich jederzeit wiederholen. Solche Kollisionen sind jedoch so selten, daß wir allenfalls ihre Wahrscheinlichkeit abschätzen können, nicht aber den genauen Termin voraussagen, und das heißt, daß eine Wiederholung schon im nächsten Jahr möglich ist, vielleicht aber auch erst in einer Million Jahre, vielleicht sogar völlig ausbleibt. Gibt es daneben auch noch unvermeidliche Ereignisse, die das Ende der Erde einläuten müssen, so wie die Entwicklung vor 4,6 Milliarden Jahren zur Entstehung der Erde führte?

Wenn wir nur die Erde für sich betrachten, ist ein solches Ereignis nicht abzusehen. Wenn wir eine stabile »kosmische Umwelt« voraussetzen könnten, die – wie bisher – einen lebentragenden Planeten ermöglicht, dann dürfte die Erde in ihrer gegenwärtigen Form ewig weiterbestehen.

Bleiben aber die Bedingungen so lebensfreundlich? Den bei weitem größten äußeren Einfluß auf unseren Planeten hat die Sonne. Ihre Strahlung erwärmt die Erdoberfläche und treibt die Bewegung von Wind und Wasser an, ihre Strahlung wird von Pflanzen zum Aufbau des Gewebes genutzt, wodurch Nahrung für die Tiere bereitgestellt wird, und so fort. Das Ausbleiben der Sonnenstrahlung als Folge der Kollision mit einem Asteroiden vor 65 Millionen Jahren war es, das beinahe zu einem völligen Aussterben des Lebens auf unserem Planeten geführt hätte. Können wir aber davon ausgehen, daß die Sonne ewig fortbestehen wird? Mit Sicherheit nicht!

Die Erde befindet sich in einer Art Gleichgewichtszustand. Wir beobachten Verschiebungen in der Erdkruste, Vulkanausbrüche, Erdbeben, die Entstehung von Gebirgen, Erosion, Strömungen im flüssigen Erdkern, die sich durch das Magnetfeld in der Umgebung der Erde verraten, und so weiter, doch dies sind alles keine Prozesse, die in eine bestimmte Richtung führen – sie gleichen sich über lange Zeiträume immer wieder aus und tragen so zu dem beobachteten stabilen Zustand der Erde bei.

Bei der Sonne liegen die Dinge ganz anders. Sie strahlt ständig Energie in großen Mengen in das umgebende Weltall hinaus, Tag für Tag, Jahr für Jahr, Äon für Äon, und diese Energie ist ein für allemal verloren. Helmholtz machte als erster darauf aufmerksam: die Sonnenenergie muß irgendwo herkommen, doch ganz gleich, aus welcher Quelle sie stammt – irgendwann wird auch diese Quelle versiegen müssen.

Bestünde die Sonne aus Steinkohle, dann wäre sie bereits nach 1500 Jahren ausgebrannt, wenn sie ständig die gegenwärtig beobachtete Strahlungsleistung beibehalten hätte. Würde sie dagegen die Strahlungsenergie aus der weiteren Kontraktionsbewegung gewinnen, dann hätte sie noch 9,25 Millionen Jahre weiterschrumpfen können, ehe sie zu einem winzigen Punkt zusammengesunken wäre. In beiden Fällen wäre sie also längst ausgebrannt, wenn sie vor 4,6 Milliarden Jahren auf diese Energie hätte zurückgreifen müssen.

Wir haben schon gesehen, daß die Sonne sich einer ganz anderen Energiequelle bedient, der Kernenergie, die viel länger vorhält – aber auch dieses »viel länger« heißt eben nicht ewig. Wie lange kann die Sonne noch ihre gegenwärtige Strahlungsleistung aufrechterhalten?

Das hängt natürlich vor allem davon ab, wie die Kernreaktionen im Innern aussehen, die zur Energieproduktion führen. Die grundlegenden Ideen dazu wurden 1938 von dem deutsch-amerikanischen Physiker Hans Albrecht Bethe ausgearbeitet.

Im Zentrum der Sonne ist die Temperatur hoch genug – zwischen 10 und 15 Millionen Grad, wie Eddington zu Beginn der zwanziger Jahre errechnen konnte –, um die Atome mit großer Wucht zusammenstoßen zu lassen. Die Sonne besteht zum überwiegenden Teil aus Wasserstoff, und wenn Wasserstoffatome zusammengequetscht werden, vereinen sie sich zu Atomen des nächst schwereren Elementes Helium; man nennt diesen Vorgang »Wasserstoffverschmelzung« oder auch »Wasserstoff-Fusion«.

Jedes entstehende Heliumatom ist um 0,71 Prozent leichter als die vier Wasserstoffatome zusammen, aus denen es sich gebildet hat, und dieser Masseverlust schlägt sich als Energiegewinn nieder. Masse und Energie sind nämlich zwei ineinander umwandelbare Erscheinungsformen der Materie, so daß hierbei der Satz von der Energieerhaltung nicht verletzt wird, wie Einstein im Rahmen seiner Speziellen Relativitätstheorie 1905 zeigen konnte. Die Physiker wissen aber, wieviel Energie aus diesem Masse-Verlust freigesetzt wird, und können daher ausrechnen, daß *in jeder Sekunde* 588 Millionen Tonnen Wasserstoff in Helium umgewandelt werden müssen, um die beobachtete Strahlungsleistung der Sonne zu decken.

Diese Menge klingt gewaltig, und man sollte annehmen, daß auch der Wasserstoffvorrat der Sonne nicht sehr lange vorhält. Im Vergleich zur Gesamtmasse der Sonne stellen 588 Millionen Tonnen jedoch lediglich rund 3 Trillionstel dar. Hätte die Sonne daher am Anfang völlig aus Wasserstoff bestanden und daraus mit der gegenwärtigen Geschwindigkeit Helium produziert, dann wären in den 4,6 Milliarden Jahren ihrer bisherigen Existenz nur rund 1/20 des Wasserstoffvorrates aufgebraucht. Die Sonne könnte also noch weitere 87 Milliarden Jahre mit ihrer momentanen Strahlungsleistung fortbestehen.

Ganz so einfach liegen die Verhältnisse nun aber auch wiederum nicht. Die Sonne bestand am Beginn ihrer Existenz keineswegs bloß aus Wasserstoff, denn aus dem Urknall entstand ein Universum, das bereits eine beträchtliche Menge von Helium enthielt. Als die Sonne entstand, 10 Milliarden Jahre nach dem Urknall, gab es schon weniger Wasserstoff, aber mehr Helium.

So mag die Sonne anfangs zu 80 Prozent aus Wasserstoff und zu 20 Prozent aus Helium bestanden haben, und bis heute haben sich die Anteile auf 75 zu 25 Prozent verschoben. Wenn der jetzt noch vorhandene Wasserstoff weiter mit der bisherigen Rate aufgebraucht wird, dann reicht er noch für rund 68 Milliarden Jahre.

Leider führt aber auch diese Abschätzung zu einem Wert, der gegenüber der Wirklichkeit zu hoch liegt. Die Kernfusion läuft nämlich nur im zentralen Bereich der Sonne ab, nicht an jeder beliebigen Stelle. Je mehr aber die Sonne in ihrem Innern Helium aus Wasserstoff zusammenbackt, desto mehr Helium wird dort angelagert. Als Folge davon wird die Kernregion immer dichter und dichter, zieht sich schließlich zusammen und wird dabei heißer und heißer. So steigt die Temperatur im Kern der Sonne bis auf Werte, bei denen Helium zur Fusion gelangt und noch schwerere Elemente entstehen. Die – im Vergleich zu heute viel höhere – Zentraltemperatur reicht aber auch aus, um die Sonne gewaltig aufzublähen. Durch diese Expansion kühlt die Sonnenoberfläche allerdings ab, erscheint uns die Sonne schließlich nur noch rotglühend. Weil aber gleichzeitig die

Oberfläche aufgrund der Ausdehnung der Sonne viel größer geworden ist, steigt die Gesamtstrahlung auf ein Vielfaches des heutigen Wertes (es wird ja auch im Innern durch die Heliumfusion mehr Energie produziert) und reicht mit Sicherheit aus, um die Erde zu vernichten. Die Sonne hat dann das Stadium eines »Roten Riesen« erreicht.

Diese Veränderung wird nicht nur aufgrund unserer Theorien über die Geschichte eines Sterns erwartet, sondern läßt sich auch anhand einer Reihe von Beispielen am Himmel belegen. Wir kennen etliche Rote Riesen, gewaltige, rotleuchtende Gaskugeln, deren Materie in den äußeren Schichten nur noch sehr dünn ist – Beteigeuze, Antares und Mira sind die bekanntesten Mitglieder dieser Gruppe.

Nachdem die Sonne (oder irgendein anderer Stern) das Stadium des Roten Riesen erreicht hat, schließen sich noch einige andere Entwicklungsphasen an, die aber alle viel kürzer währen als die Verweilzeit auf der »Hauptreihe«, jene stabile Phase, in der ein Stern seine Energie aus der Fusion von Wasserstoff in Helium bezieht (wie unsere Sonne derzeit).

Wir müssen uns also fragen, wie lange ein Stern, genauer, wie lange die Sonne auf der Hauptreihe verweilt. Nur während dieser Zeit nämlich kann die Erde als bewohnbar angesehen werden.

Die Astronomen haben aufgrund umfangreicher Untersuchungen herausgefunden, daß die Verweilzeit eines Sterns auf der Hauptreihe einzig von seiner Masse abhängt. Je größer die Masse eines Sterns ist, desto mehr Wasserstoff besitzt er zwar, doch dieses Mehr an Wasserstoff heißt nicht auch ein Mehr an Verweilzeit. Denn dieses Mehr an Wasserstoff muß im Innern des Sterns in Helium umgewandelt werden, um durch die freigesetzte Energie den Stern im Gleichgewicht zwischen der schwerkraftbedingten Kontraktion und der temperaturbedingten Expansion zu halten. Dabei nimmt die erforderliche Fusionsrate weit schneller zu als die Masse des Sterns und der Wasserstoffvorrat. Je massereicher ein Stern also ist, desto schneller hat er seinen Wasserstoffvorrat aufgebraucht, und desto schneller entwickelt er sich zu einem Roten Riesen. Es gilt also der Zusammenhang »je massereicher der Stern, desto kurzlebiger«.

Die Sterne mit der größten bekannten Masse halten sich allenfalls eine Million Jahre oder noch kürzer auf der Hauptreihe auf; Sirius, der hellste Stern am irdischen Firmament, bleibt bei rund 2,5facher Sonnenmasse etwa 500 Millionen Jahre auf der Hauptreihe. Hätte die Sonne anfangs so viel Masse besessen wie der

Sirius, dann wäre sie bereits vor 4,1 Milliarden Jahren zu einem Roten Riesen geworden und das Leben hätte auf der Erde kaum Zeit gehabt, um auch nur die einfachsten Formen zu entwickeln (natürlich hätte sich die Erde dann in einer etwas größeren Entfernung von der Sonne bewegen müssen, damit deren auch schon zu Hauptreihen-Zeiten höhere Strahlung den Planeten nicht von Anfang an unbewohnbar hätte machen können).

Die Sonne kann jedoch aufgrund ihrer Masse insgesamt rund 12 Äonen auf der Hauptreihe verbleiben;* da hiervon erst 4,6 Äonen vergangen sind, bleiben ihr noch 7,4 Äonen bis zum Erreichen des Rote-Riesen-Stadiums.

Im Verlauf dieser Zeit wird die Sonne ganz allmählich etwas heißer, bis schließlich während der letzten 1 Milliarde Jahre die Erde bereits zu sehr aufgeheizt wird, als daß sie noch Leben tragen könnte.

Wir können von unserer Sonne also sagen, daß sie sich gegenwärtig in ihren besten Jahren befindet. Sie wird mindestens noch einmal so lange lebensfreundlich bleiben, wie sie es seit ihrer Entstehung gewesen ist. Aber auch, wenn es den Menschen und ihren Nachfolgern gelingen sollte, alle Krisen auf diesem Planeten Erde zu meistern, muß die Erde spätestens in rund 6 Milliarden Jahren unbewohnbar werden.

Das Ende des Universums

Die Sonne ist aber nur ein Stern von vielleicht 300 Milliarden anderen Sternen, die zu unserer Galaxis gehören, und darüber hinaus gibt es wahrscheinlich einige 100 Milliarden weitere Galaxien im Weltall. Es wäre doch immerhin denkbar, daß sich die Menschheit lange vor der Entwicklung der Sonne zu einem Roten Riesen von diesem Planeten gelöst hat und umgezogen ist zu anderen Planeten, die um andere Sonnen kreisen. Aber auch, wenn uns das nicht gelingen sollte, mag es anderswo intelligente Lebensformen geben (oder noch geben werden), die auch nach unserem Ende noch weiter das Weltall bevölkern.

Für das Weltall ist es allerdings völlig gleichgültig, ob es nun irgendwo intelligente Lebensformen oder Leben allgemein gibt

* In den astronomischen Lehrbüchern findet man statt der von Asimov benutzten 12 Milliarden Jahre Werte zwischen 8 und 10 Milliarden Jahre – entsprechend kürzer wäre die noch verbleibende Zeit auf der Hauptreihe. (Anm. d. Ü.)

oder nicht – die Sterne werden weiter scheinen, wenn unsere Sonne zu einem Roten Riesen wird und die Erde verglüht, und dies allein könnte schon ausreichen, das Universum als belebt anzusehen. Wie lange aber werden die anderen Sterne weiterleuchten, wenn unsere Sonne einmal vergangen ist? Nun, zunächst einmal steht fest, daß zu dem Zeitpunkt, da die Sonne die Hauptreihe verlassen wird, alle gegenwärtig existierenden massereicheren Sterne längst von der Bühne des Universums verschwunden sind. Sie machen allerdings nur rund 4 Prozent aller Sterne in unserer Milchstraße aus. Weitere 9 Prozent sind in ihrer Masse mit der Sonne vergleichbar und werden daher ungefähr gleichzeitig mit der Sonne die Hauptreihe verlassen (vielleicht ein wenig früher, vielleicht ein wenig später, doch das hängt davon ab, ob sie früher oder später als die Sonne entstanden).

Damit bleiben rund 87 Prozent aller Sterne in unserer Galaxis (und wahrscheinlich auch in den anderen Galaxien) deutlich masseärmer als die Sonne und werden entsprechend länger auf der Hauptreihe verweilen können als die genannten 12 Äonen; die meisten haben sogar Lebenserwartungen, die weit über das bisherige Alter des Weltalls hinausgehen und sich – obwohl vielleicht schon kurz nach dem Urknall entstanden – immer noch in ihrer Jugend befinden.

Die Sterne mit der geringsten bekannten Masse, die »Roten Zwerge«, gehen so sparsam mit ihrem ohnehin geringen Wasserstoffvorrat um, daß sie gut und gerne 200 Äonen existieren können, ehe das Ende ihres Hauptreihenstadiums gekommen ist. Die Sterne sind übrigens so massearm, daß der Druck der darüberliegenden Schichten im Zentrum gerade ausreicht, um eine Zündung der Kernverschmelzung zur Aufrechterhaltung der Energieproduktion zu ermöglichen.

Bei unseren bisherigen Überlegungen haben wir jedoch nur jene Sterne betrachtet, die derzeit existieren. Dabei entstehen auch heute noch neue Sterne. Hält dieser Prozeß der Bildung neuer Sterne vielleicht so lange an, daß auch in 200 Äonen die Galaxien fortbestehen können, auch wenn alle derzeit existierenden Sterne verloschen sind, weil dann eben neue hinzugekommen sind?

Es ist zwar richtig, daß seit der Entstehung des Universums sich immer wieder neue Sterne gebildet haben und dies auch in Zukunft so sein wird, doch müssen wir davon ausgehen, daß dieser Prozeß allmählich zum Stillstand kommt.

Hauptquelle für die Entstehung neuer Sterne sind die riesigen Gas- und Staubwolken, die überall in den Galaxien anzutreffen sind. So riesig der Vorrat auch sein mag – er ist dennoch begrenzt. Es gibt beispielsweise »elliptische« Galaxien, die keine nennenswerten Gas- und Staubwolken enthalten. Selbst in den Spiralgalaxien (zu denen auch unsere Galaxis gehört) ist die interstellare Materie auf die Bereiche der Spiralarme beschränkt. Weder der Galaxienkern noch die kugelförmigen Sternenhaufen in den Außenbezirken einer Galaxie, die zusammen etwa 90 Prozent der Galaxienmasse enthalten, verfügen über viel interstellares Gas.

Die Zahl der Sterne, die aus diesen Vorräten noch entstehen kann, ist also viel geringer als die Zahl der Sterne, die sich in der Vergangenheit aus den damals größeren Vorräten gebildet haben.

Vielleicht reicht es in unserer Galaxis noch für weitere 10 Milliarden Sterne, doch was ist das im Vergleich zu den 300 Milliarden, die gegenwärtig existieren dürften? Wenn erst einmal 200 Äonen verstrichen sind und alle derzeit leuchtenden Sterne die Hauptreihe verlassen haben, wird die Helligkeit der Galaxis (die im wesentlichen von den Sternen auf der Hauptreihe stammt) nur noch $1/30$ des heutigen Wertes betragen, nach weiteren 200 Äonen sogar nur noch $1/1000$.

Es gibt allerdings eine – wenn auch beschränkte – Rückführung der Gasmassen, die in einem Stern vereint waren, eine Art Wiederauffüllung des Reservoirs an interstellarer Materie. Wenn ein Stern zu einem Roten Riesen geworden ist, werden die Kernverschmelzungen in seinem Innern immer komplexer, werden immer schwerere Elemente zusammengebacken, bis schließlich dabei auch Eisen entsteht. Eisen stellt die äußerste Grenze dar, jenseits derer eine Kernfusion keine weitere Energie mehr liefern kann; das Eisen ist, wenn man so will, die endgültige »Asche« des Sonnenfeuers.

Wenn aber im Innern des Sternes nicht mehr genügend Energie produziert wird, um den Stern im Gleichgewicht halten zu können, gewinnt die Schwerkraft die Oberhand und zwingt den Stern zur Kontraktion. Der Stern kollabiert unter seiner eigenen Anziehungskraft.

Während dieses Zusammensturzes wird die Bewegungsenergie, die sich aus diesem In-sich-Zusammenfallen ergibt, in Wärme umgewandelt (wie Helmholtz bereits erkannt hatte), so daß die Temperatur des Sterns rapide auf sehr hohe Werte ansteigt.

Der größte Teil des Wasserstoffs, der sich auch jetzt noch in den Außenzonen des Sternes befindet, kann unter den nunmehr herrschenden Temperaturen seinerseits verschmelzen und gewaltige Energiemengen freisetzen, und so leuchtet der kollabierende Stern in einem extrem hellen Lichtblitz auf. Dieses letzte »Aufbäumen« vor dem Ende dauert jedoch nur kurze Zeit; die Helligkeit nimmt wieder ab, und der Stern kühlt aus, weil er keine weitere Energiequelle mehr anzapfen kann.

Je massereicher der Stern war, desto heftiger wird der Kollaps ablaufen, desto stärker blitzt er auf, und desto winziger ist der Sternrest am Ende des gesamten Vorgangs.

Sterne, deren Masse kleiner ist als die Masse der Sonne (oder vielleicht auch ein bißchen größer), werden ziemlich »sanft« zu einem kompakten Objekt zusammensinken und dabei nur wenig Materie an die Umgebung verlieren. Am Ende der Entwicklung steht hier ein sogenannter Weißer Zwerg, ein Objekt von der Größe eines Planeten, das aber dennoch die Gesamtmasse eines Sterns enthält – die Atomstruktur wird bei dem Kollaps nämlich ebenfalls zerschmettert, so daß die Atombausteine sehr viel dichter gepackt werden können als in normaler Materie.

Die Weißen Zwerge leuchten weiß, weil die Oberfläche dieser winzigen Objekte anfangs weit mehr Energie abstrahlen muß als ein normaler Stern. Diese Strahlungsdichte nimmt jedoch im Laufe der Zeit ab, wenn es auch Äonen dauert, ehe ein Weißer Zwerg so weit ausgekühlt ist, daß er kein sichtbares Licht mehr aussendet. Irgendwann aber wird er für immer verblassen und als dunkles Gebilde im Weltall fortbestehen.

Obgleich ein Weißer Zwerg pro Flächeneinheit weit mehr Licht aussendet als ein normaler Stern, ist doch seine Gesamtfläche viel kleiner als die eines Sterns, und das heißt, daß er insgesamt weit weniger Strahlung abgibt als ein gewöhnlicher Stern. Wenn also die Sonne nach dem Stadium des Roten Riesen zu einem Weißen Zwerg geschrumpft ist, wird ihre Gesamthelligkeit nur noch $1/10000$ des heutigen Wertes erreichen. Dies gilt für die Anfangszeit des Weiße-Zwerg-Stadiums und nimmt im weiteren Verlauf der Entwicklung noch ab.

Sterne, die mehr als anderthalb Sonnenmassen in sich vereinen, stürzen am Ende ihrer Entwicklung so heftig in sich zusammen, daß ein Teil des Sterns buchstäblich explodiert und dabei Materie in den interstellaren Raum hinausschleudert.

Bei Sternen, die anfangs nur wenig mehr Masse enthalten als die Sonne, mag der Materieverlust einige wenige Prozent ausmachen, bei wirklich massiven Sternen mit 40 oder 50 Sonnenmassen dagegen bis zu 95 Prozent. Wir nennen solche Explosionen Supernovae; sie sind überall im Weltall zu finden und leuchten dabei vorübergehend so hell wie eine ganze Galaxie.

Nach der Supernova-Explosion stürzt der verbleibende Sternrest zu einem Objekt zusammen, das noch winziger – und lichtschwächer – als ein Weißer Zwerg ist. Dies kann ein Neutronenstern oder gar ein Schwarzes Loch sein, das nicht mehr zur Gesamthelligkeit einer Galaxie beiträgt.

Supernova-Explosionen führen zu einem stetigen Nachschub an interstellarer Materie und sind auf dreifache Weise bedeutungsvoll für die Entstehung neuer Sterne: zum ersten liefern sie neues »Rohmaterial«, zum zweiten kann die »Explosionswelle« auf eine Gas- und Staubwolke in der Umgebung treffen und diese so durcheinanderwirbeln, daß im Gefolge des einen Sterntods eine ganze Reihe neuer Sterne aus der Wolke interstellaren Materials gebildet wird, und zum dritten sind die fortgeschleuderten »Sternfetzen« reich an schwereren Elementen aus dem Innern des Sterns, die ihrerseits für die Entstehung von Leben wichtig sind.

Alle Atomsorten jenseits des Heliums wurden nicht während des Urknalls gebildet, sondern entstanden erst nachträglich im Innern der Sterne, von wo sie durch solche Sternexplosionen an die Umgebung freigesetzt wurden. Etwa 1,5 Prozent der Sonnenmasse wird von solchen schwereren Atomkernen bestritten – sie müssen also zuvor bereits in anderen Sternen gewesen sein, die vor der Formation von Sonne und Planeten die Galaxis bevölkerten und in einem gewaltigen Energieblitz »untergingen«. Die gesamte Erde (sieht man einmal von den geringen Mengen an ursprünglichem Wasserstoff und Helium ab) ist aus Materie gemacht, die einmal im Innern von Sternen war, und gleiches gilt außer für Wasserstoff auch für die Atome in lebendem Gewebe (einschließlich unser selbst) – also für etwa 90 Prozent der Masse unseres Körpers.

Dennoch bieten auch Supernovae keine Garantie dafür, daß die Entstehung neuer Sterne endlos weitergeführt werden kann, daß das Universum auf ewig von leuchtenden Sternen erfüllt wird.

So ist zum einen die Zahl der wirklich massereichen Sterne, die durch ihre Explosion einen Beitrag zur Auffüllung der interstellaren Materie leisten, vergleichsweise klein. Weniger als ein Prozent aller Sterne besitzen so viel Masse, daß sie ein Feuerwerk kosmischen Ausmaßes inszenieren können (obwohl dies immer noch 3 Milliarden allein in unserer Galaxis sind und Milliarden und Abermilliarden bereits explodiert sind oder noch explodieren werden). Zum anderen enthält das freigesetzte Material vergleichsweise wenig Wasserstoff, dafür um so mehr schwerere Atomsorten.

Diese schwereren Atome mögen zwar für die Entstehung von Planeten und die Entwicklung von Leben auf diesen Planeten wichtig sein, doch geben sie keinen guten Kernbrennstoff ab. Der Stoff, aus dem die Sterne sein müssen, heißt Wasserstoff, und der wird ständig nur aufgebraucht, aber kaum nachgefüllt, nicht einmal durch eine Supernova-Explosion.

So werden mit zunehmendem Alter des Universums die jeweils neuen Sterne, die sich aus solchen interstellaren Gas- und Staubwolken bilden, immer weniger Wasserstoff enthalten und so eine immer geringere Lebenserwartung auf der Hauptreihe »mitbringen«.

Die Entstehung neuer Sterne und die Explosion alter Sterne können nicht verhindern, daß unsere Galaxis (und entsprechend auch die anderen Galaxien) mit fortschreitendem Alter immer lichtschwächer wird und nach vielleicht 400 Äonen nur noch aus verblassenden Weißen Zwergen, aus Neutronensternen, aus allmählich wachsenden Schwarzen Löchern und einer Vielzahl dunkler planetarer Körper bestehen wird. Dann werden keine Hauptreihensterne mehr funkeln. Jemand, der unser Universum jetzt mit seinen vielleicht hundert Milliarden Galaxien und den 10 Trilliarden Sternen kennenlernt und nach 400 Äonen noch einmal beobachten darf, wird vermutlich traurig darüber sein, daß unser Universum so ausgestorben wirkt, kaum noch einen Funken Sternenlicht enthält.

Dieser Eindruck würde noch verstärkt, wenn sich die Expansionsbewegung des Weltalls mit der gegenwärtigen Geschwindigkeit fortsetzte. Jeder »sterbende« Galaxienhaufen würde sich dann immer weiter und weiter von jedem anderen »sterbenden« Galaxienhaufen entfernen; nach 400 Äonen wären die Entfernungen rund 25mal so groß wie heute, und in diesen unendlichen Leeren müßten sich auch die letzten glimmenden Sternreste verlieren.

Ein pulsierendes Weltall?

Aber wird sich das Universum wirklich bis in alle Zeiten und über alle Grenzen hinaus ausdehnen?

Bei der gegenwärtigen Expansion muß sich das Universum gegen die eigene Anziehungskraft durchsetzen, und diese Anziehungskräfte der einzelnen Galaxien und Galaxienhaufen untereinander bremsen die Expansion allmählich ab. Allerdings wird auch die gegenseitige Anziehungskraft schwächer, je weiter sich das Universum ausdehnt.

Im Prinzip geschieht hier das gleiche wie bei einer Rakete, die wir von der Erdoberfläche in den Weltraum schießen wollen. Startet die Rakete mit einer genügend großen Geschwindigkeit, die jenseits der Entweichgeschwindigkeit liegt, dann kann sie dem Anziehungsbereich der Erde entfliehen; ihre Geschwindigkeit nimmt zwar während des Aufstiegs ab, doch reicht die ebenfalls immer schwächer werdende Anziehungskraft der Erde nicht aus, um die Rakete wirklich zum Stillstand zu bringen.

Wenn das Universum durch den Urknall so stark auseinandergetrieben wurde, daß die kosmische Entweichgeschwindigkeit erreicht und überschritten wurde, dann wird sich das Weltall tatsächlich für immer und ewig weiter ausdehnen. Wenn dagegen die Expansionsgeschwindigkeit kleiner als die Entweichgeschwindigkeit ist, muß die Ausdehnung irgendwann zu einem Stillstand kommen und dann in eine Kontraktionsbewegung übergehen.

In einem solchen Fall wird die Kontraktionsrate immer größer werden, bis schließlich die gesamte Materie des Universums in einem Endkrach (big crunch) zusammenstürzt. Das Universum kehrt dann also wieder zu seinem Anfangsstadium zurück, zu einem unvorstellbar winzigen und heißen Objekt. In der Zwischenzeit ist nichts verlorengegangen: nicht nur die Materie des gesamten Universums wäre wieder vereint, sondern auch die gesamte Strahlung.

Vielleicht erwächst aus dem Endkrach ein neuer Urknall, der ein neues expandierendes Universum aus Wasserstoff und Helium entstehen läßt. Wir könnten dann von einem pulsierenden Weltall sprechen, besser noch, von einer endlosen Folge aufeinanderfolgender Universen, die jeweils durch einen großen »Knall« voneinander getrennt sind.

Wie weit lägen solche Endkrach/Urknall-Ereignisse auseinander? Die Antwort darauf ist nicht leicht. Sie hängt davon ab, um wieviel kleiner die Expansionsgeschwindigkeit im Vergleich zur Entweichgeschwindigkeit ist. Je ungünstiger dieses Verhältnis ist, desto schneller folgen die Übergangsstadien aufeinander. Natürlich müssen es mehr als 30 Äonen sein, weil unser Weltall bereits 15 Äonen alt ist und sich immer noch ausdehnt.

Nehmen wir einmal an, unser Weltall würde 1000 Äonen bestehen, eine Billion Jahre. Dann würde das Weltall nach 400 Äonen wie ausgestorben wirken, doch dieser Eindruck wäre falsch. Die Expansion ginge nur noch schleichend vonstatten und käme 100 Äonen später zu einem momentanen Halt, an den sich eine ganz allmähliche Kontraktion anschließen müßte. In der Zeit nahe diesem Umkehrpunkt würde man allerdings die Bewegung der Galaxien kaum nachweisen können (auch dann nicht, wenn sie mehr Licht aussenden, als wir für diese Zeit vorausberechnet haben), doch irgendwann wäre sie nicht mehr zu übersehen, würde das Universum immer schneller und schneller zusammenstürzen, bis es schließlich in dem gewaltigen Endkrach untergeht oder aus einem neuen Urknall wieder neu entsteht.

Kommt es aber wirklich dazu, oder ist das Universum vielleicht doch »offen«, reicht die Expansionsgeschwindigkeit aus, um das Weltall immer weiter aufzublähen, daß es am Ende nicht nur ausstirbt, sondern auch ausgestorben bleibt?

Die Antwort auf diese Frage ist umstritten. Die Astronomen schätzen, daß die Dichte im Weltall mindestens drei Wasserstoffatome pro Kubikmeter betragen sollte, um die gegenwärtige Expansion zum Stillstand bringen zu können, um also die Entweichgeschwindigkeit größer zu machen als die beobachtete Expansionsgeschwindigkeit. Eine mittlere Dichte von 3 Wasserstoffatomen pro Kubikmeter würde die Gesamtmasse des Universums gerade so groß machen, daß ihre Anziehungskraft reicht, um die Fluchtbewegung der Galaxien zu stoppen, um das Weltall »geschlossen« zu halten.

Wäre die mittlere Dichte viel größer als der geforderte Mindestwert, dann käme auch die Expansion des Weltalls ziemlich rasch zum Stillstand. Je höher die mittlere Dichte, desto kürzer der Abstand zwischen Urknall und Endkrach.

Nach den besten Schätzungen für die mittlere Dichte des Weltalls (einer sehr schwierigen Aufgabe) finden die Astronomen jedoch allenfalls rund 1 Prozent der erforderlichen Dichte. Wenn sich daran nichts Wesentliches ändert, dann reicht die innere Anziehungskraft der Materie im Universum nicht aus, um die Ausdehnung des Weltalls zu stoppen. Dann wäre das Weltall offen, würde sich immer weiter ausdehnen, würde aussterben und tot bleiben. Schauen wir uns aber einmal die Bestandteile des Weltalls genauer an. Die Atome, aus denen die Himmelskörper im Universum aufgebaut sind, bestehen hauptsächlich aus den drei Teilchen Proton, Neutron und Elektron (ich werde noch darauf zurückkommen). Zusätzlich gibt es im Weltall die Photonen, die die »Bausteine« des Lichts und verwandter Strahlungsarten sind, doch wir dürfen auch die Neutrinos nicht vergessen, winzige Teilchen, die sich nur sehr schwer nachweisen lassen.

Wäre die Materie im Weltall gleichmäßig verschmiert, dann würden wir nach den Vorstellungen der Astronomen heute in einem Volumen von 30 Kubikmetern (einem Würfel von 3,1 Meter Kantenlänge) je ein Proton und ein Elektron finden, eine Milliarde Photonen und drei Milliarden Neutrinos.

Betrachten wir sie einmal alle für sich. In einem von 10 Fällen kann anstelle des Protons auch ein Neutron stehen. Ein Neutron hat aber nur eine verschwindend größere Masse als ein Proton, so daß dies die mittlere Dichte im Weltall nicht beeinflussen könnte und wir der Einfachheit halber allgemein von Protonen reden dürfen.

Die Masse des Elektrons ist 1836mal kleiner als die eines Protons – seine Anwesenheit oder Abwesenheit in unserem (repräsentativen) Würfel kann die mittlere Materiedichte daher lediglich um 1/20 eines Prozentes verändern, und so können wir darauf auch verzichten.

Photonen besitzen überhaupt keine Ruhemasse; das heißt, würden sie sich nicht mit Lichtgeschwindigkeit bewegen, sondern ruhend existieren können, dann wären sie masselos – aufgrund ihrer rastlosen Bewegung aber besitzen sie Energie, die einer gewissen Masse entspricht. Wie gering dieses »Masse-Äquivalent« ist, wird deutlich, wenn wir erfahren, daß die Gesamt»masse« der 1 Milliarde Photonen in unserem Würfel weit kleiner ist als die Masse eines einzigen Protons. Wir können also auch die Photonen außer acht lassen, wenn es darum geht, die Stärke des universellen Gravitationsfeldes zu bestimmen.

Das gleiche könnten wir für das Neutrino sagen und es ebenfalls unberücksichtigt lassen. Dann hätten wir in unserem Würfel lediglich ein einziges, wirklich wirksames Teilchen gefunden, das Proton, und das würde eben nicht ausreichen – wir müßten mindestens 100 Protonen in unserem Würfel zählen können, damit die Expansion des Weltalls zum Stillstand gebracht werden könnte und das Universum als geschlossen anzusehen wäre.

Im Jahre 1980 meldete der amerikanische Physiker Frederick Reines jedoch, daß er aufgrund von Experimenten mit Neutrinos diesen Teilchen vielleicht doch eine – wenn auch sehr kleine – Ruhemasse zubilligen müsse. Erste Abschätzungen dieser Neutrinomasse kamen auf Werte, die ungefähr einem Dreizehntausendstel der Elektronmasse entsprächen, einem Dreiundzwanzigmillionstel der Protonmasse. Wenn dies stimmen sollte (und die bisherigen Experimente geben leider noch keine eindeutige Bestätigung oder Ablehnung der Ergebnisse von Reines), dann erbrächten die 3 Milliarden Neutrinos in unserem repräsentativen Würfel zusammen so viel Masse wie 125 Protonen. Das wäre genug, mehr als genug sogar, um das Universum zu schließen und sicherzustellen, daß die Expansion irgendwann in eine Kontraktion umschlägt, die schließlich in einem Feuerball endet, aus dem ein neues, junges Universum erstehen könnte. Damit können wir also den zeitlichen Horizont rund 15 Äonen weit in die Vergangenheit rücken, bis an die Geburt des Universums. In die entgegengesetzte Richtung aber, in die Zukunft, kommen wir zehn- bis hundertmal weiter, bis zum Tode des Weltalls – oder seiner Wiedergeburt.

16. Kapitel – Momente der Zeit

Sekundenbruchteile

Bei der Erkundung der Zeit, von Vergangenheit und Zukunft des Universums, haben wir extrem lange Zeiträume kennengelernt. Die Zeit ist aber nicht nur in dieser Richtung begrenzt, sondern auch im Hinblick auf ihre Unterteilung, bei den extrem kurzen Zeiten. Diesen Zeithorizont haben wir erst in neuerer Zeit genauer erforschen und ausweiten können, weil man früher zwar mit Jahren und Jahrhunderten arbeiten konnte, nicht aber so gut mit Stunden und Sekunden. Das Problem war, daß es keine natürlichen Prozesse zu geben schien, die regelmäßig in kürzeren Zeiteinheiten als der Länge eines Tages abliefen. So beschränkte man sich anfangs darauf, den Tag nach der jeweiligen Sonnenposition zu unterteilen und sprach dann von Morgendämmerung, Sonnenaufgang, Morgen, Vormittag, Mittag, Nachmittag, Abend, Sonnenuntergang, Abenddämmerung und Nacht.

Der Blick zum Himmel, mit dem man die Position der Sonne ermitteln wollte, ist jedoch weder angenehm noch ungefährlich, noch liefert er eine wirklich genaue Zeit. Viel einfacher dagegen ist es, einen Stab in den Erdboden zu rammen und die Wanderung seines Schattens zu verfolgen. In den gemäßigten nördlichen Breiten, wo die ersten Kulturen entstanden, geht die Sonne im Osten auf, wandert quer über den ganzen Himmel (wobei sie stets südlich des Zenits bleibt) und geht im Westen wieder unter. Am Morgen zeigt der Schatten also nach Westen, wird dann im Verlauf des Vormittags immer kürzer und erreicht am Mittag seine geringste Länge (er weist dann genau nach Norden), um am Nachmittag weiter nach Osten zu laufen und dabei wieder länger zu werden.

Eine solche »Sonnenuhr« wurde im alten Ägypten schon um das Jahr 3500 v. Chr. benutzt. Im Laufe der Jahrhunderte konnte die Anzeigegenauigkeit ständig verbessert werden, und schließlich gelang es sogar, den Tag in annähernd gleich lange Zeiteinheiten zu unterteilen; man nannte sie Stunden und legte 12 davon in den Zeitraum zwischen Sonnenauf- und -untergang.

Die Zahl 12 wurde gewählt, weil man sie gleichermaßen

durch 2, 3, 4 und 6 teilen kann. Entsprechend gab man auch der Nacht eine Dauer von 12 Stunden, wenngleich zu ihrer Bestimmung eine Sonnenuhr natürlich wertlos war. Ein ganzer Tag von einem Sonnenaufgang zum nächsten dauerte also 24 Stunden.

Solange man sich nicht am Äquator aufhält, verändert sich die Länge des »lichten« Tages (zwischen Sonnenauf- und -untergang) mit den Jahreszeiten. Eine starre Unterteilung von Tag und Nacht in jeweils 12 Stunden bedeutete daher, daß eine Stunde an einem Wintertag kürzer sein mußte als an einem Sommertag, während die Nachtstunden im Winter länger waren als im Sommer. Dies machte sich durchaus störend bemerkbar, denn unsere »innere Uhr« zeigt keinerlei jahreszeitliche Schwankungen. Die Menschen werden nach jeweils gleichen Zeiträumen wieder hungrig oder müde, egal, ob nun gerade Sommer oder Winter ist. Zum Glück gibt es aber noch andere Möglichkeiten, den Ablauf der Zeit einzuteilen. Man kann beispielsweise eine sehr langsame Bewegung anregen und ihren Fortgang beobachten.

Läßt man etwa Sand durch eine kleine Öffnung rieseln, dann kann es vielleicht eine Stunde dauern, ehe eine bestimmte Menge von einem oberen Behälter in ein unteres Gefäß gerutscht ist. Die Eichung muß natürlich zur Zeit der Tag- und Nachtgleichen erfolgen, wenn eine Stunde wirklich ein Zwölftel der Tageslänge dauert. Ein solches »Stundenglas« konnte dann das ganze Jahr über die Länge der Stunde ziemlich genau und gleichbleibend anzeigen. Dreht man ein Stundenglas immer dann wieder um, wenn es abgelaufen ist, so kann man damit die Stunden im Laufe eines Tages abzählen, und das sowohl tagsüber als auch nachts, unabhängig vom Sonnenlicht.

Eine ähnliche Möglichkeit bot das Abbrennen von Kerzen; hier ließ sich aus der Länge des noch verbliebenen Kerzenrestes die Zeit abschätzen.

Die wohl beste Apparatur zur Zeitmessung war damals die Wasseruhr. Hier wurde statt des Sandes in einem Stundenglas das Auslaufen von Wasser aus einem Behälter beobachtet. Mit trickreichen Konstruktionen wurde der Wasserdurchlauf konstant zu halten versucht, und Schwimmer zeigten den jeweiligen Höhenstand an, der sich einfach in einen Zeitraum umrechnen ließ (sofern nicht gleich eine analoge Zeitangabe auf der Markierung war). Im alten Ägypten kamen die Wasseruhren erstmals um 1400 v. Chr. auf, und die Griechen übernahmen die Methode etwa um 150 v. Chr.

Irgendwann im 14. Jahrhundert tauchten die ersten mechanischen Uhren auf. Sie enthielten ein Getriebe, das einen Zeiger langsam über ein Zifferblatt kriechen ließ. Als »Motor« benutzte man Gewichte, die von der Schwerkraft angezogen wurden und so die Zahnräder in Bewegung versetzten. Ein sogenannter Anker verhinderte dabei das »Durchdrehen« der Zahnräder, da er immer nur ein Fortrücken um einen Zahn zuließ.

Die Ganggenauigkeit der mechanischen Uhren konnte in der Folgezeit allmählich gesteigert werden, so daß man mit ihnen sogar Stundenbruchteile mit ausreichender Zuverlässigkeit bestimmen konnte. Die Unterteilung in jeweils 60 Minuten zu 60 Sekunden geht übrigens auf die Sumerer im Zweistromland zurück, die dieses System bereits vor dem Jahre 2000 v. Chr. entwickelt hatten; auch die Zahl 60 läßt sich einfach und ohne Rest durch viele andere Zahlen teilen. Die besten mechanischen Uhren erreichten schließlich eine Genauigkeit von 5 Minuten pro Tag.

Dies änderte sich erst, nachdem Galileo Galilei (1564–1642) im Jahre 1581 während eines Gottesdienstes die schwingenden Kerzenleuchter in der Kathedrale von Pisa beobachtet hatte. Er bestimmte die Schwingungsdauer mit Hilfe seines Pulsschlags und bemerkte dabei, daß diese Schwingungsdauer offenbar unabhängig von der Größe des Schwingungsbogens war. Zu Hause prüfte er das mit einer Reihe von Gewichten nach, die er unterschiedlich große Bögen schwingen ließ, und fand seine Beobachtung bestätigt. Damit hatte man zum ersten Mal eine periodische Bewegung von großer Konstanz für die Bestimmung kleiner Zeitintervalle gefunden.

Es zeigte sich dann jedoch, daß die Schwingungsdauer eines Pendels nicht ganz unabhängig von der Größe der Schwingung ist. Eine große Schwingung dauert ein bißchen länger als eine kleinere. 1657 fand der holländische Astronom Christian Huygens (1629–1695) aber einen Ausweg, indem er das Pendel nicht auf einem Kreisbogen schwingen ließ, sondern auf einer Zykloide, einer Art abgeflachtem Halbkreis; damit konnte die Schwingungslänge absolut konstant gehalten werden. Daraus entwickelte Huygens die erste brauchbare Pendeluhr, bei der der Anker von dem ständig hin und her schwingenden Pendel bewegt wurde und so jeweils einen Zahn»schritt« des Zahnrads freigab.

So erfand er, was wir heute eine Standuhr nennen, indem er ein langes Pendel benutzte, das die Sekunden ausschwang.

Schon Huygens' erstes Modell wich pro Tag um nicht mehr als 10 Sekunden von der wirklichen Zeit ab, ging also rund 30mal genauer als die damaligen mechanischen Uhren. Um 1730 war dieser Gangfehler durch technische Verbesserungen bereits auf eine Sekunde pro Tag reduziert worden, ein Jahrhundert später auf 1/10 Sekunde, 1885 auf 1/100 Sekunde und 1925 schließlich auf eine fünftausendstel Sekunde pro Tag. 1675 fand der englische Physiker Robert Hooke (1635–1703), daß dünne Spiralfedern ebenfalls in konstanter Zeit um eine Gleichgewichtslage schwingen können. Wenn man statt der Gewichte, die das Zahnrad durch die Einwirkung der Schwerkraft antrieben, starke Spiralfedern nutzte, die ihre Antriebsenergie aus der Spannung im »aufgezogenen« Zustand bezogen, und das Pendel durch eine dünne Spiralfeder ersetzte, ließ sich so eine tragbare Uhr bauen, eine »Taschenuhr«.

Der englische Instrumentenbauer John Harrison (1693–1776) verbesserte diese Uhren so weit, bis sie schließlich nach fünfmonatigem Aufenthalt auf einem schwankenden Schiff nicht mehr als 1 Minute von der wirklichen Zeit abwichen. Mittlerweile gibt es elektrische Uhren und Quarzuhren, die ihre hohe Genauigkeit aus den raschen Schwingungen eines Kristalls beziehen. Moderne Atomuhren gehen sogar erst nach hunderttausend Jahren um eine Sekunde falsch.

Man mag sich fragen, warum dieser Genauigkeitsaufwand überhaupt betrieben wird. Was bedeutet denn schon eine Abweichung von einer Sekunde auf ein oder zwei Stunden, was gar bei einhunderttausend Jahren?

Im täglichen Leben forderte die zunehmende Industrialisierung eine stetige Verbesserung der Ganggenauigkeit einer Uhr. Die aufkommenden Eisenbahnen machten durch ihre Fahrpläne eine minutengenaue Zeitbestimmung erforderlich, und mit der Verbreitung des Radios konnte jeder seine Uhr sogar auf die Sekunde genau stellen.

Im 19. Jahrhundert besaßen allenfalls gutsituierte Herren eine Taschenuhr; nach dem Ersten Weltkrieg wurden Armbanduhren von Männern wie von Frauen benutzt. Heute kennt in den Industrienationen fast jeder die genaue Tageszeit zu jeder Zeit.

Wissenschaftler aber brauchen eine noch genauere Zeitbestimmung, und bei ihnen geht es nicht selten um extrem kurze Zeitintervalle.

Betrachten wir zum Beispiel einmal die radioaktiven Zerfallszeiten. Uran 238 besitzt eine Halbwertszeit von 4,5 Milliarden Jahren. Diesen Wert hat man natürlich nicht durch eine direkte Messung gewonnen, denn niemand kann so lange warten, bis die Hälfte einer vorgegebenen Menge Uran 238 wirklich zerfallen ist. Statt dessen mißt man, wieviel Zerfälle in einer bestimmten Zeit eintreten, und errechnet daraus die Halbwertszeit. Je genauer dabei die Zeitbestimmung ist, desto genauer ist hinterher auch die Angabe der Halbwertszeit.

Die ersten Halbwertszeiten, die man bestimmte, erwiesen sich als sehr lang; das ist nicht verwunderlich, denn zunächst entdeckte man die radioaktiven Elemente, die heute noch in der Natur vorkommen, die also seit der Entstehung unseres Planeten vor 4,6 Milliarden Jahren noch nicht vollständig zerfallen sind. In diesem Zeitraum ist zwar etwas mehr als die Hälfte des Uran 238 verschwunden, doch noch ist genügend vorhanden, um Uran nicht unbedingt zu einem sehr seltenen Metall werden zu lassen.

Nicht alle Halbwertszeiten sind jedoch so lang. Uran 238 zerfällt über mehrere Zwischenstationen am Ende in Blei 206; dabei sind die Atome dieser Zwischenstationen auch radioaktiv (sonst wären sie ja Endstation). Jeder Materieklumpen, der Uran 238 enthält, birgt also auch diese Zwischenstationen in sich.

Die Halbwertszeiten dieser Übergangsatome sind jedoch alle kürzer als die des Uran 238, und so zerfallen sie oft schneller, als sie durch den Nachschub von »oben« entstehen. Entsprechend findet man jeweils nur recht kleine Mengen dieser Elemente in einer uranhaltigen Probe. Es läßt sich nachweisen, daß die Halbwertszeit um so kürzer ist, je kleiner die Zahl der vorhandenen Teilchen dieser Sorte im Vergleich zur Menge des Uran 238 ist.

In Gestein, das Uran 238 enthält, findet man immer auch Radium 226, und zwar in einer Konzentration, die 2,84millionenmal kleiner ist als die des Uran 238. Entsprechend ist die Halbwertszeit von Radium 226 im selben Verhältnis kürzer als die von Uran 238, beträgt also nur 1620 Jahre (in Wirklichkeit bestimmt man natürlich die Halbwertszeit von Radium 226 und errechnet daraus über das Mengenverhältnis die Halbwertszeit von Uran 238).

Es gibt noch kürzere Halbwertszeiten in der Zerfallsreihe von Uran 238, und für ihre Bestimmung gibt es unterschiedliche Methoden. So fand man beispielsweise, daß die Zerfallsrate eines radioaktiven Elementes, das sogenannte Alpha-Teilchen aussendet, um so größer ist, je energiereicher diese Teilchen sind. Die Energie von Alpha-Teilchen läßt sich aber daran ablesen, wieweit sie in absorbierende Materie eindringen können, und daraus kann man dann die Halbwertszeit bestimmen.

Unter den Übergangsstufen der Uran-238-Zerfallsreihe finden wir noch Polonium 210 mit einer Halbwertszeit von 138,4 Tagen, Wismut 214, von dem jeweils die Hälfte nach 19,7 Minuten zerfallen ist, Astatin 218, dessen Halbwertszeit 2 Sekunden beträgt, und Polonium 214 mit einer Halbwertszeit von nur 0,00016 Sekunden. Es ist einleuchtend, daß diese kurzlebigen Atome auf der Erde gar nicht mehr existieren könnten, wenn sie nicht ständig durch den Uran-238-Zerfall nachgeliefert würden.

In der Zerfallskette von Thorium 232 konnte ein noch instabileres Isotop gefunden werden: Polonium 212 zerfällt mit einer Halbwertszeit von nur 0,0000003 Sekunden. Aufgrund dieser extrem kurzen Lebensdauer kann man gar nicht genügend Atome dieses Isotops anhäufen, um die Eigenschaften bestimmen oder auch nur seine Existenz nachweisen zu können – sie verrät sich einzig durch die ausgesandten Alpha-Teilchen, die auch Rückschlüsse auf die Eigenschaften der Atome erlauben.

Mittlerweile haben die Wissenschaftler ihre Erfahrungswelt jedoch weit über die Millionstel Sekunde hinaus zu noch kürzeren Zeiteinheiten ausgedehnt. Mit dem Bau der ersten Teilchenbeschleuniger in den dreißiger Jahren lernten sie auch den Umgang mit den Atombausteinen, den sogenannten Elementarteilchen. Wenn man solche Partikel auf hohe Energien beschleunigt und miteinander zusammenstoßen läßt, entsteht eine Vielzahl neuer Teilchen mit einer zum Teil abenteuerlich kurzen Lebensdauer.

Obwohl diese Partikel sich fast mit Lichtgeschwindigkeit bewegen, hinterlassen sie aufgrund ihrer geringen Beständigkeit in den Nachweisapparaturen kaum meßbar kurze Spuren.

So lebt das neutrale K-Meson jeweils nur für eine zehnmilliardstel Sekunde, und es gibt sogenannte Resonanz-Partikel, die sogar nur 10^{-23} Sekunden (eine hunderttrilliardstel Sekunde) überdauern.

Doch nicht einmal dies stellt die untere Grenze dar. In den letzten Jahren haben die Physiker auf der Suche nach einer einheitlichen Kraft-Theorie Modelle für eine Große Vereinheitlichte Theorie entwickelt, die eine gemeinsame Beschreibung von Gravitation, Elektromagnetismus sowie den schwachen und starken Kernkräften ermöglichen soll. Mit Hilfe dieser Modelle lassen sich auch die Ereignisse unmittelbar nach dem Urknall beschreiben. Auf diese Weise kommt man möglicherweise an Ereignisse heran, die 10^{-43} Sekunden nach dem Urknall stattfinden, das bedeutet zehnseptillionstel Sekunden, ausgeschrieben 0,0000000000000000000000000000000000000000001 Sekunden.

Zeitreisen

Gibt es eine Möglichkeit, durch die Zeit zu reisen?

In gewisser Weise tun wir dies ständig, denn mit jeder Sekunde kommen wir eine Sekunde in der Zeit voran. Die Frage ist also, ob wir diese Geschwindigkeit verändern könnten.

Physikalisch betrachtet ist dies sehr wohl möglich, sofern wir uns relativ zum Universum bewegen. Die Änderungen sind jedoch bei unseren tagtäglichen Geschwindigkeiten äußerst gering. Könnte man sich mit einem Überschallflugzeug, das mit dreifacher Schallgeschwindigkeit die Erde umkreist, 10 Jahre lang in der Luft halten, so hätte man am Ende doch nur Sekundenbruchteile gewonnen.

Die Situation wird erst anders, wenn man sich mit Geschwindigkeiten bewegt, die vergleichbar mit der Lichtgeschwindigkeit sind. Erreicht ein Raumschiff zum Beispiel knapp ⅞ der Lichtgeschwindigkeit, dann würde für die Mitreisenden die Zeit an Bord nur halb so schnell ablaufen wie für die Daheimgebliebenen die Zeit auf der Erde. Während die Borduhren nach der Rückkehr eine Flugzeit von fünf Jahren angeben (und die Reisenden auch nur um fünf Jahre gealtert sind), wären auf der Erde 10 Jahre verstrichen, wären die Daheimgebliebenen 10 Jahre älter geworden.

Steigt die Geschwindigkeit noch weiter an, so vergrößert sich der Unterschied immer mehr. Wer sich mit 295 000 Kilometer pro Sekunde oder 98,3 Prozent der Lichtgeschwindigkeit bewegt, für den schrumpfen 27,5 irdische Jahre auf 5 »Bordjahre«, und so weiter.

Mit dieser Methode kann man (zumindest theoretisch) so weit in die Zukunft reisen, wie man möchte – vorausgesetzt, man verfügt über die notwendige Energie, die erforderlich ist, um diese Geschwindigkeit zu erreichen, auf der halben Strecke umzukehren und schließlich wieder so abzubremsen, daß man sicher auf der Erde landen kann (und vorausgesetzt, solche Reisen lassen sich ungefährlich überstehen).

Zeitreisen in die Vergangenheit dagegen sind ein Fall für sich. Zugegeben, wir können in die Vergangenheit zurück*blicken*, doch das hilft uns wenig. Im strengen Sinne sehen wir sogar immer nur Vergangenes, denn das Licht, das auf unsere Augen trifft, braucht seine Zeit, um von dem betrachteten Gegenstand oder Ereignis zu uns zu gelangen. Wenn wir etwa 3,3 Meter von einem Objekt entfernt stehen, so sehen wir es, wie es vor einer hundertmillionstel Sekunde ausgesehen hat (dieser Zeitunterschied ist in den meisten Fällen allerdings völlig bedeutungslos, so daß wir – zumindest in unserer Umgebung – getrost von »jetzt« sprechen können). Dagegen braucht das Licht von der Sonne bis zu uns immerhin schon mehr als 8 Minuten; wir sehen die Sonne immer nur so, wie sie vor 8,3 Minuten ausgesehen hat (wenn sie vor drei Minuten verschwunden wäre, würden wir dies erst nach weiteren 5 Minuten wirklich sehen können). Entsprechend sehen wir den nächsten Stern, Alpha Centauri, in einem 4,3 Jahre alten Zustand und Arkturus, wie er vor 40 Jahren war.

Die Andromedagalaxie präsentiert sich unseren Augen in einem Zustand, den sie vor 2,3 Millionen Jahren hatte, und der entfernteste Quasar erscheint uns so, wie er vor vielleicht 10 Milliarden Jahren wirklich war: das Licht, das wir heute von dort auffangen, hatte zum Zeitpunkt der Entstehung von Erde, Sonne und Planeten bereits mehr als die Hälfte seines Weges bis zu uns zurückgelegt.

Je weiter wir in die Vergangenheit hinausblicken, desto weniger sehen wir, weil wir über immer größere Entfernungen schauen müssen.

Könnten wir uns mit mehr als Lichtgeschwindigkeit von der Erde entfernen und dabei unseren Planeten im Auge behalten, dann würden wir die Lichtstrahlen überholen, die vor uns die Erde verlassen haben, und könnten, theoretisch, die Geschichte der Erde rückwärts verfolgen. Doch je weiter wir mit dieser Überlichtgeschwindigkeit reisten, je weiter wir also in die Vergangenheit unseres eigenen Planeten blicken könnten, desto weniger könnten wir erkennen, weil wir diesen weiteren Rückblick eben mit einer größeren Distanz und damit einer schlechteren Beobachtungsmöglichkeit erkaufen müßten.

Was aber wäre, wenn wir uns wie in einer Science-fiction-

Story in eine Maschine setzen könnten und nur einen Knopf zu drücken brauchten, um augenblicklich 3000 Jahre in die Zukunft oder die Vergangenheit versetzt zu werden? Ginge dies überhaupt? Nun, zunächst einmal bewegt sich die Erde mit einer Geschwindigkeit von rund 30 Kilometern zurück. Wollten wir uns mit einer Zeitmaschine 3 Stunden in die Vergangenheit zurückversetzen lassen, so würden wir uns also etwa 325 000 Kilometer von der Erde entfernt wiederfinden, dort, wo die Erde 3 Stunden später sein wird.

Könnte die Zeitmaschine die Bewegung der Erde ausgleichen, dann müßte sie im Augenblick des Knopfdrucks mit Überlichtgeschwindigkeit durch das All rasen, und das allein ist schon unmöglich. Hinzu kommt, daß nicht nur die Erde um die Sonne läuft, sondern gleichzeitig die Sonne sich um das Zentrum der Galaxis bewegt und die Galaxis sich ihrerseits relativ zu den übrigen Mitgliedern der Lokalen Gruppe und mit dieser bezogen auf andere Galaxienhaufen bewegt.

Selbst wenn wir all diese Bewegungen mit unserer Zeitmaschine nachvollziehen könnten, kann man sich denken, daß dies große Energiemengen erforderlich macht – mindestens ebensoviel wie eine bloße Raumreise, aber auch ebensoviel Zeit, und damit wäre jeder Zeitreise-Effekt dahin.

Wir dürfen aber auch die anderen Schwierigkeiten nicht vergessen, die sich aus einer Reise in die Vergangenheit ergäben. Am bekanntesten ist das Beispiel jenes Mannes, der in die Vergangenheit vordringt und dabei seinen eigenen Großvater tötet, ehe dieser seinen Sohn zeugen konnte (den Vater des Mörders). Wenn dies möglich wäre, dann hätte der Enkel (der Mörder) eigentlich gar nicht geboren werden können und entsprechend auch keine Reise in die Vergangenheit antreten können, um seinen Großvater zu töten. Bei solchen Zeitreisen in die Vergangenheit würde das Prinzip von Ursache und Wirkung, das Kausalitätsprinzip, durcheinandergewirbelt.

Doch selbst wenn wir annehmen, das Kausalitätsprinzip könnte verletzt werden, und weiter davon ausgehen, daß zukünftige Entwicklungen einer weit fortgeschrittenen Technologie Zeitreisen eines Tages möglich machen, müssen wir eingestehen, daß uns noch niemand aus der Zukunft besucht hat: entweder sind solche Besucher vorsichtig genug, um sich nicht blicken zu lassen, oder man wird auch in Zukunft die Möglichkeiten der Zeitreisen nicht in den Griff bekommen (ich selbst neige zu der zweiten Erklärung).

17. Kapitel – Geschwindigkeiten

Lebewesen

Bevor wir zu weiteren Horizonten vordringen, wollen wir die beiden bislang erforschten Gebiete miteinander verknüpfen – Raum und Zeit. Wir können den Raum in der Zeit durchqueren, eine Strecke in einer bestimmten Zeit zurücklegen; davon haben wir in diesem Buch immer wieder berichtet, und davon sind wir ausgegangen. Eine solche Ortsveränderung in der Zeit wird durch Geschwindigkeiten ausgedrückt, wobei wir uns an dieser Stelle für die Richtung der Geschwindigkeit nicht interessieren wollen.

Menschen konnten sich schon immer hauptsächlich auf zweierlei Weise fortbewegen – gehend oder laufend. Beim Gehen bleibt der Bodenkontakt mit jeweils mindestens einem Fuß erhalten, während beim Laufen auch zeitweise beide Füße gleichzeitig ohne Bodenberührung sein können. Natürlich kann man sich auch hüpfend fortbewegen oder springend, doch ist dies eher spielerisch und kann daher nicht zur natürlichen Fortbewegungsweise gerechnet werden.

Ein normal ausschreitender Fußgänger wird eine Geschwindigkeit von 5 Kilometern pro Stunde erreichen, die er kurzzeitig sicher auch vergrößern kann. Allgemein aber verfällt man in den Laufschritt, wenn größere Geschwindigkeiten gefordert werden – lediglich Sportler üben sich darin, auch längere Distanzen mit erhöhtem Tempo zu »gehen«.

Es ist vor allem für jene, die selten Gelegenheit für eigene Spaziergänge haben, überraschend, zu welchen Leistungen der menschliche Körper in der Lage ist, wenn er nur ausreichend trainiert wird. Der Weltrekord für 20 Kilometer Gehen steht derzeit (Anfang der achtziger Jahre) bei 1 Stunde 25 Minuten und 19,4 Sekunden, was einer Durchschnittsgeschwindigkeit von rund 14 Kilometern pro Stunde entspricht. Natürlich wird diese Durchschnittsgeschwindigkeit bei längeren Strecken geringer, aber selbst über eine Distanz von 50 Kilometer können die »Geher« noch ein Tempo von 12,5 Kilometer pro Stunde aufrechterhalten, steht der Rekord bei 4 Stunden und 27,2 Sekunden.

Im Laufschritt kommt man unter sonst gleichen Bedingungen

schneller voran. Der bekannteste Langstreckenlauf ist der Marathonlauf (so benannt nach dem Lauf des griechischen Soldaten Pheidippides, der seinen Athener Landsleuten im Jahre 490 v.Chr. den Ausgang der Schlacht von Marathon melden wollte). Die Distanz geht über 42,2 Kilometer, und der Rekord steht bei 2 Stunden 8 Minuten und 33,6 Sekunden; das entspricht einer Geschwindigkeit von 19,7 Kilometer pro Stunde, etwa 1,6mal schneller als das Tempo eines geübten Gehers über die gleiche Strecke. Auch Läufer können ihre Geschwindigkeit auf kürzeren Strecken erhöhen. Der Weltrekord für 10 Kilometer liegt bei 27 Minuten und 30,8 Sekunden (21,8 Kilometer pro Stunde), während die Meile bereits in 3 Minuten 51,1 Sekunden bewältigt wurde (25 Kilometer pro Stunde). Der Weltrekord für die 100-Meter-Sprintstrecke liegt bei 9,9 Sekunden (entsprechend 36,4 Kilometer pro Stunde).

Dabei entfällt ein Teil der Zeit noch auf die Beschleunigung nach dem Start. 1963 wurde einmal ein Läufer auf der Strecke zwischen 60 und 75 Meter gestoppt und erzielte hier eine Geschwindigkeit von 44,9 Kilometer pro Stunde – dies dürfte so ziemlich das Äußerste sein, was ein menschlicher Körper ohne Hilfsmittel über eine meßbare Distanz zu erreichen vermag. Die meiste Zeit ihrer Geschichte waren die Menschen darauf angewiesen, Ortsänderungen mit eigener Muskelkraft vorzunehmen. Erst um das Jahr 2000 v.Chr. gelang asiatischen Nomaden die Zähmung von Pferden. Seit dieser Zeit wurden Pferde in zunehmendem Maße genutzt, wenn es darum ging, schneller als mit menschlicher Muskelkraft voranzukommen (oder bequemer und mit weniger Anstrengungen).

Pferde können schon unter normalen Umständen einen Menschen rasch hinter sich lassen, und speziell gezüchtete Rennpferde verweisen menschliche Läufer ohne besondere Mühen auf die »hinteren« Plätze. Der Weltrekord über 3 Meilen (4,83 Kilometer) steht bei 5 Minuten 15 Sekunden und entspricht einer durchschnittlichen Geschwindigkeit von 55,2 Kilometer pro Stunde. Über kürzere Distanzen können Pferde sogar Geschwindigkeiten bis zu 64 Kilometer pro Stunde erzielen, nahezu das Anderthalbfache der menschlichen Höchstleistung, aber über eine Distanz von 1,5 Kilometern.

Nicht viele Landtiere übertreffen ein Rennpferd noch mit ihrem Tempo. Ein aufgescheuchtes Kaninchen mag vielleicht noch mithalten können, weil es große Sprünge machen kann, und ein Känguruh, das um sein Leben rennt, ist wegen seiner gewaltigen Sätze (gemessen wurden bis zu 12,8 Meter) vorübergehend sogar schneller als ein Rennpferd.

Erstaunlicherweise kann auch ein Zweibeiner das Rennpferd noch ausstechen: Der Vogel Strauß schafft auf der Flucht bis zu 70 Kilometer pro Stunde; diese Tiere sind zweifellos die schnellsten Zweibeiner auf unserem Planeten.

Viele Arten von Rotwild, Antilopen und Gazellen laufen ebenfalls schneller als ein Rennpferd. Ein Edelhirsch beispielsweise bringt es auf 67 Kilometer pro Stunde, während die Pronghorn-Antilope sogar zeitweise bis zu 100 Kilometer pro Stunde schnell ist.

Bislang habe ich nur pflanzenfressende Tiere erwähnt, die in den weiten Ebenen wohnen; für sie ist eine hohe Fluchtgeschwindigkeit der einzige Schutz vor fleischfressenden Raubtieren. Von ihnen haben immer nur die schnellsten überlebt, so daß die Evolution schließlich Arten hervorgebracht hat, die sich mit erstaunlichem Tempo voranbewegen können.

Raubtiere sind im allgemeinen nicht so schnell wie ihre Beute. Sie finden ihr Fressen, indem sie sich vorsichtig an die Opfer heranpirschen oder von einem Baum herunterspringen. Dabei bevorzugen sie junge oder sehr alte Tiere, kranke oder verletzte Exemplare, die auf der Flucht nicht mit der Herde mithalten können.

Aber auch Raubtiere können hohe Geschwindigkeiten erbringen. So erreicht ein Koyote im Ernstfall bis zu 55 Kilometer pro Stunde, vielleicht nicht ganz so viel wie ein Kaninchen, aber doch schnell genug. Und eines der Raubtiere ist das schnellste Landtier überhaupt – der Tiger. Auf einer Strecke von einem halben Kilometer kann er bis zu 102 Kilometer pro Stunde erzielen und damit sogar eine Antilope einholen – vorausgesetzt, der Wettlauf geht nicht über diese Distanz hinaus: spätestens nach einer Minute Höchstgeschwindigkeit ist der Tiger nämlich erschöpft, so daß die Gazelle am Ende noch entkommen kann.

Menschen können sich auch im Wasser fortbewegen, aber bei weitem nicht so schnell wie auf dem Festland. Wasser bietet einen größeren Widerstand und erfordert daher einen höheren Energieaufwand als die Bewegung durch die Luft; jeder, der schon einmal über den Strand ins Wasser gelaufen ist, kennt den Unterschied. So liegt der Geschwindigkeitsrekord für Menschen im Wasser auch nur bei 8,1 Kilometer pro Stunde.

Menschen sind aber auch nicht gerade für die Fortbewegung im Wasser gebaut. Es gibt andere Warmblüter, die wieder ins

Wasser zurückgekehrt sind oder zumindest den größten Teil ihres Lebens im Wasser verbringen und sich weit besser an die veränderten Umweltbedingungen angepaßt haben. Ihre Körperform ist annähernd stromlinienförmig, um den Widerstand des Wassers zu reduzieren, und sie bewegen sich mit Hilfe von Flossen, »Paddeln« oder mit dem Schwanz vorwärts. Selbst die schnellsten Delphine, Seehunde und Pinguine kommen jedoch nicht über 40 Kilometer pro Stunde hinaus.

Noch besser an die Bedingungen im Wasser sind natürlich die Fische angepaßt, die diesen Lebensraum im Laufe der Evolution nie verlassen haben, und so ist es nicht weiter verwunderlich, in dieser Tiergruppe die schnellsten Wasserlebewesen zu finden. Vom Blauhai wird berichtet, daß er bis zu 65 Kilometer pro Stunde schnell sein kann und damit an das Tempo eines Rennpferdes herankommt, aber er wird noch von anderen Fischen übertroffen. Ein Marlin kann zum Beispiel bis auf 80 Kilometer pro Stunde beschleunigen und ist damit fast so schnell wie eine Antilope, während der Sailfisch mit gemessenen 110 Kilometern pro Stunde den Rekord hält und damit sogar noch den Tiger übertrifft.

Wenn das Durchdringen des Wassers aber schwieriger ist als die Vorwärtsbewegung durch die Luft, dann könnte vielleicht das Durchstreifen der Lüfte ohne Bodenberührung noch größere Geschwindigkeiten erlauben, als sie für Landlebewesen möglich sind, könnten Flugwesen noch schneller sein als die schnellsten Lauftiere.

Zum Teil erklärt dies die hohen Geschwindigkeiten jener Tiere, die entweder Riesenschritte machen oder große Sprünge. Man könnte sie daher gewissermaßen als »Quasiflieger« bezeichnen.

Was aber leisten die richtigen Flugwesen, die wir in der Aufstellung zu Beginn des 7. Kapitels kennengelernt haben? Von den Pterosauriern, die bereits vor 65 Millionen Jahren ausgestorben sind, wissen wir natürlich nicht, wie schnell sie geflogen sein mögen. Die Paläontologen sind sich jedoch weitgehend einig in der Annahme, daß sie wohl nicht sonderlich flinke Wesen waren. Bei Insekten ist eine wirkliche Geschwindigkeitsangabe ziemlich schwierig, weil ihr Tempo auch von Luftströmungen mitbestimmt wird. Es erscheint jedoch zweifelhaft, daß Insekten normalerweise schneller als vielleicht 55 Kilometer pro Stunde durch die Luft sausen können, und auch dieses Tempo können sie nur kurze Zeit beibehalten, sofern sie sich nicht in außergewöhnlichen Höhen bewegen, wo der Luftwiderstand geringer ist.*

Drachenfliegen gehören zu den schnellsten Insekten, und eine vor 300 Millionen Jahren ausgestorbene Spezies dieser Art besaß anscheinend die (für Insekten ungewöhnliche) Flügelspanne von 0,7 Metern. Jene Tiere können vielleicht kurzzeitig 70 Kilometer pro Stunde erreicht haben.

Fledermäuse, die einzigen Säugetiere unter den Flugwesen, haben sich offenbar vor allem in bezug auf Orientierung und Beweglichkeit weiterentwickelt, weniger in bezug auf hohe Geschwindigkeiten. Mit maximal 51 Kilometern pro Stunde sind sie kaum schneller als das schnellste Insekt.

Einzig den Vögeln gelingt es, Rennpferde noch zu übertreffen. Schwäne schaffen beispielsweise fast 90 Kilometer pro Stunde, und kanadische Gänse bringen es sogar auf fast 100 Kilometer in der Stunde. Sie kommen zwar dem Tiger nicht ganz gleich, können dieses Tempo jedoch über weit größere Distanzen aufrechterhalten. Doch damit nicht genug: bei den tropischen Stachelschwanz-Seglern hat man mehr als 170 Kilometer pro Stunde gemessen oder 2,8 Kilometer je Minute. Wenn solche Angaben stimmen, dann wären diese Segler die schnellsten Lebewesen.

Unbelebte Objekte

Bisher haben wir uns auf die Geschwindigkeiten beschränkt, die von Lebewesen ohne technische Hilfe erzielt werden können. Wir Menschen brauchen uns aber keineswegs nur auf unsere Muskelkraft zu beschränken. Für den Verkehr auf dem Wasser haben die Menschen beispielsweise schon seit langer Zeit Schiffe benutzt. Anfangs fuhren die Schiffe lediglich stromabwärts und nutzten dabei die Bewegungsenergie des Wassers nur unvollständig. Wer sein Gefährt dagegen stromaufwärts bewegen wollte, mußte es ziehen oder rudern, und dafür war dann die menschliche Muskelkraft wieder vonnöten.

* Es hat zwar in der Vergangenheit immer wieder Berichte gegeben, nach denen bestimmte Insekten bis zu 1000 Kilometer pro Stunde schnell seien, doch können sie mit Sicherheit nicht stimmen. Im Hinblick auf extreme Leistungen, vor allem bei Lebewesen, neigt man oft zu Übertreibungen. Ich habe in diesem Buch versucht, nur gesicherte Daten anzuführen, doch kann ich nicht ausschließen, daß auch ich mancher Täuschung erlag.

Mit Rudern kam man nie sehr rasch voran. Selbst ein ultraleichtes Boot, das in einer Regatta von einer ganzen Mannschaft angetrieben wird, erreicht allenfalls 21,6 Kilometer pro Stunde.

Wenn man aber ein Segel auf dem Schiff anbrachte, konnte man ohne große Anstrengung wieder auf eine natürliche Energie zurückgreifen, die Windenergie. Im Laufe der Jahrhunderte wurde die Methode ständig verfeinert, bis schließlich um 1890 Segelschiffe Höchstgeschwindigkeiten von etwa 40 Kilometer pro Stunde erzielen konnten.

Allmählich wurden die passiven Antriebssysteme aber durch Maschinen verdrängt, mit deren Hilfe man bestimmte Energieformen gewinnen und kontrollieren konnte. Die entscheidende Voraussetzung hierfür war die Erfindung der Dampfmaschine im Jahre 1774 durch James Watt (1736–1819); diese Erfindung leitete auch die »industrielle Revolution« ein.

Es dauerte nicht lange, bis eine solche Dampfmaschine auf ein Schiff gesetzt wurde, um ein Schaufelrad anzutreiben. Der amerikanische Erfinder John Fitch (1734–1798) baute 1790 das erste erfolgreiche Dampfschiff, konnte seine Konstruktion jedoch nicht richtig vermarkten. 17 Jahre später gelang Robert Fulton, von dem wir schon im Zusammenhang mit Unterseebooten gehört hatten, mit dem Bau der »Clermont« der wirtschaftliche Durchbruch. Anfangs waren solche Dampfschiffe nicht gerade schnell, erreichten sie doch kaum 12 Kilometer pro Stunde. Ihre Vorzüge lagen zunächst darin, auch bei absoluter Windstille oder sogar gegen den Wind voranzukommen.

So konnten sich die Segelschiffe während der ersten Hälfte des vergangenen Jahrhunderts noch erfolgreich behaupten, ehe der zunehmende Einsatz von Stahlrümpfen, von immer stärkeren Maschinen und von Schiffsschrauben anstelle der Schaufelräder den Dampfschiffen allmählich zum Siegeszug verhalf. Seit Beginn unseres Jahrhunderts werden Segelschiffe eigentlich nur noch für sportliche Zwecke genutzt.

Schließlich konnten die Dampfschiffe auch die Geschwindigkeit der Segelschiffe weit übertreffen. So überquerte der Luxus-Liner »United States« 1952 den Atlantik von New York nach Le Havre in weniger als dreieinhalb Tagen, was einer Durchschnittsgeschwindigkeit von 66 Kilometer pro Stunde entsprach. Im gleichen Jahr erreichte das Schiff auf einer Tagesstrecke sogar 77 Kilometer pro Stunde.

Kriegsschiffe sind noch schneller: Unterseeboote bringen es auf 83 Kilometer pro Stunde, Zerstörer auf 113 Kilometer, und spezielle Versuchsschiffe schaffen sogar 130 Kilometer pro Stunde. Damit sind die Menschen dank der Hilfe der Technik die schnellsten »Seelebewesen«.

Auf dem Land kamen technische Transportgeräte erst sehr viel später zum Einsatz als im Wasser. Noch im 18. Jahrhundert waren die Menschen auf den Gebrauch ihrer eigenen Muskeln oder den von Pferden angewiesen, wenn es darum ging, längere Strecken zu überbrücken (der Einsatz von Kamelen und Eseln spielte stets nur eine kleine Rolle).

Im Jahre 1801 setzte der englische Erfinder Richard Trevithick (1771–1833) erstmals eine Dampfmaschine auf ein Fahrzeug und baute dazu eine Konstruktion, mit der die Dampfmaschine die Räder antreiben konnte. Da dies auf unebenem Boden nicht so einfach lief (die Reibung und der ständige Wechsel zwischen Sand und Steinen führten zu einer starken Bremsung), setzte Trevithick sein Gefährt auf lange Metallschienen und wurde somit nicht nur zum Vater der Lokomotive, sondern der Eisenbahn schlechthin.

Aber auch Trevithick war – wie schon Fitch vor ihm – der wirtschaftliche Erfolg nicht vergönnt. Erst der englische Erfinder George Stephenson (1781–1848) verhalf der Eisenbahn 1825 zum Durchbruch. Von 1850 an beherrschten die Eisenbahnen ein Jahrhundert hindurch den Überlandverkehr auch bei großen Strecken.

Die ersten Lokomotiven in den zwanziger Jahren des vergangenen Jahrhunderts erreichten nicht einmal 50 Kilometer pro Stunde, doch führten technische Verbesserungen am System schon bald zu neuen Höchstleistungen. Um 1840 waren sie schon mehr als 90 Kilometer pro Stunde schnell, so daß Menschen sich zum erstenmal – wenn auch mit technischer Unterstützung – schneller voranbewegen konnten als ein Rennpferd und dieses Tempo beliebig lange aufrechterhalten konnten, sofern genügend Brennstoffe mitgeführt wurden. Zwar waren diese Rekordgeschwindigkeiten damals zunächst nur jenen vorbehalten, die diese Fahrzeuge steuerten, aber die Geschwindigkeit eines Rennpferdes erlebt ja auch nur jeweils der Jockey, während gewöhnliche Reiter sich mit einem geringeren Tempo begnügen müssen.

Bereits 1843, nicht einmal 20 Jahre nach Stephensons erster Lokomotive, schaffte ein solches Gefährt in Irland sogar 137 Kilometer pro Stunde und hätte damit auch jeden Tiger hinter sich lassen können.

Zu Anfang unseres Jahrhunderts wurden in Deutschland Elektrolokomotiven erstmals auf mehr als 200 Kilometer pro Stunde getrieben, so daß der Mensch sich schneller fortbewegen konnte als jedes andere Lebewesen auf diesem Planeten. Gegenwärtig liegt der Rekord für raketengetriebene Lokomotiven irgendwo bei 380 Kilometer pro Stunde.

Im Jahre 1860 entwickelte der Belgier Jean J. E. Lenoir (1822–1900) den ersten brauchbaren Verbrennungsmotor, der viel leichter und stärker war als die Dampfmaschine. Eine solche Maschine konnte man auch auf einen kleineren Wagen montieren, was Lenoir auch gleich versuchte und so die erste »pferdelose Kutsche« baute – später kam dafür der Begriff »Automobil« auf.

Diese neuen Fahrzeuge setzten sich aber erst nach 1880 durch, nachdem vor allem der deutsche Erfinder Gottlieb W. Daimler (1834–1900) 1887 sein erstes Auto vorgestellt hatte.

Inzwischen hat sich das Auto zum Haupttransportmittel über Land für kleinere Gruppen wie Familien entwickelt, während größere Fahrzeuge wie Busse und Lastkraftwagen im öffentlichen Nahverkehr beziehungsweise beim Transport von Gütern aller Art eingesetzt werden.

Rennfahrer erreichen mit ihren Autos Geschwindigkeiten von 320 Kilometern pro Stunde und mehr, und 1970 schaffte ein raketengetriebenes Fahrzeug sogar 1046 Kilometer pro Stunde, legte also innerhalb von einer Minute 17,4 Kilometer zurück. Damit kam das Fahrzeug schon bedenklich an die Schallgeschwindigkeit heran, die unter Normalbedingungen am Erdboden bei 1192 Kilometern pro Stunde oder 19,9 Kilometern pro Minute liegt. Natürlich können Flugzeuge solche Bodengeschwindigkeiten weit übertreffen, wie auch Vögel schneller sind als Landtiere. Die Schallgeschwindigkeit wurde erstmals am 14. Oktober 1947 übertroffen (siehe 8. Kapitel).

Heute gibt es sogar Überschall-Verkehrsflugzeuge, doch die militärisch genutzten Flugzeuge sind natürlich noch schneller. Raketengetriebene Flugzeuge trieben den Geschwindigkeitsrekord inzwischen auf 7300 Kilometer pro Stunde oder 2 Kilometer pro Sekunde, was dem 6,1fachen der Schallgeschwindigkeit entspricht. Raketen sind ihrerseits wieder schneller als Flugzeuge, und Raumsonden, die die Erde in Richtung zu den äußeren Planeten verlassen, bringen es auf Geschwindigkeiten von 14,5 Kilometer pro Sekunde – sie sind die vorerst schnellsten Objekte, die je von Menschenhand geschaffen wurden. Mit Hilfe von Raketen können wir die Geschwindigkeit astronomischer Objekte erreichen, ja sogar übertreffen.

Die Erde dreht sich beispielsweise einmal pro Tag um ihre Achse. Jeder Punkt auf ihrer Oberfläche beschreibt daher einen Kreis um die Achse, und je größer der Kreis ist, desto größer ist auch die Geschwindigkeit, mit der sich dieser Punkt auf der Erdoberfläche herumbewegt. Der größte Kreis fällt mit dem Erdäquator zusammen, und hier beträgt die Geschwindigkeit 1674 Kilometer pro Stunde oder 465 Meter pro Sekunde; das ist nicht einmal ein Dreißigstel der Geschwindigkeit unserer schnellsten Raketen.

Die Erde hält aber keineswegs den Rekord, was die Rotationsgeschwindigkeiten im Sonnensystem betrifft. Die Sonne, deren Umfang 109mal größer ist als der Erdumfang, braucht für eine Umdrehung am Äquator 25,1 Tage. Damit bewegt sich ein Punkt am Sonnenäquator mit 7260 Kilometern pro Stunde oder 2 Kilometern pro Sekunde. Auch das ist aber noch kein Rekord. Der Umfang des Jupiter ist rund 11,2mal so groß wie der Erdumfang, doch braucht der Planet nur gut ⅖ der Zeit, die die Erde für eine Umdrehung benötigt. Entsprechend bewegt sich ein Punkt der oberen Jupiteratmosphäre (die wir als »Oberfläche« des Planeten beobachten) mit einer Geschwindigkeit von 45 400 Kilometern pro Stunde oder 12,6 Kilometern pro Sekunde um den Mittelpunkt des Planeten – und auch dieses Tempo wird von unseren Raumsonden noch übertroffen.

Zusätzlich zur Umdrehungsbewegung rast ein Planet auch noch um die Sonne, und zwar mit um so größerer Geschwindigkeit, je näher er sich an der Sonne befindet, je stärker also die Anziehungskraft der Sonne auf ihn einwirkt.

Jupiter bewegt sich zum Beispiel mit einer Geschwindigkeit von 13,1 Kilometern pro Sekunde um die Sonne und wird daher von irdischen Raumsonden so eben noch überholt. Mars, der sich bereits viel näher an der Sonne befindet als Jupiter, eilt dagegen mit 24,1 Kilometern pro Sekunde um den Zentralstern und läßt damit jede Rakete hinter sich.

Die Erde bringt es auf 29,8 Kilometer pro Sekunde, während Merkur, der sonnennächste Planet, den Geschwindigkeitsrekord mit durchschnittlich 47,9 Kilometer pro Sekunde hält. Aufgrund der ziemlich elliptischen Umlaufbahn kann Merkur der Sonne aber auch so nahe kommen, daß er sich mit 56 Kilometern pro Sekunde bewegen muß, um nicht in die Sonne zu stürzen.

Es gibt noch einige Kometen, die der Sonne noch näher kommen können als Merkur und die sich entsprechend auch noch schneller bewegen müssen als dieser. Den Rekord halten die sogenannten Sungrazer, die durch die Korona der Sonne (die äußere Sonnenatmosphäre) rasen und dabei über 600 Kilometer pro Sekunde erreichen können.

Nicht nur die Planeten und Kometen bewegen sich rund um die Sonne, sondern die Sonne ihrerseits umrundet auch das Zentrum der Galaxis, wobei ihre Geschwindigkeit etwa 250 Kilometer pro Sekunde beträgt. Sterne, die näher zum galaktischen Zentrum liegen, bringen es auf noch höhere Geschwindigkeiten, wobei irgendwo allerdings eine Grenze erreicht wird, jenseits derer die Umlaufgeschwindigkeit wieder abnimmt; solche Sterne spüren nämlich nur noch eine geringere Anziehungskraft vom Zentrum der Milchstraße, weil die meisten Sterne sich weiter draußen befinden und entsprechend in der entgegengesetzten Richtung zerren.

Wir haben im Laufe dieses Buchs gelernt, daß sich das Universum ausdehnt und dadurch die Galaxien voneinander wegtreiben, wobei die jeweiligen Geschwindigkeiten mit wachsender Entfernung zunehmen.

Seit den zwanziger Jahren unseres Jahrhunderts wurden immer mehr Spektren entfernter, lichtschwacher Galaxien studiert, konnten immer höhere Fluchtgeschwindigkeiten bestimmt werden, zunächst im Bereich von einigen tausend Kilometern pro Sekunde, dann einigen zehntausend Kilometern pro Sekunde und schließlich sogar bis zu einigen hunderttausend Kilometern pro Sekunde.

Damit kommen wir allmählich in den Bereich der Lichtgeschwindigkeit.

Die schnellsten Lebewesen bewegen sich mit weniger als $^1/_{6400000}$ der Lichtgeschwindigkeit, die schnellsten Raumsonden erreichen knapp $^1/_{20000}$ der Lichtgeschwindigkeit, während ein Sungrazer in Sonnennähe immerhin schon $^1/_{500}$ der Lichtgeschwindigkeit zusammenbringt. Eine Galaxie dagegen, die sich mit 210 000 Kilometern pro Sekunde von uns entfernt, bewegt sich bereits mit 70 Prozent der Lichtgeschwindigkeit.

Als 1963 die Quasare entdeckt wurden, konnten die Astronomen noch größere Fluchtgeschwindigkeiten messen, weil wir diese Objekte über noch größere Distanzen beobachten können als normale Galaxien. Den Rekord hält ein Quasar, der sich mit

91,6 Prozent der Lichtgeschwindigkeit oder 275 000 Kilometern pro Sekunde von uns entfernt.

Schneller sind nur noch besonders energiereiche Teilchen der kosmischen Strahlung, die zum Teil mehr als 99,9 Prozent der Lichtgeschwindigkeit besitzen, ohne die kritische Grenze jedoch ganz zu erreichen.

Die Lichtgeschwindigkeit im Vakuum ist die absolute Obergrenze im Weltall – 299 792,5 Kilometer pro Sekunde.*

* Es hat zwar vor einigen Jahren Meldungen gegeben, nach denen die Astronomen Objekte beobachteten, die sich mit mehr als Lichtgeschwindigkeit voneinander entfernten, doch hat man diese vermeintlichen Überlichtgeschwindigkeiten mittlerweile als Folge einer perspektivischen Verzerrung erkannt.

Teil III
Die Horizonte der Materie

18. Kapitel – Große und kleine Massen

Lebende Riesen

Wir haben bis jetzt in diesem Buch Raum und Zeit erforscht und dabei ihre Grenzen kennengelernt. Raum und Zeit sind aber für die meisten Menschen nur die Bühne, auf der materielle Objekte agieren. Wir sollten uns also auch mit diesen Akteuren befassen, die Grenzen der Materie ausloten.

In gewisser Hinsicht ist dies weitaus schwieriger als etwa die Betrachtung von Raum und Zeit, denn der Raum ist im wesentlichen durch eine Quantität beschreibbar – durch seine Ausdehnung –, während die Zeit einzig durch die Dauer gekennzeichnet wird; bei der Suche nach den jeweiligen Extremen brauchen wir daher jeweils nur einen Maßstab anzulegen, den Zollstock für die Längen und eine Uhr für die Zeiträume (wenngleich die moderne Wissenschaft uns auch weit genauere Maßstäbe in die Hand gibt). Im Bereich der Materie dagegen kennen wir mehrere Eigenschaften, die allesamt unsere Aufmerksamkeit verdienen. Am wichtigsten allerdings dürfte die Masse sein.

Der Begriff der Masse ist von Isaac Newton eingeführt worden. Er wies vor rund 300 Jahren darauf hin, daß unterschiedliche Körper verschieden starke Kräfte erfahren müssen, um in gleicher Zeit auf die gleiche Geschwindigkeit beschleunigt zu werden. Diese erforderliche Kraft ist – so Newton – proportional zur Masse des Objekts. Es ist weit einfacher, einen Baseball auf eine bestimmte Geschwindigkeit zu bringen als eine gleichgroße Eisenkugel, wie jedermann weiß. Die Physiker sagen daher, ein Eisenball ist massereicher als ein gleichgroßer Baseball (in der Umgangssprache benutzt man statt dessen das Wort »schwerer«). Umgekehrt ist jeder materielle Körper die Quelle eines Gravitationsfeldes. Die Intensität dieser Gravitationsfelder ist unterschiedlich – manche sind in gleicher Distanz stärker als andere. Die Intensität dieser Anziehungskraft hängt von der Masse des Körpers ab, der das Schwerkraftfeld aufbaut.

Einstein konnte in seiner Relativitätstheorie zeigen, daß die Masse eines Objekts um so größer wird, je mehr sich seine Geschwindigkeit der Lichtgeschwindigkeit nähert. Aus diesem

Grund kann ein Körper mit einer von Null verschiedenen Ruhemasse die Lichtgeschwindigkeit auch nicht erreichen, geschweige denn überschreiten.

Wir wollen uns aber in diesem Kapitel nur auf die Ruhemasse beschränken, also auf jene Masse, die ein Körper besitzt, wenn er sich relativ zum Beobachter nicht bewegt.

Unter dieser Voraussetzung können wir vereinfacht sagen, die Masse eines Körpers ist abhängig von der Materiemenge, die dieser Körper enthält. Das aber heißt, daß zwei identische Objekte, die sich relativ zueinander nicht bewegen, zusammen eine doppelt so große Masse haben, wie jedes von ihnen allein besitzt. Normalerweise bestimmen wir die Masse eines Objekts aus dem Vergleich mit bekannten Standardmassen und benutzen dazu eine Waage. Wenn wir die unbekannte Masse auf eine Waagschale legen und die Waage dann mit Hilfe bekannter Massen austarieren, bis der Waagbalken horizontal liegt (bis die Anziehungskraft der Erde auf beide Waagschalen also gleich groß ist), dann wissen wir, daß die Massen auf beiden Waagschalen gleich groß sind, brauchen also nur noch die Standardmassen auf der einen Seite zusammenzuzählen, um die Masse des anderen Körpers zu kennen. Außerhalb des wissenschaftlichen Bereichs spricht man meist vom Gewicht, wenn man die Masse meint, und sagt dann, ein Körper sei leichter oder schwerer als ein anderer (statt massearmer oder massereicher). Streng genommen ist das nicht richtig, denn das Gewicht eines Körpers hängt von dem umgebenden Schwerefeld ab, die Masse dagegen bleibt stets konstant.

Im internationalen Standardsystem werden Massen in Kilogramm angegeben. Das Durchschnittsgewicht eines Erwachsenen liegt zum Beispiel bei 75 Kilogramm.

Wir Menschen neigen dazu, unsere Umwelt nach unseren Maßen zu beurteilen, wobei größere Objekte oder Lebewesen immer eindrucksvoller sind. Große Tiere erscheinen uns stärker und im allgemeinen gefährlicher als kleinere Tiere (wie falsch eine solche Verallgemeinerung aber ist, zeigt das Beispiel der Klapperschlange, die weit kleiner als eine Kuh ist, aber trotzdem viel gefährlicher). So haben die Menschen fast während ihrer gesamten Geschichte stets die großen Raubtiere gefürchtet.

Obwohl diese Furcht heute in den meisten Teilen der zivilisierten Welt unbegründet ist und wir Raubtiere eigentlich nur noch vom Zoo und aus dem Zirkus kennen, verbinden wir mit ihnen immer noch den Gedanken an Furcht und Schrecken; entsprechend publikumswirksam sind solche Horrorfilme, in denen große Tiere als Ungeheuer auftreten. Um diesen Effekt noch zu verstärken, werden die Ungeheuer meist übergroß dargestellt – sei es nun der fast schon legendäre King Kong, der das Aussehen eines überdimensionalen Gorillas hatte, oder seien es riesige Kraken, Spinnen oder Dinosaurier.

In Märchen, Sagen und Legenden ist auch von menschlichen Riesen die Rede, sogar in der Bibel. Solche Riesen haben aber nie wirklich gelebt.

Sicher, es gibt immer wieder Menschen, die weit größer und schwerer sind als ihre Mitmenschen, doch ist dies meist auf hormonelle Fehlfunktionen zurückzuführen; nicht selten leben solche Menschen auch nicht sehr lange. Während die Durchschnittsgröße eines männlichen US-Bürgers bei 1,72 Meter liegt, starb 1940 ein zweiundzwanzigjähriger Amerikaner, der immerhin 2,72 Meter Größe erreicht hatte. Ein anderer starb 32jährig mit einem Gewicht von 480 Kilogramm, fast sechseinhalbmal soviel wie »normal«. Der größte Teil dieser Körpermasse bestand jedoch aus Fett.

Im Vergleich zu unseren Vorfahren sind wir selbst riesenhaft. Alle Hominiden vor dem *Homo sapiens* waren kleiner als wir. Der einzige lebende Primat, der uns an Masse übertrifft, ist der Gorilla, doch auch er ist nicht größer als wir; ein ausgewachsener Gorilla erreicht ein Körpergewicht von 165 bis 180 Kilogramm, fast zweieinhalbmal so viel wie ein Durchschnittserwachsener.

Der größte Primat, der je auf diesem Planeten gelebt hat, war der *Gigantopithecus* (»Riesenaffe«), der seit mehr als 2 Millionen Jahren ausgestorben ist. Er dürfte in seinem äußeren Erscheinungsbild dem heutigen Gorilla sehr ähnlich gewesen sein, dabei aber eine Körpergröße von 2,75 Metern und ein Gewicht von 275 Kilogramm erreicht haben (auch er aber war kein King Kong).

Menschen nutzen schon seit geraumer Zeit Tiere, die größer und schwerer als alle Primaten sind – Pferde, Kühe und Kamele, um nur einige zu nennen. In der Bibel wird auch von einem Ungetüm mit Namen Behemoth berichtet, hinter dem vielfach eine Art Riesenflußpferd vermutet wird. Das größte lebende Landtier allerdings ist der afrikanische Elefant. Im Durchschnitt erreicht ein ausgewachsener Elefantenbulle eine Schulterhöhe von 3,2 Metern und ein Gewicht von 5100 Kilogramm.

Der größte, je vermessene Elefant besaß eine Schulterhöhe von 3,8 Metern und ein Gewicht von 11000 Kilogramm; er hätte nahezu 150 Menschen aufwiegen können (es soll sogar noch größere Exemplare gegeben haben, die bis zu 4,8 Meter hoch waren und damit die Körpergröße eines ausgewachsenen Menschen zweieinhalbmal übertrafen).

Von der Körpermasse her bleibt der Elefant das größte Landtier, doch hinsichtlich der Größe wird auch er noch überragt – von der Giraffe nämlich, die bis zu 5,8 Meter groß werden kann; ihr Gewicht beträgt jedoch kaum ein Fünftel des Körpergewichts eines extrem großen Elefanten.

Dabei sind die Elefanten der Jetztzeit noch Zwerge gegenüber ihren Vorfahren, und vor 20 Millionen Jahren lebte gar ein Wesen auf unserem Planeten, das größer als eine Giraffe und schwerer als ein Elefant war – das *Baluchitherium* (Ungeheuer von Baluchistan), das dem heutigen Rhinozeros ähnlich gewesen sein dürfte. Sein Kopf ragte 2,8 Meter über den Erdboden auf, und sein Gewicht dürfte etwa 20 Tonnen betragen haben.

Noch mehr Körpermasse besaßen einige der riesenhaften Reptilien, die vor 65 Millionen Jahren plötzlich von unserem Planeten verschwanden. Den Rekord hielt damals der *Brachiosaurus,* das schwerste Lebewesen, das je auf dem Festland herumgelaufen ist. Während die Schulter bis 6,4 Meter Höhe reichte, konnte der *Brachiosaurus* seinen Kopf an der Spitze eines langen Halses fast 12 Meter hoch erheben (die Gesamtlänge vom Maul bis zur Schwanzspitze betrug 23 Meter, und das Gewicht dieses Giganten wird auf etwa 40 Tonnen beziffert).

Wassertiere haben gegenüber Landtieren den Vorteil, daß sie durch den Auftrieb im Wasser nicht bei jedem Schritt die volle Last ihrer Masse spüren. So können Wasserlebewesen ein größeres Körpergewicht erreichen, ohne gleich unter ihrer eigenen Last zusammenzubrechen.

Die massereichsten Tiere, die gegenwärtig auf unserem Planeten leben, gehören zur Klasse der Wale. Ihr größter Vertreter ist der Blauwal, dessen ausgewachsene Weibchen vereinzelt mehr als 30 Meter lang werden können. Den Rekord hält ein Exemplar, das 33,3 Meter lang war und eine Masse von mehr als 135 Tonnen gehabt haben dürfte.

Blauwale sind aber nicht die größten Lebewesen, denn sie werden noch von einigen Baumarten übertroffen. Die größten Bäume stehen in Kalifornien – es sind die Redwoods, die auch Riesen-Mammutbäume genannt werden. Bis zu 112 Meter konnten bei noch lebenden Exemplaren gemessen werden, wobei die Wurzeln nicht einmal berücksichtigt wurden.

Etwas kleiner, dafür aber dicker und damit massereicher, sind die Sequoias, deren Prachtexemplar »General Sherman« im kalifornischen Sequoia-Nationalpark zwar nur 83 Meter hoch ist, aber rund 2000 Tonnen wiegen dürfte. Wir sollten aber nicht vergessen, daß diese Bäume nur zu einem geringen Teil aus wirklich lebenden Zellen bestehen, während der überwiegende Teil totes Holz ist.

Himmelskörper

Natürlich gibt es auf unserer Erde unbelebte Objekte, die weit mehr Masse in sich vereinen als jedes noch so große Lebewesen. Einige davon wurden von Menschenhand geschaffen, wie zum Beispiel die Pyramiden, andere sind auf natürliche Weise entstanden, wie etwa der Mount Everest. Das massereichste Objekt auf der Erde ist natürlich die Erde selbst.

Nachdem Isaac Newton 1687 seine Gravitationstheorie veröffentlicht hatte, gab es – zumindest theoretisch – eine Möglichkeit, die Masse der Erde zu berechnen.

Die Erde übt mit ihrem Schwerefeld eine Anziehungskraft auf jedes Objekt in ihrer Umgebung aus. Wenn man die Masse eines solchen Objekts bestimmen konnte und seine Entfernung vom Mittelpunkt der Erde, dazu die wirksame Kraft und die Gravitationskonstante, dann war die Masse der Erde einfach zu errechnen. Drei dieser vier Größen waren bekannt oder ließen sich einfach ermitteln, nur die Gravitationskonstante blieb zunächst unbekannt. Sobald man sie messen konnte, war der Rest nur noch ein einfaches Rechenexempel.

Wenn es also gelingen sollte, die Anziehungskraft zwischen zwei Objekten bekannter Masse zu messen, wäre das Problem gelöst, denn dann hätte man über einen Kräftevergleich den Massenvergleich anstellen können. Leider erwies es sich jedoch als äußerst schwierig, die Anziehungskräfte zwischen zwei Körpern, die man noch in einem Labor bewegen konnte und deren Masse mit hinreichender Genauigkeit bekannt war, zu messen – diese Kräfte sind nämlich winzig klein.

Trotzdem gelang es 1798 dem englischen Wissenschaftler Henry Cavendish, eine solche Messung mit der erforderlichen Präzision durchzuführen. Er leitete daraus einen recht genauen

Wert für die Gravitationskonstante ab und kannte damit sofort auch die Masse der Erde. Sein Ergebnis wurde in der Folgezeit nur geringfügig verbessert, und heute arbeitet man allgemein mit einer Erdmasse von $5{,}976 \times 10^{24}$ Kilogramm oder knapp 6 Trilliarden Tonnen.

Doch obwohl die Erde rund 81 Mondmassen in sich vereint oder etwa 10 Marsmassen, ist sie im Vergleich zu anderen astronomischen Objekten ein »Fliegengewicht«. Schon zu Cavendishs Zeiten kannte man drei Planeten, die weit größer als die Erde waren: Jupiter, Saturn und Uranus, und 1846 wurde noch ein vierter, Neptun, gefunden.

All diese vier Riesenplaneten werden von Monden umrundet. Kennt man sowohl den Abstand eines Mondes vom Planetenmittelpunkt als auch seine Umlaufperiode und vergleicht beide mit den entsprechenden Werten für den Erdmond, denn läßt sich die Masse des jeweiligen Planeten in Einheiten der Erdmasse berechnen. Auf diese Weise erkannte man Jupiter als den bei weitem massereichsten Planeten; er vereint immerhin 317,9 Erdmassen oder $1{,}9 \times 10^{27}$ Kilogramm in sich – das ist mehr als das Doppelte aller übrigen Massen im Sonnensystem (mit Ausnahme der Sonne selbst).

Die Sonne ihrerseits ist allerdings noch viel massereicher als Jupiter. Mit dem Radius der Erdbahn und der Umlaufzeit der Erde um die Sonne können wir die Masse der Sonne relativ zur Jupitermasse ermitteln. Dabei zeigt sich, daß die Sonne 1019 Jupitermassen oder rund 324000 Erdmassen in sich vereint, $1{,}99 \times 10^{30}$ Kilogramm. Das sind 99,9 Prozent der Gesamtmasse des Sonnensystems – Jupiter, Erde sowie all die anderen Planeten, Monde, Kometen, Asteroiden und sonstige Kleinkörper steuern das restliche 0,1 Prozent bei.

Wie aber steht es um die Sterne? Gibt es unter ihnen Objekte, die noch mehr Masse in sich vereinen als die Sonne?

Im Jahre 1793 fand der deutsch-englische Astronom Wilhelm Herschel (1738–1822), daß es unter den Sternen auch solche gibt, die einander umlaufen – sogenannte Doppelsterne. Kannte man die Entfernung von uns bis zu ihnen, dann konnte man aus dem scheinbaren Abstand der beiden Sterne ihre wirkliche Distanz untereinander ermitteln und zusammen mit der Umlaufzeit die Massen bestimmen. Es dauerte jedoch rund ein halbes Jahrhundert, ehe man die Entfernung zu den nächsten Sternen messen konnte und sich die Aussichten für eine Massenbestimmung an Fixsternen verbesserten.

So fand Friedrich Wilhelm Bessel 1844 zum Beispiel, daß Sirius von einem (damals) unsichtbaren Begleiter umrundet werden mußte, da Sirius eine winzige Pendelbewegung am Himmel vollführte. 18 Jahre später konnte der amerikanische Fernrohr-Bauer Alvan Graham Clark diesen sehr leuchtschwachen Siriusbegleiter dann auch beobachten. Aus der Entfernung des Sirius, dem Abstand zwischen ihm und seinem Begleiter und dem Verhältnis der beiden Bahngrößen, konnten die Astronomen die Massen der beiden Sterne errechnen: der leuchtschwache Siriusbegleiter enthält 1,05 Sonnenmassen, während Sirius selbst 2,14 Sonnenmassen in sich vereint.

Damit aber war die Sonne also nicht das massereichste Objekt im Universum. Im Verlauf weiterer Untersuchungen stellte sich jedoch heraus, daß die massereicheren Sterne weit seltener sind als die massearmen Objekte.

1924 fand der englische Astronom Stanley Eddington (1881 bis 1944) einen Zusammenhang zwischen der Masse eines Sternes und seiner Leuchtkraft: je massereicher ein Stern ist, desto mehr Licht muß er an seine Umgebung abstrahlen, wobei die Helligkeit weit rascher ansteigt als die Masse. Wird eine bestimmte Grenzmasse überschritten, sollte man erwarten, daß der Stern aufgrund der gewaltigen, von ihm selbst produzierten Energiemengen auseinanderfliegt.

Diese Grenze liegt bei etwa 70 Sonnenmassen. Der kanadische Astronom John Stanley Plaskett (1865–1941) entdeckte 1920 einen besonders massereichen Stern, der mindestens 55 Sonnenmassen oder $1{,}1 \times 10^{32}$ Kilogramm enthält.

Wilhelm Herschel erkannte als erster, daß die Sterne, die wir am Firmament erkennen, sich zu einem flachen, scheibenförmigen System gruppieren; es dauerte allerdings noch mehr als ein Jahrhundert, ehe die Astronomen die wirklichen Dimensionen dieser Galaxis erkannt hatten. Kennt man den Abstand der Sonne vom Zentrum der Milchstraße und weiter ihre Umlaufzeit um dieses galaktische Zentrum, dann kann man die Gesamtmasse der Galaxis errechnen (zumindest jener Bereiche, die noch innerhalb der Sonnenbahn liegen). Die Astronomen geben heute als Gesamtmasse rund 140 Milliarden Sonnenmassen oder $2{,}8 \times 10^{41}$ Kilogramm an; diese Masse dürfte sich auf vielleicht 300 Milliarden Sterne verteilen, von denen die meisten allerdings masseärmer sind als die Sonne.

Um 1920 wurde erstmals deutlich – vor allem aufgrund der Arbeiten des amerikanischen Astronomen Heber Doust Curtis

(1872–1942) –, daß die Galaxis nicht das einzige Sternsystem im Universum war. In den Tiefen des Alls stieß man auf immer mehr Galaxien, so weit die Teleskope reichten. Auch hier sind viele kleiner und masseärmer als unsere Galaxis, gibt es einige, die sogar nur einige Hundertmillionen Sterne enthalten, doch wir kennen auch Galaxien mit einigen Billionen Sonnenmassen.

Man schätzt die Gesamtzahl der Galaxien im überschaubaren Universum auf rund 100 Milliarden, so daß wir die Gesamtmasse des Universums mit 2×10^{52} Kilogramm beziffern können: 20000000000000000000000000000000000000000000000000000 Kilogramm sind das ausgeschrieben (wir werden im weiteren Verlauf des Buchs noch sehen, daß das Weltall vielleicht auch hundertmal mehr Masse enthält).

Es ist schon erstaunlich, daß wir nicht einmal 200 Jahre nach der ersten Massebestimmung unserer Erde von eben diesem kleinen Planeten in der Umlaufbahn um einen ganz normalen Stern in einer gewöhnlichen Galaxie die Masse des gesamten Weltalls abschätzen können. Noch faszinierender aber ist der Weg in die andere Richtung, das Vordringen in die Welt des Allerkleinsten.

Zellen

Die Menschen sind schon immer auch mit kleineren, leichteren Lebewesen in Verbindung gekommen, mit Hunden, Katzen, Hühnern oder auch zahlreichen wilden Tieren. Als Paradebeispiel für ein kleines Tier gilt jedoch die Maus, und so bezeichnet man winzige Dinge oft als »klein wie eine Maus«.

Die gewöhnliche Stadtmaus ist in der Tat ein sehr kleines Tier, doch kennen wir verschiedene Mäusearten, die noch kleiner sind. Den Rekord hält wohl die europäische Feldmaus, die – nur halb so groß wie die Stadtmäuse – selbst im ausgewachsenen Zustand kaum 5 Gramm erreicht.

Aber auch die Feldmaus ist noch nicht das kleinste Säugetier. Sie wird noch von der Zwergspitzmaus unterboten, die ein Körpergewicht von 2 Gramm besitzt. Eine Zwergspitzmaus erscheint im Vergleich zu einem Menschen wie ein Mensch im Vergleich zu einem riesenhaften Sequoia-Baum. Auch der kleinste Vogel, der Kolibri, erreicht lediglich ein Körpergewicht von 2 Gramm. Offenbar können Warmblüter wie Säugetiere oder Vögel mit einer geringeren Körpermasse nicht existieren.

Je kleiner nämlich ein Objekt ist, desto ungünstiger wird das Verhältnis von Volumen zu Oberfläche. Ein kleines Tier hat daher eine für sein Körpervolumen viel größere Oberfläche als ein großes Tier mit gleicher Gestalt; die Körpertemperatur eines Lebewesens hängt jedoch mit dem Verhältnis Volumen – Oberfläche zusammen – je größer die Oberfläche im Verhältnis zum Volumen wird, desto schneller kühlt ein solch kleines Tier aus, und es kann kaum noch genügend Wärme nachliefern.

Zwergspitzmaus und Kolibri haben diese Grenze offenbar erreicht, denn sie müssen ständig Nahrung aufnehmen, um den Wärmeverlust überhaupt ausgleichen zu können; dennoch verspüren sie ein andauerndes Hungergefühl.

Im Gegensatz dazu kennen die Kaltblüter keine durch die Körpertemperatur bedingte Untergrenze ihrer Größe. Während eine Feldmaus samt Schwanz noch 7 Zentimeter groß ist, kennen wir Eidechsen, die – einschließlich Schwanz – nur 4 Zentimeter lang werden, und der kleinste bekannte Frosch erreicht sogar nur 1 Zentimeter Größe.

Das kleinste Wirbeltier überhaupt ist ein Fisch mit dem Namen Zwerggrundel, der lediglich 8 Millimeter lang wird und kaum 5 Milligramm schwer. Eine Zwergspitzmaus ist im Vergleich dazu 450mal schwerer.

Im großen und ganzen sind die Insekten kleiner als die Wirbeltiere. Es gibt zwar auch ziemlich große Insekten wie etwa den Goliath-Käfer, der immerhin 15 Zentimeter Körpergröße erreicht und bis zu 100 Gramm schwer werden kann, doch stellt er eine Ausnahme dar. Fliegen und Moskitos bilden schon eher das Mittelmaß, wenn wir an die Ausmaße typischer Insekten denken. Den Rekord hält ein Mitglied der Zwergwespen, die nur 0,2 Millimeter groß werden – man kann sie kaum erkennen, allenfalls als dunklen Punkt im grellen Licht.

Schon bei Organismen dieser Größe können wir uns fragen, ob es sich noch um Lebewesen handelt; diese Frage stellt sich noch mehr bei Organismen, die noch kleiner sind.

Früher kam niemand auf den Gedanken, sich Lebewesen vorzustellen, die so klein sind, daß man sie mit bloßem Auge nicht mehr erkennen kann. Es gab zwar genügend Sagen, die von unsichtbaren Wesen handelten, doch ging es dabei stets um Wesen, die an sich groß genug waren, daß man sie hätte sehen können – wenn sie nicht durch irgendein geheimnisvolles Zaubermittel unsichtbar blieben.

Im 15. Jahrhundert lernten die Menschen, Glaslinsen als Lupen zu benutzen, um mit ihnen winzige Objekte wie zum Beispiel Insekten genauer als mit dem bloßen Auge zu betrachten; daß Glas eine solche vergrößernde Eigenschaft hat, war sicher schon länger bekannt, doch haben alle nur denkbaren Verzerrungen den Wert solcher Glas»splitter« meist zunichte gemacht. Das Problem war nämlich, Glaslinsen so sauber und exakt zu schleifen, daß sie auch ohne optische Verzerrungen eine vergrößernde Wirkung erbrachten.

Der holländische Brillenmacher Anton van Leeuwenhoek (1632–1723) hat wohl als erster solche Glaslinsen zu einem Mikroskop zusammengesetzt. 1677 fand er in einem Wassertropfen aus einem Tümpel winzige Lebewesen, die offenbar quicklebendig waren, aber ohne optische Hilfsmittel eben nicht gesehen werden konnten. Er nannte sie »Mikroorganismen«. Schon 12 Jahre zuvor hatte der englische Physiker Robert Hooke (1635–1703) bemerkt, daß Kork aus einer Vielzahl kleiner rechteckiger Löcher besteht, die ebenfalls ohne Mikroskop unsichtbar blieben. Hooke nannte sie »Zellen«.

Später fand man, daß auch lebendes Gewebe in kleine Strukturen unterteilt ist, die – zumindest bei Pflanzen – durch holzige Wände voneinander getrennt sind. Da Kork aus abgestorbenem Material besteht, mußte es sich dabei um diese »Wände« handeln, deren »Innenräume« inzwischen leer waren. Der Begriff der Zelle wurde dann auf die einzelnen Segmente übertragen, auch wenn sie nicht leer waren, während die Begrenzungen Zellwände genannt wurden.

Der deutsche Biologe Matthias Jakob Schleiden (1804–1881) äußerte1838 die Vermutung, daß alle Pflanzen aus Zellen aufgebaut seien – er sah in den Zellen die Bausteine des pflanzlichen Gewebes. Ein Jahr später dehnte der deutsche Physiologe Theodor Schwann (1810–1882) diese Hypothese auf die Welt der Tiere aus, wobei tierische Zellen allerdings nicht durch vergleichsweise dicke Zellwände voneinander getrennt seien, sondern durch dünne Membranen, die weniger auffallen. Damit war die Theorie von der Zelle als Lebensbaustein geboren.

Alle Lebewesen, die man mit bloßem Auge sehen konnte, von dem großen Riesenmammutbaum bis zur kleinsten Zwergwespe, bestehen aus einer Vielzahl solcher Zellen – es sind sogenannte vielzellige Organismen. Ein erwachsener Mensch umfaßt normalerweise rund 50 Billionen Zellen.

Demgegenüber erwiesen sich die Mikroorganismen, die

Leeuwenhoek als erster mit seinem Mikroskop beobachtet hatte, als einzellige Lebewesen, als sogenannte Einzeller. Natürlich sind Einzeller kleiner als vielzellige Organismen, doch sind sie genauso lebendig wie jene.

Es gibt allerdings auch sehr große Einzeller. Eier gehören beispielsweise dazu. Die eigentliche Zelle ist der Eidotter, während das Eiklar und die Schale »extrazellulär« sind. Der Eidotter aber ist als Nahrung gedacht für den heranwachsenden Embryo, der lediglich als mikroskopisch kleiner Punkt auf dem Dotter sitzt. Eier, die außerhalb des Mutterkörpers für eine unabhängige Entwicklung des Nachwuchses gedacht sind, müssen so groß sein, um dem heranwachsenden Embryo genügend Nahrung zu bieten, bis dieser ohne Ei weiterleben kann. Am bekanntesten sind die Vogeleier, und man kann generell sagen, je größer der Vogel, desto größer das Ei.

Das Ei eines Kolibris ist rund 1,25 Zentimeter lang und hat ein Volumen von 0,4 Kubikzentimetern. Ein Hühnerei, wie wir es morgens zum Frühstück verzehren, ist rund 6,25 Zentimeter lang und enthält ein Volumen von 50 Kubikzentimetern. Der größte lebende Vogel ist der Strauß. Ein ausgewachsener Strauß ragt mit seinem Rücken 1,4 Meter über den Erdboden und kann seinen Hals bis zu 2,7 Meter hoch aufrecken. Das Körpergewicht kann 150 Kilogramm und mehr erreichen, und so ist es nicht verwunderlich, daß der Strauß die größten Vogeleier legt: Bei einer Länge von 20 Zentimetern und einer Dicke von 15 Zentimetern ist ein solches Ei 800 bis 1600 Gramm schwer. Sein Volumen von 1200 Kubikzentimetern entspricht dem von 24 Hühnereiern.

Trotzdem sind die Straußeneier nicht die größten Exemplare, die wir kennen. Auch Fische legen Eier, und der größte Fisch ist der Walhai, von dem man sagt, daß er bis zu 18 Meter lang und 40 Tonnen schwer werden kann. Seine Eier sind zwar nicht oval wie die Eier der Vögel, sondern haben eine unregelmäßige Form, doch wurde einmal ein Eiersack von 30 Zentimeter Länge, 13,75 Zentimeter Breite und 8,75 Zentimeter Dicke gefunden; sein Volumen betrug rund 3600 Kubikzentimeter oder dreimal soviel wie das eines Straußeneis – der Walhai selbst ist allerdings rund 250mal schwerer als ein Straußenvogel.

Wenn wir auch noch ausgestorbene Geschöpfe berücksichtigen, dann kommen wir an den Dinosauriern nicht vorbei. Das größte Saurierei, das je gefunden wurde, war 30 Zentimeter groß und 25 Zentimeter dick, umschloß also etwa 5000 Kubikzentimeter Inhalt. Noch größere Eier besaßen einige ausgestorbene Vogelrassen. Der größte Vogel, der je auf unserem Planeten gelebt hat, war der Moa in Neuseeland, der bis zu 4 Meter groß werden konnte und bis zu 225 Kilogramm schwer. Nicht ganz an diese Ausmaße kam der *Aepyornis* heran, der manchmal auch Elefantenvogel genannt wird. Er erreichte eine Höhe von 3 Metern, konnte aber bis zu 450 Kilogramm Körpergewicht erzielen. Seine Eier waren bis zu 37,5 Zentimeter lang und enthielten 8900 Kubikzentimeter – und dennoch war dieses Ei eine einzige Zelle, die größte, die unseres Wissens auf der Erde existierte.

Die Eier der Säugetiere sind viel kleiner. Sie entwickeln sich innerhalb des Körpers der Mutter und werden dabei hauptsächlich durch die Plazenta ernährt, die die Nährstoffe aus dem Blut der Mutter an den Kreislauf des Embryos abgibt, während sie umgekehrt die Abfallstoffe nach außen weiterleitet. Entsprechend ist bei Eiern von Säugetieren nicht der riesige Nahrungsvorrat erforderlich, der die Vogel-, Fisch- und Reptilieneier so groß werden läßt.

Eine menschliche Eizelle ist zum Beispiel nicht größer als ein Stecknadelkopf. Ihr Volumen kann man in Kubikzentimetern nicht mehr gut angeben, sondern eher in Kubikmikrometern: in dieser Einheit finden wir für das menschliche Ei ein Volumen von 1,4 Millionen Kubikmikrometern (oder 0,0014 Kubikmillimeter). Die menschliche Eizelle ist etwas kleiner als die größten Mikroorganismen. Die Amöbe beispielsweise zeigt eine Reihe von Eigenschaften, die sie ins Reich der Tierwelt einordnen, und so gehört sie zur Gruppe der »Protozoa«, der »ersten Tiere«. Die Amöbe ist ein Einzeller, doch weil sie selbständig lebt und über die wesentlichen Funktionen eines Tieres verfügt, muß sie eine gewisse Mindestgröße besitzen. Ihr Volumen ist mit rund 4,2 Millionen Kubikmikrometern etwa dreimal so groß wie das einer menschlichen Eizelle.

Es gibt sogar noch größere Protozoen, die man auch ohne optisches Hilfsmittel erkennen kann und die damit größer sind als die kleinsten mehrzelligen Lebewesen. Die größten noch lebenden Exemplare erreichen Durchmesser von 1,5 Zentimetern, doch existierten in der Vergangenheit sogenannte Nummuliten, die bis zu 2,4 Zentimeter groß waren und damit eine Masse besessen haben dürften, die mit der einer Zwergspitzmaus oder eines Kolibris vergleichbar war.

Die meisten Zellen sind jedoch viel kleiner. Eine Eizelle muß nämlich noch einen gewissen Nahrungsvorrat für die erste Zeit nach der Befruchtung enthalten, bis die Plazenta sich ausgebildet hat. Daher ist eine menschliche Eizelle noch ein Riese im Vergleich zu den normalen Körperzellen.

Die geringen Ausmaße einer einzelnen Zelle in einem vielzelligen Lebewesen im Vergleich mit denen vieler Einzeller sollten uns nicht überraschen. In einem vielzelligen Organismus sind die unterschiedlichen Lebensfunktionen auf verschiedene Zelltypen verteilt, hat sich jede Zellsorte auf eine bestimmte Aufgabe spezialisiert und braucht daher nicht den Raum für alle Funktionen bereitzustellen, wie das bei Einzellern der Fall ist. Eine normale Körperzelle kann daher viel kleiner sein als eine Amöbe und trotzdem die ihr zugedachte Aufgabe korrekt erfüllen.

Zellen der menschlichen Leber beispielsweise, die wie eine hochentwickelte chemische Fabrik arbeiten, haben nur ein Volumen von 1750 Kubikmikrometern, sie sind 800mal kleiner als ein menschliches Ei und 2400 mal kleiner als eine Amöbe.

Bakterien

Zellen sind aber nicht die eigentlichen Lebensbausteine, wie wir mittlerweile wissen; wenn man sie unter dem Mikroskop untersucht, erkennt man deutlich, daß sie aus einer Vielzahl verschiedener Objekte bestehen, von denen jedes zweifellos eine eigene Aufgabe hat.

Der schottische Botaniker Robert Brown (1773–1858) beschrieb 1831 erstmals das wichtigste dieser subzellularen Objekte. Da er es nahe dem Mittelpunkt der Zelle vorfand, nannte er es Zellkern. Man fand später heraus, daß der Zellkern für die Zellteilung von besonderer Bedeutung ist, weil er sich während der Zellteilung verdoppelt und an beide Tochterzellen weitergegeben wird.

Im Blut gibt es zahllose zellähnliche Objekte, die jedoch keine Zellkerne enthalten und daher keine eigentlichen Zellen sind – sie teilen sich nicht und brauchen daher auch keinen Zellkern. Sie werden vorwiegend im Knochenmark gebildet, und zwar von Zellen, die sehr wohl einen Zellkern enthalten. Man nennt sie die »roten Blutkörperchen«, und sie haben sich auf eine einzige Aufgabe im System des vielzelligen Organismus spezialisiert: sie transportieren den Sauerstoff aus den Lungen zu den übrigen Körperzellen.

Rote Blutkörperchen brauchen für diese Aufgabe kein großes Volumen, und so kommen sie mit rund 90 Kubikmikrometern aus. Daneben finden wir im Blut noch die sogenannten Blutplättchen, die für die Gerinnung des Blutes sorgen; auch sie enthalten keinen Zellkern, sind also keine eigentlichen Zellen. Ihr Volumen bemißt sich auf bloße 7 Kubikmikrometer, womit sie die kleinsten zellähnlichen Objekte im Körper sind.

Die Größe der Zellkerne ist natürlich vom jeweiligen Zelltypus abhängig, doch kann man als ein typisches Volumen etwa 35 Kubikmikrometer angeben; Zellkerne sind also kleiner als rote Blutkörperchen, aber größer als die Blutplättchen. Aber auch der Zellkern ist keine homogene Masse. 1882 konnte der deutsche Anatom Walter Flemming (1843–1905) erstmals die Vorgänge in allen Einzelheiten beschreiben, die er während einer Zellteilung im Zellkern beobachtet hatte. Zur Kontrastverstärkung hatte er einen roten Farbstoff benutzt, der bestimmte Teile des Zellkerns eingefärbt hatte, andere dagegen nicht.

Flemming nannte diese eingefärbten Objekte Chromosomen (»farbige Körper«) und erkannte, daß sie offenbar für die Zellteilung eine ganz besondere Rolle spielten. Jedes der Chromosomen wurde vor der eigentlichen Teilung verdoppelt, und dann wanderte jeweils ein kompletter Chromosomensatz in jede der beiden Tochterzellen.

In jeder Körperzelle sind die Chromosomen stets paarweise vorhanden. Eine weibliche Eizelle erhält dagegen jeweils nur einen halben Chromosomensatz, die Hälfte jedes Paars, und genauso ist es bei den männlichen Samenzellen.

Bei der geschlechtlichen Vermehrung verbindet sich dann eine männliche Samenzelle mit einer weiblichen Eizelle, so daß das befruchtete Ei nun je einen halben Chromosomensatz von der Mutter und vom Vater enthält, die zusammen wieder einen kompletten Chromosomensatz bilden. Diese Methode garantiert, daß der Nachwuchs Eigenschaften sowohl vom Vater als auch von der Mutter erbt.

Der wesentliche Unterschied zwischen männlicher und weiblicher Geschlechtszelle besteht darin, daß die Eizelle eben noch genügend Nahrung enthalten muß, um die Zeit bis zur Ausbildung der Plazenta überbrücken zu können. Demgegenüber besteht die einzige Aufgabe der männlichen Samenzelle darin, sich mit ihrem schwanzähnlichen Fortsatz in Richtung Eizelle zu bewegen, um ihren halben Chromosomensatz mit dem der Eizelle zusammenzubringen. Wenn die Samenzelle in die Eizelle eingedrungen ist, hat sie ihren Zweck erfüllt.

Die Samenzelle kann daher extrem klein sein, da sie lediglich einem halben Zellkern Platz bieten muß (wenngleich sie auch damit eine vollwertige Zelle ist). Eine menschliche Samenzelle hat ein Volumen von nur 17 Kubikmikrometer, ist also nicht einmal ⅕ so groß wie ein rotes Blutkörperchen. Damit ist sie die kleinste wirkliche Zelle im menschlichen Körper, während die Eizelle die größte Zelle ist.

Ist damit aber die Grenze der kleinen Dinge im Bereich der belebten Materie erreicht? Keineswegs!

Als Leeuwenhoek 1683 durch sein kleines, einlinsiges Mikroskop schaute, erkannte er auch Objekte, die gerade eben noch sichtbar waren. Er beschrieb sie und zeichnete auch, was er gesehen hatte, ohne allerdings zu wissen, um was es sich dabei handeln konnte. Erst viel später konnten die Mikrobiologen seine Objekte den Bakterien zuordnen. Über mehr als ein Jahrhundert nach Leeuwenhoek sah kein anderer Forscher diese Objekte wieder, bis der dänische Biologe Otto Friedrich Muller (1730–1784) sie mit einem leistungsfähigeren Mikroskop erneut aufstöberte.

Das Problem der frühen Mikroskope war ihr sogenannter Farbfehler: an Begrenzungslinien sah man zusätzlich noch farbige Säume, so daß jedes Objekt wie von einem diffusen Farbring umgeben zu sein schien. Je kleiner ein betrachteter Gegenstand aber war, desto ausgeprägter wurden diese Farbsäume, und daher verschwanden die Bakterien fast vollständig in diesem Geisterbild.

Erst im Jahre 1830 gelang dem englischen Optiker Joseph Jackson Lister (1786–1869) die Entwicklung von Linsensystemen, die auch bei starker Vergrößerung keinen Farbfehler mehr aufwiesen und damit die Untersuchung der Bakterien unter dem Mikroskop erst richtig ermöglichten.

Allerdings fehlte jetzt der notwendige Antrieb, weil man diesen winzigen Lebewesen keine sonderliche Bedeutung zusprach – bis der französische Chemiker Louis Pasteur (1822 bis 1895) ihre Rolle erkannte. Er untersuchte 1865 die Ursachen für eine Krankheit, die die französische Seidenspinnerraupen befallen hatte und den Zusammenbruch der einschlägigen Industrie heraufbeschwor. Dabei entdeckte er in den erkrankten Raupen winzige Bakterien, die in den noch gesunden Tieren nicht zu finden waren, und daraus schloß er, daß diese Parasiten für die

Übertragung der ansteckenden Seuche verantwortlich waren. Wollte man die Krankheit bekämpfen, so mußte man entweder ein Einnisten der Bakterien verhindern oder – wenn es dazu bereits zu spät war – versuchen, sie abzutöten.

Diese »Erreger-Theorie« war der wohl entscheidendste Einzelfortschritt in der Geschichte der Medizin, der den Weg für eine Verdoppelung der Lebenserwartung beim Menschen innerhalb nur eines Jahrhunderts ebnete. Sie führte außerdem zu einem neuen und fundierten Interesse an den Bakterien.

Der deutsche Botaniker Ferdinand Julius Cohn (1828–1898) begründete die »Bakteriologie« als eigenen Wissenschaftszweig und veröffentlichte 1872 ein dreibändiges Werk über die Bakterien. Die Untersuchung der Bakterien führte zu einem weiteren Vordringen in immer kleinere Lebensstrukturen. Das größte Bakterium ist kaum größer als ein Blutplättchen, während die kleinsten bislang bekannten Vertreter dieser Gruppe rund ein Zweitausendstel Kubikmikrometer umfassen: die Zellen der sogenannten PPLO (pleuro-pneumonia-like organism), die 1936 im Abwasser gefunden wurden, sind winzige Kügelchen von nur 0,1 Mikrometer Durchmesser. Diese PPLO-Zellen sind die kleinsten selbständigen Organismen, die wir kennen, die kleinsten Lebewesen, die sich ohne Hilfe von außen vermehren können (vorausgesetzt, sie befinden sich in einer geeigneten Umgebung, die genügend Nährstoffe bietet). Die Masse einer solchen Zelle wird auf 10^{-15} Gramm geschätzt (1 Billiardstel Gramm), so daß 75 Trillionen von ihnen erst die Masse eines erwachsenen Mannes aufwiegen.

Viren

Trotzdem stellen nicht einmal die PPLO-Zellen die wirklich kleinsten Lebensformen dar. Wir kennen eine Reihe von Infektionskrankheiten, die von den Medizinern nicht auf die Wirkung von Bakterien zurückgeführt werden konnten. Entweder mußte die Erreger-Theorie doch falsch sein, oder es gab Parasiten, die selbst im Mikroskop unsichtbar blieben. Pasteur vertrat diese zweite Erklärungsmöglichkeit. Im Jahre 1892 untersuchte der russische Botaniker Dimitri I. Iwanowski (1864–1920) die sogenannte Tabak-Mosaik-Krankheit, die sich unter anderem durch eine mosaikähnliche Sprenklung der Tabakblätter verrät. Wenn man ein erkranktes Blatt auspreßte und den Saft auf ein noch gesundes Blatt träufelte, zeigten sich auch hier bald die entsprechenden Symptome.

Iwanowski goß den Saft durch die feinsten verfügbaren Filter, die ausreichen sollten, um die kleinsten Bakterien zurückzuhalten – doch der Saft behielt seine ansteckende Kraft. Der holländische Botaniker Martinus Willem Beijerinck (1851 bis 1931) wiederholte diese Versuche 1895 mit dem gleichen Ergebnis. Er nannte die Erreger daraufhin Viren nach dem lateinischen Wort für Gift.

Erst dem britischen Bakteriologen William Joseph Elford (1900–1952) gelang 1931 unter Verwendung eines noch feineren Filters die Abtrennung dieser Erreger; daraus konnte man schließen, daß sie winzige (vermutlich lebende) Teilchen waren, die etwas kleiner sein mußten als die kleinsten bekannten Bakterien.

Dem amerikanischen Biochemiker Wendell Meredith Stanley (1904–1971) gelang es 1935, aus einer großen Menge Saft aus infizierten Tabakblättern die Viren zu isolieren und anschließend zu kristallisieren. Dabei erhielt er eine Masse, die aus nadelähnlichen Kristallen bestand und die alle infizierenden Eigenschaften enthielt – Beweis genug für die Identität der Viren.

Inzwischen war ein neuartiges Mikroskop entwickelt worden. Normale Lichtmikroskope bündeln das vom betrachteten Objekt reflektierte oder abgelenkte Licht, doch funktionieren sie nur, solange die Lichtwellenlängen kleiner sind als die Untersuchungsobjekte; werden die Einzelheiten kleiner als die Wellenlänge des benutzten Lichts, dann strömt dies gewissermaßen unbeeinflußt über die Details hinweg – sie bleiben unsichtbar. Die Wellenlängen des sichtbaren Lichts sind zwar schon reichlich klein, doch wenn es um die Untersuchung der kleinsten Bakterien geht, reichen sie schon nicht mehr aus.

Elektronen sind winzige Partikel, die wir noch genauer kennenlernen werden. 1927 konnte der amerikanische Physiker Clinton Joseph Davisson (1881–1958) zeigen, daß diese Elektronen sich aber nicht nur wie Teilchen verhalten, sondern auch wie Wellen. Die Elektronenwellen haben jedoch eine viel geringere Wellenlänge als die Lichtstrahlen, so daß sich mit ihrer Hilfe auch Objekte untersuchen lassen, die für die Betrachtung unter dem Lichtmikroskop zu klein sind.

Elektronenwellen gehören nicht zum elektromagnetischen Spektrum und lassen sich daher nicht durch Glaslinsen bündeln. Da sie stets mit elektrisch geladenen Teilchen verbunden sind (eben den Elektronen), können sie jedoch von elektromagnetischen Feldern beeinflußt werden. Ausgehend von diesem physikalischen Zusammenhang entwickelte der russisch-amerikanische Physiker Vladimir Kosma Zworykin ein Elektronen-Mikroskop, mit dem er 1939 immerhin schon Einzelheiten erkennen konnte, die 50mal kleiner waren als die Details, die man noch in einem Lichtmikroskop sah.*

Mit einem solchen Elektronenmikroskop konnte man nun auch die Viren genauer studieren; allerdings waren sich die Wissenschaftler anfangs nicht einig, ob sie zu den Lebewesen gezählt werden dürfen oder nicht.

Ein Virus enthält nämlich *nicht* die ganze chemische »Maschinerie«, die für ein unabhängiges Dasein erforderlich ist. Vielmehr erwachen sie nur dann zum Leben, wenn es ihnen gelingt, in andere Zellen einzudringen und diese so umzuprogrammieren, daß sie fortan nur noch für die Versorgung der Viren arbeiten. In diesen Zellen können sich die Viren vermehren (was nicht selten am Ende zum Absterben der Zelle führt). Viren entpuppten sich also als Parasiten ganz besonderer Art, aber konnte man sie zu den Lebewesen zählen?

Die Tatsache, daß Stanley Viren in kristalliner Form isoliert hatte, sprach eigentlich dagegen, denn Kristalle sind eine Erscheinungsform der unbelebten, chemischen Materie. Aber vielleicht waren es doch Lebewesen, die sich eben nur in mancher Hinsicht wie chemische Substanzen verhielten.

Die Entscheidung konnte erst gefällt werden, nachdem die Wissenschaftler die Schlüsselrolle der Nukleinsäuren für das Leben erkannt hatten. Zu diesen Nukleinsäuren gehört auch die Desoxyribonukleinsäure (DNS, vielfach auch DNA abgekürzt nach dem englischen Begriff acid für Säure). Die Vorarbeiten dazu hatten 1944 der kanadische Physiker Oswald Theodore Avery (1877–1955) und 9 Jahre später der englische Biochemiker Francis H. C. Crick und sein amerikanischer Kollege James Dewey Watson geleistet.

Crick und Watson hatten zeigen können, daß die DNA die Hauptrolle in den Chromosomen spielt und dabei die Produktion der Proteine (Eiweiße) im Zellgewebe steuert. Darüber

* Das erste Elektronenmikroskop wurde allerdings schon früher, im Jahre 1933, von M. Knoll und E. Ruska an der Technischen Hochschule Berlin entwickelt, wofür Ruska im Jahr 1986 der Nobelpreis für Physik verliehen wurde. (Anm. d. Ü.)

hinaus regelt sie die Weitergabe der Erbinformationen bei der Zellteilung. Die Bausteine der Chromosomen, die jeweils für die Produktion eines bestimmten Proteins zuständig sind, werden »Gene« genannt.

Anhand der Untersuchungen erwiesen sich die Viren als Pakete von Nukleinsäuren, die von einer Eiweißhaut umgeben waren. Die größeren, komplexen Viren enthielten DNA-Moleküle, die kleineren dagegen eine Variante, die als RNA (Ribonukleinsäure) bekannt ist; die Tabak-Mosaik-Viren zum Beispiel bestehen aus RNA-Molekülen. So können wir heute die Viren als eine Ansammlung von Genen betrachten, die an sich in isolierter Form existieren und erst nach dem Eindringen in eine Wirtszelle die normalen Zellfunktionen zu ihren Gunsten umgestalten.

Um das Volumen der Viren anzugeben, benutzen wir am besten eine neue Einheit, den Kubiknanometer (ein Kubiknanometer ist ein Milliardstel Kubikmikrometer: die PPLO-Zelle, die ein Volumen von 0,0005 Kubikmikrometer besitzt, enthält also 500000 Kubiknanometer).

Es gibt Viren, die größer sind als die kleinsten Bakterien. Eine dieser Gruppen wird als Rickettsia bezeichnet, weil sie 1906 von dem amerikanischen Arzt Howard Taylor Ricketts (1871 bis 1910) identifiziert wurden; sie sind so groß, daß man sie sogar mit einem optischen Mikroskop erkennen kann. Dennoch gehören sie zu den Viren, weil auch sie sich nur im Innern anderer Zellen vermehren können. Rickettsia übertragen beispielsweise das Rocky-Mountain-Fleckfieber oder das gewöhnliche Fleckfieber. Das Volumen einer Fleckfieber-Rickettsia beläuft sich auf rund 54 Millionen Kubiknanometer.

Grippeviren sind kleiner, umfassen rund 800000 Kubiknanometer, während die Tabak-Mosaik-Viren nur 50000 Kubiknanometer enthalten. Ein durchschnittliches Gen schließlich hat ein Volumen von etwa 40000 Kubiknanometern.

Die kleinsten bekannten Viren haben ein Volumen von nur rund 200 Kubiknanometern und eine Masse von 8×10^{-19} Gramm; sie übertragen die Spindelknollenkrankheit der Kartoffel.

Wie groß die Spanne zwischen den größten und kleinsten Lebewesen auf unserem Planeten ist, wird deutlich, wenn wir einmal ausrechnen, wieviele dieser Viren nötig sind, um die Masse eines Sequoia-Baums aufzuwiegen: es sind 2,5 Quadrilliarden. Würde man so viele erwachsene Menschen auf eine

Waagschale setzen können, dann könnten sie immerhin rund 10 Prozent der Sonnenmasse tragen. Trotzdem bilden auch die Viren nicht die untere Grenze, denn auch sie bestehen aus noch viel kleineren Bausteinen.

Die Teilbarkeit der Materie

Schon die Griechen des klassischen Altertums hatten die Überlegung angestellt, wie weit sich denn ein Objekt zerkleinern lasse. Tongefäße konnte man beispielsweise leicht zerbrechen, und wenn man die Scherben immer weiter zertrümmerte, hatte man am Ende einen feinen Staub vor sich. Ließen sich aber diese Staubkörner noch weiter zerkleinern, vielleicht endlos? Oder gab es am Ende ein Tonstück (oder irgend etwas anderes), das man nicht mehr weiter spalten konnte?

Weder die Philosophen, die der einen Meinung anhingen, noch jene, die zu der gegenteiligen Überzeugung gelangt waren, konnten sich allerdings auf experimentelle Beobachtungen stützen – sie argumentierten lediglich nach logischen Prinzipien und von einer grundlegenden Annahme aus.

Wenn diese Ausgangspositionen unterschiedlich sind, muß man natürlich auch zu verschiedenen Ergebnissen kommen, und wenn darüber hinaus keine Möglichkeit gegeben ist, die Grundannahmen an der Wirklichkeit zu überprüfen, dann gibt es auch keine logischen Entscheidungshilfen: man wählt jene Theorie aus, die einem vernünftiger erscheint und weniger »Bauchschmerzen« bereitet. So schlossen sich die einflußreichsten griechischen Philosophen der Theorie von der endlosen Teilbarkeit der Materie an.

Anders Leukipp, der um 450 v. Chr. die Existenz eines kleinsten Teilchens postulierte; Leukipp gilt auch als »Vater des Kausalitätsprinzips«, das besagt, daß jedes Ereignis eine natürliche Ursache besitzt und damit übernatürliche Eingriffe in das Geschehen ausschließt.

Bekannter als Leukipp ist sein Schüler Demokrit (470–380 v. Chr.). Auch er ging davon aus, daß die Materie aus winzigen Bausteinen aufgebaut sei, aus Bausteinen allerdings, die so unendlich klein waren, daß die Materie zusammenhängend erschien. Die Teilchen mußten nach seiner Auffassung so klein sein, daß es nichts Winzigeres geben konnte – es mußten unteilbare Partikel sein, und so nannte er sie »atomos« (nicht teilbar).

Demokrit sah die Atome als ewig und unveränderlich an; alles setzte sich aus diesen unzerstörbaren Bausteinen zusammen. Es gab unterschiedliche Atome und Atom-Kombinationen, die für die verschiedenartigen Eigenschaften der unterschiedlichen Materialien verantwortlich waren. Mit dieser Auffassung kam Demokrit der modernen Atomlehre bereits erstaunlich nahe, doch hatte er leider keine Möglichkeit, diese Hypothese auch zu beweisen, und so geriet sie allmählich wieder in Vergessenheit.

Man nimmt an, daß Demokrit insgesamt 72 Bücher schrieb, doch weil seine Ideen nicht in das damalige Weltbild paßten, hatten die Schreiber wenig Lust, allzu viele Kopien seiner Werke anzufertigen. Die wenigen ursprünglichen Exemplare sind inzwischen alle vernichtet oder verschollen, so daß wir seine Ansichten nur aufgrund der Zitate in anderen philosophischen Schriften kennen.

Der Atomismus des Leukipp und seines Schülers Demokrit wurde aber nie völlig totgeschwiegen; es gab vielmehr immer wieder ein paar Gelehrte, die diese Vorstellung aufgriffen und weitergaben. Zu ihnen gehört auch Epikur (341–270 v.Chr.), der eine philosophische Schule begründete und eine Vielzahl von Anhängern um sich scharte – die Epikuräer. Auch Epikur lehrte ein atomistisches Bild vom Universum, und seine Schüler folgten ihm darin. Dennoch existiert heute auch keines der 300 Bücher des Epikur mehr.

Der römische Dichter Titus Lucretius Carus (95–55 v.Chr.) zählte sich auch zu den Epikuräern. In seinem Lehrgedicht ›De Natura Rerum‹ (Über die Natur der Dinge) beschreibt er den Kosmos unter streng atomistischen Gesichtspunkten. Nach seiner Ansicht waren auch Verstand und Seele aus Atomen zusammengesetzt, selbst die Götter – wenn sie überhaupt existierten.

Auch das Buch des Lukrez überlebte nicht lange – zumindest kannte man seinen Inhalt im Mittelalter nur aus Zitaten in anderen Werken. Dann aber wurde im Jahre 1417 völlig überraschend doch eine Handschrift gefunden.

Nachdem Johannes Gutenberg (1398-1468) im Jahre 1454 die Buchdruckerkunst mit beweglichen Lettern erfunden hatte, wurde die Anfertigung zahlreicher identischer Kopien eines jeden Buchs so sehr vereinfacht, daß seither kein Buch von Bedeutung mehr vollständig verlorengegangen ist. Das Gedicht des Lukrez gehörte zu den ersten Büchern, die mit dem neuen Verfahren gedruckt wurden, und so fand die griechische Vorstellung vom atomaren Aufbau der Materie erstmals eine breite Leserschaft.

Zu denen, die das Buch des Lukrez aufmerksam studierten, gehörte auch der französische Astronom und Philosoph Pierre Gassendi (1592–1655). Seine Schriften wiederum beeinflußten den irischen Physiker und Chemiker Robert Boyle (1627 bis 1691). Boyle bezog die atomistische Vorstellung erstmals in seine experimentellen Versuche und ihre Deutung ein, 2100 Jahre nach ihrer ersten Formulierung durch Leukipp.

Boyle experimentierte mit Luft. Luft besitzt eine weit geringere Dichte als eine Flüssigkeit oder ein fester Körper, als Wasser oder Gestein zum Beispiel. Daher ist die Masse eines vorgegebenen Volumens Luft rund 750mal kleiner als die Masse einer gleich großen Wassermenge und mehr als 2000mal geringer als die eines gleich großen Gesteinsbrockens.

Vom atomistischen Standpunkt aus gab es für diesen Dichteunterschied zwei mögliche Erklärungen: entweder besitzen die Luftatome selbst eine weit geringere Dichte als Wasser- oder Steinatome, oder aber die an sich gleich dichten Atome sind über einen größeren Raum verteilt, stehen also weniger dicht zusammen (als dritte Möglichkeit kam natürlich noch eine Kombination aus beidem in Betracht).

Wenn man davon ausgeht, daß die Atome in Wasser oder Gestein sich gegenseitig fast berühren, während die Atome der Luft durch große, leere Zwischenräume voneinander getrennt sind und so die geringere Dichte der Luft begründen, dann sollte sich dies durch ein einfaches Experiment überprüfen lassen. Dann nämlich dürfte es schwerer sein, Wasser oder Gestein noch weiter zusammenzupressen (weil die Atome sich ja ohnehin schon gegenseitig fast berühren), während man Luft ziemlich einfach noch auf ein kleineres Volumen zusammenquetschen können sollte. Luft müßte sich dann ebenso zusammendrücken lassen wie eine Feder (dies hatte schon um das Jahr 60 n. Chr. der griechische Baumeister Hero erkannt).

Boyle machte 1662 die Probe aufs Exempel. Er nahm ein J-förmiges Glasrohr, das an dem kurzen Ende verschlossen war, und goß von oben in das lange Ende Quecksilber, um die Luft im kurzen Arm einzuschließen. Wenn er weiteres Quecksilber nachschüttete, also das Gewicht des Quecksilbers vergrößerte und damit seinen Druck auf den Luftraum erhöhte, schrumpfte das Volumen der Luft – Boyle hatte die Luft verdichtet. Befand sich an der Stelle der Luft eine Flüssigkeit oder ein fester Körper in dem kurzen verschlossenen Arm des Glasrohrs, konnte er eine solche Verdichtung nicht beobachten. Damit hatte Boyle ein sehr beweiskräftiges Experiment zugunsten der atomistischen Vorstellung durchgeführt.

Man konnte zwar einwenden, daß dieses Experiment lediglich den atomaren Aufbau von Luft (und vielleicht der Gase allgemein) bewies, während Flüssigkeiten und feste Körper sehr wohl auch homogen sein konnten. Wasser ließ sich aber leicht erhitzen und verdampfen, und dieser Wasserdampf verhielt sich genau wie ein Gas, war also dann auch aus Atomen zusammengesetzt. Wenn man daher die atomistische Vorstellung für Gase akzeptierte, mußte man sie gleichermaßen auch für Flüssigkeiten und feste Körper anerkennen, weil der jeweilige Aggregatzustand lediglich eine Frage der Temperatur ist.

Einen Ausweg hätte es allerdings noch gegeben: wenn nämlich bei der Umwandlung von festen oder flüssigen Substanzen in Gase dieser »Zerfall« einer an sich homogenen Masse kein regelmäßiger Prozeß war, sondern zu Bruchstücken unterschiedlicher Größe führte, genau so wie wenn ein Felsbrocken mit einem Hammer bearbeitet wird; dann hätten diese Bruchstücke keine fundamentale Rolle, könnte man sie nicht als »Bausteine« der Materie ansehen. Die Experimente des französischen Chemikers Joseph Louis Proust (1754–1826) zeigten jedoch, daß dieser Ausweg keine realistische Beschreibung der Natur lieferte. Proust konnte 1799 nachweisen, daß zum Beispiel Kupferkarbonat, das als Azurit oder Malachit im Gestein der Erde vorkommt, stets die gleichen Gewichtsmengen seiner Bestandteile (Kupfer, Kohlenstoff und Sauerstoff) enthielt: 10 Gramm Kupferkarbonat bestanden immer aus 5 Gramm Kupfer, 4 Gramm Sauerstoff und einem Gramm Kohlenstoff (wobei diese Zahlen der Einfachheit halber etwas gerundet sind). Ähnliche Verhältnisse fand er bei einer Vielzahl anderer Verbindungen und leitete daraus ab, daß alle chemischen Verbindungen (Substanzen, die aus verschiedenen Atomen zusammengesetzt waren) stets Elemente (Substanzen, die aus jeweils nur einer Atomsorte aufgebaut sind) in einem festen, gleichbleibenden Verhältnis enthalten. Es ist dies das »Gesetz der konstanten Proportionen«.

Wenn aber die Materie an sich homogen wäre und völlig zufällig in Stücke zerbrechen könnte, dann sollte man erwarten dürfen, daß sich unterschiedliche Elemente in allen möglichen Verhältnissen verbinden können, so wie man Zucker und Kakao in jeder beliebigen Konzentration mischen kann. Das Gesetz der konstanten Proportionen war also das bislang stärkste

Argument für den allgemeinen Aufbau der Materie aus bestimmten, fundamentalen Teilchen einer festgelegten Größe, die sich nur in festgelegten Verhältnissen verbinden konnten. Dies mußten die Atome sein, die sich Leukipp und Demokrit als Bausteine der Materie vorgestellt hatten.

Atomgewichte

Der englische Chemiker John Dalton (1766–1844) wurde von den Arbeiten Prousts und anderen chemischen Argumenten für die Atomtheorie angeregt, von 1803 an eine »Theorie über den atomaren Aufbau der Materie« zu veröffentlichen. Er führte dabei in Anlehnung an die alten griechischen Philosophen und zu ihrer Ehrung den Begriff des Atoms in seine Überlegungen ein.

Dalton kam zu der Erkenntnis, daß alle Atome eines bestimmten chemischen Elementes untereinander gleich sein mußten, während sie sich von den Atomen aller übrigen Elemente unterschieden. Soweit stimmte er mit Demokrit überein. Dalton aber ging noch weiter. Er war auch überzeugt davon, daß die unterschiedlichen Atome verschiedene Massen besaßen, die man sogar relativ zueinander messen konnte. Er gab sogar einige dieser Massenverhältnisse an.

Daltons Werte für diese Atomgewichte, wie die Massenverhältnisse nicht ganz zutreffend genannt wurden (Atom»massen« wäre besser gewesen), waren allerdings nicht sehr genau. Erst der schwedische Chemiker Jöns Jakob Berzelius (1779 bis 1848) konnte 1828 eine Liste mit recht genau bestimmten Atomgewichten zusammenstellen, die er aus der Analyse der unterschiedlichsten chemischen Verbindungen gewonnen hatte.

Berzelius benutzte die Masse des Sauerstoffatoms als Standard und setzte sie gleich 16. In diesem System hat Schwefel das Atomgewicht 32, so daß ein Schwefelatom doppelt so massereich ist wie ein Sauerstoffatom.

Es gibt noch massereichere Atome. Unter den Elementen, die in der Natur in nachweisbaren Mengen vorkommen, sind die Uranatome die schwersten. Ihr Atomgewicht liegt bei 238, so daß ein Uranatom rund 15mal schwerer ist als ein Sauerstoffatom. In irdischen Laboratorien hat man inzwischen auch noch künstliche Elemente erzeugen können, deren Atomgewichte bei 260 und mehr liegen.

Umgekehrt gibt es auch Atome, die weniger Masse enthalten als ein Sauerstoffatom. Stickstoff hat beispielsweise das Atomgewicht 14, Kohlenstoff 12. Das Atom mit der geringsten Masse gehört zum Wasserstoff – sein Atomgewicht beträgt 1.

Wie groß aber sind die Atome in den üblichen Einheiten von Raum und Masse? Wenn wir nur die *relativen* Massen kennen, genügt dies für eine Antwort nicht. Ein erster Schritt zur Lösung des Problems gelang im Jahre 1811 dem italienischen Physiker Amadeo Avogadro (1776–1856), der herausfand, daß gleich große Volumina unterschiedlicher Gase stets die gleiche Zahl von Teilchen enthielten. Wenn also ein Gas dreimal dichter war als ein anderes, so lag dies nur daran, daß seine »Bausteine« auch dreimal massereicher waren. Mit dieser Hypothese konnte man Atomgewichte aus relativen Dichten der Gase ermitteln.

Zunächst allerdings fand die Behauptung Avogadros wenig Beachtung, weil sie auch mißverstanden wurde. Die Chemiker hatten noch nicht gelernt, daß die Bausteine eines Gases nicht notwendig einzelne Atome sein mußten, sondern auch in Zweier- oder Dreiergruppen, teilweise sogar in noch größeren Verbänden, zusammenhängen können, in sogenannten Molekülen. Sauerstoffgas besteht beispielsweise aus Molekülen zu je zwei Sauerstoffatomen, Wasserdampf aus Wassermolekülen, die je zwei Wasserstoffatome und ein Sauerstoffatom enthalten.

Wenn man dies berücksichtigt, so zeigt sich, daß gleich große Gefäße zwar gleich viele Moleküle (Sauerstoff oder Wasserdampf) enthalten, aber durchaus unterschiedlich viele *Atome* (in diesem Beispiel im Verhältnis 2 zu 3).

Dieser Unterschied wurde erst 1860 endgültig aufgeklärt. Damals erläuterte der italienische Chemiker Stanislao Cannizzare (1826–1910) auf einer internationalen Tagung (der ersten ihrer Art) die Zusammenhänge von Atomen und Molekülen und zeigte auch die richtige Anwendung der Avogadroschen Hypothese auf.

Wenn Sauerstoff das Atomgewicht 16 hat, muß man also von einem Molekülgewicht von 32 reden, weil jedes Molekül zwei Sauerstoffatome enthält. Das Molekülgewicht des Wassers beträgt 18, denn zu dem einen Sauerstoffatom mit dem Atomgewicht 16 kommen noch zwei Wasserstoffatome, die jedes das Atomgewicht 1 einbringen. Man wußte jetzt zwar noch immer nicht, wie groß die Masse eines einzigen Sauerstoff-Moleküls ist, doch war man sich einig darüber, daß eine bestimmte Zahl *N* von Sauerstoffmolekülen 32 Gramm wiegen mußte, während die gleiche Zahl *N* Wassermoleküle nur 18 Gramm wiegt (weil das Verhältnis der Molekulargewichte 32 zu 18 beträgt). Wenn also die gleiche Menge *N* Moleküle irgendeines anderen Gases *X* Gramm wiegt, mußte *X* das Molekulargewicht dieses Gases sein. Die Zahl *N* wurde die Avogadrosche Zahl genannt. Jetzt brauchte man nur noch die Größe dieser Zahl zu bestimmen, um die Masse eines einzigen Moleküls und seiner Atom-Bausteine ausrechnen zu können. Dieses Problem war aber nicht einfach zu lösen. Die Chemiker wußten lediglich, daß es sich um eine sehr große Zahl handeln müsse.

Die Größe der Atome

Erste Ansätze für eine Lösung des Problems lassen sich bis in das Jahr 1827 zurückverfolgen, als Robert Brown (der später den Zellkern entdeckte) unter dem Mikroskop beobachtete, wie sich Pollenkörner in einem Wassertropfen verhielten. Ihm fiel auf, daß die einzelnen Körner sich unregelmäßig bewegten, und er vermutete dahinter einen Beweis für noch unentdecktes Leben in den Pollenkörnern. Als er seine Beobachtungen mit Farbstoffpartikeln der gleichen Größe wiederholte, mußte er feststellen, daß auch sie sich im Wassertropfen hin und her bewegten – diesmal aber konnte »inneres Leben« keine Erklärung bieten.

Man nannte die Erscheinung die »Brownsche Bewegung«, ohne allerdings ihre Ursache herausfinden zu können.

Im Jahre 1860 stellte der schottische Mathematiker James Clerk Maxwell (1831–1879) eine eingehende Analyse der Eigenschaften von Gasen unter der Annahme an, daß sie aus Atomen oder Molekülen zusammengesetzt waren, die sich schnell und ungerichtet durch den verfügbaren Raum bewegten. Seine Überlegungen beschrieben das Verhalten der Gase so gut, daß diese »Kinetische Theorie der Gase« sehr rasch Anerkennung fand.

Natürlich konnten sich die Atome oder Moleküle in einer Flüssigkeit oder einem festen Körper nicht so vollkommen durcheinander bewegen wie in einem Gas, doch sicher verharrten auch sie nicht in einem Zustand absoluter Ruhe. In Flüssigkeiten erwartete man ein ähnliches Gewimmel wie in einer Menschenmenge, während in einem festen Körper die Atome oder Moleküle lediglich hin und her schwingen wie unruhige

Soldaten in einer Marschkolonne. Nachdem dieser Sachverhalt erst einmal akzeptiert war, stellte auch die Erklärung der Brownschen Bewegung kein Problem mehr dar. Jedes Partikel, das sich in einer Flüssigkeit befindet, sollte von allen Seiten von den Molekülen der Flüssigkeit angerempelt werden. Da diese Stöße aus allen Richtungen gleichermaßen erfolgen, ergibt sich insgesamt eine Gleichgewichtslage, so daß sich das Objekt nicht von der Stelle bewegen dürfte; statistische Schwankungen lassen zwar immer mal wieder aus einer Richtung ein paar Stöße mehr kommen, doch was sind schon ein paar Stöße mehr, wenn es um viele Trillionen Kollisionen geht? Je kleiner der Gegenstand in der Flüssigkeit jedoch ist, desto geringer wird die Zahl der »Treffer«, und desto stärker machen sich Schwankungen aus der einen oder anderen Richtung bemerkbar. Bei Pollenkörnern sollte man daher schon erwarten können, daß sie mal in die eine Richtung, dann in eine andere Richtung geschleudert werden. Diese statistischen Schwankungen in der Bewegung der Moleküle mußten sich also auf die Pollenkörner übertragen, und damit war die Brownsche Bewegung ein Indikator für die Bewegung einzelner Atome oder Moleküle in der Flüssigkeit. Der schwedische Chemiestudent Theodor H. E. Svedberg (1884–1971) schlug diese Erklärung der Brownschen Bewegung im Jahre 1902 vor. Drei Jahre später veröffentlichte Albert Einstein eine mathematische Analyse der Brownschen Bewegung, die auf der Deutung Svedbergs aufbaute. Am Ende stand eine Gleichung, die auch die Avogadrosche Zahl enthielt. Wenn man alle anderen Größen dieser Gleichung kannte, sollte also die Avogadrosche Zahl berechnet werden können.

Im Jahre 1908 machte sich der französische Physiker Jean Baptiste Perrin (1870–1942) daran, mit einem Experiment die verschiedenen Größen der Einsteinschen Gleichung zu bestimmen. Dazu löste er Kautschuk in Wasser auf. Wenn die Partikel nur der Schwerkraft ausgesetzt waren, sollten sie auf den Boden des Gefäßes absinken. Die Brownsche Bewegung dagegen hielt sie in unterschiedlichen Höhen über dem Boden fest.

Einsteins Gleichung sagte voraus, daß die Zahl der schwebenden Teilchen in ganz bestimmter Weise mit zunehmender Höhe über dem Gefäßboden abnehmen mußte, und genau dies beobachtete Perrin. Aufgrund dieser Messung konnte er alle Größen bestimmen, die in der Gleichung Einsteins enthalten waren, und erhielt damit den Wert für die Avogadrosche Zahl, die gleichzeitig eine Vorstellung von der wirklichen Größe und Masse der Atome und Moleküle vermittelt.

Der beste, heute benutzte Wert für die Avogadrosche Zahl liegt bei $6{,}022 \times 10^{23}$, bei etwas über 600 Trilliarden. So viele Sauerstoffmoleküle braucht man also, um eine Masse von 32 Gramm Sauerstoff zusammenzubringen, so viele Wassermoleküle, um 18 Gramm Wasser zu bekommen, und so viele Wasserstoffmoleküle, um 2 Gramm Wasserstoff zu besitzen. Und genauso viele Wasserstoffatome, die am wenigsten massereichen von allen Atomen, für eine Masse von 1 Gramm.

Dann aber hat ein einzelnes Wasserstoffatom die Masse von $1/6{,}022 \times 10^{23}$ Gramm oder $1{,}67 \times 10^{-24}$ Gramm, etwas mehr als ein Quadrillionstel Gramm (die anderen Atome wiegen entsprechend ihrem Atomgewicht ein Vielfaches davon). Jetzt braucht man sich nicht mehr zu wundern, warum es so lange gedauert hat, ehe der atomare Aufbau der Materie bewiesen war – viel erstaunlicher ist angesichts der winzigen Dimensionen dieser Bausteine dagegen, daß dieser Nachweis überhaupt möglich war.

Da ein Gramm Wasser ein Volumen von 1 Kubikzentimeter einnimmt, 18 Gramm Wasser also entsprechend 18 Kubikzentimeter, und dieser Raum von $6{,}022 \times 10^{23}$ Wassermolekülen ausgefüllt wird, kann man leicht ausrechnen, wie groß der Rauminhalt eines Wassermoleküls ist; auf die gleiche Weise findet man auch das Volumen anderer Moleküle oder Atome.

Wasserstoffatome beispielsweise haben unter der Annahme einer kugelförmigen Gestalt einen Durchmesser von rund $1{,}35 \times 10^{-10}$ Meter, wenig mehr als zehnmilliardstel Meter also. Schwerere Atome sind etwas größer, aber selbst die massereichsten Atome bleiben kleiner als ein Milliardstel Meter.

405 Wasserstoffatome zusammen ergeben somit ein Volumen von einem Kubiknanometer. Damit dürfte der kleinste bekannte Lebensorganismus, der Spindelknollen-Virus, rund 75 000 Atome enthalten.

Elektronen

Zu dem Zeitpunkt, da die Wissenschaftler die Dimensionen des Wasserstoffatoms bestimmt hatten, war der Horizont schon längst zu noch kleineren Objekten weitergetrieben worden.

Die Griechen des Altertums hatten die Atome als die kleinsten Bausteine der Materie angesehen, und die Chemiker im vergangenen Jahrhundert hatten mit ihren Experimenten diese Atomlehre als richtig erkannt, wiesen doch alle Experimente in den Jahrzehnten nach Dalton in diese Richtung. Das Wasserstoffatom als das kleinste unter den Atomen schien der winzigste Baustein der Materie zu sein.

Der Prozeß des Umdenkens wurde aus physikalischen Experimenten mit Elektrizität angeregt. Die Wissenschaftler wußten schon seit einiger Zeit, daß ein elektrischer Strom in Metall und anderen »Leitern« ohne allzu großen Widerstand transportiert wurde und dabei auch Lücken, die von Nichtleitern ausgefüllt waren, überspringen konnte. Ein solcher »Sprung« erfolgte beispielsweise an einem Luftspalt, wo ein Funken überschlug und ein Krachen zu hören war.

Von Interesse war nun natürlich, ob ein elektrischer Strom auch seinen Weg durch ein Vakuum finden könne. Nachdem der deutsche Mechaniker Heinrich Geißler (1814–1879) im Jahre 1855 eine neue, wirksamere Pumpe zur Evakuierung von Glasgefäßen entwickelt hatte, konnte man diese Frage experimentell zu klären versuchen. Man schmolz zwei Metalldrähte in eine solche »Geißlersche Röhre« ein und evakuierte das Gefäß anschließend, so gut es ging. Dann wurde ein elektrischer Strom hindurchgeschickt, der von der Kathode durch das »Vakuum« zur Anode floß (der Raum zwischen Kathode und Anode war natürlich nicht völlig luftleer, sondern enthielt lediglich stark verdünnte Luft).

1858 entdeckte der deutsche Physiker Julius Plücker (1801 bis 1868) bei solchen Experimenten ein grünliches Leuchten an der Kathode. Sein Kollege Eugen Goldstein (1850–1931) schrieb dieses Leuchten 1876 einer Strahlung zu, die von der Kathode ausging – man nannte sie fortan die »Kathodenstrahlen«.

Während der beiden nächsten Jahrzehnte diskutierten die Wissenschaftler heftig die Frage, ob diese Kathodenstrahlen zum elektromagnetischen Spektrum gehörten und damit eine Verwandtschaft zum sichtbaren Licht besaßen, oder ob es sich um eine Teilchenstrahlung handelt. Perrin, der später als erster die Größe von Atomen und Molekülen bestimmen sollte, entschied den Disput 1895 durch ein Experiment. Er hielt ein zylindrisches Metallrohr in diese Strahlung und beobachtete dann eine elektrisch negative Aufladung, die mit wachsender Zeit immer größer wurde. Weil aber elektromagnetische Strahlung keine elektrischen Ladungen transportiert, mußte man annehmen, daß es sich tatsächlich um einen Strom elektrisch geladener Teilchen handelte.

Man erkannte in den Teilchen dieser Kathodenstrahlen die Bausteine der Elektrizität, die auf Vorschlag des holländischen Physikers Hendrik Antoon Lorentz (1853–1928) Elektronen genannt wurden.

Aufgrund ihrer elektrischen Ladung sollten die Elektronen in ihrer Bewegung von anderen elektrisch geladenen Teilchen beeinflußt werden und auch auf die Anwesenheit von Magnetfeldern reagieren. Dem englischen Physiker Joseph John Thomson (1856–1940) gelang der Nachweis dieser Einflüsse, und er konnte 1897 daraus sogar die Masse des Elektrons bestimmen. Sie erwies sich als äußerst klein, weit geringer noch als die Masse eines Wasserstoffatoms. Erst 1837 Elektronen zusammen besitzen die Masse eines Wasserstoffatoms, so daß jedes Elektron lediglich $9{,}1 \times 10^{-31}$ Kilogramm wiegt.

Die Elektronen beschränken sich aber nicht nur auf den elektrischen Strom. Zu Anfang unseres Jahrhunderts fand der deutsche Physiker Philipp E. A. Lenard (1862–1947), daß Lichtstrahlen Elektronen aus Metallatomen herausschlagen konnten. Man konnte diesen »photoelektrischen Effekt« eigentlich nur verstehen, wenn man annahm, daß die Metallatome Elektronen enthalten. Wenn aber verschiedene Metalle alle die gleichen Elektronen abgaben, war anzunehmen, daß Elektronen Bestandteil aller Atome waren.

Damit wurde deutlich, daß die Atome, denen die Chemiker bei ihren Experimenten begegnet waren, zwar die kleinsten Bausteine der Elemente sind, ihrerseits aber wiederum eine komplexe Struktur besitzen. Die Elektronen waren die ersten subatomaren Teilchen, für die man später die Bezeichnung Elementarteilchen benutzen sollte.

Der Atomkern

Unterdessen hatte Becquerel 1896 die Radioaktivität entdeckt. Es zeigte sich schon bald, daß diese Radioaktivität sich in Form von drei verschiedenen Strahlungsarten bemerkbar machte, für die man die Bezeichnung Alpha-Strahlen, Betastrahlen und Gammastrahlen einführte. Gammastrahlen erwiesen sich als lichtähnliche Strahlung mit extrem kurzen Wellenlängen, und Betastrahlen konnten als schnelle Elektronen identifiziert werden.

Die Alpha-Strahlen jedoch waren etwas Neues. Sie bestanden aus Teilchen, die viel massereicher als die Elektronen waren; die Teilchenmasse entspricht rund 7000 Elektronenmassen oder dem Vierfachen der Wasserstoffmasse; trotzdem mußten die Teilchen sehr klein sein, weil sie ungehindert auch dünne Folien durchschlagen konnten, was Atomen verwehrt ist.

Der aus Neuseeland stammende Physiker Ernest Rutherford (1871–1937) stellte mit diesen Alpha-Strahlen eine Reihe von Experimenten an. Er begann im Jahre 1906 und beobachtete schon bald, daß die Teilchen zum Beispiel eine 0,5 Mikrometer dicke Goldfolie durchdringen konnten, als wäre sie überhaupt nicht vorhanden. Die Teilchen wurden weder gestoppt noch gebremst oder auch nur aus ihrer ursprünglichen Richtung abgelenkt. Sicher – eine Folie von dieser »Dicke« ist extrem dünn, doch bietet sie immer noch 6 oder 7 Goldatomen hintereinander Platz. Die Alphateilchen mußten diese Lage allesamt durchdringen.

Erst bei sehr genauer Überprüfung stellte Rutherford fest, daß doch einige der Partikel beim Durchgang durch die Goldfolie abgelenkt, manche sogar zurückgeworfen wurden. Im Jahre 1911 veröffentlichte Rutherford die Erklärung für diese Beobachtungen. Nach seiner Auffassung bestand ein Atom aus einem sehr kleinen Kern, der fast die gesamte Masse des Atoms in sich vereint und von einer Wolke von Elektronen umgeben wird. Wenn Alphateilchen durch solchermaßen aufgebaute Goldatome hindurchflogen, passierten sie meist nur die äußeren Gebiete, da diese von den Elektronen bevölkerten Zonen den größten Raum des Atoms einnehmen. Die Elektronen aber konnten aufgrund des Masse-Unterschieds den Alphapartikeln selbst bei einer Kollision wenig anhaben und sie daher auch nicht aus der Bahn werfen.

Wenn jedoch ein Alphateilchen auf seinem Weg durch die dünne Goldfolie zufällig in die Nähe des Atomkerns geriet, dann konnten Kräfte wirksam werden, die das Alphateilchen ablenkten oder – bei einem direkten Zusammenstoß – wieder zurückprallen ließen. Es stellte sich wenig später heraus, daß der Atomkern eine elektrisch positive Ladung besitzt. Im Jahre 1914 konnte der englische Physiker Henry G. J. Moseley (1887–1915) zeigen, daß die Atomkerne der einzelnen chemischen Elemente jeweils unterschiedliche elektrische Ladungen tragen. Diese Kernladung wurde jedoch durch die elektrisch negative Ladung der Elektronen in den Außenbezirken des Atoms neutralisiert.

Weil ein Sauerstoffatom über acht Elektronen verfügt, von denen jedes die elektrische Ladung −1 trägt, muß der Kern des Sauerstoffatoms die elektrische Ladung +8 aufweisen, damit das Atom nach außen hin neutral ist. Entsprechendes gilt für das Uranatom, das 92 Elektronen besitzt und daher im Kern die elektrische Ladung +92 tragen muß.

Noch im gleichen Jahr 1914 schlug Rutherford vor, die elektrisch positive Ladung des Kerns mit der Anwesenheit von Elementarteilchen zu erklären, von denen jedes eine elektrisch positive Ladung der Größe +1 besitzt; diese Teilchen nannte Rutherford »Protonen«. Ein Proton hätte demnach exakt die gleiche Ladungsmenge wie ein Elektron, nur mit umgekehrtem Vorzeichen – und das, obwohl ein Proton 1836mal so massereich sein mußte wie ein Elektron.

Es können aber nicht nur Protonen im Kern eines Atoms existieren, weil sonst die Atomgewichte nicht mehr gestimmt hätten. Es dauerte jedoch noch bis 1932, ehe der englische Physiker James Chadwick (1891–1974) ein weiteres, elektrisch neutrales Elementarteilchen fand, das eine geringfügig größere Masse besitzt als das Proton, nämlich 1838 Elektronenmassen; aufgrund seiner elektrischen Neutralität wurde dieses Teilchen Neutron genannt. Damit war die Zusammensetzung der Atomkerne geklärt – sie bestehen aus Protonen und Neutronen, und zwar in einer für jedes chemische Element anderen Kombination.

Charakteristisch für die einzelnen Elemente ist jeweils die Zahl der Protonen im Kern (und damit der Elektronen in den Außenbezirken), während die Zahl der Neutronen in engen Grenzen variieren kann; Atome, die bei gleicher Protonenzahl verschieden viele Neutronen enthalten, gehören zwar zum gleichen chemischen Element, stellen jedoch unterschiedliche »Isotope« dar. Somit haben alle Sauerstoffatome jeweils acht Protonen in ihrem Kern; die meisten von ihnen tragen auch acht Neutronen, und sie stellen das häufigste Sauerstoff-Isotop, nämlich Sauerstoff 16 (wobei die 16 die Gesamtzahl der Protonen und Neutronen angibt). Daneben kennen wir auch Sauerstoffatome mit 9 oder gar 10 Neutronen im Kern, die Isotope Sauerstoff 17 und Sauerstoff 18.

Die kleinsten Atomkerne sind die des Wasserstoffs, da sie nur eine einfache elektrisch positive Ladung tragen. Der überwiegende Teil dieser Wasserstoffkerne besteht lediglich aus einem Proton, doch gibt es auch solche mit einem oder gar zwei Neutronen; sie werden dann Wasserstoff 2 und Wasserstoff 3 genannt, haben darüber hinaus aber auch noch eigenständige Namen: Deuterium und Tritium.

Hinsichtlich der räumlichen Ausdehnung kommen wir bei den subatomaren Teilchen allmählich in Schwierigkeiten. Wir wissen heute dank der Quantenphysik, daß alle Teilchen auch Wellencharakter besitzen, der um so ausgeprägter hervortritt, je kleiner die Masse des Teilchens ist. Die Masse des Elektrons aber ist schon so winzig, daß wir hier eigentlich nur noch von einem »Wellenpaket« ohne Größenangabe sprechen können.

Die Masse der Protonen und Neutronen reicht jedoch noch aus, um den Teilchencharakter dominieren zu lassen, und so können wir auch eine Größe angeben: der Durchmesser dieser Teilchen liegt bei $2{,}5 \times 10^{-15}$ Meter (2,5 billiardstel Meter); damit ist gleichzeitig auch der Durchmesser des Wasserstoffatomkerns bekannt. Die Atomkerne der schwereren Elemente sind etwas größer, weil sie ja mehrere Protonen und Neutronen enthalten, aber selbst ein Kern des massereichsten, in der Natur vorkommenden Elements, ein Uran-238-Kern (mit 92 Protonen und 146 Neutronen) hat einen Durchmesser von nur $1{,}55 \times 10^{-14}$ Metern, dem 6,2fachen des Protondurchmessers.

In jedem Atomkern besitzt der Atomkern lediglich ein Hunderttausendstel des Atomdurchmessers. Wäre ein Atom eine Hohlkugel, dann fänden 10^{15} Atomkerne darin Platz – 1 Billiarde Atomkerne.

Neutrinos

Aber auch Protonen und Neutronen sind noch nicht die kleinsten Bausteine der Materie. Der amerikanische Physiker Murray Gell-Mann schlug 1953 zum besseren Verständnis dieser Teilchen vor, daß sie aus noch fundamentaleren Partikeln aufgebaut seien, aus Teilchen, die er Quarks nannte. Dessen ungeachtet kommen wir aber im Hinblick auf das Volumen der Elementarteilchen nicht über die Grenze der Protonen und Neutronen hinaus, weil der Begriff des Volumens unterhalb dieser Ebene allmählich an Sinn verliert.

Betrachten wir dagegen die Masse eines Teilchens als wesentlich, dann scheint das Elektron die untere Grenze zu bilden; seine Masse beträgt $9{,}1 \times 10^{-28}$ Gramm. Das Elektron ist das masseärmste unter den Teilchen, die eine elektrische Ladung tragen, und es galt lange Zeit als die untere Grenze, die nicht mehr zu unterbieten schien. Es gibt allerdings noch Teilchen, die weniger Masse als ein Elektron besitzen, doch sind sie alle elektrisch neutral. Bis vor kurzem nahm man an, daß diese Objekte auch allesamt masselos seien und sie daher nicht zu den materiellen Teilchen gerechnet werden können.

Wir kennen drei unterschiedliche Typen dieser masselosen Partikel: Photonen, die mit dem Licht und der elektromagnetischen Strahlung allgemein verknüpft sind, Gravitonen, die mit der Schwerkraft in Verbindung stehen sollen, bislang aber noch nicht nachgewiesen werden konnten, und Neutrinos.

Die Neutrinos sind die unscheinbarsten dieser Partikel, und entsprechend kann man sie kaum nachweisen. Während Photonen und Gravitonen bereitwillig mit Materie reagieren, zeigen die Neutrinos überhaupt keine Neigung, die Anwesenheit von Materie irgendwie zur Kenntnis zu nehmen. Sie können auch dicke Materieschichten durchdringen, als wären sie Luft. Ein Neutrinostrahl, der durch die Sonne hindurchgeht, wird dabei kaum verändert: eines von vielen Billionen mag frontal mit einem Atomkern zusammenstoßen und dann eine Reaktion zeigen, aber damit genug.

Die Existenz des Neutrinos wurde 1931 von dem österreichischen Physiker Wolfgang Pauli (1900–1958) aus rein theoretischen Überlegungen heraus postuliert. Weil es weder Masse noch elektrische Ladung besitzt und auch sonst so gut wie gar nicht mit Materie reagiert, konnte das Neutrino erst 1956 von dem amerikanischen Physiker Frederick Reines nachgewiesen werden. Seit ein paar Jahren haben die Neutrinos die Physiker wieder aufs neue beschäftigt. Experimente in den USA und der Sowjetunion deuten darauf hin, daß diese Partikel vielleicht doch eine von Null verschiedene Masse besitzen könnten. Seine Masse ist allerdings noch nicht exakt gemessen worden, da die Versuche lediglich Grenzen festlegen können, innerhalb derer die Masse liegen sollte. Zum Zeitpunkt der Übersetzung wird als Obergrenze ein Wert angenommen, der bei rund 1/100000 der Elektronenmasse liegt.

Wenn er sich als richtig erweisen sollte, dann wäre das Neutrino mit einer Masse von 1×10^{-32} Gramm die untere Grenze der Masse. Damit hätten wir dann den gesamten Bereich der Massen im Universum kennengelernt, von der kleinsten, der Neutrinomasse, bis zur größten, der Gesamtmasse des Universums. Wenn wir uns 225 Sequoiabäume vorstellen können, dann verhält sich die (mögliche) Neutrinomasse zur Masse dieser Bäume wie die Masse dieser Bäume zur Gesamtmasse des Universums. Das menschliche Bewußtsein ist in beide Richtungen vorgestoßen, zu den größten Massen wie zu den kleinsten.

Das Messen der Dichte in früherer Zeit

Wenn es um Masse geht, ist die Quantität nicht immer allein entscheidend. Mitunter kann auch von Bedeutung sein, wie dicht die Materie gepackt ist, wieviel Masse man in einem vorgegebenen Volumen antrifft. Diese »Masse pro Volumen« bezeichnen wir als »Dichte«, und sie bleibt unter identischen Bedingungen für ein bestimmtes Material stets gleich.

Als das metrische System entwickelt wurde, wählte man die Einheiten Gramm und Meter gerade so, daß ein Kubikzentimeter Wasser eine Masse von einem Gramm erhielt. Entsprechend hat Wasser die Dichte von 1 Gramm pro Kubikzentimeter.

Leider waren die Messungen damals nicht sonderlich exakt, so daß die Dichte des Wassers heute unter Standardbedingungen für Druck und Temperatur (0 °C und 1013 Hektopascal) mit 0,999973 Gramm pro Kubikzentimeter angegeben werden müßte. Die Abweichung von 1 g/cm^3 ist jedoch so gering, daß sie lediglich im wissenschaftlichen Bereich von Bedeutung sein kann. Hinzu kommt, daß die Dichte des Wassers auch noch von Druck und Temperatur abhängt, ohne sich allerdings stark zu verändern. Entsprechend können wir getrost bei dem »alten« Wert von 1 Gramm pro Kubikzentimeter bleiben.

Seit einigen Jahren ist jedoch offiziell ein neues Einheitensystem im Gebrauch, das sogenannte Systeme Internationale, das auch als »mks-System« (»Meter-Kilogramm-Sekunde-System«) bezeichnet werden kann: es bezieht alle Einheiten auf Meter und Kilogramm statt auf Zentimeter und Gramm. Wenn wir uns ihm anschließen wollen, müssen wir also die Dichte des Wassers mit 1000 Kilogramm pro Kubikmeter angeben.

Sinkt die Temperatur des Wassers unter Null Grad Celsius, dann friert das Wasser, und die Moleküle fügen sich zu einer etwas lockereren Konfiguration zusammen. Als Folge davon verteilt sich die Masse auf ein etwas größeres Volumen, so daß die Dichte abnimmt. Die Dichte von Eis liegt bei 917 Kilogramm pro Kubikmeter. Feste Körper schwimmen auf dem Wasser, sofern ihre Dichte geringer als die Dichte des Wassers ist. Entsprechend schwimmt auch das Eis auf dem Wasser – ein ungewöhnliches Verhalten, da fast alle anderen Flüssigkeiten an Dichte zunehmen, wenn sie erstarren.

Auch Holz schwimmt auf dem Wasser. Zwar sind die Bestandteile des Holzes alle geringfügig dichter als Wasser, doch die Holzfasern sind mehr oder weniger locker gepackt und verleihen dem Holz ein größeres Volumen. Es gibt allerdings auch Holzarten, deren Fasern ziemlich kompakt sind und die daher eine dem Wasser vergleichbare Dichte besitzen oder sogar eine höhere. In den meisten Fällen jedoch bilden die Holzfasern nur ein lockeres Gefüge, so daß die Dichten zwischen 50 und 75 Prozent der Dichte des Wassers liegen. Mit 140 Kilogramm pro Kubikmeter ist die Dichte des Balsaholzes besonders gering.

Im allgemeinen sagt man, Holz schwimme auf dem Wasser, weil es *leichter* als Wasser sei. Diese Aussage ist aber nicht vollständig. Genauer müßte es heißen, daß ein vorgegebenes Volumen des Holzes leichter ist (oder weniger Masse enthält) als ein gleichgroßes Volumen Wasser. Holz hat also eine *geringere Dichte* als Wasser, und deswegen schwimmt es obenauf.

Die meisten festen Körper sind dichter als Wasser und versinken daher, wenn man sie ins Wasser wirft. Dies beobachten wir zum Beispiel, wenn wir einen Stein ins Wasser fallen lassen. Unterschiedliche Gesteinsarten haben verschiedene Dichtewerte, doch die mittlere Dichte des Erdkrusten-Gesteins liegt bei 2800 kg/m^3, beim 2,8fachen der Dichte des Wassers also.

Auch Metalle sind im großen und ganzen dichter als Wasser; es gibt aber auch Ausnahmen. So beträgt die Dichte von Lithium, dem leichtesten Metall überhaupt, nur 534 kg/m^3 – sie ist also nur wenig mehr als halb so groß wie die Dichte von Wasser. Lithium schwimmt daher auf dem Wasser, doch es reagiert auch mit ihm und löst sich daher allmählich auf, wenn es mit Wasser in Berührung gebracht wird.

Lithium und die anderen »Leichtmetalle« wurden erst in der jüngeren Vergangenheit entdeckt. Die Menschen im Altertum kannten nur sieben Metalle (und zahlreiche Legierungen), die allesamt bedeutend dichter als Wasser und sogar Gestein sind. Vielleicht waren es gerade die ungewöhnliche Dichte und das Aussehen, das die Aufmerksamkeit der Menschen auf diese Metalle gelenkt hat. Von den sieben »klassischen« Metallen hat Zinn die geringste Dichte (7280 kg/m^3). Es folgen Eisen mit 7860, Kupfer mit 8920 und Silber mit 10500 Kilogramm pro Kubikmeter.

Dichter noch als diese vier und dennoch häufig und damit billig genug, um auch für das »gemeine Volk« zu reichen, ist das altbekannte Blei; mit einer Dichte von 11300 Kilogramm pro Kubikmeter ist es rund viermal so dicht wie das Gestein der Erdkruste. So ist es nicht verwunderlich, daß Blei zum Inbegriff für das Schwere wurde; wir sprechen noch heute von bleiernen Füßen, bleiernen Lidern oder auch bleiernen Gedanken.

Schon im Altertum kannte man aber auch Metalle, die dichter als Blei sind; sie kommen jedoch in der Erdkruste nicht in großen Mengen vor und waren entsprechend wertvoll, so daß die meisten Menschen damals mit ihnen nicht in Berührung kamen. Weil man mit ihrer noch größeren Dichte wenig vertraut war, blieb das Blei eben sprichwörtlich.

Eines dieser extrem dichten Metalle ist – eine Flüssigkeit: Quecksilber. Dies ist insofern überraschend, als die meisten Flüssigkeiten eher eine geringe Dichte besitzen. Sieht man einmal von Quecksilber ab, dann war Wasser im Altertum die Flüssigkeit mit der höchsten Dichte. Pflanzenöle und Tierfette haben eine Dichte um 900 Kilogramm pro Kubikmeter, Alkohol eine solche von 790 kg/m^3, und so weiter. Die Dichte von Quecksilber dagegen beträgt 13600 Kilogramm pro Kubikmeter. Aber auch Quecksilber hält nicht etwa den Rekord. Die Dichte von Gold erreicht 19300 kg/m^3. Weil Gold das seltenste und bei weitem schönste Metall ist, das den Menschen im Altertum bekannt war, kann man verstehen, daß sein Wert sehr hoch eingeschätzt wurde. Nicht seine große Dichte (und damit sein hohes Gewicht) hat die Aufmerksamkeit der Menschen erregt, sondern seine Schönheit, und so wird es auch heute noch ausschließlich als Metapher für die angenehmen Seiten des Lebens benutzt: über »bleierne Füße« kann man jammern, aber auf »goldenen Füßen« muß man tanzen.

Warum aber unterscheiden sich die Dichten von Flüssigkeiten und festen Körpern so sehr? Warum ist Gold 36mal dichter als Lithium? Schließlich berühren sich die Atome in all diesen Elementen, und auch hinsichtlich der Kompaktheit gibt es kaum Unterschiede. Die Ursache liegt tiefer, in den Atomen selbst. Sie unterscheiden sich in ihren Massen. Einige Atomkerne enthalten viele Protonen und Neutronen, andere weniger. Je mehr Protonen und Neutronen im Kern vorhanden sind, desto höher ist das Atomgewicht. Entsprechend sollte man erwarten, daß im allgemeinen die Dichte der Elemente mit wachsendem Atomgewicht zunimmt.

Das Atomgewicht von Lithium beispielsweise beträgt 7, während Sauerstoff und Silizium (die Hauptbestandteile des Gesteins) Atomgewichte von 16 beziehungsweise 28 besitzen. Das Atomgewicht von Eisen ist 56, das von Gold schließlich 197.

Ganz so einfach liegen die Zusammenhänge aber nicht. Quecksilber und Blei haben mit 201 beziehungsweise 207 ein Atomgewicht, das noch über dem von Gold liegt, und weisen dennoch eine deutlich geringere Dichte als Gold auf. Auch Uran, das Element mit dem größten Atomgewicht, das in der Natur noch vorkommt, bleibt mit einer Dichte von rund 19000 Kilogramm pro Kubikmeter noch knapp hinter dem Gold zurück.

Neuzeitliche Entdeckungen

Die besonderen Eigenschaften des Goldes dürften den Menschen etwa um das Jahr 4000 v. Chr. aufgefallen sein, und über mehr als fünf Jahrtausende hinweg konnte dieses Edelmetall seine Sonderstellung bewahren. Erst in den vierziger Jahren des 18. Jahrhunderts wurde das Gold entthront. Damals untersuchte ein spanischer Gelehrter mit Namen Antonio de Ulloa (1716–1795) Metallklumpen, die an den Ufern des Pinto-Flusses in Kolumbien gefunden worden waren. Aufgrund seiner weißlichen Farbe hatten die Finder das Metall »Platina del Pinto« genannt, kleines Silber vom Pinto. Die Untersuchungen zeigten jedoch sehr schnell, daß es sich nicht um Silber handeln konnte. Das neue Metall war merklich dichter als Silber, hatte einen höheren Schmelzpunkt und war weit weniger reaktionsfreudig. So bekam es einen eigenen neuen Namen: Platin. Aufgrund der hohen Schmelztemperatur und der chemischen Reaktionsträgheit eignete sich Platin hervorragend für den Bau chemischer Apparaturen, und entsprechend groß war die Nachfrage. Der englische Chemiker William Hyde Wollaston (1766 bis 1828) entwickelte um das Jahr 1800 eine Methode zur Herstellung hochwertiger Platingefäße (ein Verfahren, das er zeit seines Lebens geheimhielt und so sehr gut vermarkten konnte). Sein Erfolg spornte die anderen Chemiker um so mehr zu eigenen Untersuchungen an.

1803 fand der englische Chemiker Smithson Tennant (1761 bis 1815), daß dem Platin zwei chemisch ähnliche Metalle in kleinen Mengen beigemischt waren; er nannte sie Iridium nach dem griechischen Wort für Regenbogen (weil seine Verbindungen in den verschiedensten Farben schillerten) und Osmium nach dem griechischen Wort für Geruch (weil seine Verbindung mit Sauerstoff einen faulen Geruch verbreitet).

Während die Atomgewichte von Osmium, Iridium und Platin mit 190, 192 und 195 geringfügig niedriger sind als das von Gold, sind die drei Metalle allesamt dichter als Gold, und zwar umgekehrt zum Atomgewicht: Platin hat die Dichte 21 450 kg/m^3, Iridium 22 421 kg/m^3 und Osmium 22 480 kg/m^3. Da wir inzwischen alle Elemente kennen, die in natürlicher Form auf der Erde vorkommen, wissen wir, daß Osmium die höchste Dichte besitzt. Bewegen wir uns daher in die entgegengesetzte Richtung. Ich erwähnte bereits, daß Lithium das Metall mit der geringsten Dichte ist; mit 534 kg/m^3 hält es die untere Rekordmarke der Metalle. Es gibt natürlich Materialien, die eine noch geringere Dichte aufweisen, wie zum Beispiel Balsaholz, doch besteht dies zu einem Großteil aus eingeschlossener Luft, weil die Fasern nicht dicht an dicht liegen. Die Dichte des Balsaholzes ist also ein Durchschnittswert aus der Dichte des eigentlichen Holzes und der Dichte der eingeschlossenen Luft. Gleiches gilt für einen Tischtennis-Ball, dessen »mittlere« Dichte auch ganz gewaltig durch den großen Luftraum im Innern gesenkt wird. Wenn wir uns dagegen auf kompakte Substanzen beschränken wollen, dann müssen wir uns auf der Suche nach weniger dichten Materialien bei den Flüssigkeiten umschauen, die erst bei sehr tiefen Temperaturen erstarren (auf Temperaturen kommen wir noch genauer zurück).

Das Element mit dem geringsten Atomgewicht ist der Wasserstoff; er verfestigt sich bei einer Temperatur von minus 260 Grad Celsius und hat dann eine Dichte von 86,6 Kilogramm pro Kubikmeter. Damit ist fester Wasserstoff der Festkörper mit der geringsten Dichte, ganz gleich, wie weit man die Temperaturen auch absenken kann.

Flüssigkeiten haben im allgemeinen noch geringere Dichten als Festkörper. Dies gilt auch für Wasserstoff, denn flüssiger Wasserstoff hat bei minus 253 Grad Celsius nur noch eine Dichte von 70 kg/m^3. Damit ist flüssiger Wasserstoff auch die Flüssigkeit mit der geringsten Dichte.

Bleiben also noch die Gase.

Während die Atome oder Moleküle in Festkörpern und Flüssigkeiten engen Kontakt miteinander halten, können sie sich in Gasen frei bewegen: die Gasteilchen sind durch Vakuum voneinander getrennt. Gase können wir entsprechend nicht mehr zu den kompakten Substanzen rechnen, und so werden ihre Dichten weit geringer sein als die von Flüssigkeiten oder gar festen Körpern.

Wir können aber bestimmte Standardbedingungen für Temperatur und Druck des Gases festlegen und vereinbaren, die Dichte stets unter diesen äußeren Bedingungen zu messen. Solche Dichtewerte lassen sich dann untereinander vergleichen.

Bei vorgegebenen Bedingungen für Druck und Temperatur ist die Zahl der Atome oder Moleküle in einem bestimmten Volumen stets gleich, unabhängig vom jeweiligen Gas (darauf hatte bereits Avogadro hingewiesen), und das bedeutet, daß die Dichte proportional zur Masse der einzelnen Atome oder Moleküle ist.

Von jenen Substanzen, die unter den definierten Normalbedingungen gasförmig sind, hat Radon das höchste Atomgewicht. Radon ist jedoch radioaktiv und zerfällt so rasch, daß es in der Natur nur in geringen Mengen vorkommt; könnte man es auffangen und seine Dichte messen, so fände man einen Wert von 10,2 Kilogramm pro Kubikmeter.

Noch dichter wäre Uranhexafluorid, das jedoch unter Normalbedingungen noch ein Festkörper ist; es verwandelt sich aber schon bei nicht allzu hohen Temperaturen in ein Gas, dessen Moleküle aus einem Uranatom und sechs Fluoratomen bestehen, zusammen also das Molekulargewicht 352 besitzen. Uranhexafluorid hat eine Dichte von 16 kg/m^3 und hält damit wohl den Rekord, den wir unter angenäherten Standardbedingungen auf der Erde erwarten können.

Die Luft besteht hauptsächlich aus Sauerstoff und Stickstoff mit den Dichten 1,43 und 1,25 kg/m^3. Da Sauerstoff nur rund $1/5$ der Luft stellt, Stickstoff dagegen $4/5$, hat die Luft eine mittlere Dichte von 1,29 Kilogramm pro Kubikmeter.

So gering diese Dichte auch ist und so sehr wir uns auch an die Anwesenheit der Luft gewöhnt haben, daß wir sie manchmal völlig außer acht lassen, es sind dennoch beachtliche Massen im Spiel. Ein 23 Quadratmeter großer Wohnraum hat bei einer Deckenhöhe von 2,5 Metern ein Volumen von 57,5 Kubikmetern und enthält demnach knapp 75 Kilogramm Luft – so viel, wie als Standardgewicht eines Erwachsenen zum Beispiel für Aufzüge berechnet wird. Wäre dieser gleiche Raum mit Uranhexafluorid gefüllt, so würde er sogar 920 Kilogramm dieses Gases enthalten.

Eine Reihe von Gasen besitzt geringere Dichten als die Luft. Ammoniak zum Beispiel hat eine Dichte von 0,77 Kilogramm pro Kubikmeter, Methan 0,72 kg/m^3, Helium 0,18 kg/m^3 und Wasserstoff 0,09 kg/m^3.

Bislang haben wir aber nur Materialien hier auf der Erdoberfläche betrachtet. Wenn wir unseren Blick weiten, werden wir sehr bald auf Dichten treffen, die weit höher und weit niedriger liegen als das, was wir hier kennengelernt haben.

Der Druck auf die Erde

Unter dem Einfluß eines Schwerefeldes wird alles in eine bestimmte Richtung gezogen, die wir als »unten« empfinden. Dadurch entsteht das Gefühl eines »Gewichts«. Dieses Gewicht verteilt sich stets auf eine Fläche und übt entsprechend einen Druck aus, der als Gewicht pro Fläche angegeben wird.

Am Erdboden leben wir gewissermaßen auf dem Grund des Luftozeans, der auch durch die Anziehungskraft der Erde festgehalten wird. Sein Gewicht lastet auf uns und sorgt für den Luftdruck. Unter normalen Umständen merken wir jedoch nichts von diesem Luftdruck, da die Flüssigkeiten in unserem Gewebe mit dem gleichen Druck nach außen wirken und so den Luftdruck im Körper neutralisieren. So waren sich die Menschen die längste Zeit ihrer Geschichte hindurch der Tatsache des atmosphärischen Drucks gar nicht bewußt.

Dabei ist mehrfach in der Vergangenheit deutlich geworden, daß man Wasser selbst mit den stärksten Pumpen nie mehr als etwas über 10 Meter über das Ausgangsniveau bringen konnte, ganz gleich, wie sehr man auch den Pumpenschwengel bediente.

Die unterschiedlichsten Erklärungen waren für dieses Pumpenversagen genannt worden, bis sich im Jahre 1643 der italienische Physiker Evangelista Torricelli (1608–1647) der Dinge annahm und sie genauer untersuchte. Er fragte sich, ob nicht vielleicht auch die Luft ein Gewicht besäße wie jedes andere Ding. Dann nämlich müßte sie einen Druck ausüben, und es sollte dieser Druck sein, der das Wasser über sein Ausgangsniveau anhebt. Vielleicht gab es nur eine begrenzte Menge an Luft und entsprechend einen begrenzten Druck, der eben ausreichte, um Wasser etwas mehr als 10 Meter über den umgebenden Wasserstand anzuheben.

Um diesen Gedanken zu überprüfen, stellte Torricelli einen Versuch mit Quecksilber an, dessen Dichte etwa 13,6mal größer ist als die des Wassers. Wenn der Luftdruck einer rund 10 Meter hohen Wassersäule die Waage halten konnte, dann sollte er auch einer rund 3/4 Meter hohen Quecksilbersäule das Gleichgewicht bieten, denn diese Quecksilbersäule würde den gleichen Druck ausüben wie eine 10,33 Meter hohe Wassersäule.

Torricelli nahm also ein Glasrohr, dessen eines Ende verschlossen war, füllte es mit Quecksilber und verkorkte das andere Ende ebenfalls. Dann drehte er das Glasrohr um, hielt das untere Ende in eine Wanne mit Quecksilber und zog den Korken wieder heraus. Natürlich lief das Quecksilber jetzt wieder aus, aber nicht völlig – am Ende blieb eine 76 Zentimeter hohe Säule zurück, die offenbar von dem Luftdruck auf das Quecksilber in der Wanne ausbalanciert wurde.

Eine Quecksilbersäule mit einer Grundfläche von einem Quadratmeter und einer Höhe von 76 Zentimetern wiegt 10332 Kilogramm, und das bedeutet, daß das Gewicht der Luft über einem Quadratmeter der Erdoberfläche 10332 Kilogramm ausmacht (zumindest in Meereshöhe). Wir können daher sagen, der Luftdruck in Meereshöhe beträgt 10332 Kilogramm pro Quadratmeter, und wir können diesen Druck weiterhin »1 Atmosphäre« nennen.

Wir dürfen nicht vergessen, daß wir im Augenblick von »Gewichts-Kilogramm« sprechen, nicht von »Masse-Kilogramm«, wie es im metrischen System verwendet wird. Gewicht ist eine Kraft – die Kraft, die uns unter dem Einfluß eines Schwerefeldes gegen irgend etwas drückt.

Eine Kraft aber macht sich dadurch bemerkbar, daß sie eine Masse beschleunigen kann.

Stellen wir uns eine Kraft vor, die die Masse von einem Kilogramm in Bewegung setzt und durch ihre Einwirkung zunehmend schneller werden läßt. Die Kraft soll bewirken, daß sich dieses Kilogramm mit einer Geschwindigkeit von einem Meter pro Sekunde bis zum Ende einer Sekunde bewegt, 2 Meter in der Sekunde bis zum Ende von 2 Sekunden, 3 Meter in der Sekunde bis zum Ende von 3 Sekunden und so weiter. Die Größe dieser Kraft bezeichnet man dann als 1 Kilogramm-Meter pro Sekunde oder als »1 Newton«.

Ein Gewichts-Kilogramm entspricht daher einer Kraft von 9,806 Newton, weil die Anziehungskraft der Erde für eine Beschleunigung von 9,806 Meter pro Sekunde sorgt. Der Luftdruck in Meereshöhe errechnet sich somit zu 101 320 Newton pro Quadratmeter.

Die Wissenschaftler nennen einen Druck von 1 Newton pro Quadratmeter »1 Pascal«, nach dem französischen Physiker Blaise Pascal (1623–1662), der nach der Entdeckung Torricellis wichtige Experimente zum Verständnis des Luftdrucks angestellt hat. Der Normaldruck in Meereshöhe wird daher mit 101 320 Pascal oder rund 1013 Hektopascal angegeben.

Der Luftdruck ist jedoch nicht der stärkste Druck, den der menschliche Körper aushalten kann. Eine Wassersäule von 10,332 Meter Höhe übt einen Druck von 1 Atmosphäre (1013 Hektopascal) aus. Wer also in einem See rund 10 Meter tief taucht, unterliegt schon dem »doppelten Luftdruck«.

Der Körper kann auch diesem erhöhten Druck durch eine Druckzunahme in den Gewebeflüssigkeiten begegnen, und dies geht theoretisch beliebig weiter. Es gibt jedoch andere Komplikationen je tiefer und tiefer man taucht, die die Tauchtiefe oder den Außendruck begrenzen.

Die tiefste Stelle des Meeresbodens ist im Marianengraben zu finden. Da das Meerwasser salzig ist, hat es eine höhere Dichte als Süßwasser und übt so einen größeren Druck aus. Berücksichtigt man ferner, daß das Wasser tieferliegender Schichten durch den Druck des darüberliegenden Wassers noch geringfügig verdichtet wird, so kann man ausrechnen, daß der Wasserdruck in 11 Kilometern Tiefe bei 1070 Atmosphären oder 1 080 000 Hektopascal liegt. Dagegen konnten sich die Tiefsttaucher nur noch durch die extrem starken Wände des Bathyscaph schützen.

Doch auch der Wasserdruck an der tiefsten Stelle des Meeres ist keineswegs der größte Druck, dem wir auf der Erde begegnen können. Das feste Material des Erdballs hat eine größere Dichte als das Wasser der Meere und reicht auch tiefer hinab, so daß wir auf einer gedachten Reise in das Erdinnere sehr bald schon auf höheren Druck stoßen als im Marianengraben.

Bereits in einer Tiefe von 1000 Kilometern erreicht der Druck des Gesteins mehr als 40 Milliarden Pascal oder rund 400 000 Atmosphären. Für den Erdmittelpunkt errechnen die Wissenschaftler einen Druck von 364 Milliarden Pascal. Unter solchen Umweltbedingungen werden die Atome gestaucht, so daß die

Dichte der Elemente gegenüber den Werten an der Erdoberfläche steigt. Dabei werden die Elektronenhüllen zusammengepreßt, werden die Elektronen trotz ihrer gegenseitigen Abstoßung auf einen engeren Raum gezwängt.

Die Dichte des Gesteins nimmt von rund 3000 kg/m³ nahe der Erdoberfläche auf rund 6000 kg/m³ in 2900 Kilometer Tiefe zu; in dieser Tiefe liegt bekanntlich die Grenze zwischen festem Erdmantel und flüssigem Erdkern, der hauptsächlich aus Metall besteht. Im Zentrum der Erde liegt der Druck bei 3600000 Atmosphären.

Dieser Erdkern enthält im wesentlichen Eisen mit einer 10prozentigen Beimischung aus Nickel. In Meereshöhe hätte eine solche Mischung eine mittlere Dichte von 8000 Kilogramm pro Kubikmeter, doch in 2900 Kilometer Tiefe, wo der Druck der darüberliegenden Gesteinsschichten wirksam ist, erreicht die Dichte bereits 9700 kg/m³. Der Wert nimmt mit wachsender Tiefe noch weiter zu, und man nimmt an, daß er im Zentrum der Erde rund 13000 kg/m³ beträgt. Trotz der gewaltigen Lasten, die auf diesem Erdkern ruhen, ist die Dichte des dort vorhandenen Materials gerade halb so groß wie die Dichte von Osmium an der Erdoberfläche. Osmium hält den Dichterekord auf der Erde, ganz gleich, wo es sich befindet (befände sich Osmium im Bereich des Erdkerns, so läge die Dichte dort sogar bei 35000 Kilogramm pro Kubikmeter).

Menschen werden wohl kaum jemals so tief in das Innere der Erde vordringen, daß sie die Auswirkungen dieses gewaltigen Drucks am eigenen Körper verspüren könnten. Höherer Druck kann aber auch im Laboratorium erreicht werden.

Der französische Physiker Emile Hilaire Amagat (1841–1915) war ein Pionier auf diesem Gebiet. Bereits vor hundert Jahren konnte er ein kleines Volumen durch mechanischen Druck und äußerst dichte Wandungen auf 3000 Atmosphären verdichten. Bei dem Versuch, zu noch höheren Druckwerten vorzustoßen, scheiterte er jedoch an den Dichtungen, die dann schließlich nachgaben. Trotzdem erreichte Amagat einen Druck, der dreimal so hoch war wie der in den tiefsten Tiefen des Ozeans.

Im Jahre 1905 untersuchte der amerikanische Physiker Percy William Bridgman (1882–1961) im Rahmen seiner Doktorarbeit am Harvard College den Einfluß hohen Drucks auf bestimmte optische Phänomene. Dabei erwachte sein Interesse, immer höheren und höheren Druck zu erzielen, und er entwickelte dafür immer bessere Dichtungssysteme. Bald schon erreichte er einen Druck von 12000 Atmosphären, dann 20000, 100000 und schließlich 425000 Atmosphären – fast ein Achtel des Drucks im Zentrum der Erde.

In jüngerer Zeit konnte Peter M. Bell von der Carnegie-Stiftung eine Apparatur entwickeln, die Materialproben zwischen zwei Diamanten zusammenpreßt; damit erzielte er einen Druck von 1,5 Millionen Atmosphären, doch auch er wurde noch übertrumpft. Am California Institute of Technology hat man durch den Beschuß von Materie mit Hochgeschwindigkeitsprojektilen an den Einschlagstellen kurzfristig einen Druck von mehreren Millionen Atmosphären erzielt. Auf diese Weise hoffen die Wissenschaftler etwas über die Strukturveränderungen der Materie unter hohem Druck zu erfahren, um damit auch den Aufbau der Erde und der anderen Planeten besser rekonstruieren zu können.

Außerirdische Drücke

Der Druck im Erdmittelpunkt setzt zwar einen planetaren Rekord, doch wird er innerhalb des Sonnensystems noch an mehreren Stellen überboten. Wir kennen vier Planeten, die mehr Masse besitzen als die Erde und folglich in ihrem Zentrum auch einen höheren Druck aufweisen müssen, weil dort jeweils eine größere Masse in einem stärkeren Gravitationsfeld zum Zentrum gezerrt wird. Den Rekord hält der Planet Jupiter, für den man einen Zentraldruck von 100 Millionen Atmosphären errechnet hat.

Unter solchen Verhältnissen sind die Atome Belastungen ausgesetzt, die an die Grenze ihres Widerstandsvermögens reichen. Schon bald nach der Entschleierung des Atomaufbaus durch Rutherford 1911 wurde deutlich, daß Atome unter einem genügend hohen Druck zusammenbrechen müssen.

Normalerweise ist nahezu die gesamte Masse eines Atoms im Kern vereint. Dieser Atomkern ist von einer vergleichsweise riesigen Elektronenwolke umgeben, die dem gesamten Atom ein großes, weitgehend leeres Volumen verschafft. Dadurch können die Atomkerne sich gegenseitig nicht berühren – die Elektronen wirken wie gute Stoßstangen. Bei genügend hohem Druck bricht die Elektronenschale jedoch zusammen, und die freien Atomkerne kommen zum Vorschein. Jetzt können sie miteinander zusammenstoßen und reagieren. Handelt es sich vorwiegend um Wasserstoff, dann sind die Atomkerne nichts anderes als freie Protonen, die durch Verschmelzung in Heliumkerne überführt werden; bei dieser »Kernfusion« wird eine bestimmte Energiemenge freigesetzt. Ein entsprechend massereicher kosmischer Körper (der mindestens ein Vielfaches der Jupitermasse enthalten muß) kann auf diese Weise genügend Energie erzeugen, um Licht abzustrahlen – ein Stern ist entstanden.

So leuchtet auch die Sonne schon seit Jahrmilliarden; sie enthält 1020 Jupitermassen und dürfte einen Zentraldruck von 330 Milliarden Atmosphären besitzen. Das reicht bestimmt, um die Atome im Sonnenkern zu knacken und der Kernfusion die Wege zu ebnen.

Wenn die Elektronenhüllen aufgebrochen sind und die Atomkerne näher als normal zusammenrücken können, sprechen die Physiker von »entarteter Materie«; die Dichte dieses Stoffs ist natürlich viel größer als die Dichte unter normalen Bedingungen. Man nimmt an, daß im Innern der Sonne eine Dichte von 160000 Kilogramm pro Kubikmeter erreicht wird, rund das Siebenfache der Dichte von Osmium.

Nahe dem Sonnenmittelpunkt ist das meiste Material inzwischen in Helium umgewandelt worden, dessen Atomkerne viel weniger Masse enthalten als die Osmiumatome. Und dennoch eine so hohe Dichte zu erzielen, müssen die Atomkerne auf rund 1/7 des Abstands gebracht werden, den die Osmiumatome unter Normalbedingungen haben. Da die Atomkerne unter diesen Normalbedingungen aber rund 200000 Kerndurchmesser voneinander entfernt sind, heißt dies, daß die Heliumkerne im Innern der Sonne immer noch etwa 30000 Kerndurchmesser Abstand zueinander haben. Wären die Heliumkerne so groß wie Tischtennis-Bälle, dann hätten diese Bälle im gleichen Verhältnis Abstände in der Größenordnung von rund einem Kilometer. Kaum jemand wird auf die Idee kommen, diese Tischtennisbälle als in ihrer Bewegungsfreiheit eingeengt anzusehen, und so können die Physiker die Materie im Innern der Sonne trotz der enormen Dichte, die dort anzutreffen ist, als ein Gas betrachten und behandeln.

Die Sonne ist jedoch nur ein durchschnittlicher Stern. Wir haben schon gesehen, daß es andere Sterne gibt, die 50 Sonnenmassen und mehr enthalten können. Doch obwohl die Zentraldrücke und -dichten bei ihnen über denen der Sonne liegen, können auch sie bei weitem nicht mit Rekordwerten aufwarten.

Wir haben schon gelernt, daß die Sterne vor dem Zusammenbruch unter ihrer eigenen Massenanziehung nur bewahrt werden, weil im Innern durch die Kernfusion extrem hohe Temperaturen produziert werden. Wenn jedoch der Kernbrennstoff im Innern verbraucht ist und der Stern nicht mehr genügend Energie produzieren kann, um der Anziehungskraft Einhalt zu gebieten, dann muß er kollabieren. Bei einem solchen Sternkollaps wird nahezu die gesamte Materie in den Zustand der Entartung überführt. Damit aber steigen sowohl der Druck als auch die Dichte im Innern des Objekts.

Der erste kollabierte Stern, der gefunden wurde, war der Begleiter des Sirius. 1844 beobachtete Bessel (der zuvor schon die erste Fixsternparallaxe gemessen hatte), daß Sirius am Firmament eine Pendelbewegung zeigt, als ob er von dem Schwerefeld eines anderen Sterns in eine gemeinsame Umlaufbewegung gezwungen würde. Bessel konnte jedoch diesen Begleiter nicht sehen und nahm daher an, daß es sich um einen erloschenen Stern handeln müsse.

Im Jahre 1862 fand Alvan Graham Clark diesen Siriusbegleiter dann doch noch; er leuchtete jedoch so schwach, daß es sicher kein normaler Stern mehr sein konnte, obwohl man aus der Bahnbewegung auf eine Masse von 1,05 Sonnenmassen schloß. Sirius-B, wie der Begleiter bald genannt wurde, war offenbar ein zwar noch nicht toter Stern, aber ein sterbender Stern.

Als der amerikanische Astronom Walter Sydney Adams (1876–1956) im Jahre 1915 ein Spektrum von Sirius-B aufnehmen konnte, wurde deutlich, daß die Temperatur an der Oberfläche des Sterns vergleichbar war mit der von Sirius-A, dem »Hauptstern« dieses Sternpaars. Warum aber erschien er dann im Vergleich zu diesem so lichtschwach?

Die einzig mögliche Antwort konnte nur sein, daß Sirius-B viel kleiner als Sirius-A sein mußte. Aus neueren Messungen wissen wir denn auch, daß dieser Stern einen Durchmesser von nur rund 11100 Kilometern hat. Er ist also kleiner als die Erde, trotzdem aber leuchtet er weiß wie ein heißer Stern. Bei diesen beiden Auffälligkeiten: helles Leuchten und geringe Größe, kann es sich aber nur um einen »Weißen Zwerg« handeln.

Trotz der geringen Größe enthält Sirius-B 1,05 Sonnenmassen. Er war eben einmal ein großer Stern, der mangels innerer Energie dem Kollaps unter der eigenen Massenanziehung erlag.

Wir kennen inzwischen eine ganze Reihe solcher Weißer Zwerge. Wenn ein Körper, der – wie Sirius-B – kleiner als die Erde ist, dennoch 1,05 Sonnenmassen in sich enthält, so muß die Dichte in diesem Objekt gewaltig sein. Der mittlere Dichtewert liegt denn auch bei 2,9 Milliarden kg/m^3, und er dürfte zum Zentrum hin sogar auf 33 Milliarden kg/m^3 ansteigen. Trotz dieser enormen Dichte sind die Atomkerne im Kern eines solchen Weißen Zwergs immer noch so weit voneinander entfernt, daß sie sich physikalisch wie ein Gas verhalten; in unserem Ping-Pong-Modell hätten die Tischtennisbälle einen Abstand von immer noch 15 Metern zueinander.

Je massereicher ein Stern aber ist, desto stärker ist auch sein Gravitationsfeld und desto katastrophaler wird der Kollaps am Ende der Entwicklung sein. Bei genügend großer Masse kann dieser Zusammenbruch so weit gehen, daß sich die Atomkerne gegenseitig berühren. Man spricht dann von einem Neutronenstern, dessen erstes Exemplar 1967 von einer englischen Astronomiestudentin mit Namen Jocelyn Bell, die im Team von Antony Hewish arbeitete, aufgestöbert wurde.

Damit ein Stern zu einem Neutronenstern werden kann, muß er eine Masse von mindestens 1,44 Sonnenmassen enthalten. Unter anderem für die Berechnung dieser Mindestmasse erhielt der aus Pakistan stammende Astronom Subrahmanyan Chandrasekhar 1983 den Physiknobelpreis. Neutronensterne sind nur einige 10 Kilometer groß, und ihre Dichte ist vergleichbar mit der Dichte im Innern eines Atomkerns. In gewisser Weise kann man daher einen Neutronenstern als einen überdimensionalen Atomkern ansehen. In Zahlen ausgedrückt finden wir die Dichte eines Neutronensterns in der Größenordnung von 10^{18} Kilogramm pro Kubikmeter (1 Trillion kg/m^3). Weil sich jetzt die Atomkerne gegenseitig berühren, verhält sich die Materie auch nicht mehr wie ein Gas, sondern wie ein fester Körper – ungeachtet der hohen Temperaturen, die im Innern eines solchen Sterns herrschen müssen.

Aber auch ein Neutronenstern markiert noch nicht die Grenze dessen, was in der Natur vorkommen kann. Genügend massereiche Sterne können bei ihrem Kollaps auch noch die Grenze der Atomkerne durchbrechen, denn selbst Atomkerne können dem Gravitations»druck« nicht beliebig Widerstand leisten. Wenn auch sie unter der Last zusammenbrechen, kann der weitere Kollaps durch nichts mehr aufgehalten werden.

Am Ende dieser Entwicklung steht dann ein »Schwarzes

Loch«, in dem die Materie immer weiter und weiter kollabiert, bis der Druck und die Intensität des eigenen Schwerefeldes ins Unendliche steigen. Die meisten Astronomen glauben, daß es solche Schwarzen Löcher im Universum gibt und daß sie bereits einige »entdeckt« haben.

Vakuum

Gehen wir jetzt in eine andere Richtung. Die am wenigsten dichte Substanz in Meereshöhe ist das Gas: Wasserstoff, dessen Dichte nur 0,09 Kilogramm pro Kubikmeter beträgt. Wir können daraus schließen, daß ein Kubikmeter Wasserstoffgas $2{,}7 \times 10^{25}$ Wasserstoffmoleküle enthält.

Gleiches gilt für alle anderen Gase, wie Avogadro gezeigt hatte, so daß auch ein Kubikmeter Luft 27 Quadrillionen Moleküle enthält. Luft ist aber ein Gemisch aus verschiedenen Gasen, obgleich 99 von 100 Molekülen entweder Sauerstoff- oder Stickstoffmoleküle sind; das hundertste Molekül gehört mal zu dem einen Gas, mal zu einem anderen, aber selbst die seltensten Komponenten kommen bei diesen Massen von Molekülen auch in einem Kubikmeter noch recht oft vor. So stellt das seltene Gas Radon lediglich 6×10^{-19} aller Moleküle in der Luft (weniger als 1 Trillionstel), und doch enthält jeder Kubikmeter Luft in Meereshöhe normalerweise 16 Millionen Radonatome.

Obwohl die Zahl der Moleküle in einem Kubikmeter also sehr groß ist, sind die Moleküle selbst so winzig, daß der Abstand zwischen den einzelnen Partikeln rund hundertmal so groß ist wie ihr Durchmesser. Anders als die Moleküle in festen Körpern werden die Gasmoleküle nicht durch starke Kräfte zusammengehalten, sondern lediglich durch den Druck der darüberliegenden Gase, die von der Anziehungskraft der Erde heruntergezogen werden. Könnte man den Luftdruck verringern, dann würden sich die Moleküle weiter ausbreiten, und die Dichte des Gases würde abnehmen. Ohne jeden äußeren Druck könnten sich die Gasmoleküle sogar völlig frei bewegen und würden sich entsprechend beliebig weit voneinander entfernen, so daß ein Vakuum zurückbliebe.

Eine Möglichkeit, den Luftdruck zu verringern, bestünde zum Beispiel darin, die Anziehungskraft der Erde zu vermindern. Dies ist zwar möglich, doch sehen wir am Beispiel von

Mond und Merkur, welche Folgen das hat: beide Himmelskörper besitzen keine Atmosphäre mehr.

Eine andere Möglichkeit zur Reduzierung des Luftdrucks ist das Vordringen in größere Höhen. Dabei lassen wir nämlich immer mehr von der Atmosphäre unter uns, so daß weiter oberhalb nur noch wenige Gase anzutreffen sind, deren Druck entsprechend geringer ist.

Zum ersten Mal wurde dieser Zusammenhang von Blaise Pascal im Jahre 1646 bewiesen. Er schickte seinen Schwager mit zwei Barometern auf einen Berg in der Nähe und trug ihm auf, den Luftdruck mit steigender Höhe zu verfolgen. Am Ende, rund 1600 Meter über dem Meer, konnte der geringere Luftdruck nur noch eine Quecksilbersäule von 68 Zentimetern Höhe ausbalancieren (in Meereshöhe reicht er bekanntlich für eine Quecksilbersäule von 76 Zentimetern Höhe). Bliebe die Dichte der Luft mit zunehmender Höhe unverändert, dann würde die Atmosphäre nur etwa 5 Kilometer weit reichen, weil schon eine 5 Kilometer hohe Luftsäule konstanter Dichte genügt, um den beobachteten Druck in Meereshöhe zu erzeugen. Je weiter wir aber nach oben in die Atmosphäre vordringen, desto geringer wird der Luftdruck und desto weiter können sich die einzelnen Moleküle voneinander entfernen. Die Dichte der Atmosphäre nimmt also mit wachsender Höhe ebenfalls ab, so daß die Atmosphäre insgesamt, wie wir bereits gesehen haben, viel weiter reicht.

Am Gipfel des Mount Everest liegt der Luftdruck nur noch bei knapp einem Drittel des Wertes in Meereshöhe – bei 31400 Pascal. Mit Ballonen und Forschungsraketen haben die Wissenschaftler die Abnahme des Luftdrucks mittlerweile bis in große Höhen verfolgen können: in 10 Kilometer Höhe beträgt er noch 28000 Pascal, in 50 Kilometer Höhe 101 Pascal (rund 1/1000 des Luftdrucks in Meereshöhe) und in 220 Kilometer Höhe nur noch 0,00002 Pascal. Man könnte meinen, daß man bereits in 50 Kilometer Höhe eine so dünne Restatmosphäre antrifft, daß man hier eigentlich schon vom Vakuum reden könnte, doch selbst in 220 Kilometer Höhe enthält 1 Kubikmeter immer noch 5 Billiarden Atome oder Moleküle. Diese Dichte reicht aus, um künstliche Satelliten allmählich abzubremsen und zum Absturz zu bringen – wie seinerzeit im Fall des amerikanischen Himmelslabors Skylab.

Je weiter man sich von der Erde entfernt, desto mehr nimmt die Gasdichte ab, ohne aber jemals Null zu erreichen. Die Sonne gibt nämlich ständig große Mengen von Elementarteilchen an den umgebenden Weltraum ab, die als »Sonnenwind« den interplanetaren Raum erfüllen. In der Umgebung des Erde-Mond-Systems liegt die Dichte dieser Teilchenströmung zwischen rund 5 und 80 Millionen Teilchen pro Kubikmeter, wovon die meisten Protonen sind, Kerne des Wasserstoffatoms.

Dies hört sich immer noch nach sehr viel an, ist aber nicht einmal mehr ein Trillionstel der Dichte von Luft in Meereshöhe.

Und wie sieht es im interstellaren Raum aus?

Dort, im Bereich zwischen den Sternen, ist die Materie nicht mehr gleichmäßig verteilt. Wir kennen Gas- und Staubwolken, die ungefähr 4 Prozent des Raumes im Bereich der Spiralarme erfüllen. Sie bestehen im wesentlichen aus Protonen (wenn heiße Sterne in der Umgebung sind) oder intakten Wasserstoffatomen, wenn es sich um kalte Regionen handelt. Solche Wolken können bis zu 100 Millionen Teilchen pro Kubikmeter enthalten. Aufgrund von radioastronomischen Untersuchungen wissen wir, daß dazu auch Moleküle gehören können, sogar komplexere Kohlenstoff-Verbindungen.

Zwischen diesen Wolken treffen wir dagegen allenfalls auf einige hunderttausend Wasserstoffatome pro Kubikmeter, doch auch diese Regionen sind nicht völlig leer, weil die stellaren Winde ihre Teilchen bis in diese Gegenden hinaustreiben. Erst der Raum zwischen den Galaxien, fernab aller Sterne, scheint auf den ersten Blick leer, rechnet man hier doch nur noch mit 0,1 Atomen pro Kubikmeter. Würde man jedoch aus diesem »Pseudo-Vakuum« ein Volumen von der Größe der Erde herausgreifen können, so enthielte dies immer noch 10 Trillionen Wasserstoffatome. Der Weltraum ist nirgends *wirklich* leer.

Auch die Menschen haben gelernt, Zonen geringeren Drucks zu schaffen (die wir etwas voreilig »luftleer« nennen oder »Vakuum«). Torricelli war vermutlich der erste, als er sein mit Quecksilber gefülltes Glasrohr kopfüber in das Quecksilberbad tauchte und das Metall auslaufen ließ. Der Raum, der am oberen Ende dieses Rohres freigegeben wurde, enthält keine Luft, sondern allenfalls Spuren von Quecksilber-Dampf – ein solches Vakuum wird »Torricelli-Vakuum« genannt.

Der Quecksilberdampf verunreinigt das Vakuum also, und er sorgt unter normalen Temperaturbedingungen für eine Dichte von 35 Trillionen Quecksilberatomen pro Kubikmeter.

Seither sind viele unterschiedliche Pumpverfahren entwickelt worden, um einen abgeschlossenen Behälter so weit wie möglich zu evakuieren. Bis auf 3×10^6 Teilchen pro Kubikmeter ist man dabei gekommen – vergleichbar etwa mit der Dichte im interplanetaren Raum.

Teil IV
Die Horizonte der Energie

21. Kapitel – Hohe Temperaturen

Schmelz- und Siedepunkte

So wie die Dichte ein Maß für die Massekonzentration in einem vorgegebenen Volumen ist, kann man die Temperatur als ein Maß für die Energiekonzentration in einem Volumen bezeichnen. Die Temperatur spielt bei vielen Prozessen eine Rolle, und wir selbst spüren sie auch an unserem Körper.

Unser Temperaturgefühl ist daher zunächst eine biologische Empfindlichkeit. Objekte fühlen sich warm oder kalt an, je nachdem, ob Wärme von ihnen zu uns fließt oder umgekehrt. Im einen Fall steigt die Körpertemperatur am Berührungspunkt, im anderen Fall nimmt sie ab. Unser Gehirn meldet uns dann das entsprechende Temperaturempfinden.

Wärme oder Kälte macht sich aber auch über eine gewisse Entfernung bemerkbar, zum Beispiel, wenn wir vor einem Kaminfeuer stehen oder in einem Eiskeller. Hier sorgen Luftströmungen für den Wärmeaustausch vom Feuer zum Körper oder vom Körper zum Eis. Galilei hat als erster versucht, Temperaturen vom persönlichen Empfinden unabhängig zu bestimmen – er baute das erste Thermometer. Zu jenem Zeitpunkt wußte man schon, daß sich die Körper bei steigender Temperatur ausdehnen, und so nahm Galilei diese Ausdehnung als Maß für die Temperatur an.

Galilei erwärmte ein Glasgefäß, an das sich ein langes Glasrohr anschloß, und stellte das ganze Gefäß dann kopfüber ins Wasser. Die Glaswandungen kühlten sich ab und mit ihnen die Luft im Gefäß, die sich daraufhin zusammenzog, so daß Wasser im Rohr emporsteigen konnte. Veränderte sich die Temperatur des Glases, so änderte sich auch der Wasserstand in dem Glasrohr. Allerdings führten auch Luftdruckschwankungen zu einer Wasserstandsänderung, so daß die Methode nicht sonderlich genau war – aber sie stellte immerhin einen Anfang dar. Im Jahre 1654 setzte der Großherzog Ferdinand II. aus der Toskana (1610–1670) ein luftdicht verschlossenes Glasrohr zur Temperaturmessung ein. Er verwandte als »Anzeige« den Stand einer Alkoholsäule und war aufgrund des abgeschlossenen Systems von Luftdruckschwankungen unabhängig.

Das erste, auch für wissenschaftliche Zwecke hinreichend genaue Thermometer baute der deutsch-holländische Physiker Gabriel Daniel Fahrenheit (1686–1736) im Jahre 1714. Er benutzte Quecksilber, das er in ein luftdicht verschlossenes Röhrchen gefüllt hatte, als Temperaturmesser und versah das Ganze mit einer Skala. Den Nullpunkt markierte er dort, wo die Quecksilbersäule sich bei der niedrigsten Temperatur einpegelte, die er aus einer Mischung aus Wasser, Eis und Salz erzielen konnte, während er die Anzeige für die Körpertemperatur eines gesunden Menschen mit dem Wert 96 Grad versah. In dieser Skala lag der Gefrierpunkt des Wassers bei 32 Grad, sein Siedepunkt bei 212 Grad.

Die Fahrenheit-Skala blieb jedoch nicht lange allein, und aufgrund ihrer willkürlich gewählten Marken ist sie auch physikalisch wenig sinnvoll, wird aber immer noch in Amerika verwendet. Rund 30 Jahre später entwickelte der schwedische Astronom Anders Celsius eine andere Skala, die den Gefrierpunkt des Wassers als Nullpunkt hatte und seinen Siedepunkt mit 100 Grad gleichsetzte. Ursprünglich hieß diese Skala Centigrad-Skala, doch wurde sie 1948 in Celsius-Skala umbenannt. Die Celsius-Skala wird auf der ganzen Erde verwendet und setzt sich allmählich auch in den USA durch.

Nachdem genügend genaue Thermometer entwickelt waren, begannen die Menschen auch, sich dafür zu interessieren, welch hohe Temperaturen denn wohl erreichbar wären.

Die Temperatur in unserer normalen Umgebung verändert sich natürlich im Laufe von Tag und Nacht oder im jahreszeitlichen Rhythmus. Meist bleibt sie niedriger als die Körpertemperatur, kann jedoch in Extremfällen auch weit darüber steigen. So wurde beispielsweise am 10. Juli 1913 im kalifornischen Tal des Todes eine Rekordtemperatur von 56,7 °C gemessen; noch heißer war es am 13. September 1922 in Azizia/Libyen, wo das Thermometer 58 Grad anzeigte.

Es gibt aber noch weit höhere Temperaturen an oder wenig über der Erdoberfläche. Blitze erzeugen – wenn auch kurzfristig – extreme Werte, und auch Vulkaneruptionen sind mit hohen Temperaturen verbunden. Durch solche Ereignisse können auf jeden Fall Waldbrände ausgelöst werden.

Solche Waldbrände gibt es demnach, solange es Wälder auf dieser Erde gegeben hat – das Feuer ist also viel älter als die Menschheit. Die Menschen waren jedoch die ersten, die sich das Feuer zunutze machten, anstatt vor ihm zu fliehen. Schon vor 500 000 Jahren dürfte der *Homo erectus*, ein Vorläufer der heutigen Menschen mit noch recht kleinem Gehirn, in Gruppen um das sorgsam gehütete Lagerfeuer gesessen haben.

Homo erectus (und viele tausend Jahre hindurch auch noch der *Homo sapiens*) kannte nur das natürliche Feuer, das etwa bei einem Blitzschlag entstanden war, und entsprechend war man darauf bedacht, ständig für Brennstoff zu sorgen. Wenn das Feuer ausging, mußte man sich entweder beim Nachbarn ein brennendes Scheit besorgen oder – falls kein anderes Lagerfeuer in erreichbarer Nähe war – eben warten, bis der Blitz ein neues Feuer entzündete. Wahrscheinlich gelang es den Menschen erst um das Jahr 7000 v. Chr., selbst ein Feuer zu entfachen.

Das Feuer, das die frühen Menschen zum Wärmen und Kochen nutzten, ist das Ergebnis einer chemischen Reaktion, bei der die Dämpfe von erwärmtem organischen Material wie Holz oder Öl sich mit dem Sauerstoff der Luft verbinden. Bei dieser Reaktion entsteht genügend Wärme, daß die Flammen Licht aussenden können – die Temperaturen können bis zu 1000 Grad Celsius erreichen.

Mit Hilfe des Feuers konnten die Menschen also Temperaturen erzielen, bei denen Prozesse in Gang kommen, die normalerweise nicht ablaufen würden. Hängt man beispielsweise einen Wasserkessel über das Feuer, so wird das Wasser schon bald zu kochen beginnen (was durch bloße atmosphärische Einwirkung sicher nicht zu erreichen wäre). Die Hitze des Feuers kann zur Zubereitung der Speisen genutzt werden, kann Sand in Glas überführen, Ton zu Ziegelsteinen brennen und Metalle aus Erzen herauslösen.

Ein Holzfeuer läßt aber nur beschränkte Temperaturen zu. Wir kennen heute eine Reihe von anderen chemischen Reaktionen, die eine viel größere Energieausbeute garantieren. Wasserstoff und Sauerstoff verbrennen beispielsweise mit einer Flammentemperatur von 2800 Grad Celsius, Sauerstoff und Azetylen bei 3300, und wenn atomarer Wasserstoff sich in molekularen Wasserstoff verwandelt, werden sogar rund 3500 Grad erreicht. Kurzzeitig können wir sogar noch weit höhere Temperaturen zustande bringen.

Die Möglichkeit, solche Temperaturen zu erzeugen und sie auch genau genug zu messen (mit anderen Apparaturen als unserem vertrauten Thermometer), erlaubte auch, die Schmelzpunkte vieler an sich fester Materialien zu bestimmen.

Der einzige weit verbreitete Festkörper, der unter Standardbedingungen schmilzt, ist (Wasser-)Eis. Die Menschen lernten aber schon in frühgeschichtlicher Zeit, auch Metalle mit Hilfe von hohen Temperaturen zu schmelzen. Eines der sieben Metalle des klassischen Altertums ist bereits unter normalen Temperaturverhältnissen flüssig: Quecksilber; Blei und Zinn konnten schon mit recht einfachen Methoden verflüssigt werden, denn Zinn schmilzt bei 231,9 Grad Celsius, Blei bei 327,5 Grad. Die Schmelzpunkte von Silber, Gold und Kupfer liegen weit höher: bei 960,8 °C, 1063 °C und 1083 °C. Den höchsten Schmelzpunkt der klassischen Metalle aber besitzt das Eisen, das erst oberhalb von 1535 °C flüssig wird.

Die genannten Schmelztemperaturen gelten nur für die reinen Metalle. Legierungen haben meist niedrigere Schmelzpunkte. Dennoch sind auch die Eisenlegierungen viel temperaturbeständiger als andere Legierungen, und das dürfte mit ein Grund dafür sein, warum die Menschen das Eisen erst sehr spät zu nutzen lernten, obwohl es weit häufiger ist als die anderen Metalle und noch dazu für die meisten Zwecke am besten geeignet ist.

So begnügte man sich zunächst mit Bronze, einer Legierung aus Kupfer und Zinn, die hart genug war, um daraus Werkzeuge und Waffen herzustellen. Der Gebrauch von Bronze setzte sich um die Mitte des vierten vorchristlichen Jahrtausends allmählich durch. Eisen dagegen konnte erst um das Jahr 1400 v. Chr. oder mehr als zweitausend Jahre später aus Eisenerz gewonnen werden. Mit einfachen Holzfeuern war die erforderliche Wärme dafür nicht bereitzustellen, so erlaubte erst die Erfindung und der Einsatz von Holzkohle die Eisenverhüttung.

Gestein ließ sich noch schwerer schmelzen als alle schon bekannten Metalle. Aluminium-Silikat, Kalzium-Silikat oder auch Magnesium-Silikat, die häufigsten Bestandteile irdischen Gesteins, schmelzen erst bei einer Temperatur von rund 2000 Grad Celsius.

Inzwischen kennen wir aber Metalle, deren Schmelztemperatur noch weit höher liegt. Den Rekord hält Wolfram mit 3180 Grad Celsius, und deswegen verwendet man auch Wolframdrähte für die Leuchtfäden in einer Glühlampe. Sie können den hohen Temperaturen am besten widerstehen, vor allem dann, wenn sie von einem Edelgas wie etwa Argon umgeben sind.

Zwei der Elemente mit hohen Schmelztemperaturen gehören nicht zu den Metallen: Bor, das erst bei 2300 Grad Celsius flüssig wird, und Kohlenstoff, der erst bei 3500 Grad sublimiert, das heißt, direkt vom festen in den gasförmigen Zustand übergeht, ohne vorher zu verflüssigen. Kohlenstoff bleibt demnach von allen chemischen Elementen bei steigender Temperatur am längsten ein fester Körper.

Atome unterschiedlicher Elemente können miteinander zu Hochtemperatur-Verbindungen reagieren (solche Verbindungen sind etwas anderes als die Legierungen, die lediglich eine möglichst gleichmäßige Durchmischung der Bestandteile darstellen). Am besten eignen sich dazu Verbindungen aus einem Metall mit einem kleinen Nichtmetall-Atom wie Bor, Kohlenstoff, Sauerstoff oder Stickstoff. Mindestens neun solcher Verbindungen sind bekannt, die auch bei Temperaturen um 3000 Grad noch fest sind, und den Rekord hält Hafniumkarbid, das erst bei 3890 Grad Celsius flüssig wird. Oberhalb dieser Temperatur können nur noch Gase und Flüssigkeiten existieren.

Wenn die Temperatur noch weiter ansteigt, werden irgendwann auch alle Flüssigkeiten zu sieden begonnen haben und schließlich zu Gasen verdampfen. Platin siedet beispielsweise bei 4300 Grad Celsius, Osmium bei 5300 Grad und Rhenium sowie Wolfram bei etwa 5900 Grad Celsius. Den Rekord halten hier Tantal und die Verbindung Wolframkarbid, die beide erst bei 6000 Grad zu sieden beginnen. Jenseits von 6000 Grad können unter den Bedingungen an der Erdoberfläche nur noch Gase existieren.

Planeten und Sterne

Was aber, wenn wir die Oberfläche der Erde verlassen? Wie sehen die Verhältnisse auf anderen Planetenoberflächen aus?

Im Sonnensystem gibt es drei große Körper, die so nahe an der Sonne sind wie die Erde (oder näher): der Mond und die beiden Planeten Merkur und Venus.

Der Mond umrundet die Erde in einer Entfernung, die klein ist im Verhältnis zur Strecke Sonne – Erde, so daß wir getrost sagen dürfen, der Mond ist ebenso weit von der Sonne entfernt wie die Erde. Entsprechend sollte man erwarten, daß er auch eine vergleichbare Oberflächentemperatur besitzt.

Die Erde verfügt jedoch über eine Atmosphäre, die die Wärme speichern und transportieren kann, so daß es tagsüber nicht so heiß und nachts nicht so kalt wird wie ohne Atmosphäre. Der Mond dagegen besitzt keine Atmosphäre, und so können wir an der Mondoberfläche größere Temperaturschwankungen beobachten. Hinzu kommt, daß der Mond relativ zur Sonne rund 29,5 Tage für eine Umdrehung benötigt und entsprechend einen Punkt seiner Oberfläche jeweils knapp 15 Tage dem Sonnenlicht aussetzt.

Dadurch steigt die Temperatur am Mondäquator auf über hundert Grad Celsius an, während sie nachts weit unter minus 100 Grad absinkt.

Merkur ist der sonnennächste Planet und kann sich dem Zentralstern bis auf 46 Millionen Kilometer oder 30 Prozent der Entfernung Sonne – Erde nähern. Auch Merkur besitzt keine Atmosphäre und dreht sich relativ zur Sonne noch langsamer als der Mond. Daher erreicht die Temperatur »tagsüber« Werte von bis zu 425 Grad Celsius. Gäbe es metallisches Blei und reinen Zinn auf der Merkuroberfläche, dann würden diese Metalle in der prallen Mittagssonne schmelzen.

Dennoch hält Merkur nicht den Temperaturrekord im Sonnensystem. Obwohl die Venus mit einer Entfernung von 108 Millionen Kilometer zur Sonne mehr als doppelt so weit vom Zentralstern entfernt ist wie Merkur und darüber hinaus eine äußerst dichte Atmosphäre besitzt, deren Bodendruck dem 90fachen des irdischen Luftdrucks entspricht (eine Atmosphäre, die die Temperatur mehr oder minder gleichmäßig über die gesamte Planetenoberfläche verteilen kann), obwohl Venus darüber hinaus von einer dichten Wolkenhülle umgeben ist, die etwa 75 Prozent des auftreffenden Sonnenlichts gleich wieder in den Weltraum reflektiert – trotz all dieser Gründe, die uns annehmen lassen sollten, daß die Venusoberfläche weit kühler ist als die Merkuroberfläche, sieht die Wirklichkeit anders aus: die Temperatur an der Venusoberfläche liegt mit 475 Grad Celsius sogar noch deutlich über der Temperatur am heißesten Punkt des Merkur. Schuld daran ist der hohe Kohlendioxidgehalt der Venusatmosphäre, der wie die Glasscheiben eines Treibhauses wirkt und die Wärmestrahlung der Venusoberfläche nicht so einfach in den Weltraum hinaus entweichen läßt. Und während Merkur wenigstens nachts noch eine Abkühlung erfährt, sorgt die Venusatmosphäre für einen Temperaturausgleich zwischen Tag und Nacht – es ist also auch auf der Nachtseite der Venus so heiß.

Wir kennen nur einen kleineren Himmelskörper, der – zumindest vorübergehend – eine noch höhere Oberflächentemperatur aufweist als die Venus: der Asteroid Icarus, ein Gesteinsklumpen von vielleicht einem Kilometer Durchmesser, der 1948 von dem deutsch-amerikanischen Astronomen Walter Baade (1893–1960) entdeckt wurde. Icarus umläuft die Sonne alle 1,12 Jahre und kann sich ihr dabei bis auf 28,5 Millionen Kilometer nähern. Man kann ausrechnen, daß er im sonnennächsten Bahnteil an seiner Oberfläche bis auf 650 Grad Celsius aufgeheizt wird, so daß er eigentlich dunkelrot zu leuchten beginnen müßte (von der Erde aus wird man dieses Leuchten aufgrund der Nähe zur sehr viel helleren Sonne allerdings nicht beobachten können).

Hin und wieder kommen Kometen noch näher an die Sonne heran als Icarus. Sie bestehen im Gegensatz zu Icarus jedoch nicht aus festem Gestein, sondern aus einem Gemisch von Eis und Staub. Wenn ein Komet in Sonnennähe gelangt, verdampft ein Teil der gefrorenen Gase und läßt damit auch Staub abdriften. Gas und Staub bilden einen »Dunstschleier« um den Kometenkern, der die weitere Aufheizung des Kerns beeinträchtigen kann. Aus diesen Gründen ist die genaue Temperatur eines Kometen in Sonnennähe unsicher. Schließlich wissen wir, daß ständig auch Staubkörner der interplanetaren Materie auf die Sonne zustürzen und dabei verdampfen.

Damit kommen wir zum heißesten Körper im Sonnensystem, der Sonne selbst. Man kann die Temperatur der Sonnenoberfläche aus der Energieverteilung im Sonnenspektrum herauslesen, wie der österreichische Physiker Josef Stefan (1835–1893) bereits 1879 gezeigt hat. Dabei findet man eine Durchschnittstemperatur von rund 5500 Grad Celsius, knapp unterhalb des Siedepunkts von Rhenium, Wolfram, Tantal und Wolframkarbid. Diese Elemente beziehungsweise Verbindungen sind jedoch auf der Sonne so selten, daß sie nirgendwo in der Konzentration auftreten, die für eine Flüssigkeit ausreichen würde. Entsprechend können wir sicher sein, daß die Sonnenoberfläche vollkommen gasförmig ist.

Dies gilt sogar auch für jene Stellen, an denen die Gase sich aus noch nicht ganz geklärter Ursache lokal ausdehnen und dabei abkühlen, so daß sie uns als Sonnenflecken erscheinen; sicher ist lediglich, daß das Magnetfeld der Sonne hier eine Rolle spielt. Die Temperatur im Bereich dieser Flecken liegt um fast 2000 Grad unter der Temperatur der normalen Sonnenoberfläche. Im Bereich der sogenannten Flares wird die Sonnenoberfläche sogar noch stärker aufgeheizt; es sind dies kurzzeitige Erscheinungen von einigen Sekunden bis hin zu einigen Stunden Dauer, bei denen gewaltige Energiemengen auf kleinem Raum freigesetzt werden, so daß die Flares vor der ohnehin schon hellen Sonnenoberfläche noch als weiße Flecken erscheinen.

Und wie steht es um die anderen Sterne? Die meisten der Lichtpunkte, die wir mit bloßem Auge oder mit einem Fernrohr am Firmament erkennen können, gehören wie die Sonne zu den »Hauptreihen-Sternen«. Sie befinden sich in der stabilen Phase ihres Daseins, während der sie den reichlich vorhandenen Wasserstoff in Helium umwandeln.

Sterne, die mehr Masse als die Sonne besitzen, sind entsprechend an ihrer Oberfläche auch heißer als die Sonne. Die massereichsten Hauptreihensterne dürften Oberflächentemperaturen in der Gegend von 40000 Grad Celsius aufweisen.

Innentemperaturen

Bei unseren bisherigen Betrachtungen über Temperaturen haben wir immer nur die Werte an den Oberflächen der einzelnen Körper berücksichtigt, doch ist die Oberfläche in aller Regel der kälteste Ort eines Himmelsobjekts.

Schauen wir uns dazu noch einmal die Erde an. Wenn wir durch die Atmosphäre nach oben aufsteigen, nimmt die Dichte der Atmosphäre ab, aber auch der Wärmeinhalt; beide Größen hängen aber nicht direkt zusammen, so daß auch ihre Abnahmen nicht gleichmäßig erfolgen. Es gibt Zonen in der Atmosphäre, in denen die Dichte weit stärker zurückgeht als der Wärmeinhalt, so daß die einzelnen Atome oder Moleküle am Ende mehr Wärme-Energie mit sich herumtragen als anderswo in der Lufthülle.

Bis in eine Höhe von 150 Kilometern über der Erdoberfläche nimmt die Temperatur ebenso ab wie die Dichte, doch jenseits dieser Höhe geht der Wärmeinhalt weit weniger stark zurück als die Dichte. So erreicht die Restatmosphäre in 300 Kilometer Höhe eine Temperatur von etwa 1500 Grad Celsius. Wer dies zum ersten Mal hört, könnte glauben, daß dort oben Eisen schmelzen müßte, doch täuscht dieser Eindruck. Die Temperatur gibt ja nur den Wärmegehalt eines einzelnen Atoms an und kann daher noch so groß sein – wenn die Zahl der Atome gering ist, bleibt auch der gesamte Wärmegehalt extrem niedrig. Ein Satellit oder ein Raumschiff trifft zwar mit sehr energiereichen, heißen Atomen zusammen, doch mit so wenigen von ihnen, daß die Wärmeübertragung auf das Raumschiff gering bleibt.

Ähnliches gilt – wenn auch in extremerem Ausmaß – für die Sonne. Die obere Atmosphäre der Sonne, die sogenannte Korona, kann ohne besondere Hilfsmittel nur bei totalen Sonnenfinsternissen beobachtet werden. Im Jahre 1942 gelang dem schwedischen Astronomen Bengt Edlen der Nachweis, daß diese Korona eine Temperatur von über 1 Million Grad besitzt. Man wird annehmen dürfen, daß die Korona eines sehr heißen Sterns sogar 10 Millionen Grad erreicht. Die Temperaturen steigen aber nicht nur auf dem Weg nach außen, sondern auch, wenn man ins Innere eines Körpers eindringt.

Wir wissen heute, daß das Sonnensystem aus einer Gas- und Staubwolke entstand. Der größte Teil dieses Materials sammelte sich in der Mitte und ließ die Sonne entstehen, doch bildeten sich auch am Rand einzelne Verdichtungen, aus denen dann die Planeten und ihre Monde wurden.

Die Materie befand sich während dieses Prozesses in ständiger Bewegung und verfügte daher über kinetische Energie. Bei gegenseitigen Zusammenstößen wurde diese Bewegungsenergie in Wärme umgewandelt, so daß die Erde und die anderen Planeten anfangs ziemlich heiß gewesen sein dürften. Während später die Oberfläche abkühlte und erstarrte, konnte sich die Temperatur im Innern halten, denn zum einen war die Erdkruste ein guter Wärmeisolator, zum anderen sorgten die radioaktiven Elemente durch ihren Zerfall für einen ständigen, wenn auch geringen Wärmenachschub. So konnte das Erdinnere über einen Zeitraum von 4,6 Milliarden Jahren seine Temperatur weitgehend unverändert halten.

Aus Bohrungen in der Erdkruste wissen wir, daß die Temperatur nach innen auf hundert Meter Tiefe jeweils um 3 Grad zunimmt. Jenseits des oberen Erdmantels, in dem sich der größte Teil der radioaktiven Elemente befindet, dürfte diese Zunahme geringer werden, und so schätzen die Geologen die Zentraltemperatur der Erde auf etwa 4000 Grad Celsius; damit wäre das Erdinnere etwa so heiß wie die kühleren Gegenden der Sonnenoberfläche.

Der Erdkern ist aber nicht nur heißer als die oberen Ausläufer der Atmosphäre, sondern im Gegensatz zur extrem dünnen Hochatmosphäre auch noch mit Materie vollgepackt. Der Gesamtwärmegehalt des Erdkerns ist daher um ein Vielmillionenfaches größer als der der Hochatmosphäre.

Natürlich sind auch andere astronomische Körper im Zentrum heißer als an der Oberfläche. Allgemein kann man annehmen, daß die Zentraltemperatur um so größer ist, je mehr Masse der Körper während der Entstehungsphase angesammelt hat.

Der größte Planet ist der Jupiter; sein Durchmesser ist mit 143 200 Kilometer rund elfmal so groß wie der Durchmesser der Erde. Die sichtbare Oberfläche des Jupiter, die Obergrenze einer Wolkenschicht, ist zwar viel kälter als die Erdoberfläche, weil Jupiter rund fünfmal so weit von der Sonne entfernt ist wie die Erde und damit nur $\frac{1}{25}$ der Strahlungsintensität empfängt, die auf die Erde trifft. Je weiter wir aber in den Planeten eindringen, desto stärker nimmt die Temperatur im Vergleich zum Erdinnern zu.

Die Jupitersonden, die in den siebziger Jahren an dem Riesenplaneten vorbeizogen, haben uns auch solche Daten übermittelt, aus denen wir den inneren Aufbau des Jupiter und damit auch seine Temperaturen rekonstruieren können. In einer Tiefe von nur tausend Kilometer unterhalb der Wolkenschicht erreicht die Jupitertemperatur bereits Werte, wie wir sie vom Erdkern her kennen. Bis zum Mittelpunkt steigt sie auf rund 54 000 Grad an, auf nahezu das Zehnfache der Temperatur an der Sonnenoberfläche. Dennoch reicht diese Temperatur nicht aus, um die Kernverschmelzung zu zünden, so daß Jupiter ein Planet bleibt; seine Masse ist nicht groß genug, um auch nur einen Zwergstern zu ermöglichen.

Die Masse der Sonne ist rund 1020mal größer als die Jupitermasse. Als die Sonne entstand, stieg die Temperatur in ihrem Innern weit höher an als im Jupiterzentrum. Sie stieg so weit, daß die Kernfusion in Gang kam, und dadurch wurde die Temperatur noch weiter erhöht.

Anfang der zwanziger Jahre konnte der englische Astronom Arthur Stanley Eddington zeigen, daß das Innere der Sonne rund 15 Millionen Grad heiß sein müsse, um dem Druck der darüberliegenden Schichten widerstehen und damit einen Gravitationskollaps vermeiden zu können. Damit ist der Sonnenkern die heißeste Gegend im Sonnensystem, die Materie einer verhältnismäßig großen Dichte enthält. Man hat zwar unlängst in der Umgebung des Jupiter Zonen gefunden, in denen das Magnetfeld des Planeten die dort vorhandenen Atome noch stärker aufheizt, doch ist die Zahl dieser Atome so gering, daß ihr Gesamtwärmeinhalt nicht ins Gewicht fällt. Hinzu kommt, daß die Atome dort viel zu weit voneinander entfernt sind, als daß sie oft genug miteinander kollidieren könnten, um Kernverschmelzung in Gang zu bringen, wenngleich ihre Energie dazu sehr wohl reichen würde.

Es mag erstaunlich klingen, doch sind wir inzwischen in der Lage, am Erdboden noch weit höhere Temperaturen zu erzeugen. Seit den fünfziger Jahren bemühen sich Wissenschaftler in mehreren Ländern, die kontrollierte Kernfusion als Energiequelle anzuzapfen. Dazu müssen kleine Mengen Wasserstoff auf Temperaturen aufgeheizt werden, die weit über denen im Zentrum der Sonne liegen.

Im Sonneninnern reichen zwar 15 Millionen Grad aus, um die Kernfusion in Gang zu halten, doch das Sonnenzentrum ist nicht nur sehr heiß, sondern steht auch noch unter extrem hohem Druck der darüberliegenden Schichten. Anders hier auf der Erde. Wir können die Dichte des Wasserstoffs nicht durch ein starkes Gravitationsfeld erzielen, und so müssen die Wissenschaftler mit viel kleineren Dichten auskommen. Um diesen Mangel auszugleichen, bedarf es der weit höheren Temperaturen.

Zu diesem Zweck kann man die Wasserstoffatome entweder mit Hilfe von elektromagnetischen Feldern oder durch den Beschuß mit energiereichen Laserstrahlen aufheizen. Damit wurden bislang kurzzeitig Temperaturen von mehr als 50 Millionen Grad erreicht, doch reicht nicht einmal das aus, um die kontrollierte Kernverschmelzung zu zünden.

Unkontrollierte Kernfusion dagegen können wir in Form von Wasserstoffbomben schon seit mehr als 30 Jahren in Gang setzen. Als »Zünder« wird dabei die Explosion einer Kernspaltungsbombe (Atombombe) genutzt. Man schätzt die Temperatur im Zentrum einer Wasserstoffbombe auf 400 Millionen Grad.

Solche Temperaturen übertreffen zwar alles, was wir im Sonnensystem antreffen können, doch werden auch sie noch weit in den Schatten gestellt von Temperaturen, die außerhalb des Sonnensystems im Kosmos existieren können.

Je massereicher ein Stern ist, desto heißer ist er. Wir können daher erwarten, daß ein sehr massereicher Stern auch eine sehr viel höhere Zentraltemperatur besitzt als die Sonne. Hinzu kommt, daß die Temperatur im Zentrum eines Sterns mit wachsendem Alter noch zunimmt.

Der Physiker Hong-Yee Chiu hat vor ein paar Jahren einmal versucht, die größtmögliche Temperatur zu errechnen, die ein Stern im Zentrum erreichen kann, ohne auseinanderzufliegen. Er kam auf 6 Milliarden Grad für einen sehr massereichen Stern, der sich schon so weit entwickelt hat, daß die Supernova-Explosion unmittelbar bevorsteht.

Aber auch dieser Wert stellt noch nicht das Maximum dar. Allerdings müssen wir weit in die Vergangenheit zurückblikken, wenn wir diese Marke noch übertreffen wollen.

Je näher wir dabei an den Zeitpunkt der Entstehung des Weltalls im Urknall kommen, desto kleiner war das Universum und desto dichter gepackt muß sein Energieinhalt gewesen sein (der sich natürlich im Laufe der Zeit nicht verändert haben darf). Das aber heißt nichts anderes, als daß das Weltall früher heißer war als heute.

Die gegenwärtigen Theorien (wenn sie stimmen, was man noch nicht als gesichert ansehen kann) erlauben uns, bis auf Bruchteile einer Sekunde an den Urknall »heranzukommen«. Danach sind zum Beispiel $1/10000$ Sekunde nach dem Urknall die Protonen und Neutronen aus den noch fundamentaleren Quarks entstanden. Zu jener Zeit muß das Universum eine Temperatur von einer Billion Grad besessen haben.

Einige Theoretiker glauben sogar, die Vorgänge von einem Zeitpunkt an theoretisch verstehen zu können, der nur 10^{-43} Sekunden nach dem Urknall lag. Nach ihren Vorstellungen mußte das Weltall damals eine Temperatur von 10^{32} (hundert Millionen Billiarden Billiarden) Grad besessen haben.

Kämen wir noch näher an den Urknall heran, dann würde das Volumen des Universums zu Null schrumpfen und seine Temperatur auf unendlich hohe Werte ansteigen.

22. Kapitel – Tiefe Temperaturen

Planetenoberflächen

Nachdem wir unvorstellbar hohe Temperaturen kennengelernt haben, wollen wir nun wieder zu den auf der Erde gewohnten Temperaturen zurückkehren und von hier aus sehen, wie weit wir in den Bereich der Minusgrade vorstoßen können.

Jene Menschen, die außerhalb der Tropen leben, erfahren solche Minusgrade oft genug, vornehmlich im Winter. Temperaturen unter dem Gefrierpunkt des Wassers bei Null Grad Celsius sind für sie nichts Ungewöhnliches. Die tiefste Temperatur, die je in New York gemessen wurde, liegt nach Angaben des dortigen Wetteramtes bei minus 26 Grad Celsius (erreicht am 9. Februar 1934). New York ist aber nicht gerade eine besonders kalte Stadt (am gleichen Tag zeigte das Thermometer in Rochester, einige hundert Kilometer nordwestlich von New York, minus 33 Grad). Den amerikanischen Kälterekord hält Prospect Creek Camp in Alaska, wo am 23. Januar 1971 minus 62 Grad Celsius gemessen wurden.

Aber auch Alaska ist keineswegs die kälteste Region der Erde. In Sibirien sinken die Temperaturen oft noch tiefer. So konnten in Werchojansk und in Omjakon gleichermaßen minus 68 Grad registriert werden, zuletzt am 6. Februar 1933. Das ist der Rekord für die Nordhalbkugel der Erde.

In der Südpolargegend treffen wir auf die Antarktis, die »Tiefkühltruhe« der Erde. Dort unterhält die Sowjetunion eine Forschungsstation mit Namen Wostok, weit im Innern des Kontinents, und hier sank das Thermometer am 24. August 1960 auf minus 88 Grad Celsius, die bis heute der Kälterekord auf der Erde sind.

Es wäre schön, wenn wir uns nicht mit negativen Temperaturen herumzuplagen brauchten, und so suchten die Physiker nach einer Temperaturskala, die bis zu den tiefstmöglichen Werten positiv bleibt. Sechs Jahre vor seinem Tod fand der französische Physiker Guilleaume Amontons (1663–1705), daß sich Gase mit zunehmender Temperatur kontinuierlich zusammenzogen. Er konnte mit den ihm zur Verfügung stehenden technischen Mitteln natürlich nicht zu sehr tiefen Temperaturen vordringen, doch gelang ihm der rechnerische Nachweis, daß bei einer Temperatur irgendwo in der Gegend von −240 Grad Celsius die Gase sich bis auf ein Nullvolumen verdichtet haben müßten.

Im Jahre 1802 wiederholte der französische Chemiker Joseph Louis Gay-Lussac (1773–1850) die Experimente mit größerer Genauigkeit und leitete daraus als tiefstmögliche Temperatur einen Wert um minus 270 Grad Celsius ab. Der beste, heute akzeptierte Wert für diese Temperatur liegt bei minus 273,15 Grad.

Natürlich erwartet niemand, daß die Gase sich bei dieser Temperatur auf ein Nullvolumen verdichten und damit verschwinden. Wenn die Temperatur sinkt, nähern sich die Atome oder Moleküle einander, bis das Gas sich schließlich verflüssigt. Danach nimmt das Volumen nur noch geringfügig weiter ab, wenn die Temperatur immer noch abfällt. Das Nullvolumen ist also gar nicht real, und so könnte man zunächst annehmen, daß damit der Wert von minus 273,15 Grad auch keinen realen Hintergrund hat, daß die Temperatur beliebig darüber hinaus sinken kann.

Im Jahre 1848 zeigte der schottische Physiker William Thomson, der spätere Lord Kelvin (1824–1907), jedoch, daß mit der Temperaturabnahme eine Verringerung der kinetischen Energie der Atome oder Moleküle einer jeden Substanz einherging, sei sie nun gasförmig, flüssig oder fest. Dieser Verlust an Bewegungsenergie machte sich bei den Gasen als Verdichtung bemerkbar, doch war das nur der sichtbare Ausdruck der Energieabnahme. Bei minus 273,15 Grad Celsius würde daher der Energieinhalt der Atome oder Moleküle zu Null werden, und weil es keine »negative Energie« gibt, mußte diese Temperatur die absolute Untergrenze darstellen. Man nannte diese Temperatur daher den »absoluten Nullpunkt«. Die absolute Temperaturskala kennt also keine negativen Werte. Will man Celsiusgrade in Kelvin-Temperaturen umwandeln, braucht man nur 273 Grad hinzuzählen (die Stellen hinter dem Komma werden zumeist großzügig übersehen).

Im System der Kelvintemperaturen wird die menschliche Körpertemperatur von 37 °C zu 310 K (wobei das K für Kelvin steht), und der kälteste Punkt auf der Erdoberfläche im antarktischen Wostok ist 185 K.

Die Oberflächen aller anderen Himmelskörper im Sonnensystem (mit Ausnahme von Sonne und Venus) können an der Oberfläche kälter sein (oder werden) als die Erde.

Der Mond beispielsweise, der von den Sonnenstrahlen tagsüber ganz schön aufgeheizt wird, erfährt in der Nacht einen rapiden Temperatursturz, da er keine Atmosphäre besitzt, die die Wärme zurückhalten könnte. Ein Punkt an der Mondoberfläche bleibt immerhin fast rund 2 Wochen von der Sonne abgewandt, so daß seine Temperatur auf 100 K absinken kann.

Obwohl Merkur viel näher an der Sonne steht als der Mond und seine Oberfläche sich tagsüber weit stärker erwärmt als die Mondoberfläche, sinkt die Temperatur auf der Nachtseite des Planeten noch weiter ab – die Nacht auf dem Merkur dauert nämlich rund sechsmal so lang wie die Mondnacht. Unmittelbar vor dem Aufgang der Sonne dürfte die Merkuroberfläche daher nur noch rund 90 K besitzen.

Mars ist weiter von der Sonne entfernt als die Erde, doch hat er einerseits eine – wenn auch dünne – Atmosphäre und erlebt andererseits eine Nacht, die nur wenig länger ist als die Nachtperiode auf der Erde. Dies führt dazu, daß die Temperatur auf dem Mars nicht ganz so weit absinkt wie auf dem Mond oder dem Merkur. Die niedrigsten Werte mögen bei 120 K liegen, was aber immer noch deutlich unter den Rekordmarken der Antarktis bleibt. Auch beim Mars liegen die tiefsten Temperaturwerte im Bereich der Südpolkappe.

Die oberen Wolkenschichten von Jupiter und Saturn, die uns als »Oberfläche« der Planeten erscheinen, sind insgesamt nicht viel wärmer als diese Temperatur, und die Oberflächen der noch weiter von der Sonne entfernten Planeten bleiben sogar darunter, da sie noch weniger aufgewärmt werden als Jupiter und Saturn. Uranus ist rund 20mal so weit von der Sonne entfernt wie die Erde, Neptun sogar 30mal, und entsprechend kommt bei Uranus nur 1/400, bei Neptun gar nur noch 1/900 der Wärme an, die auf die Erde trifft. So überrascht es nicht, daß die Wolkenobergrenze des Uranus eine Temperatur von 90 K aufweist, die des Neptun eine solche von 60 K. Auf Pluto schließlich können die Temperaturwerte im sonnenfernen Bahnteil sicher auf 40 K absinken.

Flüssige Gase

Schon bei extrem niedrigen Temperaturen, wie sie gelegentlich auf der Erde anzutreffen sind, können sich ungewöhnliche Vorgänge abspielen. So gefriert Quecksilber bei einer Temperatur von 233 K (−40 °C) zu einem festen Körper.

Etwas anderes geschieht mit Zinn, das normalerweise als »weißes Zinn« vorkommt und dann metallische Eigenschaften besitzt. Bei niedrigen Temperaturen jedoch werden die Atome umgruppiert und formen ein »graues Zinn« genanntes Material, das nicht-metallische Eigenschaften zeigt. Die Übergangstemperatur liegt bei 286 K (13 °C), was der Temperatur eines lauen Frühlingstages entspricht. Bei solchen Werten allerdings geht die Umwandlung nur äußerst langsam vonstatten.

Je weiter die Temperatur absinkt, desto schneller läuft die Veränderung ab, und bei 223 K schließlich zerbröckelt Zinn nahezu augenblicklich. Menschen, die diesen Prozeß beobachteten, sprachen von der »Zinnkrankheit«. Ein solcher Vorgang wurde aktenkundig, als einmal während eines besonders kalten Winters die Orgelpfeifen in einer St. Petersburger Kirche auf diese Weise vernichtet wurden.

Die Wissenschaftler waren sich einig darüber, daß bei niedrigen Temperaturen noch ein anderer Prozeß beobachtet werden könne – die Verflüssigung auch jener Gase, die bei normalen Bedingungen gasförmig bleiben.

Die Hauptbestandteile der irdischen Atmosphäre sind die einzigen Gase, die in der Natur in großen Mengen vorkommen, und sie bleiben selbst im tiefsten antarktischen Winter gasförmig. Die Chemiker konnten jedoch auch andere Gase herstellen, die in der Natur nur selten in Erscheinung treten, und diese Gase mochten vielleicht schon bei höheren Temperaturen kondensieren. Vielleicht konnte auch der Druck ein wenig nachhelfen, da Gasatome oder -moleküle unter Druck näher zusammenrücken müssen und so ermuntert werden könnten, den Übergang zur Flüssigkeit zu wagen.

Der englische Chemiker Michael Faraday (1791–1867) war der erste, der sich in der Verflüssigung von Gasen versuchte. Für seine Experimente benutzte er ein dickes Glasrohr, das zur Form eines Bumerangs abgeknickt war. In den einen »Arm« legte er eine Substanz, die bei Erwärmung Chlor freisetzte, und verschloß dann das Gefäß. Der gefüllte Arm wurde anschließend erhitzt, während der andere Arm mit Eisbrocken gekühlt wurde. Durch die ständige Freigabe von Chlor stieg im Innern der Druck an, und dies führte zusammen mit der Kühlung zu dem gewünschten Erfolg: am gekühlten Ende des Glasrohres schlug sich flüssiges Chlor nieder.

Damit konnte Faraday zwar 1823 zeigen, daß die Vorgehensweise prinzipiell richtig war, doch stieß er damit nicht in neue

Temperaturbereiche vor. Nachdem man erst einmal flüssiges Chlor gewonnen hatte, konnte man seine Siedetemperatur ermitteln und fand einen Wert von 238,5 K (−34,5 °C). In einem luftdichten, chlorgefüllten Behälter konnte sich das Gas an einem kalten Wintertag auch in Moskau oder Montana verflüssigen.

Flüssige Gase können zur weiteren Kühlung benutzt werden. Ein Gas, das unter Druck verflüssigt wurde, beginnt zu sieden, wenn der Druck langsam wieder nachläßt. Das aber heißt, daß Moleküle die Flüssigkeit verlassen müssen, und dazu brauchen sie Energie. Befindet sich die Flüssigkeit in einem isolierten Gefäß, so kann diese notwendige Energie nicht von außerhalb kommen, sondern muß der Flüssigkeit entzogen werden. Ein teilweises Verdampfen der Flüssigkeit führt daher zu einer weiteren Abkühlung des verbleibenden Restes.

Im Jahre 1835 benutzte der französische Chemiker C.S.A. Thilorier die Methode Faradays, um Kohlendioxid zu verflüssigen. Er verwandte lediglich Metallzylinder, da diese einen höheren Druck aushalten konnten als die Glaswände. Auf diese Weise konnte er eine größere Menge an flüssigem Kohlendioxid gewinnen, das er dann durch eine kleine Düse aus dem Gefäß ausdringen ließ. Durch den plötzlichen Druckabfall verdampfte ein Teil des flüssigen Kohlendioxids und kühlte die verbliebene Flüssigkeit so stark ab, daß sie sofort gefror.

Flüssiges Kohlendioxid ist nur unter äußerem Druck stabil. Setzt man Kohlendioxid-Eis wieder normalem Druck aus, dann wird es ohne Verflüssigung sogleich verdampfen (aus diesem Grund wird gefrorenes Kohlendioxid auch Trockeneis genannt). Der Sublimationspunkt liegt bei 194,5 K, und damit könnte Kohlendioxid unter den extremsten Bedingungen der antarktischen Polarnacht gerade noch gefrieren.

Thilorier ging noch weiter. Er mischte Trockeneis mit Diäthyl-Äther, der als Narkosegas benutzt wird und selbst bei so niedrigen Temperaturen noch flüssig bleibt. Allerdings neigt er auch bei solch niedrigen Temperaturen noch zu einer – wenn auch langsamen – Verdampfung, so daß die Temperatur der Mischung allmählich weiter absank. Auf diese Weise konnte Thilorier immerhin 163 K erreichen und damit die Temperaturrekorde der Antarktis unterbieten. Erstmals hatte man einen neuen Kälterekord erzielt, waren von Menschen geschaffene Temperaturen niedriger als die natürlichen, auf der Erde vorkommenden Werte. Mit Hilfe dieser extrem kalten Mischung konnten auch andere Gase verflüssigt werden – aber nicht alle!

Faraday stieß auf eine Reihe von Gasen, die sich selbst mit zusätzlichem Druck nicht in Flüssigkeiten umwandelten, und so nannte er sie »permanente Gase«. In späteren Jahren wurden noch einige weitere Gase gefunden, die dazugehörten.

Insgesamt kennen wir heute acht Gase, die bei einer Temperatur von 163 K noch gasförmig sind, auch unter äußerem Druck gasförmig bleiben: Sauerstoff, Argon, Fluor, Kohlenmonoxid, Stickstoff, Neon, Wasserstoff und Helium. Sieben davon sind elementare Gase, nur Kohlenmonoxid ist eine Verbindung aus Kohlenstoff mit Sauerstoff.

Im Jahre 1869 konnte der irische Chemiker Thomas Andrews (1813–1885) zeigen, daß sich Gase nur unterhalb einer »kritischen Temperatur« durch zusätzlichen Druck verflüssigen lassen; war die Temperatur des Gases höher, so half auch der stärkste Druck nichts. Die acht permanenten Gase besitzen also kritische Temperaturen unterhalb von 163 K. Ehe man sie verflüssigen konnte, mußten sie auf irgendeine Weise zunächst unter die kritische Temperatur gekühlt werden.

Wieder besannen sich die Wissenschaftler darauf, daß man einen Stoff durch Expansion abkühlen kann; das Prinzip wirkt nicht nur bei kalten Flüssigkeiten, sondern auch bei kalten Gasen, sofern keine Wärme von außen nachströmen kann. Man spricht in diesem Zusammenhang vom Joule-Thomson-Effekt, nach seinen beiden »Erfindern« Thomson (Lord Kelvin) und James Prescott Joule (1818–1889) benannt.

Der französische Physiker Louis Paul Cailletet (1832–1913) versuchte 1877, mit Hilfe dieses Verfahrens neue Tiefsttemperaturen zu erreichen. Zunächst verdichtete er Sauerstoff in einem isolierten Behälter auf sehr hohen Druck und tauchte diesen Behälter dann in kaltes Wasser, um soviel Wärme wie möglich schon einmal zu entziehen. Dann ließ er das Gas rasch expandieren, wobei die Temperatur so weit sank, daß Cailletet am Ende einen leichten »Nebel« in seinem Gefäß fand – winzige Tröpfchen flüssigen Sauerstoffs. Dieser Nebel verflog jedoch sehr rasch wieder, weil langsam Wärme in das Gefäß eindrang und die Temperatur erhöhte. Später gelang ihm das gleiche Ergebnis bei Stickstoff und Kohlenmonoxid, allerdings nur bei noch tieferen Temperaturen.

In der Schweiz wandte der Chemiker Raoul Pierre Pictet (1846–1929) zur gleichen Zeit eine ähnliche Methode an. Er kühlte das komprimierte Sauerstoffgas mit flüssigem Kohlendioxid und konnte damit ein auf mehrere hundert Atmosphären verdichtetes Sauerstoffgas auf eine Temperatur von 133 K bringen, deutlich unter die kritische Temperatur. Als er dann eine Düse öffnete und den Sauerstoff aus dem Druckgefäß entweichen ließ, kühlte sich das Gas dabei so stark ab, daß schließlich ein Strahl flüssigen Sauerstoffs austrat, der natürlich sehr schnell verdunstete. Die beiden polnischen Chemiker Karol S. Olschewski (1846–1915) und Sigmunt F. Wroblewski (1845 bis 1888) konnten diese Methode noch verbessern und vermochten so, 1883 größere Mengen flüssigen Sauerstoffs zu produzieren. Die Behälter wurden mit anderen Flüssigkeiten so weit wie möglich abgekühlt, um die Verdampfungsrate möglichst gering zu halten. Damit bot sich erstmals die Gelegenheit, die Eigenschaften der verflüssigten Gase genauer zu studieren.

Olschewski, der die Arbeiten nach einem für Wroblewski tödlichen Laborunfall fortsetzte, konnte auch flüssigen Stickstoff und flüssiges Kohlenmonoxid in ausreichenden Mengen gewinnen. Man fand, daß Sauerstoff bei 90,2 K siedet, Argon bei 87,5 K, Fluor bei 85,1 K, Kohlenmonoxid bei 81,6 K und Stickstoff bei 77,3 K.

Mit diesen verflüssigten Gasen hatten die Wissenschaftler dann Temperaturen erreicht, wie wir sie von den Atmosphären der äußeren Planeten her kennen. Als die amerikanische Raumsonde Voyager 1 1980 am Saturnmond Titan vorbeiflog, entdeckte sie eine dichte Stickstoffatmosphäre, und manche Wissenschaftler wollen nicht ausschließen, daß es an der Oberfläche dieses Mondes Flüsse und Seen aus flüssigem Stickstoff gibt.

Die einzigen Gase, die 1895 noch nicht hatten verflüssigt werden können, waren Neon, Wasserstoff und Helium (wobei allerdings Helium und Neon noch nicht entdeckt worden waren). So machte man sich als nächstes an die Verflüssigung von Wasserstoff.

Der Joule-Thomson-Effekt kommt nur dann zustande, wenn das Gas bereits eine gewisse Temperaturmarke unterschritten hat (etwas Ähnliches hatten wir ja bereits im Zusammenhang mit der Verflüssigung durch Druck kennengelernt). In den meisten Fällen reichte dafür die Zimmertemperatur völlig aus, nicht so jedoch bei Neon, Wasserstoff und Helium. Der Joule-Thomson-Effekt ist auf Wasserstoff erst anwendbar, wenn das Wasserstoffgas bereits auf 190 K vorgekühlt ist. Dies mußte aber erst einmal herausgefunden werden, um zu verstehen, warum Wasserstoff sich so »widerspenstig« verhält.

Der schottische Chemiker James Dewar (1842–1923) tauchte

daher zunächst einmal einen Behälter mit Wasserstoff in flüssigen Stickstoff, wodurch die Temperatur des Wasserstoffs weit unter die Grenzmarke absank. Dann schloß Dewar den Prozeß der Verdichtung und Expansion an und konnte so am Ende flüssigen Wasserstoff gewinnen. Man fand, daß der Siedepunkt des flüssigen Wasserstoffs bei 20,3 K liegt.

Die Erzeugung von flüssigem Wasserstoff bedeutete, daß es den Wissenschaftlern auf der Erde gelungen war, eine Temperatur zu erreichen, die sonst nirgendwo im Sonnensystem zu beobachten ist. Selbst Plutos Temperatur im sonnenfernen Bahnteil ist noch so hoch, daß Neon und Wasserstoff (falls vorhanden) gasförmig bleiben müssen. Jupiter (und vielleicht auch die anderen Riesenplaneten) bestehen zwar zum Teil aus Wasserstoff, der dicht genug ist, um Flüssigkeitseigenschaften anzunehmen, doch steht dieser flüssige Wasserstoff unter einem enormen Druck und ist darüber hinaus sehr heiß. Im ganzen Sonnensystem aber gibt es keinen Wasserstoff, der nur aufgrund der niedrigen Temperatur, also ohne Hilfe eines äußeren Drucks, flüssig ist – es sei denn, in irdischen Isolierbehältern.

Bei 20,3 K sind alle anderen Substanzen längst zu festen Körpern erstarrt – mit einer Ausnahme: Helium bleibt auch bei dieser extremen Temperatur noch gasförmig. Von den Gasen, die im letzten Viertel des vorigen Jahrhunderts verflüssigt werden konnten, hat Sauerstoff einen Gefrierpunkt von 54,7 K, Argon 83,9 K, Fluor 53,5 K, Kohlenmonoxid 74 K, Stickstoff 63,3 K und Neon 24,5 K.

Wenn man flüssigen Wasserstoff unter isolierten Bedingungen verdampfen läßt, so daß keine Wärme von außen nachdringen kann, kühlt sich die Flüssigkeit noch weiter ab und erstarrt schließlich bei 14 K. Selbst bei dieser Temperatur aber bleibt Helium gasförmig.

Dem holländischen Physiker Heike Kamerlingh-Onnes (1853–1926) gelang schließlich 1908 auch die Verflüssigung von Helium. Er kühlte das Gas in einem Bad aus flüssigem Wasserstoff ab und unterschritt dabei die Temperatur, unterhalb derer der Joule-Thomson-Effekt auf Helium angewandt werden konnte. Dadurch gelang es Kamerlingh-Onnes, Helium bei einer Temperatur von 4,2 K zu verflüssigen.

Damit war aber trotzdem die Natur der Gase noch nicht völlig erforscht. Im weiteren Verlauf unseres Jahrhunderts stellte sich heraus, daß von jedem chemischen Element mehrere Varianten existieren, sogenannte Isotope.

Beim Wasserstoff kennen wir beispielsweise zwei stabile Isotope, Wasserstoff 1 und Wasserstoff 2, der manchmal auch Deuterium genannt wird. Die Atomkerne des Wasserstoff 1 enthalten nur ein Proton, bei Wasserstoff 2 kommt zusätzlich ein Neutron hinzu. Die Masse dieser beiden Elementarteilchen ist nahezu gleich groß, so daß Deuterium etwa die zweifache Masse von Wasserstoff 1 besitzt; entsprechend lösen sich die Deuterium-Atome schwerer aus einer Flüssigkeit heraus und verdampfen langsamer. Prinzipiell gilt das für alle Elemente: die Isotope mit mehr Kernteilchen haben einen höheren Siedepunkt als jene mit weniger Protonen und Neutronen.

Bei den meisten Elementen ist die Zahl der Kernteilchen jedoch so groß, daß ein Unterschied von einem oder zwei Neutronen nicht sonderlich ins Gewicht fällt. Beim Wasserstoff ist das anders, da das Atomgewicht von Deuterium doppelt so groß ist wie das von Wasserstoff 1. Während normaler Wasserstoff (und 6999 von 7000 Atomen des Wasserstoffs gehören zum Wasserstoff-1-Isotop) also bei 20,3 K siedet, liegt der Siedepunkt von Deuterium bei 23,4 K.

Beim Helium liegen die Verhältnisse jedoch umgekehrt. Der weitaus größte Teil der Heliumatome enthält zwei Protonen und zwei Neutronen im Kern und gehört daher zum Helium 4, das bei 4,2 K flüssig wird. Lediglich eins von 750000 Heliumatomen enthält nur 1 Neutron, muß also zum Helium 3 gerechnet werden. Wenn man eine gößere Menge Helium 3 gewinnen könnte und sie in einen Behälter mit flüssigem Helium bei 4,2 K tauchen würde, dann bliebe das Helium 3 dennoch gasförmig. Es verflüssigt sich erst bei 3,2 K.

Kamerlingh-Onnes wußte nichts von der Existenz des Helium 3. Trotzdem experimentierte er weiter und ließ das Helium unter isolierten Bedingungen verdampfen; dabei erreichte er schließlich 0,83 K, eine Temperatur, bei der keine chemische Substanz mehr vollständig gasförmig existieren konnte (lediglich ein Teil des Heliums befand sich als Gas im Gleichgewicht mit dem flüssigen Helium oberhalb der Flüssigkeit).

Es sollte sich später zeigen, daß die Menschen mit Temperaturen so nahe am absoluten Nullpunkt etwas Bemerkenswertes erreicht haben. Ich habe schon darauf hingewiesen, daß die Temperaturbedingungen auf keinem bekannten Planeten im Sonnensystem ausreichen, um Wasserstoff ohne zusätzlichen Druck zu verflüssigen. Man könnte natürlich annehmen, daß es jenseits von Pluto noch weitere Planeten geben mag, die aufgrund ihrer größeren Sonnenentfernung entsprechend kälter sein müßten als dieser. Ungeachtet solcher Spekulationen wissen wir mit ziemlicher Sicherheit, daß die Sonne in Entfernungen, die größer sind als die Entfernung Pluto – Sonne, von zahllosen Kometen umrundet wird. Diese Kometen müssen kälter sein als Pluto. Sind sie kalt genug, daß sie Wasserstoff in gefrorenem Zustand enthalten können, so kalt vielleicht, daß sogar Helium flüssig wird und am Ende gar gefriert? Und wenn dort nicht, gibt es vielleicht Objekte, die den Raum zwischen den Galaxien durchstreifen und so weit von den Fixsternen entfernt sind, daß sie von keiner Strahlung erwärmt werden? Wie kalt wären solche Objekte wirklich? Besäßen sie eine Temperatur, die dem absoluten Nullpunkt gleichkommt?

Auf den ersten Blick scheint diese Überlegung vernünftig; sie ist jedoch, wie neuere astronomische Erkenntnisse zeigen, falsch. Das Universum ist angefüllt mit Teilchen der kosmischen Strahlung, und es wird darüber hinaus von der kosmischen Hintergrundstrahlung durchdrungen, die in alle Ecken reicht. Diese Strahlung reicht aus, um jeden an sich noch so kalten Körper auf eine Temperatur von annähernd 3 K zu »erwärmen«. Kein Gegenstand im Weltall kann daher von sich aus kälter als 3 K sein.

Sieht man einmal davon ab, daß es auch noch anderswo im Universum intelligente Lebewesen geben kann, die ebenfalls Tiefsttemperaturforschung betreiben, so darf man getrost sagen, daß Kamerlingh-Onnes mit der Temperatur des flüssigen Heliums damals einen wirklichen Weltrekord aufgestellt hat.

Dennoch wird ihn das Ergebnis nicht vollständig befriedigt haben, da ihm die Erfüllung seines eigentlichen Ziels verwehrt blieb: selbst bei einer Temperatur von 0,83 K über dem absoluten Nullpunkt blieb das Helium flüssig, gefror nicht zu einem Festkörper.

Kamerlingh-Onnes hätte dieses Ziel allerdings auch gar nicht erreichen können, ganz gleich, wie nahe er an den absoluten Nullpunkt herangekommen wäre. Es stellte sich nämlich heraus, daß selbst bei einer Temperatur von 0 K der Energieinhalt der Atome und Moleküle nicht zu Null werden kann. Würde dies doch eintreten, dann müßten die Heliumatome (und alle anderen Atome) vollständig bewegungslos verharren, und das hieße, daß man sowohl ihre Energie als auch ihren Ort beliebig genau messen könnte.

Dem steht jedoch die »Unschärferelation« entgegen, die 1927 von dem deutschen Physiker Werner Karl Heisenberg (1901 bis 1976) aufgestellt wurde. Nach ihr ist es völlig ausgeschlossen, beide Größen (also Energie und Ort) gleichzeitig mit beliebiger Genauigkeit zu messen – es bleibt vielmehr immer eine gewisse Unschärfe zurück. Das aber heißt, daß selbst bei einer Temperatur von 0 K die Atome noch einen winzigen Energieinhalt besitzen müssen, wenn die Unschärferelation nicht aufgehoben werden soll.

Diesen letzten Rest »innerer« Energie kann man mit keinem noch so raffinierten Kühlsystem entziehen, und so bleibt der abolute Nullpunkt wirklich absolut. Leider reicht diese Restenergie aus, um Helium flüssig zu halten, und daher konnte Kamerlingh-Onnes das Gas nicht auch noch verfestigen – Helium bleibt auch bei 0 K flüssig. Zumindest gilt dies für normale Druckverhältnisse. Ein paar Monate nach dem Tod von Kamerlingh-Onnes konnte sein Mitarbeiter Willem Hendrik Keesom (1876–1956) unter Zuhilfenahme von Druck dagegen auch Helium erstarren lassen.

Damit war das letzte Ziel erreicht, hatte man solche Bedingungen geschaffen, bei denen alle Substanzen zu festen Körpern erstarrten; möglicherweise sind diese Bedingungen einmalig im gesamten Universum.

Es schien, als wäre damit die Aufgabe der Tiefsttemperaturforschung erledigt gewesen, denn was sollte man mit solchen Temperaturen sonst noch anstellen können, außer alle Substanzen zu verfestigen?

Es zeigte sich jedoch, daß bestimmte Materialien sich in der Nähe des absoluten Nullpunkts ganz ungewohnt verhielten. Quecksilber, Blei und eine Reihe anderer Metalle und Legierungen verlieren zum Beispiel unterhalb einer sogenannten »Sprungtemperatur« jeglichen elektrischen Widerstand und werden »supraleitend«. Andere unerwartete Eigenschaften konnten beim flüssigen Helium gefunden werden.

Im Zuge der Untersuchungen solcher Eigenschaften versuchten die Wissenschaftler, immer noch tiefere Temperaturen zu erzielen. Dabei waren sie sich allerdings im klaren darüber, daß es nicht nur eines letzten Anlaufs bedurfte, um die verbleibenden Zehntelgrade zu überspringen. Schon 1906 hatte der deutsche Chemiker Walter Hermann Nernst (1864–1941) darauf hingewiesen, daß eine Halbierung der vorhandenen Temperatur stets den gleichen Aufwand erfordert, ganz gleich, bei welchem Anfangswert man beginnt. Dies läßt sich aus dem von Nernst formulierten »3. Hauptsatz der Thermodynamik« ableiten. Das aber heißt, daß man den absoluten Nullpunkt ebensowenig erreichen kann wie die Lichtgeschwindigkeit.

Trotzdem versuchten die Wissenschaftler, dem absoluten Nullpunkt so nahe wie möglich zu kommen.

In den zwanziger Jahren hatten die Kühlverfahren nach dem Joule-Thomson-Effekt mit expandierenden Gasen und verdampfenden Flüssigkeiten bei einer Temperatur von etwa 0,5 K ihre Grenze erreicht. Man brauchte jetzt eine andere Kühlmethode, wenn man noch weiter vorstoßen wollte. Im Jahre 1926 schlugen der holländische Chemiker Peter J. W. Debye (1884–1966) und sein amerikanischer Kollege William Francis Giauque unabhängig voneinander ein solch weiterführendes Verfahren vor.

In bestimmten Substanzen wie etwa Gadolinium-Sulfat verhalten sich die Metallatome (in unserem Beispiel also die Gadolinium-Atome) wie winzige Magnete. Unter dem Einfluß eines starken äußeren Magneten richten sich diese Atome alle längs der Feldlinien aus, und die Substanz erscheint magnetisiert. Wird das äußere Magnetfeld abgeschaltet, so können die Atome wieder andere Positionen einnehmen, und das Gadolinium-Sulfat verliert seine magnetischen Eigenschaften.

Die Atome beginnen dann, sich mehr oder minder zufällig zu bewegen, und dazu benötigen sie einen – wenn auch kleinen – Energiezufluß. Ist das Material nach außen abgeschirmt, muß diese Energie aus der Substanz selbst bezogen werden, und die Temperatur sinkt. Wenn man also Gadolinium-Sulfat magnetisiert, dann auf die niedrigstmögliche Temperatur bringt und schließlich das Magnetfeld wieder abschaltet, muß die Temperatur weiter sinken.

Es dauerte eine bestimmte Zeit, ehe man dieses Verfahren einsetzen konnte, doch dann konnte Giauque im Jahre 1933 mit Gadolinium-Sulfat Temperaturen von 0,25 K erreichen. Im gleichen Jahr erzielten holländische Chemiker mit Cer-Fluorid 0,13 K, schafften sie mit Cer-Äthyl-Sulfat sogar 0,0185 K. Seither konnte man aufgrund technischer Verbesserungen immerhin noch 0,003 K erzielen.

1962 schließlich wies der deutsch-englische Physiker Heinz London darauf hin, daß sich die Helium-3-Atome aufgrund ihrer geringen Masse in einer Flüssigkeit aus Helium 3 und Helium 4 schneller bewegten und daher einen größeren Energieinhalt besitzen mußten. Da sich beide Bestandteile bei sehr niedrigen Temperaturen nicht vollständig vermischen, kann man mit besonderen Tricks die Helium-3-Atome aus der Flüssigkeit entfernen und damit die größten Wärmequellen beseitigen, so daß die zurückbleibende Flüssigkeit noch weiter abkühlt.

Mit einer Kombination aus den beiden zuletzt beschriebenen Verfahren erzielte man in der Kernforschungsanlage Jülich 1980 eine Temperatur von 0,00005 K. Am Institut für Festkörperphysik der Universität Tokio wurden damit 1982 sogar 1/30 000 000 K erreicht.

Astronomische Größenklassen

Temperaturveränderungen rufen die unterschiedlichsten Erscheinungen hervor, von denen wir in diesem Kapitel die vielleicht auffälligste herausgreifen wollen.

Jeder Körper, dessen Temperatur über dem absoluten Nullpunkt liegt, sendet aufgrund seiner Temperatur eine elektromagnetische Strahlung aus. Untersucht man diese Strahlung in Abhängigkeit von der Wellenlänge, dann ergibt sich für jede Temperatur ein charakteristischer Zusammenhang, der es erlaubt, sogar die Temperatur entfernter Sterne aus der Energieverteilung im Spektrum zu bestimmen.

Allgemein gilt, daß die ausgesandte Strahlung in einem weiten Wellenlängenbereich ausgesandt wird und die Intensität irgendwo zwischen längster und kürzester Wellenlänge ein Maximum erreicht. Je weiter die Temperatur ansteigt, desto mehr verlagert sich die abgegebene Strahlung in den Bereich kürzerer Wellenlängen, und entsprechend wandert auch der Gipfelpunkt zum energiereicheren Ende des Spektrums.

Bei gewöhnlichen Temperaturen (bei etwa 600 Grad Celsius) senden die Körper vorwiegend im Bereich der Radiostrahlung, der Mikrowellenstrahlung oder auch der Infrarotstrahlung. Sie alle können mit dem Auge nicht beobachtet werden. Ein Stahlblock, dessen Temperatur irgendwo zwischen 0 und 10000 K liegt, mag zwar kalt, warm oder auch zu heiß zum Anfassen sein und dabei eine große Menge an Strahlung abgeben, doch bliebe er im Dunkeln unsichtbar, da unser Auge für diese Art von Strahlung unempfindlich ist.

Oberhalb von rund 600 °C dagegen wird ein Teil der Strahlung auch im Bereich des sichtbaren Lichts ausgesandt. Zunächst konzentriert sich dieser Teil auf den langwelligen Sektor des Lichts, den unser Auge als Rot empfindet. Wir sprechen dann von einem rotglühenden Körper. Steigt die Temperatur noch weiter an, so werden immer mehr auch kürzere Wellen ausgesandt, und das Objekt erscheint zunächst orange und wird schließlich weißglühend, wenn alle Wellenlängen des sichtbaren Lichts an der Strahlung beteiligt sind. Ein Himmelskörper wie die Sonne strahlt vornehmlich im Bereich des sichtbaren Lichts, wenngleich sie auch kürzerwellige Ultraviolettstrahlung und längerwellige Infrarotstrahlung aussendet.

Die hellste Lichtquelle, mit der wir Menschen seit Jahrmillionen vertraut sind, ist die Sonne, der in respektvollem Abstand der Mond und die anderen Sterne folgen. Sicher sind vor allem die Sterne weniger hell als die Lagerfeuer, die sich die Menschen im Laufe ihrer Geschichte nachts entzündeten, und inzwischen hat die künstliche Beleuchtung für die Menschheit eine größere Bedeutung erlangt als jedes astronomische Licht außer der Sonne. Dennoch haben sich die Astronomen immer für die unterschiedlichen Helligkeiten der astronomischen Objekte interessiert.

In den ersten Jahrtausenden astronomischer Beobachtung war die Helligkeit neben der Positionsbestimmung das einzige, was man überhaupt messen konnte. Die erste Sternkarte wurde um das Jahr 130 v. Chr. von dem griechischen Astronomen Hipparch (190–120 v. Chr.) erstellt. Sie enthielt zum einen die himmlischen Länge- und Breitenangaben für 1080 Sterne mit einer Genauigkeit, wie man sie eben ohne Uhr, Fernrohr oder sonst ein modernes Hilfsinstrument bestimmen konnte.

Daneben gab Hipparch aber auch Hinweise auf die Helligkeit der Sterne. Er teilte sie in sechs Klassen ein. Die 20 hellsten Sterne am Firmament faßte er zur 1. Klasse zusammen; jene Sterne, die etwas lichtschwächer erschienen, gehörten zur 2. Klasse, solche, die noch etwas weniger hell waren, zur 3. Klasse, und so fort. Die Sterne der 6. Klasse waren dann jene, die man in mondscheinlosen Nächten mit guten Augen so eben noch erkennen konnte.

Im Laufe der Zeit wurde den verschiedenen Klassen eine »Größe« zugeordnet (noch heute reden die Astronomen von magnitudo, wenn sie eine Größenklasse meinen), denn man ging damals davon aus, daß alle Sterne gleich weit von der Erde entfernt seien und die helleren daher auch größer sein müßten als die weniger hellen Sterne.

Die Einteilung der Sterne in Größenklassen war anfangs keine sehr objektive Methode. Wir kennen einige Sterne, die in die erste Größenklasse eingereiht wurden, obwohl sie sehr deutlich heller sind als die meisten anderen Mitglieder dieser Klasse. Man störte sich auch nicht daran, daß die schwächsten Mitglieder der ersten Größenklasse kaum noch heller waren als die hellsten Sterne der zweiten Größenklasse. Die Einteilung in solche Gruppen verschleiert ein wenig die Tatsache, daß die

Helligkeiten der Sterne auch Zwischenstufen einnehmen können.

In den dreißiger Jahren des vergangenen Jahrhunderts begann man dann jedoch, das knapp 2000 Jahre alte System der Größenklassen des Hipparch zu verbessern. Der englische Astronom John Herschel (1792–1871) leistete auf diesem Gebiet Pionierarbeiten. Er beobachtete eine Zeitlang die Sterne des südlichen Himmels von Südafrika aus und entwickelte 1836 ein Gerät, mit dem er die Helligkeiten der Sterne untereinander vergleichen konnte. Das Instrument erzeugte ein kleines Bild des Vollmonds, dessen Helligkeit durch Veränderungen am Linsensystem vergrößert oder verringert werden konnte. Dieses Vergleichsbild konnte dann in seiner Helligkeit so der Helligkeit des zu vermessenden Sternes angepaßt werden, daß man damit die Sternhelligkeiten recht genau bestimmen konnte und Unterschiede bemerkte, die kleiner waren als eine Größenklasse.

Wenn man seine Messungen auf die Zeit des Vollmonds beschränken muß, kommt man aber nicht sehr weit, zumal dann die lichtschwächeren Sterne ohnehin kaum zu erkennen sind – sie werden vom hellen Mondlicht gewissermaßen »verschluckt«.

Etwa zur gleichen Zeit stellte der deutsche Physiker Carl August von Steinheil (1801–1870) ein Gerät vor, mit dem er die Bilder zweier Sterne gleichzeitig betrachten konnte; außerdem ließ sich die Helligkeit eines der beiden Bilder vergrößern oder verringern. Jetzt war auch ein quantitativer Vergleich der Sternhelligkeiten möglich.

Steinheil gewann den Eindruck, daß unsere Augen vorgegebene Helligkeitsunterschiede logarithmisch erkannten, das Auge also Helligkeitsverhältnisse registriert und nicht lineare Unterschiede. Wenn daher ein Stern A dreimal so hell leuchtet wie der Stern B und 9mal so hell wie der Stern C, dann erscheint uns der Stern B um ebensoviel heller als der Stern C, wie A heller als B erscheint. In beiden Fällen ist das Helligkeitsverhältnis 3.

Der englische Astronom Norman Robert Pogson (1829 bis 1891) wies 1856 darauf hin, daß ein durchschnittlicher Stern der ersten Größenklasse rund hundertmal heller erscheint als ein Stern der 6. Größe. Wenn die fünf Helligkeitsstufen zwischen der 1. und der 6. Größenklasse gleich groß sein sollen, entspricht eine Helligkeitsstufe der fünften Wurzel aus 100, und das sind rund 2,512. (Mit anderen Worten, 2,512 × 2,512 × 2,512 × 2,512 × 2,512 entspricht ungefähr 100.)

Bezeichnet man also die Helligkeit eines durchschnittlichen Sterns der ersten Größenklasse mit 1, kann man sich von dort über die Größenklassenskala in beiden Richtungen voranbewegen. Mit der technischen Verbesserung der Photometer lernten die Astronomen, sogar Zehntel-, in manchen Fällen auch Hundertstel-Größenklassen zu unterscheiden.

Mit diesem neuen System brauchen wir nicht länger zu sagen, Pollux und Formalhaut gehörten beide zur ersten Größenklasse, sondern können die Helligkeiten mit 1,16 (für Pollux) und 1,19 (für Formalhaut) angeben.

Als Pogson sein neues Helligkeitssystem vorstellte, waren die Sterne der 6. Größenklasse schon längst nicht mehr die schwächsten Sterne, die man am Himmel beobachten konnte: jedes Fernrohr zeigt eine Fülle weiterer Sterne, die zu lichtschwach sind, als daß man sie mit bloßem Auge erkennen könnte. Teilen wir daher die Helligkeit eines Sterns der 6. Größenklasse durch 2,512, so haben wir die Helligkeit der 7. Größenklasse, teilt man erneut durch 2,512, so kommt man zu den Sternen der 8. Größenklasse, und so fort.

Die besten Teleskope zeigen Sterne bis zur 20. Größenklasse. Läßt man das Licht der Sterne dagegen auf eine Photoplatte fallen, so kann man bis zur 24. Größenklasse vorstoßen. Ein Stern der 24. Größenklasse ist 18 Größenklassen lichtschwächer als ein Stern der 6. Größenklasse, den wir gerade noch mit dem bloßen Auge erkennen können. Aufgrund der logarithmischen Skala dieser Größenklasse entspricht das einem Verhältnis von 1 zu 16 Millionen. Wir können also heute mit modernen Teleskopen Objekte am Firmament erkennen, von denen wir 16millionenmal weniger Licht empfangen als von jenen, die die Menschen vor der Erfindung des Fernrohrs beobachten konnten.

Es gibt natürlich auch Sterne, die heller sind als ein Durchschnittsobjekt der 1. Größenklasse; ihre Helligkeit wird mit kleineren Werten belegt. Prokyon im Kleinen Hund beispielsweise besitzt eine Helligkeit von 0,38 Größenklassen.

Aber Prokyon ist keineswegs der hellste Stern am irdischen Firmament. Wir kennen sogar einige wenige Sterne, die heller als 0,00 Größenklassen leuchten: Alpha Centauri mit −0,27, Canopus mit −0,72 und Sirius mit −1,42 Größenklassen.

Damit ist Sirius um drei Größenklassen heller als der lichtschwächste der klassischen Sterne erster Größe, Kastor, der eine Helligkeit von 1,58 Größenklassen besitzt. Umgerechnet in Intensitäten finden wir, daß Sirius 16mal heller leuchtet als

Kastor und rund 15milliardenmal heller als der schwächste Stern, den unsere besten Teleskope noch aufspüren können.

Gibt es noch hellere Objekte am Himmel als den Sirius?

Natürlich. Einige der Planeten können – zumindest zeitweise – heller erscheinen als der Hauptstern im Großen Hund. Jupiter erreicht maximal eine Helligkeit von −2,5 Größenklassen, Mars sogar −2,8 und Venus −4,3 Größenklassen; Venus leuchtet also 15mal heller als Sirius.

Aber auch damit haben wir den Gipfel noch nicht erreicht. Der Mond ist natürlich weit heller als die Venus und bringt es als Vollmond auf −12,6 Größenklassen oder das 2000fache der Venushelligkeit.

Bliebe noch die Sonne, deren Größenklasse mit −26,91 angegeben wird. Damit ist die Sonne 525000mal so hell wie der Vollmond, 1milliardenmal so hell wie die Venus, 15milliardenmal so hell wie Sirius und 25trillionenmal so hell wie das schwächste Objekt im Fernrohr.

Da uns die Sonne als das hellste Objekt am Himmel erscheint und die Sterne der 24. Größenklasse die lichtschwächsten sind, die wir noch nachweisen können (solange wir unsere Teleskope nicht über der Erdatmosphäre einrichten), sind wir damit in beide Richtungen an Grenzen gestoßen, die immerhin 51 Größenklassen auseinanderliegen.

Absolute Helligkeiten

Bislang haben wir nur von *scheinbaren* Helligkeiten gesprochen. Sie hängen nicht nur davon ab, wieviel Licht das betreffende Objekt aussendet, sondern auch von der Entfernung. Eine Lichtquelle, die vergleichsweise wenig Licht abgibt (wie zum Beispiel eine 100-Watt-Glühlampe), erscheint uns weit heller als der Mond, wenn sie unmittelbar vor den Augen aufleuchtet. Umgekehrt gibt es Sterne, die weit heller leuchten als die Sonne, uns aber aufgrund ihrer sehr viel größeren Distanz als schwache Lichtpunkte erscheinen oder vielleicht sogar im größten Fernrohr unsichtbar bleiben.

Wenn wir daher die wirklichen Helligkeiten der Sterne miteinander vergleichen wollen, jene Strahlungsmengen also, die sie an den umgebenden Weltraum verlieren (die Astronomen sprechen in diesem Zusammenhang von Leuchtkräften), dann müssen wir uns vorstellen, alle Objekte befänden sich in ein und derselben Entfernung. Diese Normentfernung wurde willkürlich zu 10 Parsec oder 32,6 Lichtjahren bestimmt.

Wenn die Entfernung eines Sterns bekannt ist, können wir aus seiner scheinbaren Helligkeit und dem Entfernungswert ausrechnen, mit welcher Helligkeit uns der Stern in der Normentfernung erscheinen würde. Diese Normhelligkeit nennen die Astronomen die »absolute Helligkeit«.

Die Sonne ist beispielsweise rund 149,6 Millionen Kilometer von der Erde entfernt, weniger als 1/200000 Parsec. Stünde sie statt dessen in 10 Parsec Abstand, dann wäre sie rund 2000000mal weiter entfernt als jetzt. Die Intensität des Lichts nimmt aber bekanntlich mit dem Quadrat der Entfernung ab, und daher erschiene uns die Sonne in einer Entfernung von 10 Parsec 4 billionenmal schwächer als in Wirklichkeit. Dieses Helligkeitsverhältnis entspricht einem Größenklassenunterschied von 31,5, und so finden wir die absolute Helligkeit der Sonne zu rund 4,7. Aus einer Entfernung von 10 Parsec betrachtet wäre die Sonne also zwar noch mit dem bloßen Auge zu erkennen, doch fiele sie nicht besonders auf.

Und wie sieht es mit Sirius aus? Seine Entfernung beträgt bereits 2,65 Parsec, und wenn wir ihn auf 10 Parsec »hinausschieben« könnten, so nähme seine Helligkeit nur um rund 3 Größenklassen ab. Die absolute Helligkeit von Sirius ist daher 1,3; er wäre zwar nicht mehr der hellste Stern an unserem Himmel, würde aber trotzdem noch zur ersten Größenklasse gezählt werden.

Die Angaben der absoluten Größenklassen, die gewissermaßen entfernungsbereinigte Helligkeitsangaben sind, erlauben uns einen Vergleich der von den Sternen abgestrahlten Energiemengen: Sirius strahlt 23mal mehr Energie ab als die Sonne und besitzt demnach 23 Sonnenleuchtkräfte.

Am irdischen Firmament erscheint Sirius zwar als hellster Fixstern, doch ist er keineswegs auch der leuchtkräftigste. Wir kennen zahlreiche Sterne, die weit mehr Energie abgeben als Sirius. Rigel, der rechte Kniestern des Orion, ist von den Sternen der 1. Größenklasse am weitesten von uns entfernt. Er erscheint uns lediglich als siebthellster Stern, nur ein Viertel so hell wie Sirius. Da er aber mehr als 60mal so weit von uns entfernt ist wie Sirius, muß er in Wirklichkeit ziemlich leuchtkräftig sein, um uns über diese große Entfernung noch so hell zu erscheinen.

Und das stimmt! Die absolute Helligkeit von Rigel beträgt

–6,2. Stünde er in einer Entfernung von 10 Parsec (er wäre dann immer noch rund viermal so weit von uns entfernt wie Sirius), so würde er nicht nur dessen Helligkeit übertreffen, sondern auch noch heller leuchten als die Venus. Rigel verfügt über 1000 Siriusleuchtkräfte oder 23000 Sonnenleuchtkräfte.

Rigel ist der absolut hellste Stern, den wir in unserer Galaxis kennen. In der Großen Magellanschen Wolke jedoch, einem »Trabantensystem« unserer Milchstraße, haben die Astronomen einen Stern aufgespürt, der die Bezeichnung S Doradus erhielt. Er ist zu lichtschwach, als daß man ihn mit bloßem Auge erkennen könnte, doch liegt das an seiner großen Entfernung von immerhin rund 45000 Parsec. Berechnet man jedoch seine absolute Helligkeit, so stößt man auf den Wert –9,5. S Doradus ist also 21mal so leuchtstark wie Rigel oder verfügt über fast 500000 Sonnenleuchtkräfte. Stünde S Doradus an der Stelle der Sonne, dann müßte ein Planet 17mal weiter von ihm entfernt sein als Pluto von der Sonne, damit man von dort aus den Stern so hell (oder so lichtschwach) sähe wie die Sonne von der Erde aus.

S Doradus ist der Stern mit der größten bekannten Leuchtkraft. Daneben gibt es allerdings manchmal auch Sterne, die für kurze Zeit noch heller werden können. Solche Sterne durchleben während des Aufblitzens eine heftige Explosion, die den ganzen Stern auseinanderreißt.

Der Helligkeitsanstieg hängt von der Masse des jeweiligen Sterns ab. Je massereicher ein Stern ist, desto heftiger läuft die Explosion ab, und desto heller leuchtet der Stern auf. Bei einer Supernova-Explosion kann ein Einzelstern kurzzeitig die absolute Helligkeit –19 erreichen.

Für ein paar Stunden oder Tage leuchtet ein solches Objekt dann rund 6000mal heller als S Doradus oder 10milliardenmal heller als die Sonne. Selbst in einer Entfernung von 10 Parsec erschiene uns eine Supernova noch 360mal so hell wie der Vollmond.

Haben wir damit die Obergrenze der Leuchtkräfte erreicht? Ich meine – nein! Bislang haben wir nur die Energieabgabe einzelner Sterne betrachtet, aber wie steht es um die Leuchtkraft ganzer Sternsammlungen?

Wir kennen rund 125 sogenannte kugelförmige Sternenhaufen in den Randbezirken unserer Galaxis, von denen jeder etliche Zehn- bis einige Hunderttausend Sterne enthält. In diesen Kugelsternhaufen, wie sie auch genannt werden, stehen die Sterne um einiges dichter zusammen als in der Umgebung der Sonne.

Stellen wir uns einmal einen Kugelsternhaufen vor, der aus einer Million Sonnen aufgebaut ist. Ein solch riesiger Sternhaufen wäre dennoch nur zweimal so leuchtstark wie der Einzelstern S Doradus, und jede Supernova leuchtet rund 3000mal heller als er. Kugelsternhaufen können also keine Rekordleuchtkräfte für sich in Anspruch nehmen.

Eine Galaxie dagegen besitzt in der Regel einen Kern, der einem überdimensionalen Kugelsternhaufen gleicht. Das Zentrum unserer Galaxis etwa ähnelt einem dichten Sternenhaufen mit vielleicht 100 Milliarden Sonnenleuchtkräften, und das entspricht einer absoluten Helligkeit von −22,8 (der Rest der Galaxis außerhalb des Kerns ist nur vergleichsweise dünn mit Sternen bestückt, deren Gesamtleuchtkraft die absolute Helligkeit vielleicht auf −22,9 erhöht).

Das ist ein neuer Rekord. Der Kern unserer Galaxis leuchtet rund 16mal so hell wie eine Supernova während des Helligkeitsmaximums. Es gibt sogar noch größere Galaxien mit Massen, die vielleicht zehnmal so groß sind wie die Masse unserer Galaxis; sie erreichen absolute Helligkeiten von −25.

Einen Haken haben diese Berechnungen bei Kugelsternhaufen und Galaxien allerdings, da wir es hierbei mit ausgedehnten Objekten zu tun haben. Ein großer Kugelsternhaufen kann durchaus einen Durchmesser von 100 Parsec besitzen, ein Galaxienkern sogar 5000 Parsec. Wir können zwar die absolute Helligkeit berechnen, aber nicht auch in dieser Weise »sehen«.

Wenn man sich nämlich vorstellt, das Zentrum eines Kugelsternhaufens oder eines Galaxienkerns wäre 10 Parsec entfernt, dann befände man sich selbst auch mittendrin. Man wäre von unzähligen hellen Sternen umgeben und bekäme gar nicht den Eindruck einer gemeinsamen Leuchtkraft.

Man könnte natürlich die Standardentfernung auf 1 Million Parsec vergrößern, um auch die Kerne von Galaxien punktförmig zu sehen. Dann würde jeder Galaxienkern einen einzelnen Stern weit überstrahlen. Allerdings wären die Objekte dann alle sehr lichtschwach und wenig eindrucksvoll, selbst wenn man sie durch ein Fernrohr betrachten würde.

Wenn wir uns also nach einem Leuchtrekord, der die Supernova übertrifft, umsehen wollen, sollten wir nach Objekten Ausschau halten, die uns auch in einer Entfernung von 10 Parsec als ausreichend kleines Einzelobjekt erscheinen und dennoch eine dauernde Leuchtkraft aufweisen, die die der Supernovae übertrifft.

Solche Objekte gibt es tatsächlich. Die Astronomen nennen sie Quasare. Bei ihnen handelt es sich wahrscheinlich um so kompakte und helle Galaxienkerne, daß wir sie mit Fernrohren über Distanzen von vielen hundert Millionen Parsec beobachten können. Ein typischer Quasar hat vielleicht einen Durchmesser von einem halben Parsec, scheint aber dennoch mit einer Helligkeit, die der von 100 Galaxien entspricht.*

Ein Durchmesser von einem halben Parsec ist immer noch recht groß. Ein solcher Quasar, der in einem Abstand von 10 Parsec stünde, erschiene uns unter einem Winkel von 3 Grad, etwa dem 6fachen des scheinbaren Sonnendurchmessers. Dennoch sähen wir ihn als kompaktes, grelles Objekt, so ähnlich, wie die Sonne vom Merkur aus betrachtet erscheint.

Die mittlere absolute Helligkeit eines Quasars liegt bei −28. Das heißt, daß ein Quasar selbst in einer Distanz von 10 Parsec noch doppelt so hell erschiene wie die Sonne, obwohl dieser Quasar dann 2 000 000mal weiter entfernt wäre als die Sonne.

Aber wie hell ist der *hellste* Quasar?

Im Jahre 1975 untersuchten zwei Harvard-Astronomen alte Himmelsaufnahmen des Quasars 3 C 279; normalerweise erscheint er uns als Objekt der 18. Größenklasse, doch 1937 (als noch niemand wußte, was sich hinter diesem schwachen Lichtpunkt verbarg), erreichte er vorübergehend die 11. Größenklasse.

Über eine Entfernung von 2 Milliarden Parsec eine scheinbare Helligkeit der 11. Größenklasse zu erreichen, erfordert wahrlich unglaubliche Energieausstöße. Zu jener Zeit muß der Quasar so viel Energie abgegeben haben wie zehntausend Galaxien zusammen, seine absolute Helligkeit erreichte einen Gipfel von −31.

Wenn wir uns vorstellen, daß 3 C 279 während seines Helligkeitsmaximums in nur 10 Parsec Distanz gestanden hätte, dann wäre er uns rund 40mal heller erschienen als die Sonne. Er erreichte damals offenbar rund 100 Billionen Sonnenleuchtkräfte – und ist damit das leuchtstärkste Objekt, das wir bislang kennengelernt haben.

* Die Astronomen glauben aufgrund von Helligkeitsschwankungen annehmen zu müssen, daß die Durchmesser der Quasare noch kleiner sind als hier angegeben; ein Wert von einigen Lichtwochen oder rund 1/30 Parsec wäre sicher richtiger. (Anm. d. Ü.)

In diesem Buch habe ich einige der bemerkenswertesten Horizonterweiterungen beschrieben, die uns der menschliche Wagemut und die modernen Wissenschaften beschert haben. Es gibt andere Horizonte, die ebenfalls erweitert wurden – magnetische Feldstärken, Viskosität, Drehimpulse, und so weiter –, doch die wenigen, die ich herausgegriffen habe, genügen, um zu zeigen, daß die Menschen mit ihrem rastlosen Forscherdrang in der Lage sind, bis an alle Grenzen vorzustoßen und diese Grenzen immer weiter hinauszuschieben.

Namenregister

Isaac Asimov

ist einer der prominentesten Science-Fiction-Autoren. Zunehmend wendet er sich jetzt dem Sachbuch mit Themen der Astronomie und anderer Wissensgebiete zu.

Bei Kiepenheuer&Witsch sind lieferbar:

Die Wiederkehr des Halleyschen Kometen
Die rätselhafte Geschichte der Kometen
KiWi 90. 162 Seiten. Mit zahlreichen Abbildungen. Broschur.

Die Apokalypsen der Menschheit
Katastrophen, die unsere Welt bedrohen
484 Seiten. Gebunden.

Ausserirdische Zivilisationen
352 Seiten. Gebunden.

Die Erforschung der Erde und des Himmels
Entwicklung und Zukunft des menschlichen Wissens
422 Seiten. Gebunden.

Kiepenheuer&Witsch

Mensch und Kosmos

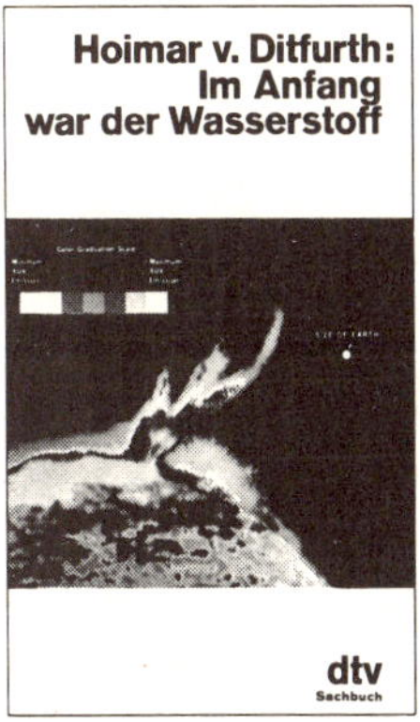

Hoimar v. Ditfurth:
Im Anfang war
der Wasserstoff
dtv 1657

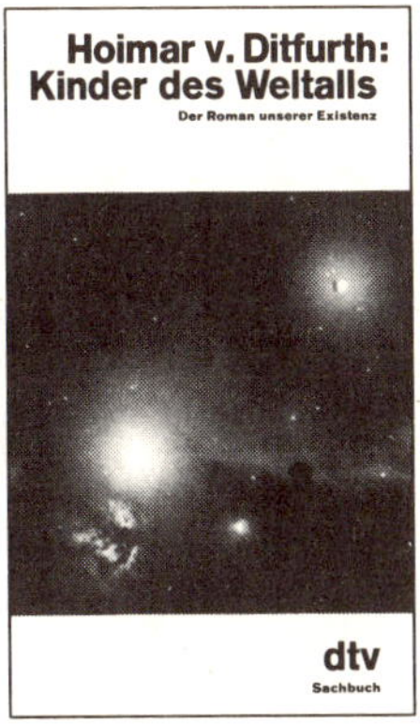

Hoimar v. Ditfurth:
Kinder des Weltalls
dtv 10039

Werner Heisenberg:
Der Teil und das Ganze
Gespräche im Umkreis
der Atomphysik
dtv 903

P. Teilhard de Chardin:
Der Mensch im Kosmos
dtv 1732

P. Teilhard de Chardin:
Die Entstehung des
Menschen
dtv 1755

Steven Weinberg:
Die ersten drei Minuten
Der Ursprung
des Universums
dtv 1556

Kindlers Kulturgeschichte Europas in 20 Bänden

Taschenbuch-Sonderausgabe in farbiger Kassette

dtv 5941
nur DM 298,–

›Kindlers Kulturgeschichte Europas‹, herausgegeben von Prof. Dr. Friedrich Heer, ist die umfassende moderne Kultur- und Geistesgeschichte der Völker des Abendlandes aus der Feder führender Historiker. Ein Werk der internationalen Geschichtsschreibung, das nicht nur die Historie, sondern alle Bereiche des gesellschaftlichen Daseins darstellt:

- Gesellschaft und Wirtschaft
- Verkehr und Städtebau
- Wissenschaft und Technik
- Philosophie, Literatur und Kunst
- Bildung und Erziehung
- politische Ideen und Strömungen
- Bevölkerungs- und Siedlungsgeschichte
- Entwicklung der wirtschaftlichen und kulturellen Kontakte zu außereuropäischen Ländern

Atlas zur Welt-geschichte

dtv-Atlas zur Weltgeschichte
von Hermann Kinder und Werner Hilgemann
Karten und chronologischer Abriß
Band 1: Von den Anfängen bis zur Französischen Revolution
Band 2: Von der Französischen Revolution bis zur Gegenwart
Originalausgabe
2 Bände

dtv 3001/3002

dtv

Die Zukunft ist unsere Sache

Denis de Rougemont:
Die Zukunft ist
unsere Sache
dtv 10740

Jürgen Dahl/Hartmut Schickert (Hrsg.):
Die Erde weint
Frühe Warnungen vor
der Verwüstung
dtv 10741

Erich Fromm:
Die Revolution
der Hoffnung
Für eine Humanisierung der Technik
dtv 15035

P. Teilhard de Chardin:
Das Tor in die Zukunft
Ausgewählte Texte zu
Fragen der Zeit
dtv 10752

Noch kann man hoffen
Ein Konrad-Lorenz-Brevier
Herausgegeben von
Heide von Berlepsch
dtv 10587

Christopher Lasch
Das Zeitalter des
Narzißmus
dtv 15024

Heinz Friedrich:
Kulturverfall und
Umweltkrise
Plädoyers für eine
Denkwende
dtv 1753

Rudolf Steinmetz
(Hrsg.):
Das Erbe des Sokrates
Wissenschaftler im
Dialog über die
Befriedung der Welt
dtv 10577

Jonathan Schell:
Das Schicksal
der Erde
Gefahr und Folgen
eines Atomkrieges
dtv 10258

dtv